Horst Wickl

Model oceny dla chudych, elastycznych komórek produkcyjnych

Horst Wickl

Model oceny dla chudych, elastycznych komórek produkcyjnych

Opanowanie czynników zmian w megatrendach

Wydawnictwo Bezkresy Wiedzy

Cover image: www.ingimage.com

This book is a translation from the original published under ISBN 978-620-2-32296-6.

Publisher:
Wydawnictwo Bezkresy Wiedzy
is a trademark of
Dodo Books Indian Ocean Ltd., member of the OmniScriptum S.R.L Publishing group
str. A.Russo 15, of. 61, Chisinau-2068, Republic of Moldova Europe
Printed at: see last page
ISBN: 978-620-0-54250-2

Zugl. / Approved by: Klagenfurt, AAU, Diss., 2017

Podziękowanie

W tym miejscu chciałbym wyrazić moje szczególne podziękowania następującym osobom, bez których pomocy ta rozprawa nigdy nie byłaby możliwa:

Przede wszystkim chciałbym podziękować prof. dr Wernerowi Mussnigowi, mojemu pierwszemu promotorowi doktoranckiemu, który obdarzył mnie zaufaniem, powierzając mi ten ekscytujący temat jako pozauniwersyteckiemu doktorantowi.
Chciałbym również podziękować mojemu drugiemu promotorowi doktoranckiemu, prof. dr Gernotowi Mödritscherowi, który przejął mój nadzór po tym jak prof. Mussnig opuścił uniwersytet. Obaj moi opiekunowie doktoranci, dzięki swoim różnorodnym pomysłom, krytycznym refleksjom i licznym dyskusjom na poziomie zawodowym i osobistym, położyli fundament pod sukces tej pracy.
Chciałbym podziękować prof. dr Thorstenowi Bleckerowi z TUHH za jego pomocne i naukowe wsparcie jako drugiego oceniającego.

Jestem głęboko związany i wdzięczny mojej żonie, B.Sc. Mag. (FH) Jyotice Samjee. Dzięki swoim krytycznym spostrzeżeniom, zróżnicowanym uwagom, a przede wszystkim bardziej moralnemu wsparciu, wniosła znaczący wkład w przygotowanie i zakończenie mojej pracy. Ze względu na jej osobiste zaangażowanie i wsparcie, które dało mi niezbędną siłę i odwagę, chciałbym wyrazić moje pełne i szczególne podziękowania dla niej.

Szczególne podziękowania kieruję również do moich rodziców, Rainera i Brigitte Wickl oraz mojej babci Róży Kosteckiej, którzy stworzyli ramy mojego dotychczasowego życia i którym poświęcam tę pracę.

Horst Wickl

Spis treści

Lista cyfr

1. Wprowadzenie

1.1. Na temat aktualności i znaczenia problemu badawczego

"...cyfryzacja tworzy świat oparty na informacjach i połączony w sieć, w którym przemysł światowy również przechodzi trwałe zmiany. Słowem kluczowym jest "Przemysł 4.0". Oznacza to połączenie fizycznego świata maszyn i urządzeń z cyfrowym światem bitów i bajtów. Przemysł 4.0 łączy w sobie klasyczną produkcję z nowoczesnymi technologiami informacyjnymi i komunikacyjnymi, co czyni go bardziej wydajnym, szybszym, a także bardziej elastycznym. Łańcuchy wartości są coraz ściślej powiązane w sieć. Pojawiają się nowe modele biznesowe. Firmy mogą oferować dodatkowe, oparte na danych usługi. Granice pomiędzy przemysłami przesuwają się tak samo jak granice wyobraźni."[1]

Słowa te wypowiedział nikt inny, jak Sigmar Gabriel, ówczesny niemiecki federalny minister gospodarki i energii. Poprzez swoje pełne nadziei wypowiedzi Gabriel plasuje się w obozie optymistów, którzy oczekują od digitalizacji znacznego wzrostu wydajności i nowego dobrobytu. Z drugiej strony sceptycy uważają, że właśnie w krajach uprzemysłowionych, a więc w krajach o największej penetracji technologii informacyjnych (IT), wzrost produktywności spada od dwóch dekad. Statystyki przedstawione naRysunek 1 służą wyjaśnieniu pozycji sceptyków.

---

[1] Gabriel [Internet przedmiotów 2016], s. 2.

Wiodący ekspert w dziedzinie badań nad produktywnością i ekonomista Uniwersytetu Northwestern, Robert Gordon, podkreśla ten trend: "Spadek wzrostu produktywności w ciągu ostatnich 10 lat nie jest iluzją".[2] Z historycznego punktu widzenia wzrosty i spadki wydajności oraz związany z nimi dobrobyt społeczeństwa nie są wyjątkowe. Bliższe przyjrzenie się temu wzorowi prowadzi do teorii długich cykli, znanej również jako teoria Kondratieffa.

Nie tylko obecna dyskusja, ale także rozpoczynający się na początku lat 90. kryzys japoński, kryzys azjatycki pod koniec XX wieku, po którym nastąpiło pęknięcie bańki kropkowanej na początku XXI wieku i kryzys finansowy prawie dziesięć lat później, to najbardziej wyraźne oznaki niestabilności, w której się poruszamy. Światowy Wskaźnik Klimatu Gospodarczego ifo przedstawiony na Rysunek 2 bardzo dobrze ilustruje te zawirowania.

[2] Gordon [Rewolucja wypada w 2016 r.], s. 46.

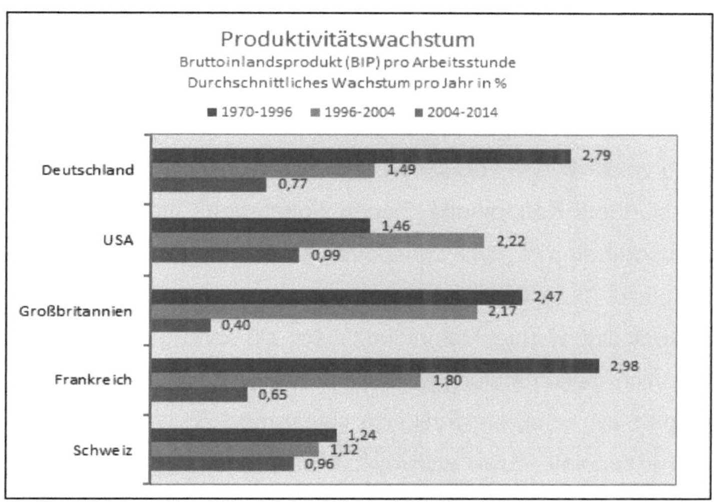

Rysunek 1: Wzrost produktywności w krajach uprzemysłowionych[3]

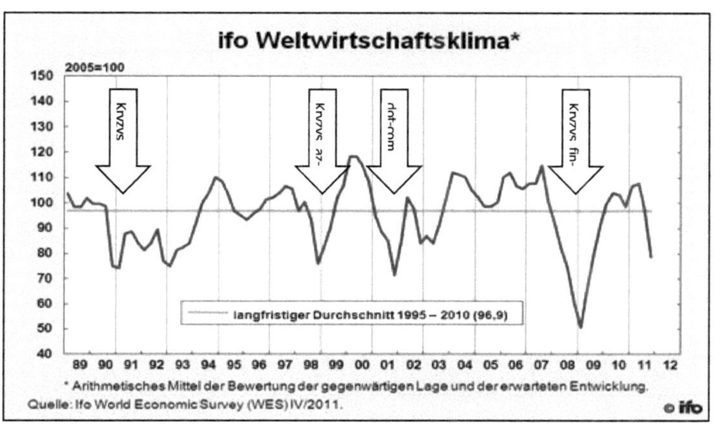

Rysunek 2: Światowy klimat gospodarczy ifo [4]

[3] Źródło: Münchrath [Falsche Versprechen 2016], s. 44 i nast. wierna reprodukcja.

[4] Źródło: ifo [World Economic Climate 2011], prezentacja nieco zmodyfikowana.

Gospodarka nie rozwija się równomiernie, ulega wahaniom[5]. Tendencja ta prowadzi wielu autorów do wniosku, że jest to ogólna tendencja, której źródłem są m.in. ataki terrorystyczne, załamania rynku i embarga handlowe.[6]

Autor widzi siebie w tym kontekście jako przedstawiciela teorii długich cykli, teorii Kondratieffa. Teoria Kondratieffa mówi, że istnieją długoterminowe cykle gospodarcze od 40 do 60 lat. Handeler pisze: "...to (cykle długoterminowe; notatka autora) można prześledzić w całej historii ludzkości, ale szczególnie w ciągu ostatnich dwóch stuleci: fundamentalne wynalazki, takie jak silnik parowy, kolej, elektryfikacja czy samochód wzniosły dobrobyt na zupełnie nowe wyżyny.[7] "Pięć poprzednich cykli Kondratieffa pokazano na Rysunek 3

Rysunek 3: Cykle Kondratieffa[8]

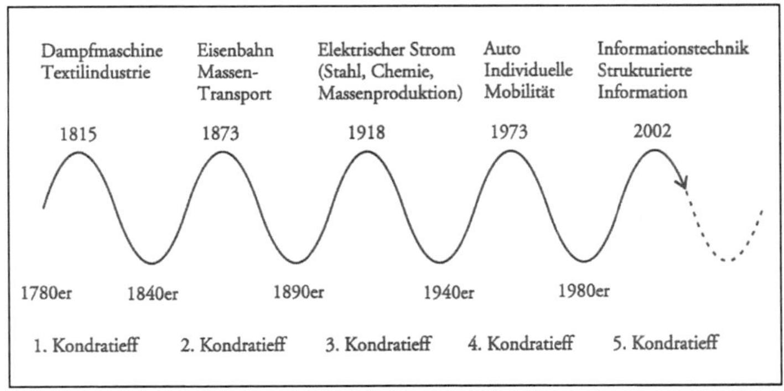

[5] Zob. Händeler [Geschichte der Zukunft 2011], s. 10.

[6] Zob. Abele/Reinhart [Future of Production 2011], s. 19.

[7] Händeler [History of the Future 2011], s. 10.

[8] Źródło: Händeler [History of the Future 2011], s. 11.

Kondratieff poszukiwał powodu do większego dobrobytu w bardziej produktywnych procesach produkcyjnych. Kiedy silnik parowy napędzał maszyny wirujące po 1769 roku, produkowały one 200 razy więcej niż wirówka. Tekstylia stały się dużo tańsze, więcej ludzi mogło sobie na nie teraz pozwolić. Rozwój ten wymagał stworzenia nowej infrastruktury i stworzenia wielu miejsc pracy w celu pozyskania węgla i rudy oraz transportu towarów na łodziach parowych w nowo wykopanych kanałach śródlądowych. Ale to, co jest potrzebne do produkcji i sprzedaży towarów, nie rośnie po prostu wraz z nimi. W pewnym momencie przychodzi taki moment, że czynnik produkcji staje się wąskim gardłem. W krótkim okresie czasu stanie się on tak drogi, że dalszy wzrost nie będzie już wart zachodu. Od lat dwudziestych XIX wieku był to koszt transportu. Produktywność uległa stagnacji, było bezrobocie i masowe nieszczęścia.[9] Ten wzór można było zobaczyć po zakończeniu wszystkich długich wzlotów. Händeler opisuje ten stan rzeczy w następujący sposób: "Chociaż wszystkie podmioty nadal mają dodatkowe potrzeby: państwo w administracji i infrastrukturze, gospodarka w inwestycjach i edukacji, ludność w konsumpcji, ochrona zdrowia, emerytury i edukacja dzieci. Nie można ich już jednak zaspokoić poprzez powolne zwiększanie zasobów, a jedynie poprzez wycofywanie zasobów z innego obszaru. Dlatego też w przeszłości, podczas długiej recesji w Kondratieffie, problemy zawsze piętrzyły się w górę: Walki dystrybucyjne, wojny handlowe, masowe bezrobocie, utrata zarobków. "[10]

---

[9] Zob. Händeler [Geschichte der Zukunft 2011], s. 12.

[10] Händeler [History of the Future 2011], s. 12.

Dopiero gdy rzadki czynnik produkcji stanie się ponownie dostępny w większych ilościach dzięki przełomowym innowacjom, depresja się zakończy. Kiedy budowano kolej, koszty transportu stały się tak tanie, że handel i przemysł mogły być rozciągnięte na duże odległości. Gospodarka kwitła. Miejsca pracy były tworzone masowo. Oznacza to, że ta przełomowa innowacja jest potrzebna, aby wejść w kolejny długi okres rozwoju. Leo Nefiodow już na wstępie zaznaczył, że piąty Kondratieff, zajmujący się technologią informacyjną i komunikacyjną, dobiegnie końca i rozpocznie się nowy cykl. Byłoby[11] oczywiście ekscytujące dowiedzieć się teraz, czy jeden z megatrendów (zob. rozdział2) ma potencjał, by stać się kolejną podstawową innowacją po zakończeniu informatyzacji. Nie jest to jednak główny przedmiot niniejszego badania.
W tym momencie autor uważa, że ważne jest, aby zrozumieć, że choć znajdujemy się w burzliwych czasach, które prawdopodobnie utrzymają się przez kilka lat, jeśli nie dziesięcioleci, nie wynika to z ogólnej tendencji, ale ze zwrotu w rozumieniu teorii długich cykli. Jednak równie ważne wydaje się zrozumienie, że skutki tego burzliwego okresu dotkną wszystkich uczestników rynku.

Obok teorii Kondratieffa fundamentalne znaczenie w kontekście ogólnego kontekstu tej pracy ma druga teoria. Przyjrzyjmy się niektórym z obecnych wyzwań w środowisku korporacyjnym. Dynamika rynku wynikająca z wahań koniunktury gospodarczej

---

[11] Por. Nefiodow [Der sechste Kondratieff 2007], s. 94 i nast.

na świecie zwiększa złożoność przedsiębiorstw. Takie są warunki rynkowe, z którymi muszą się zmierzyć firmy.[12] Armen Alchian (emerytowany profesor na UCLA) rysował podobieństwa z naturą 50 lat temu, zakładając, że maksymalizacja zachowań w końcu nastąpi, gdy konkurencja pozwoli bardziej efektywnym firmom przetrwać, podczas gdy nieefektywne pójdą pod prąd.[13] Od początku życia na naszej ziemi, czyli od wieków, większość z milionów form życia, które próbowały się przystosować, znaleźć niszę dla siebie, aby przetrwać, zawiodła.[14] I zawiedli w dramatyczny sposób. Niepowodzenie jest zdecydowanie najistotniejszym aspektem wspólnym dla gatunków biologicznych (zob.Rysunek 4).

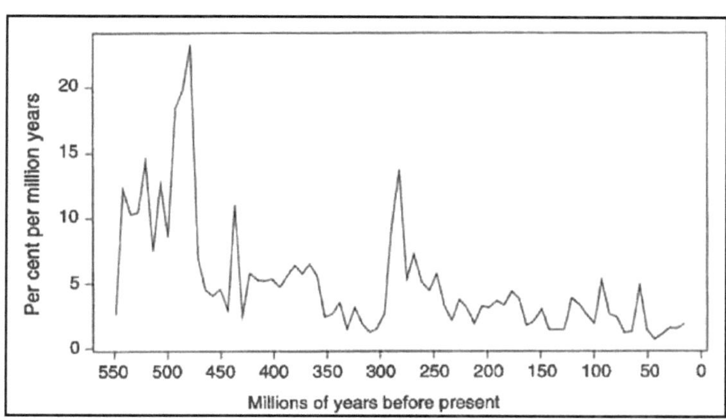

Rysunek 4: Wymieranie gatunków[15]

---

[12] Specht/Stefanska [Lean Production as a Production Concept 2009], s. 31.

[13] Zob. Ormerod [Why Most Things Fail 2005], s. 140.

[14] Por. Ormerod [Why Most Things Fail 2005], str.160 i nast.

[15] Źródło: Ormerod [Why Most Things Fail 2005], s. 163.

Przy pewnym wsparciu statystycznym można zidentyfikować dwa wzorce:

- jest mało prawdopodobne, aby natychmiast po okresie wysokiego wyginięcia nastąpił drugi okres wysokiego wyginięcia, oraz
- jeśli można określić wzór pomiędzy częstotliwością i wysokością wymierania, wówczas częstotliwość maleje wraz z korzeniem wysokości (prawo mocy)

Około 10% wszystkich niemieckich przedsiębiorstw aktywnych gospodarczo spada co roku.[16] Jest to odrębna cecha przedsiębiorstw i każda teoria ekonomiczna powinna starać się to wyjaśnić. Konwencjonalna teoria ekonomiczna może to wyjaśnić jedynie szeregiem nieoczekiwanych wstrząsów, w przeciwnym razie doskonale poinformowane, racjonalnie uzasadnione przedsiębiorstwo nie mogłoby nigdy zbankrutować.

Funkcja opisująca częstotliwość i skalę wymierania biologicznych form życia jest taka sama, jak funkcja opisująca wymieranie przedsiębiorstw (choć skala czasowa jest bardzo różna, to częstotliwość i wielkość korelują ze sobą bardzo istotnie):

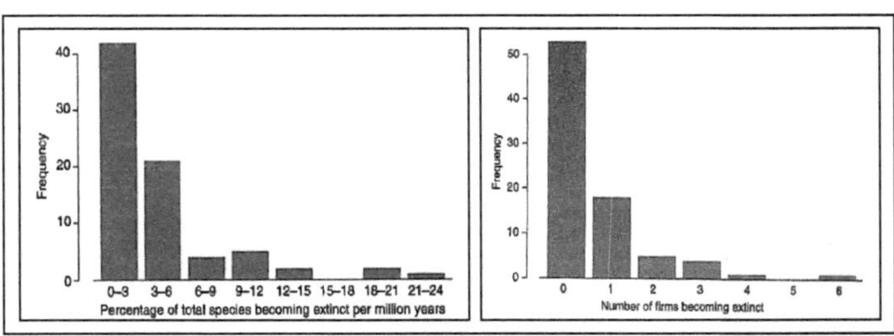

[16] W celu uzyskania informacji na ten temat patrz rozdział 9.1 w załączniku.

Rysunek 5: Prawo potencji dla wymarłych gatunków i przedsiębiorstw[17]

Wyginięcie jest więc uniwersalną cechą biologicznych form życia, a także przedsiębiorstw. Przy bliższym przyjrzeniu się, uderzające jest to, że zdarzają się przypadki wymierania ponadprzeciętnej liczby gatunków (np. epoka lodowcowa). Zdarzają się również sytuacje, w których z rynku znika ponadprzeciętna liczba firm, również w wyżej wymienionych czasach kryzysu. Korelacja ta prowadzi do wniosku, że i tutaj można znaleźć dalsze wskazówki do teorii długich cykli, zgodnie z którymi ponadprzeciętna liczba firm umiera w fazach dekoniunktury cyklów Kondratieffa[18]. Jeśli podąża się za tym tokiem myślenia, nieuchronnie wraca się do teorii ewolucji Darwina. Jak mówi Darwin, czasy kryzysu w Kondratieffie można sprowadzić do stwierdzenia: "przetrwają tylko najsilniejsi". "[19]

Najsilniejszymi firmami będą tylko te, które przemyślą na nowo istniejące (a w czasach Kondratiefu również udane) modele biznesowe i koncepcje zarządzania, aby zapewnić przetrwanie organizacji korporacyjnych w tych burzliwych czasach.[20]
Koncepcje zarządzania mogą być rozumiane jako propozycje rozwiązywania problemów, które zostały opracowane w

[17] Źródło: Ormerod [Why Most Things Fail 2005], s. 184 f.

[18] Jest to wniosek autora, który musi jeszcze zostać udowodniony statystycznie. W szczególności należy nałożyć na siebie związek pomiędzy czasowym przebiegiem prawa energetycznego a cyklami Kondratieffa. Jednak ten naukowy dowód nie jest częścią niniejszej pracy.

[19] Zob. Brösel/Keuper/Wölbling [Übertragung biologischer Konzepte 2007], s. 458 i cytowana tam literatura.

[20] Cf. Czajy/Voigt [Disruptions in automotive value networks 2009], s. 1.

określonym środowisku i których podstawowe stwierdzenia są również dostosowane do tych typowych problemów zarządzania w danym czasie. Tak[21] jak koncepcje Taylora i Forda były optymalnymi odpowiedziami na warunki polityczne, społeczne, ekonomiczne i techniczne początku XX wieku, tak koncepcja Lean Management dostarczyła przekonujących odpowiedzi na te warunki pod koniec XX wieku.[22] Lean management zawiera już zasady holistycznego i procesowego ukierunkowania,[23] które omówimy szczegółowo w kolejnych rozdziałach.

Innowacyjne podejście Lean Management prowadzi niemalże nieuchronnie do pytania, w jaki sposób można wykorzystać dalszy potencjał wzrostu wydajności pod wpływem megatrendów,[24] takich jak postępująca cyfryzacja, oraz podejścia z niej wynikające, takie jak koncepcja "Industry 4.0". To pytanie jest głównym tematem tego dokumentu. Konieczne jest zbadanie, zarówno w odniesieniu do debaty teoretycznej, jak i praktycznego zastosowania, na czym muszą polegać nowe koncepcje zarządzania. W oparciu o hipotezę, że ewolucja odbywa się poprzez zróżnicowanie i integrację, opracowywane są[25] nowe spostrzeżenia oparte na podejściach lean management, które przyczyniają się do odpowiedzi na aktualne problemy w przedsiębiorstwach produkcyjnych.

---

[21] Zob. Pümpin/Prange [Dynamisches Management 1991], s. 25.

[22] Zob. Pfeiffer/Weiß [Lean Management 1994], s. 1.

[23] Zob. Pfeiffer/Weiß [Lean Management 1994], s. 58.

[24] Trendy definiują istotne zmiany społeczne, gospodarcze, polityczne i technologiczne, przy czym megatrendy rozwijają się w dłuższym okresie 30-50 lat. Zob. Eberhardt/Majkovic [Zukunft der Führung 2015], s. 20 i cytowana tam literatura.

[25] Zob. Wilber [Kosmos 2007], s. 170.

1.1. Cel pracy

Jak postuluje się w rozdziale 1.1, aktualność i cel pracy ma przyczynić się do rozwiązania bieżących problemów w środowisku produkcyjnym. Zgodnie z tym nie chodzi o projektowanie przyszłych, abstrakcyjnych systemów produkcyjnych, lecz o logiczny dalszy rozwój (w sensie kontynuacji zmian strukturalnych produkcji przemysłowej) z uwzględnieniem odpowiednich tendencji środowiskowych (megatrendy) i podejść optymalizacyjnych wynikających z ich połączenia. Celem jest więc stworzenie skrzyżowania dzisiejszych systemów produkcyjnych z już istniejącymi możliwościami technologicznymi, aby na tej

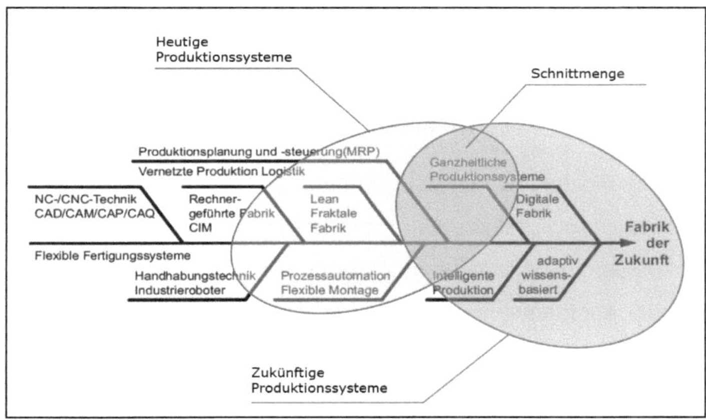

podstawie stworzyć prognozy na przyszłość. Poniższagrafika służy do zilustrowania tego:

Rysunek 6: Zmiana w systemach produkcji[26]

[26] Źródło: Westkämper [Zmiany strukturalne 2013], s. 9, prezentacja rozszerzona.

W ogólnej, teoretycznej części pracy omawiane są aktualne trendy środowiskowe, a tym samym czynniki wpływające na systemy produkcyjne oraz dogłębnie badane są możliwe podejścia optymalizacyjne w sensie refleksji teoretycznej. Już dziś wiadomo, że czynniki wpływające na system produkcji będą liczne i zróżnicowane, choć przyszłe przejawy w wielu wymiarach nadal charakteryzują się niepewnością.

Ta linia argumentacji pokrywa się z poglądem dwóch badaczy MIT, Brynjolfssona i McAffe, którzy w swoim bestsellerze "The Second Machine Age" wyjaśniają spadek wzrostu wydajności jako zjawisko tymczasowe.[27] Według autorów, wielki wzrost wydajności z nowych technologii jest jeszcze przed nami. Zamyka to również krąg do teorii Kondratieffa, zgodnie z którą, według historycznego wzorca, potrzeba kilku dziesięcioleci, aby następna podstawowa innowacja przyniosła niezbędny wzrost wydajności i przyczyniła się do wzrostu dobrobytu w społeczeństwie.

W związku z tym dzieła nie należy rozumieć jako konkurencji dla istniejących koncepcji, takich jak model fabryki cyfrowej[28], lecz raczej jako dalszy rozwój istniejących koncepcji o bezpośrednim znaczeniu dla zastosowania. Autor chce opracować schemat

---

[27] Por. Münchrath [Falsche Versprechen 2016], s. 45.

[28] Zgodnie z wytyczną VDI VDI 4499, termin "fabryka cyfrowa" jest zdefiniowany w następujący sposób: "Cyfrowa fabryka" jest ogólnym terminem dla kompleksowej sieci cyfrowych modeli, metod i narzędzi, w tym symulacji i trójwymiarowej wizualizacji, które są zintegrowane poprzez ciągłe zarządzanie danymi. Jego celem jest holistyczne planowanie, ocena i ciągłe doskonalenie wszystkich istotnych struktur, procesów i zasobów prawdziwej fabryki w związku z produktem".

wyjaśniający, który porówna wyzwania megatrendów z podejściami do rozwiązań holistycznych systemów produkcji na poziomie nadrzędnym, biorąc pod uwagę możliwości optymalizacji, a tym samym udostępni je do analizy holistycznej.
W tym celu przyjmuje się 2 różne perspektywy:

- uwzględnienie czynników powodujących zmiany w systemach produkcji, spowodowane przez tendencje środowiskowe megatrendów, oraz
- ich efekty, wpływ i przewidywalność w kontekście przedmiotu obserwacji chudych, elastycznych komórek produkcyjnych.

Powiązanie między tymi dwoma poziomami rozważań polega na opracowaniu modelu wyceny wspierającego decyzje inwestycyjne. Aby oddać sprawiedliwość sformułowanym powyżej perspektywom, na model wyceny nakłada się następujące wymagania:

- zapotrzebowanie na całość,
- zapotrzebowanie na elastyczność,
- zapotrzebowanie na dynamizację i
- zapotrzebowanie na integrację.

Znaczenie tych wymagań i wynikające z nich funkcje dla modelu oceny zostały szczegółowo omówione w rozdziałach4.6.1 do 4.6.4Dla zainteresowanego czytelnika pierwsze spojrzenie na kluczowe cele jest podane w tym miejscu.

W ramach koncepcji modelu wyceny zajęto się istniejącymi deficytami w zakresie procedur obliczania inwestycji. Tak więc, w odpowiedniej literaturze podział na:

- modele wyceny związane z produkcją lub procesem produkcyjnym oraz
- Modele wyceny biznesowej

do ustalenia.

Brak integracji modeli wyceny proceduralnej i ekonomicznej stanowi obecną lukę w badaniach. Deficyt ten jest zmniejszany w trakcie prac poprzez opracowanie teoretycznie uzasadnionego i jednocześnie zorientowanego na zastosowanie modelu wyceny dla decyzji inwestycyjnych. Często brakująca dynamika modeli wyceny[29] jest równoważona przez integrację wszystkich produktów i ich struktur ilościowych, które są prognozowane na cały cykl życia. Podejście to stanowi zatem nie tylko podstawę do dalszej optymalizacji, ale także tworzy podstawy dla nowych modeli biznesowych. W związku z tym wycena projektów inwestycyjnych jest możliwa z punktu widzenia tego, że rozpatrywane aktywa są wspólne dla kilku producentów.

Zwłaszcza w dziedzinie kalkulacji inwestycji wydaje się, że istnieje próżnia, która uniemożliwia spójną ocenę różnych koncepcji produkcyjnych w celu poddania ich zorientowanemu na wartość porównaniu zalet. Wymagania dotyczące modeli kalkulacji inwestycji opisane w pkt3.13.9 nadal sprzeczne z myśleniem kierownictwa w zakresie danych dotyczących kosztów i przychodów. Przeciwdziała [30] temu rozwój modelu uwzględniającego z jednej strony zorientowanie na wzrost wartości nowoczesnego zarządzania przedsiębiorstwem, a z drugiej strony wiarygodność w sensie zrozumiałości dla decydentów w

[29] Por. Franz [Target Costing 1997], s. 278 f.

[30] Zob. Berens/Schmitting [Controlling Instruments 1998], s. 108.

przedsiębiorstwach. Ponadto, wybrane podejście umożliwia spójność procesu planowania, zarządzania i kontroli inwestycji w oparciu o jedną i tę samą kluczową postać.
Parametry wejściowe są definiowane w celu uruchomienia modelu. Kategoryzacja parametrów przeprowadzana jest na tle zasad projektowania holistycznych systemów produkcji. Następnie należy ocenić zależność wyników od poszczególnych parametrów. W tym celu na przykładzie symulowana jest inwestycja w chude, elastyczne ogniwo produkcyjne i badana jest wrażliwość parametrów. Prace kończą się z jednej strony analizą współzależności pomiędzy parametrami, a z drugiej strony oceną przewidywanych przyszłych scenariuszy w celu uwzględnienia niepewności w procesie podejmowania decyzji.

Interesem epistemologicznym tej tezy jest zatem zarówno odwzorowanie konstrukcji teoretycznej w kompleksowym, formalnym modelu objaśniającym w celu osiągnięcia przejrzystości i spójności stwierdzeń, jak i udowodnienie ich wiarygodności, znaczenia i przyczynowości w praktycznych obliczeniach przykładów. Tak więc, zdaniem autora, należy znaleźć klasyfikację w tych bardziej nowoczesnych pracach badawczych, które opierają się na modelach wspieranych eksperymentalnie w celu zweryfikowania spostrzeżeń teoretycznych lub znalezienia nowych.[31]

[31] Por. Mildenberger [Samo-organizacja sieci produkcyjnych 1998], s. VIII.

1.2. Pożądane wyniki badań

Heurystyczny[32] potencjał zawarty w teoretycznych podejściach do wyprowadzenia nadrzędnej, holistycznej koncepcji jest często tracony, nie tylko z powodu braku odniesienia do zastosowania, ale także z powodu silnych wysiłków demarkacyjnych i wielokrotnie postulowanego roszczenia do wyłącznej reprezentacji szkoły teoretycznej.[33] Rekompensowanie tego deficytu, a przynajmniej jego zmniejszenie w sensie skoncentrowania się na sprawach zasadniczych, jest zadeklarowanym celem niniejszej pracy. W tym celu opracowany zostanie schemat wyjaśniający, który pozwoli na określenie kluczowych trendów charakterystycznych dla gospodarki, rynku i zarządzania, dla których należy przygotować aktualne strategie produkcji. Jako ramy refleksji, a tym samym jako łącznik mentalny, te środowiskowe tendencje nakładają się na podejście rozwiązań holistycznych systemów produkcyjnych.

Jako niezbędny warunek wstępny dla osiągnięcia opisanych powyżej wyników badań, konieczne będzie udzielenie odpowiedzi na kilka pytań badawczych. Centralnym punktem będzie odpowiedź na pytanie, w jakim stopniu można opisać ogólne optimum dla inwestycji (mierzone za pomocą wartości docelowych), jej czynniki wpływające i ich wzajemne powiązania. Prowadzi to do powstania pytań badawczych kolejnego poziomu w zakresie operacjonalizacji. Innymi słowy, jakie parametry docelowe

[32] Ponieważ działalność biznesowa w przedsiębiorstwach zawsze odbywa się w warunkach niepewności, heurystyka umożliwia solidniejsze przewidywanie poprzez selekcję i ignorowanie (zmniejszanie) informacji. Zob. Neth [Heurystyka w kontrolowaniu 2014], s. 25.

[33] Por. Mildenberger [Samo-organizacja sieci produkcyjnych 1998], s. 5.

spełniają sformułowany wymóg orientacji na wzrost wartości i jak można przedstawić opracowane parametry w ich wzajemnym wpływie. Odpowiedzi na te pytania będą po pierwsze prowadzić w kierunku zorientowanego na wartość wskaźnika najlepszych wyników, który zostanie określony, a po drugie zakończą się na modelu wyceny uwzględniającym dynamiczne relacje.

Na tej podstawie należy określić, w jakim punkcie należy umieścić analizę optymalizacyjną. Aby odpowiedzieć na to pytanie, konieczne będzie określenie tych parametrów, które mają największy wpływ na zmienne docelowe i na które może mieć wpływ projekt inwestycji, która ma być oceniana.

W wyniku opracowanej koncepcji zostaną opracowane długoterminowe, strategiczne rekomendacje dla inwestycji w zakresie procesu trwałej optymalizacji wartości. Niezbędne kryteria pierwszeństwa mają tu fundamentalne znaczenie, jeśli pojawią się konflikty pomiędzy czynnikami wpływającymi z megatrendów (uaktywnionymi przez parametry). Czy w tym zakresie można zdefiniować ogólne optimum w sensie optymalnego punktu pracy? A może celem jest nie tyle teoretyczne optimum, co raczej oceniane i tym samym przejrzyste radzenie sobie z niepewnością?

Ostatecznym rezultatem prac będzie sprostanie pilnej potrzebie opisania procedury, której musi przestrzegać proces inwestycyjny zorientowany na zrównoważony rozwój i optymalizację wartości.

1.3. Procedura metodyczna

Aby odpowiedzieć na pytania badawcze, opracowana zostanie koncepcja oparta na teorii. Pierwszym krokiem jest omówienie odpowiednich trendów środowiskowych w systemie produkcyjnym. Następnie następuje rozważenie i analiza pod kątem zalet i wad procedur wyceny przedsiębiorstwa. Ponieważ podejście do procedur kalkulacji inwestycji opiera się przede wszystkim na finansowych i kapitałowych metodach wyceny przedsiębiorstw, ich omówienie jest celowo prowadzone w drugim etapie. Wywodzi się z tego koncepcja procedury obliczania inwestycji, która opiera się na zaletach istniejących metod i zmniejsza istniejące deficyty. Jako metodologiczne podejście do weryfikacji koncepcji wybiera się na ogół badanie jakościowo-empiryczne, ponieważ rozumienie [34]znaczenia jest głównym celem pracy, a zatem dąży się do hermeneutycznego kierunku badań. Aspekt jakościowy jest brany pod uwagę poprzez analizę odpowiednich wartości referencyjnych, funkcjonujących jako parametry wejściowe do modelu oceny. Aspekt empiryczny opiera się na metodach symulacji i technice scenariuszy w ramach obliczeń optymalizacyjnych, przy czym materiał danych wygenerowany na podstawie realistycznie skonstruowanego studium przypadku ma być wyprowadzony

[34] Por. Flick i in. [Qualitative Sozialforschung 1995], s. 67: "Zrozumienie znaczenia jest zarówno przedmiotem, jak i metodą jakościowych badań społecznych; z jednej strony jest to, co musimy stale osiągać w naszej codziennej praktyce, aby móc orientować się w naszym środowisku społecznym, a z drugiej strony jest to, co robimy jako badacze społeczni, aby lepiej zrozumieć samo osiągnięcie orientacji.

poprzez dedukcję, w rozumieniu zaleceń, w celu wyprowadzenia wskazówek dotyczących działania, ogólnie ważnych stwierdzeń (rozpoznawanie wzorca). Dlatego też cel metodologiczny koncentruje się z jednej strony na rozwoju podejść wyjaśniających, które stanowią teoretyczne pogłębienie treści, których nie można znaleźć w publikacjach o charakterze praktycznym. Z drugiej strony, realistyczne obliczenie modelu uwzględnia odniesienie do zastosowania, które jest pomijane w traktatach opartych na teorii.

Jako notę metodologiczną należy tu również wspomnieć o krytyce tradycyjnej pozytywistycznej perspektywy badawczej teorii zarządzania.[35] Istotną cechą tej perspektywy jest założenie obiektywnej, zrozumiałej rzeczywistości. Reprezentuje on zatem epistemologiczne stanowisko krytycznego racjonalizmu, który zakłada, że nasze organy zmysłów reprezentują świat w ramach swoich możliwości. W przeciwieństwie do tego[36], praca ta próbuje wnieść do stołu radykalną konstruktywistyczną perspektywę badawczą.[37] Tak więc praca naukowa oparta na konstruktywistycznej epistemologii polega nie tylko na rozpoznawaniu i opisywaniu rzeczywistości obiektywnej, ale także na

[35] Cf. Rössl [Gestaltung komplexer Austauschbeziehungen 1994], s. 20 f. Krytyka Rössla odnosi się do powiązań w odniesieniu do perspektywy sieciowej, ale istotne cechy tej krytyki są bezpośrednio przenoszone na poznawczy interes niniejszej pracy.

[36] Zob. Roth [Erkenntnis und Realität 1987], s. 231 f.

[37] Radykalny konstruktywizm próbuje odpowiedzieć na pytanie "Jak świat wchodzi mi do głowy", wyjaśniając, że poznanie człowieka nie zależy od elementów i relacji świata rzeczywistego, ale od właściwości systemu poznawczego obserwującego. Por. Saun-Aldehoff [Wie das Gehirn die Welt konstruiert 1993], s. 58.

określaniu tych elementów rzeczywistości subiektywnej, które można uznać za wskazania odpowiednich zasad działania.[38] W odniesieniu do pluralizmu idei i metod, cel "rozumienia i wyjaśniania złożonej rzeczywistości" wymaga zbadania wielu zupełnie różnych obszarów problemowych, kategorii opisowych i poziomów analizy. Aby oddać sprawiedliwość tym różnym kategoriom, a nie wykluczyć z góry niektóre, być może istotne, aspekty poprzez wybór konkretnej perspektywy, konieczne jest rozważenie różnych podejść teoretycznych i projektów badawczych. Punkty te są tym ważniejsze, że podejście badawcze wysuwa holistyczne twierdzenie, które najlepiej wyrażają słowa Ulricha: "Tylko zrozumienie nauki może być opisane jako holistyczne, jeśli poprzez samokrytyczną refleksję nad nieuchronną selektywnością wybranej perspektywy i żartobliwą zmianę perspektywy stale usuwa własne ograniczenia.[39] Z powyższych rozważań wynika, że w kontekście tej pracy wielokrotnie wykorzystywane są elementy teoretyczne z różnych szkół i dyscyplin teoretycznych. Jeżeli w wyniku tej procedury pojawi się oskarżenie o niekonsekwencję, jest to świadomie przyjęte w pierwszej części pracy, która opiera się na teorii.

W drugiej, dedukcyjnie zorientowanej części pracy, z korelacji tworzony jest wspomagany komputerowo model obliczeniowy. Precyzyjność teoretycznych stwierdzeń podstawowych, na których opiera się model, co jest konieczne w rezultacie, stawia ewentualne oskarżenie o niespójność w perspektywie i gwarantuje wysoką jakość wyników badań. W ten sposób można prawie całkowicie uniknąć rozmycia językowego i stopni swobody.

---

[38] Por. Mildenberger [Samo-organizacja sieci produkcyjnych 1998], s. 7.

[39] Ulrich [Systemsteuerung und Kulturentwicklung 1984], s. 306.

1.4. Struktura pracy

Struktura pracy opiera się na celach, pytaniach badawczych i podejściu metodologicznym opisanych w poprzednich rozdziałach. Naukowe ramy odniesienia (patrzRysunek 7) nadają pracy jej strukturę. Praca jest więc podzielona na siedem rozdziałów, które opierają się na sobie i odzwierciedlają podstawową strukturę pracy.

Rozdział pierwszy kładzie podwaliny pod prace, zajmując się podstawowymi wzorcami zmian w środowisku gospodarczym i problemami z nich wynikającymi. Na podstawie wstępnej analizy wyprowadza się cele i sprawdza wiarygodność. Ponadto ujawnia się kontekst epistemologiczny, jak również koncepcję teoretycznych i metodologicznych badań naukowych. Służy to wyjaśnieniu podstawowych założeń i osądów wartościujących, które są nieuchronnie związane z koncepcją badawczą.

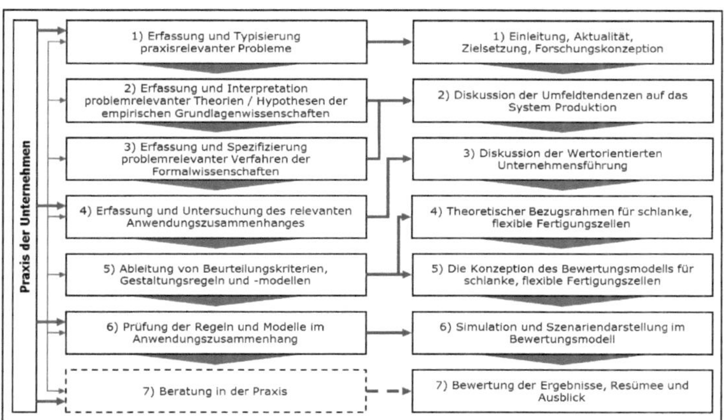

Rysunek 7: Struktura pracy[40]

Drugi i trzeci rozdział traktują o kontekście epistemologicznym na poziomie teoretycznym. Punktem wyjścia dyskusji jest analiza przyszłych czynników wpływających na systemy produkcyjne, które odpowiadają czynnikom zmian wynikającym z megatrendów. Na tej podstawie sformułowano pierwsze wnioski w zakresie wymagań dla nowoczesnych metod zarządzania.
Rozdział trzeci poświęcony jest procedurom wyceny, w ramach których w pierwszej kolejności badane są procedury wyceny przedsiębiorstw. Następnie bardziej szczegółowo badane są procedury obliczania inwestycji. Na podstawie analizy korzyści, która koncentruje się na kontekście pracy, opracowuje się teoretycznie solidny i zorientowany na zastosowanie model oceny, zarządzania i kontroli inwestycji.
Z krytycznego kwestionowania celów wyjaśniających, w rozdziale czwartym opracowano teoretyczne ramy odniesienia dla szczupłych, elastycznych komórek produkcyjnych. W oparciu o terminologiczną precyzję terminów, wymagania dotyczące modeli całościowych systemów produkcji wynikają z refleksji nad zasadami Lean Management. W oparciu o te teoretyczne podstawy i wymagania modelowe (całość, elastyczność, dynamizacja, integracja), w rozdziale piątym wyprowadzono i skategoryzowano parametry oceny szczupłych, elastycznych komórek produkcyjnych. Druga część rozdziału stanowi przejście do części empirycznej pracy. Dedykowany jest on koncepcji modelu poprzez opis elementów konstrukcyjnych i podstawowych funkcjonalności.

[40] Źródło: Na podstawie Ulricha [Betriebswirtschaftslehre 1984], s. 193.

Za pomocą symulacji i tworzenia scenariuszy model jest badany w rozdziale szóstym pod kątem możliwości zapewnienia wariantów działania w odniesieniu do wariantów decyzyjnych dotyczących inwestycji w ogniwa produkcyjne. Z jednej strony, analiza porównawcza skupia się na wpływie zmiennych docelowych, przeprowadzając analizy zależności najważniejszych parametrów wejściowych. Z drugiej strony, technika scenariuszowa jest wykorzystywana do próby oceny niepewności związanej z efektami megatrendów. W tym celu przygotowywane są prognozy na przyszłość, które określają zakres odchylenia docelowego, a tym samym umożliwiają ocenę opłacalności inwestycji w warunkach niepewności.

Końcowy, siódmy rozdział podsumowuje wyniki pracy, koncentrując się na praktycznym zastosowaniu. Praca kończy się perspektywą implikacji dla dalszych obszarów badań.

2. Omówienie odpowiednich trendów środowiskowych w systemie produkcyjnym

Jak wspomniano w rozdziale 1.1, znajdujemy się w burzliwych czasach, które można umieścić w kontekście fazy spowolnienia Kondratieffa. Fazy spowolnienia gospodarczego mają tendencję do kończenia się globalnym kryzysem gospodarczym. Historycznie, kryzysy zawsze wpływały na zmianę paradygmatów. W związku z tym w ostatnich latach doszło do fundamentalnej i trwałej zmiany ramowych warunków społecznych i gospodarczych w przedsiębiorstwach. Charakterystyczne dla nowych warunków ramowych są m.in. nasycone i specyficzne dla klienta rynki zbytu, które w połączeniu z wahaniami gospodarczymi i postępującą deregulacją prowadzą do nasilenia globalnej konkurencji.[41] Logiczną konsekwencją wynikającą z tego jest agresywna konkurencja, wojny cenowe i groźba spadku marż. "W tej sytuacji sytuacja ekonomiczna wielu przedsiębiorstw charakteryzuje się tym, że działają one blisko progu rentowności i dlatego nawet niewielkie wahania w wykorzystaniu mocy produkcyjnych mogą stanowić ogromne zagrożenie dla sukcesu operacyjnego. "Jeśli weźmie się pod[42] uwagę aktualny wynik roczny, oceniając poziom sukcesu strategicznego, wiele firm ma do czynienia z krótszymi cyklami życia produktów i jednoczesnym wydłużeniem okresów amortyzacji.[43]

---

[41] Por. Franz/Kajüter [Kostenmanagement in Deutschland 1997], s. 6, oraz rozdział 2.1.

[42] Mussnig [Dynamic Target Costing 2001], s. 1.

[43] Zob. Horváth [Controlling 1998], s. 5.

Zmiany dotyczą praktycznie wszystkich sektorów, a tylko nielicznym firmom udało się osiągnąć niezbędne tempo dostosowania[44]. Na tak niestabilnych rynkach, produkcja przemysłowa nadal stanowi gwarancję stabilnej konkurencyjności.[45] Dowodzi tego przykład Niemiec, które wyszły z kryzysu gospodarczego z lat 2008/2009 znacznie silniejsze.[46] Jak wynika zRysunek 8, udział produkcji w wartości dodanej brutto zmniejszył się w prawie wszystkich gospodarkach europejskich. W chwili obecnej wiele wskazuje na to, że spadek produkcji przemysłowej spowalnia, a czasami się odwraca.[47] Można zatem stwierdzić, że produkcja przemysłowa nadal ma potencjał, aby być lub stać się siłą napędową wiodących gospodarek zachodnich.

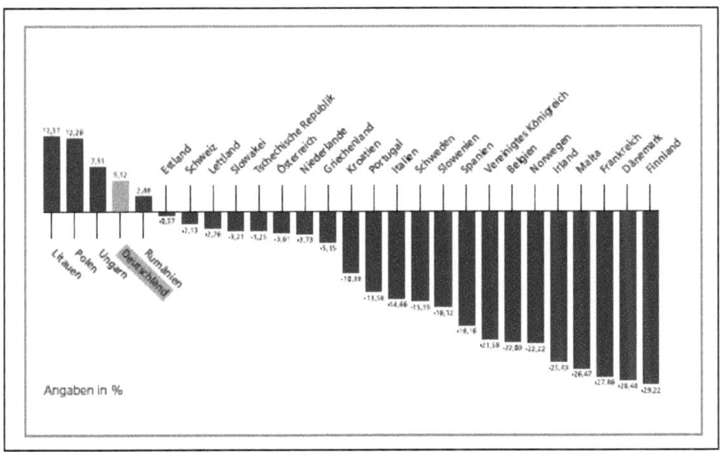

Rysunek 8: Spadek udziału produkcji w PKB w latach 2001-2012[48]

[44] Zob. Franz/Kajüter [Cost Management in Germany 1997], s. 6.

[45] Por. Spath et al. [Production Work of the Future 2013], s. 4.

[46] Por. Spath et al. [Production Work of the Future 2013], s. 15.

[47] Por. Spath et al. [Production Work of the Future 2013], s. 14.

[48] Źródło: Spath et al. [Production work of the future 2013], s. 15.

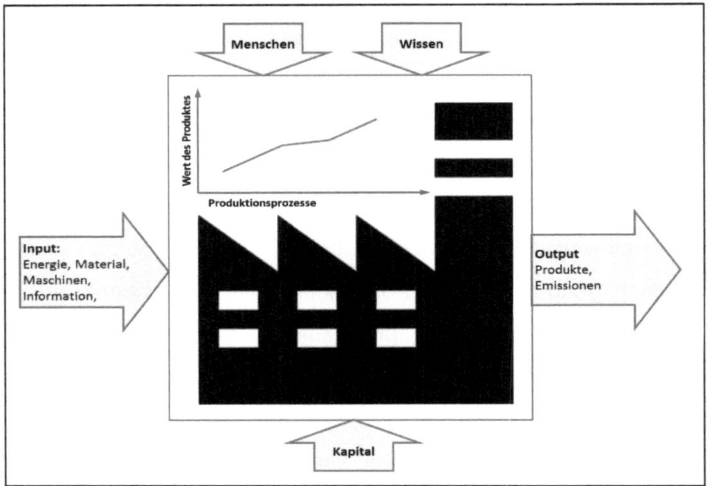

Rysunek 9: Tworzenie wartości jako proces transformacji [49]

Produkcja może być następnie rozumiana jako proces transformacji, w którym produkty o wyższej wartości są wytwarzane z wykorzystaniem wiedzy w fabrykach. [50] Proces transformacji może być zatem rozumiany jako proces tworzenia wartości dodanej, który jest realizowany przez ludzi za pomocą narzędzi i maszyn (patrz Rysunek 9).

W ubiegłym wieku optymalizacja produkcji przemysłowej koncentrowała się na doskonaleniu poszczególnych procesów. Dopiero pod koniec ubiegłego wieku celem było osiągnięcie ho-

[49] Źródło: Westkämper/Löffler [Strategien der Produktion 2016], s. 2, prezentacja własna, nieco zmieniona.

[50] Por. Westkämper/Löffler [Strategie produkcji na rok 2016], s. 2.

listycznej optymalizacji, m.in. poprzez podejście lean management.[51] Obecnie nacisk na optymalizację przesuwa się na globalną konkurencyjność, co dramatycznie rozszerza perspektywę systemu [52] produkcyjnego. [53] Na nadchodzące zmiany strukturalne wpływa nie tylko całe środowisko przedsiębiorstwa (infrastruktura, edukacja, polityka), ale przede wszystkim cyfryzacja. Westkämper opisuje ten związek w istotny sposób: "Dziś musimy uznać, że prawie wszystkie megatrendy mają wpływ na rozwój produktów i procesów w produkcji przemysłowej. Starzejące się społeczeństwo i indywidualizacja zwiększają zapotrzebowanie na produkty. Wiedza jest udostępniana szybko, o każdej porze i w każdym miejscu w dobie globalnej informacji i komunikacji. Ochrona zasobów naturalnych i środowiska naturalnego jest nie tylko ogólnym oczekiwaniem społeczeństwa, ale także techniczną i ekonomiczną koniecznością".[54]

Obecne trendy środowiskowe skutkują długoterminowymi trendami, tzw. megatrendami, które zostały omówione w kolejnych rozdziałach w odniesieniu do ich możliwego wpływu na systemy produkcyjne. Wiedza na temat rozwoju i rozpoznawania długoterminowych trendów wspiera zrozumienie i pomaga w skutecznym sprostaniu przyszłym wyzwaniom w zakresie przedsiębiorczości przy inwestycjach w systemy produkcyjne.[55]

[51] Por. Spath et al. [Production Work of the Future 2013], s. 17.

[52] System jest definiowany jako "powiązane ze sobą elementy, które w jakiś sposób tworzą całość". Spath [O czym my mówimy w 2003 roku], str. 13.

[53] Por. Westkämper/Löffler [Strategie produkcji na rok 2016], s. 3.

[54] Westkämper [Zmiany strukturalne 2013], s. 7.

[55] Por. Brown [Status and development trends of the SCM 2009], s. 18.

W literaturze przedmiotu istnieje duża liczba możliwych czynników wpływających. Ze względu na postulowane, heurystyczne twierdzenie o pracy, należy dokonać tutaj wyboru. Wybór megatrendów opiera się na ich znaczeniu dla niniejszego badania i jest oparty na kombinacji lub wyborze propozycji Schenka i in:

- Rosnąca globalizacja gospodarki
- Skrócenie cykli życia innowacji i technologii
- Zwiększająca się indywidualizacja potrzeb klientów
- Zmiana demograficzna
- Efektywność wykorzystania zasobów i energii
- Stopniowe rozprzestrzenianie się technologii informacyjnych i komunikacyjnych,[56]

i Eberhardta i Majkovica:

- Indywidualizacja
- Flexibilisation
- Demografia
- Zmiany społeczne i gospodarcze
- Odpowiedzialność społeczna i zrównoważony rozwój.[57]

Megatrendy wybrane w kontekście pracy i omówione bardziej szczegółowo w kolejnych rozdziałach są następujące:

- Megatrend Globalizacja,
- Megatrendowa indywidualizacja i elastyczność,
- Megatrend Zmiana demograficzna,

[56] Por. Schenk et al. [Fabrikplanung 2014], s. 40.

[57] Por. Eberhardt/Majkovic [Zukunft der Führung 2015], s. 19 f.

- Megatrend zrównoważony rozwój i
- Megatrend zmian technologicznych i cyfryzacji.

Jak pokazuje dyskusja, system produkcji zmieni się znacząco pod wpływem megatrendów. Te megatrendy mogą być rozumiane jako szanse i zagrożenia[58], które zostaną teraz przeanalizowane pod kątem ich znaczenia w odniesieniu do niniejszego badania.

2.1. Megatrend Globalizacja

W najszerszym tego słowa znaczeniu, megatrend globalizacji[59] jest rozumiany jako proces rosnącej światowej współzależności w takich dziedzinach jak polityka, biznes i kultura. "W kontekście globalizacji gospodarczej rozważa się m.in. wzrost światowego handlu, wzrost globalnej współpracy biznesowej czy wzrost bezpośrednich inwestycji zagranicznych.[60] "Już w latach 80-tych ubiegłego wieku Henzler i Rall dostrzegali takie tendencje globalizacyjne na niektórych rynkach, jak aparaty fotograficzne, pióra i odzież. Przypisali to faktowi, że preferencje nabywców były zbieżne i wynikała z tego konieczność obecności w tych segmentach rynku na całym świecie w celu osiągnięcia odpowiednich korzyści skali po stronie kosztów.[61]

---

[58] Por. Westkämper/Löffler [Strategie produkcji na rok 2016], s. 45.

[59] Pojęcie globalizacji jest zasadniczo neutralne i odnosi się do globalnej konwergencji, tworzenia sieci lub współzależności. Por. Staudte [Globalisierung der Welt 2008], s. 7.

[60] Abele/Reinhart [Future of Production 2011], s. 11.

[61] Por. Henzler/Rall [wejście na rynek światowy 1985], s. 179.

Kontynuacja trendu w kierunku globalnego pozycjonowania firm przyspieszyła w ostatnich latach, ponieważ:

- Atrakcyjne rynki pojawiają się lub już się pojawiły, szczególnie w krajach BRIC (Brazylia, Rosja, Indie, Chiny),
- Zagraniczne zakłady produkcyjne robią ogromne postępy pod względem jakości i kosztów jednostkowych,
- Koszty transportu i logistyki znacznie spadły w ostatnich latach,
- Dzięki Internetowi dostępna jest potężna, szybka i globalna sieć komunikacyjna, a zatem
- Tanie lokalizacje mogą być coraz lepiej połączone z lokalizacjami w Europie Środkowej przy pomocy odpowiedniej infrastruktury.[62]

Z tej listy można wywnioskować, że strategiczne i praktyczne wyzwania firm, oprócz zarządzania różnymi czasami, dystansami i przestrzeniami, doświadczają również wymiaru różnych kontekstów kulturowych.[63]
Efekty globalizacji są przyspieszane przez zwiększone wykorzystanie nowoczesnych technologii informacyjnych i komunikacyjnych, tworząc historycznie nowy wymiar dynamiki.[64]
Wraz z rosnącym dobrobytem rośnie w nas, ludziach, pragnienie posiadania coraz większej ilości różnych produktów. Gdyby każdy kraj chciał sam produkować wszystkie różne produkty,

[62] Por. Abele/Reinhart [Future of Production 2011], s. 12.

[63] Zob. Schwämmle [Evolving Strategies 1997], s. 217.

[64] Zob. Jacobi/Landlerr [Aspekt Globalisierung 2013], s. 23.

byłoby to możliwe tylko w rozsądnych ilościach. Dzięki[65] globalnemu handlowi, który był możliwy dzięki rozwojowi technologii informacyjno-komunikacyjnych, a obecnie funkcjonuje w czasie rzeczywistym, firmy w danym kraju mogą skoncentrować się na mniejszej ilości towarów i produkować je w dużych ilościach.[66] Ze względu na duże ilości, pojawia się "ekonomia skali" - efekt. Zauważalna jest nie tylko specyficzna dla danego kraju specjalizacja w zakresie produktów i usług, ale w wielu miejscach na terenie kraju powstają również klastry.[67] W tym kontekście Schiele postuluje "Globalizacja oznacza również centralizację przemysłu do poszczególnych regionów. Globalizacja kontynuuje międzynarodowy podział pracy - ale nie pomiędzy firmami arbitralnie rozproszonymi, ale często pomiędzy wyspecjalizowanymi regionami i firmami tam zakotwiczonymi.[68] Jak już wskazał Schiele, zasada ta jest dodatkowo propagowana przez fakt, że podział pracy nie kończy się na wymiarach państw i regionów, ale ma również wpływ na poszczególne przedsiębiorstwa.[69] Również wewnętrzne funkcje przedsiębiorstwa wymagają masy krytycznej popytu, aby były ekonomicznie opłacalne. Przykłady można znaleźć od znajomości języków

---

[65] Cf. Danielli/Backhaus/Laube [Economic Geography and Globalized Living Space 2009], s. 206.

[66] Por. Brown [Status and development trends of the SCM 2009], s. 19.

[67] Termin "cluster" pochodzi z języka angielskiego i oznacza coś w rodzaju winogron lub kiści. W związku z tematem globalizacji autor zaleca rozumienie tego terminu, który wykracza poza czysto regionalne "liczenie firm", poprzez uwzględnienie również bezpośrednich konkurentów firmy, najważniejszych klientów, dostawców i organizacji wspierających. Por. Schiele [Der Standortfaktor 2003], s. 27.

[68] Schiele [The location factor 2003], s. 18 f.

[69] Vgl. Baumol/Blinder [Ekonomia, zasady i polityka 1988], S. 384 i nast.

obcych poszczególnych pracowników po produkcję specjalnych komponentów do danego produktu.[70]

Takie sieci organizacyjne na poziomie krajów - regionów - przedsiębiorstw mogą również zwiększać złożoność sytuacji decyzyjnych i działań.[71] Logiczną konsekwencją jest to, że złożona, zintegrowana produkcja międzynarodowa stanowi obecnie centralną część strategii firm międzynarodowych. Dotyczy to zarówno funkcjonalnej, jak i geograficznej integracji działań o wartości dodanej.[72]

Do początku globalizacji produkcji nie przywiązywano wystarczającej wagi do generowania przewagi konkurencyjnej w przedsiębiorstwach. Ta strategiczna ocena wynika z sytuacji rynkowej panującej w przeszłości.[73] Ta postępująca globalizacja rynków i towarzysząca jej intensyfikacja konkurencji zmusza przedsiębiorstwa do "ponownego przemyślenia istniejących i wcześniej skutecznie stosowanych koncepcji zarządzania w celu zapewnienia długotrwałego przetrwania organizacji przedsiębiorstwa".[74] "Rozważając strategię globalizacyjną, firmy powinny być świadome dominujących krytycznych czynników sukcesu, takich jak standaryzacja, minimalizacja kosztów i dys-

---

[70] Por. Schiele [Der Standortfaktor 2003], s. 36.

[71] Nie można od początku określić, czy i w jakim stopniu sieci zwiększają lub zmniejszają złożoność. Zob. również Sydow/Windeler [Kompleks i refleksy 1977], s. 147 i nast.

[72] Por. Fuchs/Apfelthaler [Management of international business activities 2009], s. 228.

[73] Vgl. Pendlebury [Creating a Manufacturing Strategy 1987], S. 35.

[74] Czajy/Voigt [Disruptions in automotive value networks 2009], s. 1.

trybucja na całym świecie. Tendencje te wymagają konsekwentnego włączania produkcji do konkurencyjnej strategii globalizacji.[75]

Z jednej strony, czynniki, które już teraz są uważane za zapewniające przetrwanie w wielu miejscach, mogą wynikać z bardziej intensywnej konkurencji i presji na ciągłe obniżanie kosztów. Rozwiązaniem tego problemu jest często "ekonomia skali", czyli wykorzystanie przewagi kosztowej poprzez światową produkcję masową. Z drugiej strony, czynniki te mogą wynikać z rosnącego znaczenia "rynków krajowych". Podejście do rozwiązania tego problemu często polega na decentralizacji i przeniesieniu produkcji i innych funkcji przedsiębiorstwa do regionów wschodzących w celu osiągnięcia silniejszej "ekonomii zakresu", tj. poszerzenia i uelastycznienia oferty produktów.[76]

W tym kontekście podejście "lean management" wymaga m.in. racjonalizacji zakresu usług przedsiębiorstwa, a tym samym koncentracji na rzeczywistych kompetencjach podstawowych. Związane z tym przeniesienie działalności tworzącej wartość dodaną do firm dostawców jest logiczną konsekwencją przeciwdziałania tym zmienionym warunkom. [77]

Globalizacja odgrywa również swoją rolę w skracaniu i dynamizowaniu cykli życia produktów, co stwarza szczególne

[75] Zob. Wildemann [The Modular Factory 1992], s. 21.

[76] Por. Hirsch-Kreinsen [Umiędzynarodowienie produkcji 1998], s. 20.

[77] Por. Czajy/Voigt [Disruptions in automotive value networks 2009], s. 1 f.

wyzwania dla procesu ich rozwoju. Można[78] z tego wywnioskować, że badania i rozwój również w przyszłości będą w coraz większym stopniu zglobalizowane.[79]

2.2. Megatrend Indywidualizacja i elastyczność

Jak opisano w poprzednim rozdziale, przedsiębiorstwa produkcyjne w zachodnich krajach uprzemysłowionych stoją w obliczu rosnącej globalnej konkurencji oraz rosnącej presji na terminy i koszty. Ze względu na ciągłą zmianę w rozumieniu rynku z rynku dostawcy na rynek nabywcy, nastąpiło przejście od i-lościowego do jakościowego wzrostu rynku. "Cechą charakterystyczną takich rynków nie jest już wzrost ilościowy, ale wzrost wariantowy.[80] "Poprzez zwiększanie zróżnicowania produktów poprzez konstrukcje i modyfikacje dostosowane do konkretnych zamówień, firmy starają się indywidualnie zwracać do swoich grup docelowych, aby znaleźć odpowiedź na rosnącą presję konkurencji[81]. "Wysoce elastyczna automatyka - drogi luksus" to tytuł [82] niemieckiego dziennika biznesowego dla branży "Produktion" w numerze 23/2008, a redakcja stwierdza również, że koszty inwestycji rosną nieproporcjonalnie wraz z rosnącą elastycznością, tak że luksus w sensie bogactwa wariantów ma pierwszeństwo przed funkcjonalnością.

---

[78] Por. Abele/Reinhart [Future of Production 2011], s. 12.

[79] Zob. Jacobi/Landlerr [Aspekt Globalisierung 2013], s. 25.

[80] Buty [Managing Product Complexity 2005], s. 9.

[81] Por. Mussnig [Dynamisches Target Costing 2001], s. 24 i cytowana tam literatura.

[82] Zob. Widmann [Produktion 2008a], s. 1 f.

Kolejny klaster trendów rozwojowych zgrupowany jest wokół potrzeby przetrwania w przyśpieszonej sytuacji konkurencyjnej z krótkimi cyklami życia produktów, krótkimi czasami opracowywania produktów i krótkimi terminami dostaw. Jednocześnie badania potwierdzają, że opisana powyżej tendencja do dostosowywania produktów do indywidualnych wymagań klienta będzie wzmacniać tę tendencję. Ta specyficzna kombinacja wymagań ma konsekwencje nie tylko dla organizacji firmy, ale także dla rodzaju produktów i ich coraz krótszych cykli innowacyjnych.[83]

Można zatem stwierdzić, że ciągły rozwój technologiczny w połączeniu ze zmianami w zachowaniach konsumentów powoduje ciągłe skracanie się okresu między wprowadzeniem na rynek a zakończeniem produkcji seryjnej, tzw. cyklu życia produktu.[84] Dlatego też czynniki "czas do wprowadzenia na rynek" i zarządzanie wariantami są jeszcze bardziej istotne niż strategiczne potencjały sukcesu.[85] Ponieważ liczba wariantów produktów rośnie, a wielkość partii maleje,[86]a produkty nie są już od dawna na rynku, automatyzacja przynosi jedynie ograniczone korzyści - argumentuje Hitoshi Takeda, japoński ekspert w dziedzinie systemu produkcyjnego Toyoty.[87]

Zdolność do dokonywania takich dostosowań do zmieniających się warunków rynkowych może być początkowo opisana w

[83] Schirrmeister/Warnke/Dreher [The Future of Production in Germany 2003], s. 43, Brown [Status and Development Tendencies of SCM 2009], s. 19 oraz Wildemann [The Modular Factory 1992], s. 21.

[84] Patrz Spengler/Volling/Rehkopf [Chaku-Chaku-Systems 2005], str. 250.

[85] Por. Wildemann [Fertigungsstrategien 1994], s. 5.

[86] Zob. Black/Hunter [Lean Manufacturing Systems 2003], s. 45.

[87] Zob. Takeda [Production 2008b], s. 1.

sposób ogólny jako zdolność do zmiany. W literaturze używa się niezliczonych terminów, aby to opisać. Ponieważ obecne prace koncentrują się na obszarze produkcji, wybór cech jest już znacznie ograniczony. Terminem najczęściej omawianym w kontekście produkcji jest elastyczność. Stwierdzenie to opiera się między innymi na badaniu literatury autorstwa De Toni i Tonchia, które opiera się na ponad 120 publikacjach na ten temat.[88] Jest oczywiste, że pojęcie elastyczności odgrywa kluczową rolę w kontekście opanowania rosnącej złożoności produktów. Elastyczność ma na celu, z jednej strony, potrzebę dostosowania ilości i czasu (elastyczność rodzajów i ilości), które mogą wynikać z programu produkcji, a z drugiej strony, zdolność produkcji do dostosowania się do zmian organizacyjnych, technologicznych oraz krótko- i długoterminowych (elastyczność dostosowania i rozszerzenia).[89] W ostatnich publikacjach rozróżnia się te dwa rodzaje zdolności adaptacyjnych z elastycznością i zmiennością. Elastyczność jest zatem zdolnością podsystemu produkcyjnego do dostosowania się do zmieniających się zadań produkcyjnych. Obejmują one elastyczność techniczną, elastyczność mocy produkcyjnych, elastyczne systemy produkcji i montażu.[90] Z kolei zdolność adaptacyjna odnosi się do całego systemu i opisuje jego zdolność do adaptacji do zmieniających się asortymentów produktów. Zdolność do zmian obejmuje m.in. zmiany funkcji technicznych, zmiany w procesach pracy i modułowych koncepcjach produkcji.[91] Na stronie

[88] Patrz Toni/Tonchia [Elastyczność produkcji 1998], str. 1587 i następne.

[89] Por. Eversheim/Schenke/Warnke [Design of Production Systems 1998], s. 39.

[90] Por. Westkämper/Löffler [Strategie produkcji na rok 2016], s. 64 f.

[91] Por. Westkämper/Löffler [Strategie produkcji na rok 2016], s. 65.

Rysunek 10 podsumowuje te różnice:

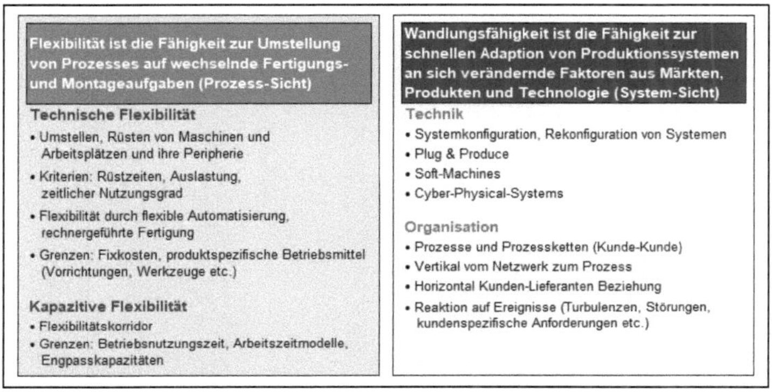

Flexibilität ist die Fähigkeit zur Umstellung von Prozesses auf wechselnde Fertigungs- und Montageaufgaben (Prozess-Sicht)	Wandlungsfähigkeit ist die Fähigkeit zur schnellen Adaption von Produktionssystemen an sich verändernde Faktoren aus Märkten, Produkten und Technologie (System-Sicht)
Technische Flexibilität • Umstellen, Rüsten von Maschinen und Arbeitsplätzen und ihre Peripherie • Kriterien: Rüstzeiten, Auslastung, zeitlicher Nutzungsgrad • Flexibilität durch flexible Automatisierung, rechnergeführte Fertigung • Grenzen: Fixkosten, produktspezifische Betriebsmittel (Vorrichtungen, Werkzeuge etc.) **Kapazitive Flexibilität** • Flexibilitätskorridor • Grenzen: Betriebsnutzungszeit, Arbeitszeitmodelle, Engpasskapazitäten	**Technik** • Systemkonfiguration, Rekonfiguration von Systemen • Plug & Produce • Soft-Machines • Cyber-Physical-Systems **Organisation** • Prozesse und Prozessketten (Kunde-Kunde) • Vertikal vom Netzwerk zum Prozess • Horizontal Kunden-Lieferanten Beziehung • Reaktion auf Ereignisse (Turbulenzen, Störungen, kundenspezifische Anforderungen etc.)

Rysunek 10: Elastyczność a zmienność[92]

Rosnące zapotrzebowanie na specyficzne dla klienta, techniczne produkty i usługi nieuchronnie prowadzi do rosnącej liczby wariantów.[93] Ta indywidualizacja produktów jest więc również przyczyną większej złożoności wariantów, a w konsekwencji zwiększonej złożoności systemu produkcyjnego przy jednoczesnym wzroście złożoności koordynacji.[94] W połączeniu z dużą liczbą interfejsów zorientowanych na funkcje, może to skutkować nieprzejrzystymi procesami, a tym samym stale rosnącą złożonością procesów, co prowadzi do wykładniczo rosnących kosztów.[95] Jeśli nie można znaleźć odpowiednich sposobów na zmniejszenie lub kontrolę złożoności, zwiększona

[92] Źródło: Westkämper/Löffler [Strategie produkcyjne 2016], s. 65, wierna reprodukcja.

[93] Zob. Deuse et al. [Systemy produkcyjne w kontekście przemysłu 4.0 2015] s. 99.

[94] Zob. Adam/Johannwille [The Complexity Trap 1998], s. 8.

[95] Por. buty [zarządzanie złożonością produktów 2005], s. 9.

złożoność prowadzi do stopniowego wzrostu kosztów przy jednoczesnym degresywnym rozwoju przychodów. Poniższy uproszczony wykres ilustruje te trendy:

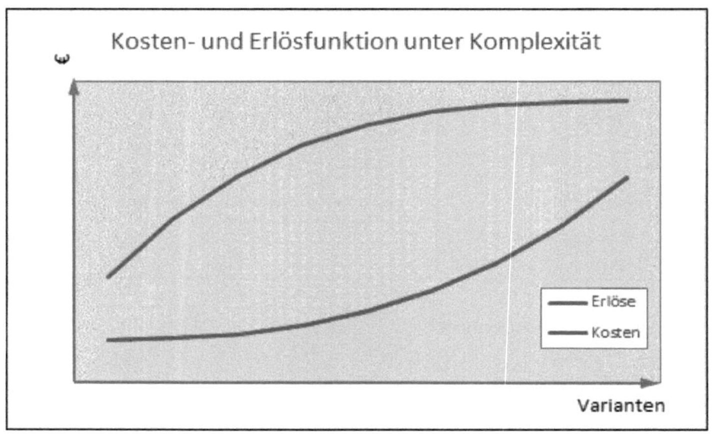

Rysunek 11: Wpływ na koszty i przychody przy coraz większej złożoności[96]

Podejście modularyzacyjne pozwala w pewnym stopniu przeciwdziałać temu rozwojowi. Jeśli chodzi o dostosowanie produktu do potrzeb klienta, produkcja może być dystrybuowana na skalę międzynarodową, podczas gdy tylko produkcja końcowa odbywa się blisko klienta. Tendencja do koncentrowania się na rynkach zaawansowanych technologii przy jednoczesnym przenoszeniu prostych etapów produkcji za granicę może być również dobrze pogodzona z tym podejściem.[97] Modularyzacja oferuje również możliwość dostarczania produktów

---

[96] Źródło: Opracowanie własne na podstawie Adam/Johannwille [The complexity trap 1998], s. 13.

[97] Por. Schirrmeister/Warnke/Dreher [Future of Production in Germany 2003], s. 43 f.

dostosowanych do potrzeb rynków zróżnicowanych kulturowo, a jednocześnie zgodnych z międzynarodowymi standardami.[98] W szczególności w związku z uelastycznieniem produkcji podejmuje się próbę wytworzenia szerokiej gamy usług praktycznie bez dodatkowych kosztów, aby stworzyć możliwość dostosowania się do zmieniających się sytuacji.[99] W przeszłości, elastyczność w odpowiedzi na rosnącą złożoność oznaczała inwestowanie w droższe maszyny. Jednakże w przypadku ewentualnego spadku różnorodności lub zmniejszenia złożoności, inwestycje te i związane z nimi koszty nie mogą być zmniejszone w takim samym stopniu, co stwarza ryzyko remanencji kosztów.[100] Tendencja do automatyzacji, od dawna uważana za panaceum, teraz wydaje się ulegać coraz większemu zwrotowi także w przedsiębiorstwach środkowoeuropejskich. Na przykład, pytanie "Automation or Worker" zostanie postawione na najbardziej uznanych na świecie wiodących targach techniki montażu i przenoszenia, MOTEK w Stuttgarcie. W[101] zasadzie nadal istnieje chęć automatyzacji, ale w wielu przypadkach nacisk kładziony jest na automatyzację poszczególnych procesów, co prowadzi do powstania tzw. hybrydowych koncepcji produkcyjnych.[102] Jeśli operatorzy wykonują również przepływ materiałów pomiędzy stacjami technologicznymi, mówimy o szczupłych, elastycznych koncepcjach produkcyjnych. Takie

---

[98] Por. Schirrmeister/Warnke/Dreher [Future of Production in Germany 2003], s. 43.

[99] Zob. Roever [Golden Section 1991], s. 253.

[100] Por. buty [zarządzanie złożonością produktów 2005], s. 23.

[101] Zob. Widmann [Produktion 2008b], s. 1 f.

[102] Por. Fichtmüller [Elastyczność w racjonalizacji montażu 1997], s. 5 i nast.

koncepcje mają swoje główne zalety w postaci niewielkiego wolumenu inwestycji oraz elastyczności produkcji przy prawie takiej samej wydajności pracowników.[103] Te chude, elastyczne komórki produkcyjne będą głównym tematem tej pracy w kolejnych rozdziałach.

Jeśli chodzi o czynniki konkurencji, elastyczność może być postrzegana jako nadrzędna zmienna, która niekoniecznie konkuruje z innymi czynnikami konkurencji, jak mówi się o napięciu między kosztami, jakością i czasem.[104] Magiczny trójkąt" znany m.in. z zarządzania projektami można rozszerzyć o czwarty wymiar, czyli o wymiar elastyczności[105] (patrz
).

[103] Por. Costanza [The Quantum Leap 1996], s. 53 ff, oraz Por. Spengler/Volling/Rehkopf [Chaku-Chaku-Systems 2005], s. 249.

[104] Por. Moos [Complexity and Flexibility 2009] s. 59.

[105] Por. Picot et al. [Die grenzenlose Unternehmung 2007] s. 38.

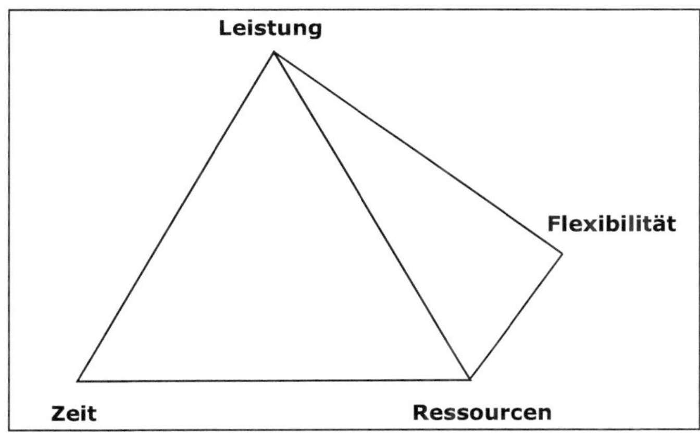

Rysunek 12: Poszerzenie "magicznego trójkąta[106]

Należy krytycznie przedyskutować kwestię, w jakim stopniu można zoptymalizować elastyczność w oderwaniu od innych czynników konkurencji. Można zauważyć, że coraz więcej firm poszukuje kombinacji czynników konkurencyjnych. Adaptacja oznacza czasami również, że w zależności od sytuacji zmienia się wartość czynników konkurencyjnych w strategii firmy.[107] Jednak nie tylko rośnie zapotrzebowanie na dostosowanie się przedsiębiorstwa produkcyjnego do różnych zewnętrznych i wewnętrznych wyzwań w zależności od sytuacji, ale także zakres i tempo, w jakim można wprowadzać takie zmiany, znacznie wzrosły od lat 90-tych w związku z globalnym rynkiem towarów i usług.[108]

---

106 Źródło: Prezentacja własna na podstawie Wilbert [Successful introduction of production systems 2008], s. 32; zob. także Berger/Hirschenbach [Time-Cost-Quality Leadership 1993] s. 129 i nast.

107 Zob. Moos [Komplexität und Flexibilität 2009], s. 59 oraz cytowana tam literatura.

108 Zob. Wiendahl et al. [Fabrikplanung 2009], s. 14.

2.3. Megatrend Zmiany demograficzne

Dyskusja na temat zmian demograficznych jest obecnie szeroko zakrojona i w żadnym razie nie ogranicza się do polityki. W obserwacjach demoskopowych uwzględnia się kilka wymiarów:

- Stary,
- Płeć i
- Różnorodność.[109]

Ludzie nie tylko się starzeją, ale także utrzymują swoją wydajność na starość.[110] W połączeniu z niskim wskaźnikiem urodzeń prowadzi to do podwyższenia średniego wieku. Trend ten wykazuje stałą tendencję wzrostową. Przykładowo, deficyt urodzeń (liczba urodzeń minus liczba zgonów) w Niemczech wynosił w 2008 roku 12 000, a do 2050 roku wzrośnie do ponad 550 000. W chwili[111] obecnej nie można jeszcze ocenić, w jakim stopniu wskaźniki imigracji (słowo kluczowe "kryzys uchodźczy"), które znacznie wzrosły od 2015 r., będą znacząco przeciwdziałać tej tendencji.
Jednakże ciągły proces starzenia się znacznie zmieni nasze społeczeństwo, a tym samym będzie stanowił wyraźne wyzwanie dla produkcji.[112] Zarówno coraz bardziej szczegółowa wiedza i doświadczenie wymagane przy opracowywaniu i wytwarz-

[109] Por. Eberhardt/Majkovic [Zukunft der Führung 2015], s. 29 f.

[110] Por. Westkämper/Löffler [Strategie produkcji na rok 2016], s. 51.

[111] Por. Schenk/Schumann [Produktion mit Zukunft 2015], s. 2.

[112] Por. Schenk/Schumann [Produktion mit Zukunft 2015], s. 2.

aniu produktów technologicznych, jak i coraz szybsze tempo rozwoju i coraz krótsze cykle życia produktów wskazują, że przedsiębiorstwa coraz bardziej koncentrują się na współpracy,[113] ale także, że zasoby ludzkie stają się w tym kontekście wąskim gardłem.

Obecnie podtemat dominuje w publikacjach naukowych: Stwierdza się, że średni wiek pracowników w przedsiębiorstwach będzie wzrastał, a jednocześnie coraz trudniej będzie znaleźć młodszych pracowników.[114] Alternatywny subdyskurs oskarża polityków o sztuczne tworzenie problemu demograficznego, aby móc bronić niepopularnych środków, takich jak redukcja świadczeń socjalnych i podniesienie wieku emerytalnego.[115] Podejścia do rozwiązywania problemów w pierwszym subdyskusji polegają m.in. na podnoszeniu wieku emerytalnego, wykorzystywaniu niewykorzystanych rezerw (osoby ze środowisk migracyjnych, osoby starsze i kobiety) oraz kontrolowanej imigracji wysoko wykwalifikowanych pracowników z zagranicy.[116] Podejścia do rozwiązywania problemów w drugim podokresie można znaleźć m.in. we wzroście wydajności i zwiększeniu zatrudnienia (zwłaszcza kobiet i starszych pracowników). W[117] celu dalszego rozważenia proponuje się przełamanie granic subdyskusji i skupienie się na wspólnym potencjale podejścia do rozwiązywania problemów.

---

[113] Zob. Hensel [Network Management in the Automotive Industry 2007], s. 1.

[114] Por. Sander [Demographic Change in the Personnel Field 2016], s. 249.

[115] Por. Sander [Demographic Change in the Personnel Field 2016], s. 251 f.

[116] Por. Sander [Demographic Change in the Personnel Field 2016], s. 249.

[117] Por. Sander [Demographic Change in the Personnel Field 2016], s. 249.

W tym celu następnie zmniejszymy wysokość oglądania i omówimy niektóre szczegółowe aspekty i ich wpływ na środowisko pracy przyszłych systemów produkcyjnych. Jest to kilka wybranych aspektów, których znaczenie dla produkcji wydaje się być najwyższe, a nie pełna lista możliwych czynników wpływających, co i tak byłoby wątpliwe jako twierdzenie samo w sobie.

Pierwszym aspektem, który należy omówić, jest odpowiednia do wieku konstrukcja przyszłych miejsc pracy. Spadek zdolności fizycznych w podeszłym wieku odnosi się do aspektów motorycznych, sensorycznych i poznawczych. [118] Umiejętności poznawcze, które maleją wraz z wiekiem, są przeciwstawiane temu, że starsi pracownicy mają dostęp do doświadczenia i wiedzy, co oznacza, że wydajność może pozostać taka sama przez cały wiek.[119] Jako podejście wdrożeniowe w przedsiębiorstwach można wyprowadzić niejednorodne zespoły wiekowe, podział pracy, podejście do zarządzania wiedzą i konkretne szkolenia (uczenie się przez całe życie). W związku ze zmniejszającymi się zdolnościami motorycznymi i sensorycznymi, możliwa jest zwiększona automatyzacja (np. w interakcji między ludźmi a robotami). Konsekwencją dla produkcji w zachodnich krajach uprzemysłowionych jest jeszcze bardziej kapitałochłonna produkcja.[120] Rozwój ten podkreśla aktualność i znaczenie tej pracy, która ma na celu wspieranie odpowiedzi na te pytania w odniesieniu do przyszłych inwestycji poprzez możliwe do oceny alternatywy działania.

---

[118] Por. Schenk/Schumann [Produktion mit Zukunft 2015], s. 10.

[119] Por. Schenk/Schumann [Produktion mit Zukunft 2015], s. 11.

[120] Por. Schenk/Schumann [Produktion mit Zukunft 2015], s. 16.

Jako drugi aspekt rozważamy perspektywę procesów pracy. Kultura pracy będzie coraz bardziej oddalać się od ustalonych światów organizacyjnych oraz hierarchicznych i scentralizowanych systemów kontroli. Powstałe w ten sposób procesy i struktury będą w coraz większym stopniu charakteryzowały się zmiennymi relacjami roboczymi, elastycznymi modelami pracy, wirtualnymi zespołami i strukturami oraz organizacjami projektowymi.[121] Rozwojowi temu towarzyszyła redukcja podstawowej siły roboczej i wzrost zmiennych stosunków pracy. Coraz więcej pracowników kwestionuje również orientację na frekwencję.[122] Z jednej strony trend ten wymaga większej samodzielności i samoorganizacji ze strony pracowników, z drugiej strony przeciwdziała mu również obawa wielu menedżerów przed utratą kontroli.[123] Inną tendencją jest wzrost dyspozycyjności poza normalnymi godzinami pracy, co ma szczególny wpływ na menedżerów.[124]

Trzecim aspektem jest atrakcyjność miejsc pracy. Raport DIHK o rynku pracy 2013 / 2014 ilustruje wysiłki firm mające na celu z jednej strony przeciwdziałanie brakowi wykwalifikowanych pracowników, a z drugiej strony zwiększenie atrakcyjności jako pracodawcy:

---

[121] Zob. Rump/Eilers [Neue Arbeitskultur 2015], s. 295.

[122] Zob. Rump/Eilers [Neue Arbeitskultur 2015], s. 295.

[123] Zob. Rump/Eilers [Neue Arbeitskultur 2015], s. 297.

[124] Zob. Eichhorst/Tobsch [Elastyczny Arbeitswelten 2015], s. 52.

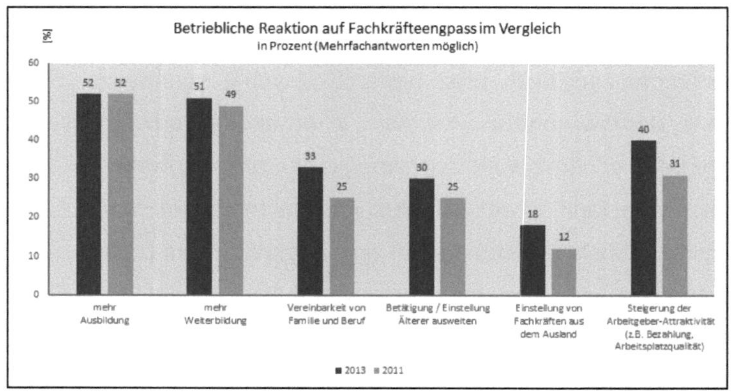

Rysunek 13: Reakcje operacyjne na niedobór wykwalifikowanych pracowników[125]

Badanie potwierdza, że większość firm uznała, iż kwalifikacje starszych pracowników mają sens. Wydaje się, że firmy robią pozytywne postępy w zakresie rekrutacji starszych pracowników. Prawie jedna piąta niemieckich firm rozważa obecnie zatrudnienie wykwalifikowanych pracowników z zagranicy. Jednak według badań firm, największy potencjał tkwi w kobietach. Tu właśnie tkwi największy potencjał wartości dodanej, przy 50% rozwiązaniu problemu.[126] Pod tym względem oczywiste są podejścia do optymalizacji rodziny i kariery zawodowej, takie jak prawo do powrotu z pracy w niepełnym wymiarze godzin, całodzienna opieka nad dziećmi oraz przyjazne rodzinie rozwiązania dotyczące czasu pracy.

Sander trafnie opisuje możliwy scenariusz oparty na omówionych powyżej czynnikach wpływających: "Oczekiwanym

[125] Źródło: o.V. [DIHK Labour Market Report 2014], s. 10, wierna reprodukcja.

[126] Patrz Ristau-Winkler [Fachkräfte dringend gesucht 2015], str. 18.

rezultatem sukcesu jest konkurencyjna organizacja ze zrównoważoną strukturą wiekową, funkcjonującym transferem wiedzy i "barwną" (pod względem wieku, płci i narodowości) siłą roboczą, która (podobnie jak organizacja) powinna być wolna od uprzedzeń wobec osób starszych i innych "specjalnych" pracowników.[127]

Firmy stają się coraz bardziej świadome prezentowanych podejść do rozwiązywania problemów i w związku z tym mogą być postrzegane jako potencjał do skutecznego przeciwdziałania trendom.[128] Kluczem do sukcesu przyszłych systemów produkcyjnych będzie projektowanie systemów pracy, procesów pracy, a także związana z tym atrakcyjność miejsc pracy.

2.4. Megatrend zrównoważony rozwój

Polityka zrównoważonego rozwoju, która jest również podstawową zasadą niemieckiego rządu federalnego, łączy wyniki gospodarcze i bezpieczeństwo socjalne z długoterminowym zachowaniem naturalnych podstaw życia.[129] Dwa z tych trzech filarów koncepcji zrównoważonego rozwoju, wyniki gospodarcze w połączeniu z zachowaniem naturalnych podstaw życia, zostaną zbadane i pogłębione w następujący sposób. Ponieważ niniejszy dokument nie odnosi się do kwestii politycznych czy gospodarczych, temat zabezpieczenia społecznego jest w dużej mierze wykluczony.

---

[127] Sander [Demographic Change in the Personnel Field 2016], S. 249.

[128] Por. Schenk/Schumann [Produktion mit Zukunft 2015], s. 8.

[129] Zob. Möller [Nachhaltige Entwicklung 2010], s. 45.

Obecnie świat zużywa więcej zasobów, niż może zregenerować natura.[130] Powoduje to zapotrzebowanie na efektywność energetyczną i ekonomiczne wykorzystanie zasobów w produkcji. Schenk przyjmuje bardzo ogólne podejście do definicji zasobów: "Przez zasoby rozumie się na ogół towary, usługi i informacje, które są wykorzystywane lub zużywane bezpośrednio do konsumpcji lub są stosowane pośrednio poprzez wkład w produkcję i późniejszą konsumpcję. [131] Schmidt i Schneider zawężają pojęcie zasobów do zasobów materialnych: "Przez zasoby rozumiemy tu zasoby materialne, które mają swoje źródło w przyrodzie, tzn. zasoby energetyczne, surowce przemysłowe lub rolne albo półprodukty z nich wykonane. [132] Ponieważ w niniejszej pracy badany jest wpływ efektywnego wykorzystania zasobów na system produkcji, definicja Schmidta i Schneidera zostanie przedstawiona poniżej.

Efektywne wykorzystanie energii lub zasobów (lub wydajność) to efektywność, z jaką energia i materiały są wykorzystywane w

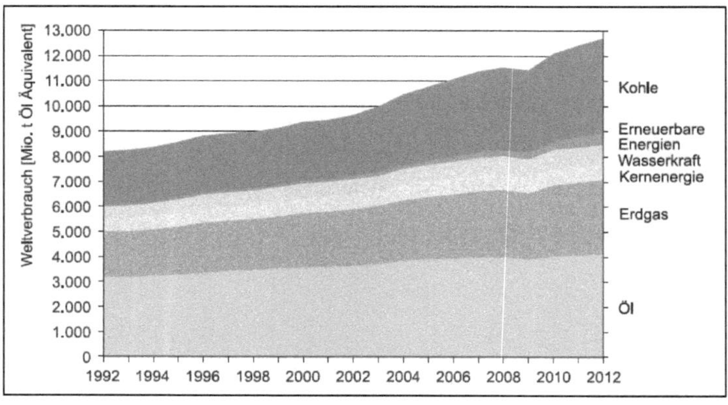

[130] Por. Staudte [Globalizacja świata 2008], s.16

[131] Schenk et al. [Planowanie fabryczne na 2014 r.] s. 44.

[132] Schmidt/Schneider [Cost Savings through Resource Efficiency 2010] s. 153.

gospodarce i produkcji.[133] Jeśli spojrzymy na rozwój konsumpcji zasobów, to powyższe postulowane zapotrzebowanie na ekonomiczne wykorzystanie zasobów staje się zrozumiałe:

Rysunek 14: Globalna konsumpcja zasobów w latach 1992 - 2012[134]

Oprócz perspektywy zorientowanej na konsumpcję, coraz ważniejszym czynnikiem konkurencyjności staje się perspektywa zorientowana na koszty zużycia zasobów. [135] Według danych niemieckiego Federalnego Urzędu Statystycznego udział materiałów, surowców i dostaw dla przemysłu wytwórczego, w tym górnictwa, wyniesie w 2014 roku 44,5%. Koszty energii stanowią 2,0% tej kwoty.[136] Dane te już teraz wyraźnie pokazują, w jakim stopniu efektywne korzystanie z zasobów ma wpływ na konkurencyjność. Dźwignia sterująca staje się jeszcze większa, jeśli założy się, że niedobór surowców i energii w gospodarce realnej doprowadzi do wzrostu cen, ale zawsze do silnych wahań cen lub już do nich doprowadził.[137] Innym czynnikiem kosztowym, który może mieć wpływ na pozyskiwanie zasobów, są zmienne kursy walutowe, zwłaszcza że wiele surowców jest przedmiotem handlu w dolarach amerykańskich. [138] Najbardziej drastycznym skutkiem niedoboru

133 Por. Schenk [Produktion mit Zukunft 2015], s. 17.

134 Źródło: Schenk [Produktion mit Zukunft 2015], s. 19.

135 Por. Schmidt/Schneider [Cost Savings through Resource Efficiency 2010], s. 153.

136 Por. Federalny Urząd Statystyczny [Produktionendes Gewerbe 2016], s. 281.

137 Por. Röh [Wzrost efektywności wykorzystania zasobów w 2013 r.], s. 166.

138 Por. Röh [Wzrost efektywności wykorzystania zasobów w 2013 r.], s. 166.

zasobów jest wystąpienie niedoboru podaży.[139] Stanowi to nie tylko wadę na poziomie kosztów, ale może czasami prowadzić do całkowitej utraty produkcji i związanych z nią strat gospodarczych.

Jeżeli w wyniku zwiększenia efektywności wykorzystania zasobów zmniejszy się zanieczyszczenie środowiska, oprócz korzyści gospodarczych pojawi się również korzyść społeczna. [140] Zanieczyszczenia powietrza, gleby i wody zanieczyszczeniami nie można (jeszcze) uniknąć w przemysłowej obróbce produktów.[141] Termin "zrównoważony rozwój", który w tym kontekście ciągle się pojawia, to zrównoważony rozwój. Istnieją różne definicje zrównoważonego rozwoju, z których większość ma wspólną definicję jednoczesnego i równego uwzględnienia kwestii gospodarczych, ekologicznych i społecznych.[142] Firmy wykazują obecnie wysoki stopień wrażliwości na stronę kosztową. Z drugiej strony, zaangażowanie ekologiczne i społeczne było do tej pory niedoceniane na rynkach i rzadko docierało do klienta końcowego.[143] Na poziomie koncepcyjnym podejścia te są znacznie bardziej zaawansowane. Przykładem tego jest koncepcja ekoefektywności, która może być rozumiana jako wskaźnik i stanowi skrzyżowanie gospodarki i ekologii.

---

[139] Por. Schmidt/Schneider [Cost Savings through Resource Efficiency 2010], s. 155.

[140] Por. Schmidt/Schneider [Cost Savings through Resource Efficiency 2010], s. 153.

[141] Por. Gruden [Umweltschutz Automobilindustrie 2008], s. 89.

[142] Por. Sommer [Umweltfokussiertes Supply Chain Management 2007], s. 49 f. i cytowana tam literatura

[143] Zob. Sommer [Environmentally Focused Supply Chain Management 2007], s. 51.

W ten sposób uwzględnia się cały szereg zmiennych problemowych istotnych dla środowiska.[144] Celem harmonizacji korzyści ekonomicznych i ekologicznych jest osiągnięcie sytuacji korzystnych dla obu stron w zakresie ochrony środowiska naturalnego.[145] Niektóre z omawianych już megatrendów, takie jak globalizacja, ale także megatrendy zmian technologicznych, które nie zostały jeszcze omówione, znacznie zwiększyły zakres oddziaływania na środowisko. Jak postulowano powyżej, presja rynkowa wywierana na przedsiębiorstwa, by wdrażały koncepcję ekoefektywności, jest wciąż zbyt mała. W celu ograniczenia negatywnego wpływu na środowisko naturalne, wymaga to spełnienia wymogów prawnych w zakresie ochrony środowiska. Ten wymóg nie jest nowy. Już w Imperium Rzymskim (VIII w. p.n.e. do VII w. n.e.) obowiązywała zasada "Aeram corrumpere not licet" (powietrze nie może być zanieczyszczone).[146] Od czasu uprzemysłowienia pod koniec XIX wieku negatywne skutki dla środowiska naturalnego wzrosły. W podobnym stopniu rozwinęły się ramy regulacyjne dotyczące kwestii ochrony środowiska. W samych Niemczech istnieje obecnie ponad 800 ustaw o ochronie środowiska, 2800 rozporządzeń i 4700 rozporządzeń administracyjnych.[147] Podstawą tego jest dyrektywa WE z dnia 24.9.1996 r. dotycząca zintegrowanego zapobiegania zanieczyszczeniom i ich kontroli

---

[144] Zob. Hardtke/Prehn [Perspektywy zrównoważonego rozwoju 2001], s. 59.

[145] Zob. Sommer [Environmentally Focused Supply Chain Management 2007], s. 53.

[146] Por. Gruden [Umweltschutz Automobilindustrie 2008], s. 50.

[147] Por. Gruden [Umweltschutz Automobilindustrie 2008], s. 50.

(IPPC), która obejmuje wszystkie rodzaje wpływu na środowisko. W związku z tym wszystkie przedsiębiorstwa produkcyjne muszą zająć się powodowanym przez siebie zanieczyszczeniem środowiska poprzez włączenie wymogów ochrony środowiska do swoich procesów operacyjnych.[148] Inne przepisy, które należy uwzględnić, dotyczą gospodarki wodnej, unikania, recyklingu i usuwania odpadów (ustawa o cyklu zamkniętym i gospodarce odpadami) oraz ustawy o substancjach chemicznych.[149]

Rysunek 15 ilustruje potencjał oszczędności, który leży w efektywności materiałowej. Pokazuje to, że największe potencjały oszczędnościowe (mierzone obrotami rocznymi) występują w małych firmach. W niektórych przypadkach jest to ponad 5% sprzedaży. Nie należy jednak lekceważyć potencjału dużych przedsiębiorstw w kategoriach wielkości bezwzględnej.[150]

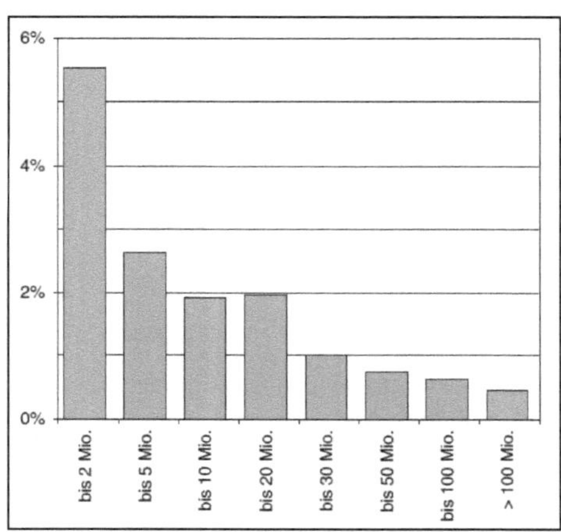

[148] Por. Gruden [Umweltschutz Automobilindustrie 2008], s. 54.

[149] Por. Gruden [Umweltschutz Automobilindustrie 2008], s. 55 f.

[150] Por. Schmidt/Schneider [Cost savings through resource efficiency 2010], s. 159.

Rysunek 15: Potencjał oszczędności dzięki efektywności materiałowej w zależności od obrotu[151]

Systemy zarządzania środowiskiem (UM), które mogą być rozumiane jako część operacyjnego systemu zarządzania, stanowią kolejne podejście do poprawy ochrony środowiska.[152] Systemy UM służą firmie do "przekształcenia jej normatywnych, strategicznych i operacyjnych działań w zakresie ochrony środowiska i zarządzania środowiskiem w ogólną koncepcję (jeśli to możliwe, opartą na standaryzowanych specyfikacjach).[153] "Jednak odsetek przedsiębiorstw, które przechodzą certyfikację UM-System (np. DIN EN ISO 14001 lub EMAS - Environmental Management and Audit Scheme) jest nadal bardzo niski. Na przykład w roku 2013 około 6.000 przedsiębiorstw w Niemczech uzyskało certyfikat DIN EN ISO 14001.[154] Nawet jeśli weźmie się pod uwagę tylko 330 971 firm zatrudniających 10 lub więcej pracowników[155], to odpowiada to wskaźnikowi 1,8%. Chociaż teoretyczne, pozytywne aspekty wprowadzenia systemów na RP można jasno opisać (por.Rysunek 16), w praktyce brakuje danych ilościowych dotyczących zarówno korzyści gospodarczych, jak i szczegółowo poniesionych kosztów. W tym względzie informacje dostarczone przez przedsiębiorstwa mają

[151] Źródło: Schmidt/Schneider [Cost savings through resource efficiency 2010], s. 159.

[152] Por. Gruden [Umweltschutz Automobilindustrie 2008], s. 92.

[153] Brauweiler [Environmental Management Systems 2010], s. 280

[154] Patrz Federalne Biuro Ochrony Środowiska [ISO 14001 - Norma systemu zarządzania środowiskowego].

[155] Por. Niemiecki Federalny Urząd Statystyczny [Rejestr Przedsiębiorców 2015].

na ogół charakter szacunkowy. Często brak jest również dynamiki kosztów w przyszłości.[156] Ponieważ dynamika kosztów w modelu wyceny, który ma zostać opracowany, jest oczywistą zasadą wymagającą, obecnie istniejąca luka jest również zmniejszona w tym kontekście.

Trzecie podejście zapewniają tak zwane oznakowania ekologiczne, które mają na celu uczynienie pewnego rodzaju ochrony środowiska naturalnego związanej z produktem rozpoznawalnym. Jednak nawet w tym przypadku rozpowszechnienie lub systematyczne gromadzenie jest nadal bardzo niskie.[157] Konsumenci zwracają uwagę na oznakowanie ekologiczne tylko wtedy, gdy ochrona środowiska jest dla nich istotna i uważają, że kupując te produkty, zbliżają się do tej osobistej troski.[158] Istnieje również tendencja, że stosowanie zbyt wielu znaków jakości zwiększa dezorientację konsumentów i zmniejsza wiarygodność decyzji. Uzasadnione jest założenie, że używanie znaków jakości nie musi prowadzić do zwiększenia prawdopodobieństwa zakupu.[159]

---

[156] Zob. Brauweiler [Environmental Management Systems 2010], s. 293.

[157] Sommer [Environmentally Focused Supply Chain Management 2007], s. 80.

[158] Por. Haenraets et al. [Gütezeichen und Wirkungsbeziehungen 2012], s. 159.

[159] Por. Haenraets et al. [Gütezeichen und Wirkungsbeziehungen 2012], s. 159.

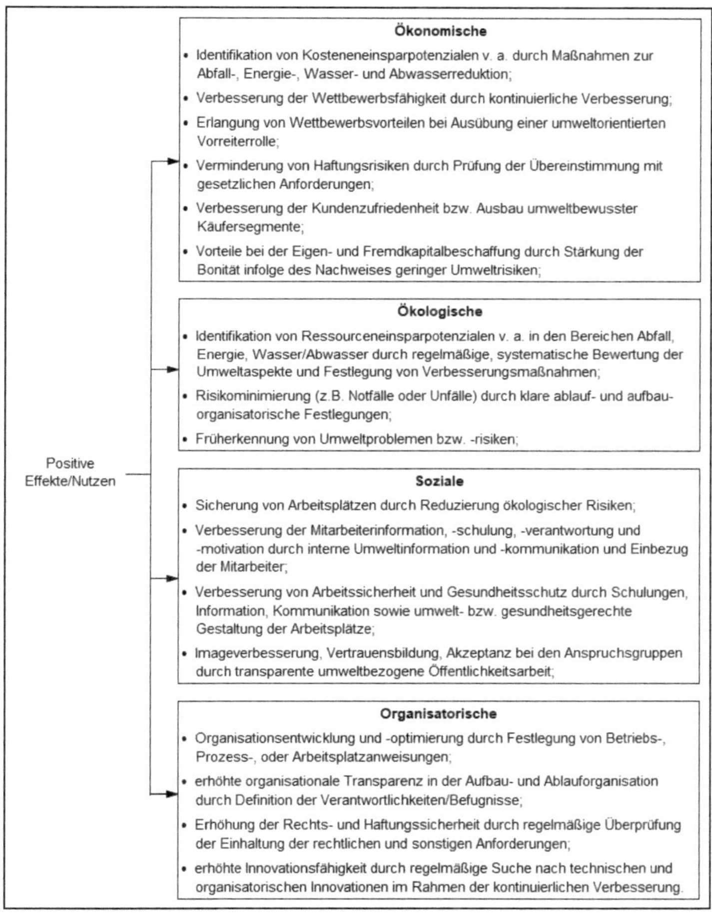

Rysunek 16: Pozytywne aspekty wprowadzenia systemów UM[160]

Na koniec porusza się krótko temat zabezpieczenia społecznego. Według badania OECD "Environmental Outlook 2050" całkowita liczba przedwczesnych zgonów związanych z pyłem

[160] Źródło: Brauweiler [Environmental Management Systems 2010], s. 292, reprodukcja wierna.

zawieszonym w powietrzu podwoi się (do 3,6 mln rocznie) tylko w wyniku wzrostu emisji zanieczyszczeń powietrza pochodzących z transportu i przemysłu.[161] Inne zagrożenia dla zdrowia, takie jak ozon w warstwie przyziemnej, narażenie na działanie niebezpiecznych substancji chemicznych, nieodpowiednia woda i warunki sanitarne oraz zagrożenia wynikające z klęsk żywiołowych spowodowanych zmianami klimatu, nie zostały tu jeszcze uwzględnione. W tym względzie nie wolno ignorować zasady dobrostanu w kontekście zabezpieczenia społecznego, ponieważ zdrowie jest jednym z naszych najcenniejszych dóbr.

2.5. Megatrend Zmiana technologiczna i cyfryzacja

Cyfryzacja i wynikająca z niej koncepcja przemysłu 4.0 determinują aktualne dyskusje technologiczne. W centrum uwagi znalazły się również największe na świecie targi technologiczne, "Hannover Messe 2017". "Tworzenie nowych wartości z przemysłem 4.0"[162] było tylko jednym z wielu tytułów wykładów i wydarzeń. Ale zanim zagłębimy się w temat Industry 4.0, ważne jest, aby zrozumieć historyczny rozwój, który doprowadził nas do tego kroku rozwoju.

Według badań przeprowadzonych przez Fraunhofer Institute for Industrial Engineering (IAO), rozwój technologiczny w ostatnich dziesięcioleciach kształtowany był przede wszystkim przez dwa ruchy:

- Automatyzacja powtarzalnych i automatycznych zadań z tendencją do zwiększania złożoności i

[161] Por. o.V. OECD Environmental Outlook to 2050 2012], s. 9.

[162] O.V. [Targi Hanowerskie 2017]

- wprowadzenie niemalże obszarowych, solidnych i całościowych koncepcji produkcji (GPS) w rozumieniu Systemu Produkcyjnego Toyoty (TPS)[163] (typowe elementy z nich zostaną poddane szczegółowej analizie w rozdziale 4.4).

W ciągu ostatnich dwóch dekad wiele firm przekształciło swoją produkcję zgodnie z zasadami TPS. "Nie tylko procedury zostały przeprojektowane. Daleko idące zmiany zaszły również w stylu zarządzania i kulturze firm: Odpowiedzialność za proces w coraz większym stopniu przenosi się z powrotem do miejsca, w którym faktycznie powstaje wartość dodana - do produkcji. "[164] Chociaż już dziś około 90 % wszystkich procesów produkcyjnych jest wspieranych przez technologie informacyjno-komunikacyjne (TIK), w[165] przyszłości TIK będą odgrywały jeszcze większą rolę w projektowaniu systemów produkcyjnych. Stało się [166]to możliwe również dzięki wydajnym i niedrogim czujnikom i aktuatorom dostępnym dla sektora produkcyjnego w połączeniu z przemysłowymi (bezprzewodowymi) połączeniami internetowymi, które sprawiły, że wykorzystanie informacji w czasie rzeczywistym stało się w coraz większym stopniu przedmiotem zainteresowania produkcji[167]. Również Federalne Ministerstwo Edukacji i Badań Naukowych (BMBF) określa technologie informacyjno-komunikacyjne (ICT) jako siłę napędową inno-

---

[163] Por. Spath et al. [Production Work of the Future 2013], s. 17.

[164] Spath et al. [Production Work of the Future 2013], s. 17.

[165] Por. Kagermann et al. [Zalecenia dotyczące wdrażania w branży 4.0 2013], s. 17.

[166] Por. Schenk/Schumann [Produktion mit Zukunft 2015], s. 14.

[167] Por. Spath et al. [Production Work of the Future 2013], s. 22.

wacji numer 1 w Niemczech: ponad 80% innowacji w gospodarce niemieckiej opiera się na ICT.[168] "W przyszłości cyfrowe dane o produkcie będą potrzebne nie tylko do produkcji, ale także do faz użytkowania i recyklingu: od pomysłu na produkt do końca jego życia.[169] "Oznaką rewolucji przemysłowej było zastąpienie władzy robotników przez maszyny, co zautomatyzowało istniejące procesy pracy. W przeciwieństwie do tego, cyfryzacja automatyzuje wiedzę.[170]
Bauernhansl opisuje powstałe w ten sposób tzw. systemy cyberfizyczne (CPS) w następujący sposób: "Są to obiekty, urządzenia, budynki, środki transportu, ale także zakłady produkcyjne, komponenty logistyczne itp. zawierające wbudowane systemy umożliwiające komunikację. Systemy te mogą komunikować się przez Internet i korzystać z usług internetowych. Systemy cyberfizyczne mogą bezpośrednio rejestrować swoje środowisko za pomocą odpowiednich technologii czujników, oceniać i przechowywać je za pomocą dostępnych na całym świecie danych i usług oraz mogą wpływać na świat fizyczny za pomocą siłowników".[171] Od czasu wprowadzenia nowego protokołu internetowego IPv62 w 2012 r. dostępna jest wystarczająca liczba adresów do bezpośredniego połączenia w sieć inteligentnych obiektów przez Internet na całym obszarze. Po raz pierwszy możliwe jest więc połączenie w sieć zasobów, informacji, przedmiotów i ludzi, które są niezbędne do spełnienia wymagań

[168] Zob. Jacobi/Landlerr [Treiber IKT 2013], s. 41.

[169] Westkämper [Model produkcji cyfrowej 2013], s. 11.

[170] Zob. Jacobi/Landlerr [Treiber IKT 2013], s. 42.

[171] Bauernhansl [The Fourth Industrial Revolution 2014], s. 15 f.

przemysłu: Internet przedmiotów i usług.[172] Pojęcie przemysłu 4.0 jest używane w odniesieniu do procesu uprzemysłowienia i jego powszechnej penetracji.[173]

W wizji produkcji W przemyśle koncepcyjnym 4.0, z jego systemami cyberfizycznymi, odbywa się połączenie w sieć i komunikacja obiektów rzeczywistych z systemami wirtualnymi. Aby zrealizować tę wizję, w której zamówienia są niezależnie kontrolowane przez całe łańcuchy tworzenia wartości dodanej, rezerwować swoje maszyny do przetwarzania, organizować swój materiał i planować jego dostawę do klienta, musi nastąpić zmiana paradygmatu w planowaniu, kontroli i regulacji systemów tworzenia wartości dodanej. Tworzone są tak zwane Cyberfizyczne Systemy Produkcyjne (CPPS) w znaczeniu inteligentnej fabryki (Smart Factory).[174] Powinno to umożliwić autonomiczną komunikację i niezależne procesy decyzyjne systemów produkcyjnych, uwalniając tym samym nowy, innowacyjny potencjał optymalizacyjny.[175] Te rozważania prowadzą do powstania obrazu produkcji, który reprezentuje znacznie więcej niż tylko automatyzację, elastyczność i całość.

Branża 4.0 zmieni również w dłuższej perspektywie czasowej współpracę z dostawcami i klientami poza granicami firmy, co zaowocuje nowym potencjałem tworzenia wartości i usług.[176]

---

[172] Por. Kagermann et al. [Zalecenia dotyczące wdrażania w branży 4.0 2013], s. 17.

[173] Por. Spath et al. [Production Work of the Future 2013], s. 22.

[174] Zob. Deuse et al. [Systemy produkcyjne w kontekście przemysłu 4.0 2015], s. 100.

[175] Por. Schenk/Schumann [Produktion mit Zukunft 2015], s. 14.

[176] Por. Kagermann et al. [Zalecenia dotyczące wdrażania w branży 4.0 2013], s. 18 i nast.

Przemysł 4.0 zostanie wprowadzony nie tylko w obszarze produkcji. Odchodzi się od inteligentnych sieci energetycznych (Smart Grids), koncepcji zrównoważonej mobilności (Smart Mobility, Smart Logistics) na rzecz aspektów zdrowotnych (Smart Health).[177]

2.6. Podsumowanie trendów środowiskowych w systemie produkcyjnym

System produkcji zmieni się znacząco pod wpływem megatrendów. Oznacza to, że praktyki zarządzania muszą być również gruntownie przemyślane.
Około 100 lat temu były narodziny Tayloryzmu. Wiele napisano o "Zasadach naukowego zarządzania" Taylora, a wpływ na praktyki zarządzania został znacznie niedoszacowany w teorii organizacji, nie mówiąc już o ekonomii.[178] Głównym celem Taylora nie było podporządkowanie człowieka maszynom w celu wykorzystania raczej niewydolnego ludzkiego organizmu tylko do rutynowych czynności i tym samym zdegradowanie go do roli zwykłego asystenta. [179] Taylor miał już raczej przełomowe pojęcie, że po pierwsze, pytania dotyczące organizacji produkcji to przede wszystkim kwestie wiedzy i kompetencji.[180] Po drugie, Taylor uznał już, że rozpowszechnianie wiedzy jest ściśle

[177] Por. Kagermann et al. [Zalecenia dotyczące wdrażania w branży 4.0 2013], s. 23.

[178] Zob. Coriat/Dosi [Governance and Problem Solving 1999], s. 114.

[179] Por. March/Simon [Organizacje 1993], str. 32 f. March i Simon nie docenili daleko idących ustaleń Taylor w tym kontekście.

[180] Zob. Coriat/Dosi [Governance and Problem Solving 1999], s. 114.

związane z dystrybucją energii. Po trzecie, ustanowienie praktyk Taylorist może być postrzegane jako paradygmatyczny przykład wspólnej ewolucji pomiędzy kontrolą systemów motywacyjnych, rutynami/standardami i kompetencjami w warunkach ostrego konfliktu interesów.[181]

Poprzez swoją metodyczną racjonalizację Taylor położył podwaliny pod optymalizację produkcji w XX wieku. Nawet powszechna dziś rachunkowość kosztów opiera się na jego tezach.[182]

W zarządzaniu produkcją narodów zachodnich zaufanie do tradycyjnie sprawdzonych strategii i metod zarządzania maleje coraz bardziej na przełomie wieków. Nawet intensyfikacja stosowania metod w latach 90. nie zmieniła faktu, że duża liczba programów zwiększających wydajność rzadko przynosiła trwały sukces, a dystans do konkurencji dalekowschodniej dramatycznie wzrósł.[183]

Lata 90. upłynęły pod znakiem próby nadrobienia zaległości, w których pozycje wyjściowe w Europie i USA były w rzeczywistości jeszcze gorsze od tych wynikających z badań MIT prowadzonych przez Womacka i Jonesa,[184] ponieważ wartości stosowane tam jako podstawa pochodzą z lat 80. ubiegłego wieku. Na początku XXI wieku japońskie firmy były w stanie dalej zwiększać swoją efektywność, kontynuując konsekwentne działania racjonalizatorskie.[185] Kraje zachodnie musiały

---

[181] Zob. Coriat/Dosi [Governance and Problem Solving 1999], s. 114.

[182] Por. Westkämper/Löffler [Strategie produkcji na rok 2016], s. 46.

[183] Por. Sekine et al. [Produkować bez odpadów 1995], s. 13.

[184] Patrz Womack/Jones/Roos [Druga rewolucja w przemyśle motoryzacyjnym 1992].

[185] Por. Sekine et al. [Produkować bez odpadów 1995], s. 14.

zmierzyć się z tą konkurencją i wypróbować nowe formy produkcji, które były bardziej ekonomiczne i elastyczne od starych.[186]

Efektem tego jest wprowadzenie zintegrowanych systemów produkcyjnych w wielu firmach. Chociaż odnoszą się one do produkcji, jak również do logistyki wewnętrznej i zewnętrznej, opierają się na ograniczonej perspektywie systemu produkcyjnego.[187] Zwłaszcza pod presją dynamicznych rynków, popyt na elastyczność firm staje się coraz silniejszy.[188] Można stwierdzić, że społeczno-techniczny system produkcji jest niezbędny do przystosowania się do środowiska, aby zapewnić jego przetrwanie. Westkämper widzi klucz do sukcesu w równowadze pomiędzy wszechstronnością i solidnością, aby wytrzymać dynamiczne wpływy.[189]

Jak wykazano, rynki krajów uprzemysłowionych znajdują się w stanie nasycenia, a więc siła klienta stale rośnie. Ten rozwój ma tendencję do zwiększania wymagań klientów. Indywidualizacja obszarów życia i zwiększone wymagania klientów doprowadziły do zmiany zachowań konsumenckich na poziomie społecznym. Ogólnie mówi się, że rynek zmienił się z rynku sprzedającego na rynek kupującego. Rozwój[190] demograficzny, a w szczególności rosnący udział pojedynczych gospodarstw domowych,

[186] Por. Sekine et al. [Produkować bez odpadów 1995], s. 14.

[187] Por. Westkämper/Löffler [Strategie produkcji na rok 2016], s. 49.

[188] Por. Wohland/Wiemeyer [Dynamikrobuste Höchstleister 2012], s. 18 f.

[189] Por. Westkämper/Löffler [Strategie produkcji na rok 2016], s. 50.

[190] Zob. Brown [Status and development trends of the SCM 2009], s.19.

prowadzi do zapotrzebowania na pakiety usług, które charakteryzują się indywidualnymi produktami, wysokimi standardami jakości i obsługi oraz korzystnymi cenami.[191]

Poza wymaganiami wynikającymi z tendencji globalizacyjnej, wzrasta również presja na skrócenie innowacji i czasu produkcji, spowodowana konkurencyjnym skracaniem się cyklów życia produktów.[192] W tym obszarze konfliktu firmy muszą z powodzeniem i w sposób zrównoważony pozycjonować się na rynku i optymalizować swoje wewnętrzne procesy w celu poprawy swojej innowacyjności i wydajności. [193] Istotną podstawą sukcesu firmy jest wczesne rozpoznanie zmian w jej otoczeniu i terminowe dostosowanie jej zachowań.[194] W tym kontekście Bauernhansl opisuje wyzwania dla produkcji: "Produkcja znajduje się więc na progu od złożoności do złożoności. Nie będziemy już w stanie dokładnie opisać wszystkich produktów i procesów. Znajdziemy się w skomplikowanej dziedzinie, której nie da się już opisać ani przewidzieć. Przedsiębiorstwa muszą zatem pracować nad swoją elastycznością i zdolnością do zmian, aby móc szybko i ekonomicznie dostosować się do zmian".[195]

Odniesienia w rozdziale 2.3 odnoszą się głównie do Niemiec. Zmiany demograficzne i pojawiający się niedobór wykwalifikowanych pracowników nie są jednak problemem wyłącznie niemieckim, lecz problemem globalnym, z którym muszą się

---

[191] Por. Müller/Seuring/Goldbach [Supply Chain Management 2003], s. 419 i nast.

[192] Por. Hirsch-Kreinsen [Umiędzynarodowienie produkcji 1998], s.20

[193] Zob. Hensel [Network Management in the Automotive Industry 2007], s.1.

[194] Zob. Moos [Kompleksowość i elastyczność 2009], s. 56.

[195] Zob. Bauernhansl [Czwarta rewolucja przemysłowa 2014], s. 13.

zmierzyć zachodnie kraje uprzemysłowione, ale także kraje rozwijające się. Oznacza to, że już dziś musimy zacząć myśleć o tym, jak usuwać odpady z naszych procesów, w tym marnotrawstwo zasobów ludzkich. Musimy jednak stworzyć takie środowisko pracy, które pozwoli pracownikom w pełni rozwinąć swoje możliwości, a tym samym utrzymać motywację przez długi czas i produktywną pracę przez odpowiednio długi czas. Oprócz[196] celu, jakim jest rozwój odpowiednich do wieku urządzeń produkcyjnych, ma to również w większym stopniu przyczynić się do wdrożenia możliwych do dostosowania struktur produkcyjnych.[197]

Wiodąca zasada zrównoważonego rozwoju, jako koncepcja polityki rozwojowej, stanowi wspólny strategiczny punkt odniesienia dla polityki, biznesu i społeczeństwa. Włączenie tej misji do działań korporacyjnych lub zarządzania może być opisane jako zrównoważony nadzór korporacyjny lub zarządzanie zrównoważonym rozwojem.[198] Jak omówiono w punkcie 2.46 transformację systemu energetycznego (zastąpienie paliw kopalnych przez odnawialne źródła energii), a przede wszystkim na zmiany materialne. Głównym pytaniem będzie to, jak uda nam się utrzymać materiały w naszych cyklach konsumpcyjnych (cykle recyklingu) i jak intensywniej wykorzystywać surowce odnawialne. Przede wszystkim ważne jest, aby przestać produkować odpady lub szkodliwe emisje, ale uznać je za surowce dla

[196] Zob. Bauernhansl [Czwarta rewolucja przemysłowa 2014], s. 12.

[197] Por. Schenk/Schumann [Produktion mit Zukunft 2015], s. 14.

[198] Sommer [Environmentally Focused Supply Chain Management 2007], s. 50.

nowych produktów lub natury i włączyć je do tworzenia wartości.[199] Dlatego głównym celem zrównoważonego zarządzania przedsiębiorstwem jest zaspokajanie potrzeb klientów przy jak najmniejszym wpływie na środowisko naturalne i z uwzględnieniem problemów społecznych.[200]

W rozdziale 2.5 opisano rozwój od automatyzacji poprzez holistyczne systemy produkcji do Smart Factory (Cyberfizyczne Systemy Produkcyjne). Aby osiągnąć cele podwójnej strategii CPPS, należy wdrożyć następujące cechy przemysłu 4.0:[201]

- Integracja pozioma poprzez sieci tworzenia wartości,[202]
- Cyfrowa spójność inżynierii w całym łańcuchu wartości,
- Integracja pionowa i sieciowe systemy produkcyjne.[203]

---

199 Zob. Bauernhansl [Czwarta rewolucja przemysłowa 2014], s. 12.

200 Sommer [Environmentally Focused Supply Chain Management 2007], s. 50.

201 Por. Kagermann et al. [Zalecenia dotyczące wdrażania w branży 4.0 2013], s. 10.

202 W technologii produkcji i automatyzacji oraz IT integracja pozioma oznacza integrację różnych systemów informatycznych dla różnych etapów procesu produkcji i planowania przedsiębiorstwa, pomiędzy którymi odbywa się przepływ materiałów, energii i informacji, zarówno w obrębie przedsiębiorstwa (np. logistyka przychodząca, produkcja, logistyka wychodząca, marketing), jak i pomiędzy kilkoma przedsiębiorstwami (sieci wartości dodanej) w celu stworzenia spójnego rozwiązania. Por. Kagermann et al. [Zalecenia dotyczące wdrażania w przemyśle 4.0 2013], s. 24

203 W technice produkcji i automatyzacji oraz informatyce integracja pionowa oznacza integrację różnych systemów informatycznych na różnych poziomach hierarchii (np. poziom siłowników i czujników, poziom sterowania, poziom sterowania produkcją, poziom produkcji i wykonania, poziom planowania przedsiębiorstwa) w celu stworzenia spójnego rozwiązania. Por. Kagermann et al. [Zalecenia dotyczące wdrażania w branży 4.0 2013], s. 24.

Dlatego też wprowadzenie CPPS ma na celu stworzenie możliwości realizacji specyficznej dla klienta, elastycznej i przyjaznej dla środowiska produkcji przemysłowej z wykorzystaniem rozproszonych i niekiedy bardzo zróżnicowanych zasobów produkcyjnych, pomimo dynamicznych warunków ramowych. [204]
Deuse et al. postawili hipotezę, że "sukces proklamowanej czwartej rewolucji przemysłowej zależy w dużej mierze od tego, czy uda się ją zakotwiczyć w organizacji w sposób trwały i wdrożyć w sposób ukierunkowany".[205]
Pojawienie się przemysłu 4.0 nie tylko wzmocni konkurencyjność zachodnich przedsiębiorstw przemysłowych, ale także znacząco przyczyni się do sprostania wyzwaniom innych megatrendów (globalizacji, elastyczności, zmian demograficznych i zrównoważonego rozwoju). Kagermann i in. podkreślają, że innowacje technologiczne nie mogą być wyrwane z ich społeczno-kulturowego podłoża. Podobnie same zmiany kulturowo-społeczne muszą być postrzegane jako silna siła napędowa innowacji, takich jak zmiany demograficzne, które mają potencjał zmian we wszystkich ważnych dziedzinach życia społecznego: w zakresie organizacji nauki, pracy i zdrowia w dłuższym okresie życia, a tym samym także w zakresie infrastruktury komunalnej, co z kolei ma zasadniczy wpływ na wydajność.[206]

---

[204] Zob. Deuse et al. [Systemy produkcyjne w kontekście przemysłu 4.0 2015], s. 100.

[205] Deuse et al. [Systemy produkcyjne w kontekście przemysłu 4.0 2015], s. 102.

[206] Por. Kagermann et al. [Zalecenia dotyczące wdrażania w branży 4.0 2013], s. 18.

Zidentyfikowane czynniki wpływające, z którymi będzie musiał zmierzyć się system produkcji w przyszłości, muszą zostać podsumowane w strategii produkcji. Strategie produkcyjne mogą być rozumiane jako zestaw kilku strategicznych decyzji, które są podejmowane proaktywnie przez kierownictwo firmy w celu przyczynienia się do osiągnięcia ogólnych celów firmy.[207] Czyniąc to, należy zwrócić szczególną uwagę na unikanie w miarę możliwości konkurencji między celami. W przypadku konkurencyjnych celów, poszczególne cele byłyby ze sobą sprzeczne (np. wzrost kosztów w kontekście wdrażania środków ochrony środowiska). Nieuchronnie doprowadziłoby to do konfliktów w realizacji.[208]

W sekcji 6.2 zakres, w jakim parametry wejściowe modelu wyceny są odpowiednie do symulacji zidentyfikowanych skutków trendów megatrendowych w celu spełnienia wyżej wymienionego wymogu dotyczącego jakościowo-empirycznego podejścia do wyceny.

[207] Specht/Stefanska [Lean Production as a Production Concept 2009], s.32.

[208] Sommer [Environmentally Focused Supply Chain Management 2007], s. 50.

3. Omówienie zarządzania opartego na wartości

Wyzwania związane z zarządzaniem w XXI wieku są zupełnie inne niż w poprzednich stuleciach. Peter F. Drucker, prawdopodobnie najważniejszy teoretyk zarządzania XX wieku, rozumie, że współczesne zarządzanie to coś więcej niż odizolowana nauka o zarządzaniu przedsiębiorstwami. Nie widzi wyzwań w konkretnych indywidualnych aspektach, takich jak strategia konkurencyjności, przywództwo, praca zespołowa czy rozwój technologiczny. Podkreśla on raczej te problemy, które pojawiają się w rzeczywistości społecznej i które głęboko zmieniają pole działania przedsiębiorstw. Obejmują one przede wszystkim wydarzenia, które mają swoje przyczyny poza gospodarką: zmiany technologiczne, społeczne i demograficzne oraz ich konsekwencje.[209] Ten pomysł drukarni został już podjęty w rozdziale 22.6 i poddany dogłębnej analizie poprzez przedstawienie czynników wpływających na megatrendy w systemie produkcji. W niniejszym rozdziale omówiono, w jakim stopniu podejścia zarządcze w zakresie zarządzania opartego na wartościach są odpowiednie do udzielania odpowiednich odpowiedzi na niepewność powodowaną przez megatrendy w zakresie efektywnego zarządzania przedsiębiorstwem.

Bej stwierdza w tym kontekście: "Celem zarządzania opartego na wartościach - a więc domyślnie zarządzania przedsiębiorstwem opartego na wartościach - jest poznanie wartości ekonomicznej przedsiębiorstwa, aby zwiększyć ją w dłuższej perspek-

209 Por. Drucker [Management in the 21st century 1999], s. 17.

tywie i w sposób zrównoważony lub zapobiec jej rozpadowi. Wynika z tego jasno, że taka filozofia korporacyjna może być jedynie częścią całościowej koncepcji, a tym samym wykracza poza koncepcję czystej wartości dla akcjonariuszy". [210] Od czasu powstania Rappaport[211] zarządzanie przedsiębiorstwem oparte na wartościach, którego głównym celem jest zwiększenie wartości dla akcjonariuszy (udział w kapitale własnym), stało się międzynarodową zasadą zarządzania i, jak wynika z badań, pozostanie nią w dającej się przewidzieć przyszłości.[212]
Koncepcja kontroli zarządzania opartego na wartościach wymaga przede wszystkim odpowiedzi na pytanie, która wartość docelowa powinna być wykorzystywana jako podstawa do tego celu. Najważniejszymi kluczowymi liczbami w tym kontekście są Cash Value Added© (w skrócie: CVA) z Boston Consulting Group oraz Economic Value Added© (w skrócie: EVA) z Stern Stewart & Co.[213] Według badań, EVA jest najczęściej stosowaną kluczową liczbą. Ponad[214] połowa firm DAX30 stosuje na przykład [215] koncepcje zorientowane na wartość w

---

[210] Bej [Rachunek przepływów pieniężnych w Controllingu 2015], s. 21.

[211] Raport [Tworzenie wartości dla akcjonariuszy 1986]

[212] Por. Gundel [EVA jako narzędzie zarządzania i oceny 2012], s. 1.

[213] Por. Gundel [EVA jako instrument zarządzania i oceny 2012], s. 2 i cytowana tam literatura.

[214] Zob. Müller/Hirsch [Zorientowanie na wartość w zarządzaniu przedsiębiorstwem 2005], s. 83.

[215] DAX (skrót od Deutscher Aktienindex) jest najważniejszym niemieckim indeksem akcji. Odzwierciedla on rozwój 30 największych i najlepiej sprzedających się firm.

zarządzaniu przedsiębiorstwem. Badania te nie mierzą jednak sukcesu wdrożenia zarządzania opartego na wartości.[216] W kolejnych podrozdziałach, począwszy od podstaw wyceny przedsiębiorstw, przedstawione są najpierw klasyczne, a następnie nowoczesne metody wyceny przedsiębiorstw. Podstawą nowoczesnych procedur jest finansowe podejście matematyczne i zorientowane na rynek kapitałowy. Mają one również wpływ na metody budżetowania kapitałowego, na których koncentruje się późniejsza analiza. Wymagania stawiane nowoczesnej metodzie kalkulacji inwestycji wynikają z omówienia jej zalet i wad. Przejawia się to w rozdziale 3.10 na poziomie teoretyczno-koncepcyjnym oraz w rozdziale 3.11 formie pierwszego przykładu obliczeń.

3.1. Zasady wyceny przedsiębiorstwa

Powszechne jest przekonanie, że menedżerowie powinni koncentrować się na maksymalizacji wartości firmy.[217] Tworzenie wartości (w rozumieniu wartości przedsiębiorstwa) oznacza generowanie zwrotu z zaangażowanego kapitału, przy czym należy unikać zniekształceń spowodowanych przez wskaźniki księgowe.[218] Nadwyżki bilansowe w rachunkowości zewnętrznej powodują zwykle te zakłócenia, jeśli opierają się na przepisach niemieckiego kodeksu handlowego (HGB).[219] Regulacje doty-

---

[216] Zob. Müller/Hirsch [Zorientowanie na wartość w zarządzaniu przedsiębiorstwem 2005], s. 83.

[217] Por. Copeland et al. [Company value 2002], s. 339.

[218] Por. Copeland et al. [Company value 2002], s. 335.

[219] Patrz Bej [Rachunek przepływów pieniężnych w Controllingu 2015], str. 1.

czące rachunkowości zgodnie z MSSF już teraz znacznie ograniczają opcje polityki bilansowej, ale dają również szerokie możliwości w zakresie projektowania rocznych sprawozdań finansowych.[220]

Podstawowe pytanie dotyczące wyceny przedsiębiorstwa brzmi: Ile właściwie jest warte przedsiębiorstwo? Odpowiedź, która na pierwszy rzut oka wydaje się trywialna, brzmi: firma jest warta tyle, ile kupujący za nią płaci. Kupujący może wykorzystać cenę rynkową jako wskazówkę, a jeśli nie ma ceny rynkowej, może wykorzystać wyliczone przyszłe oczekiwanie.[221] W metodologii określania przyszłych oczekiwań istnieją najbardziej zróżnicowane perspektywy i wynikające z nich kategoryzacje. Voigt i in. stwierdzają, że wszystkie procedury oceny można zredukować do dwóch podejść:

- Metody wartości rynkowej lub
- Subiektywne procedury związane z oczekiwaniem na przyszłe wyniki, zdyskontowane do dnia wyceny.[222]

Behringer rozróżnia natomiast cztery rodzaje procedur oceny:

- Metoda wartości aktywów netto (aktywa pomniejszone o zobowiązania)
- Metoda mnożnikowa (wyprowadzenie wartości przedsiębiorstwa z innych transakcji przedsiębiorstwa przeprowadzonych na rynku)
- Przyszła procedura (dyskontowanie kwoty zysku do jej wartości bieżącej)

[220] Patrz Bej [Rachunek przepływów pieniężnych w Controllingu 2015], str. 1.

[221] Por. Voigt et al. [wycena przedsiębiorstwa 2005], s. 14.

[222] Por. Voigt et al. [wycena przedsiębiorstwa 2005] s. 14.

- Metoda ceny opcji (zastosowanie do wyceny spółki analogicznej do teorii wyceny pochodnych instrumentów finansowych).[223]

Bej natomiast koncentruje swoją perspektywę grupowania na trzech wyróżnikach:

- Metoda wartości aktywów netto (wartość przedsiębiorstwa określona przez obiektywne wartości jednostkowe)
- Metoda kapitalizacji dochodu (kapitalizacja przyszłego dochodu przedsiębiorcy)
- Metoda zdyskontowanych przepływów pieniężnych (DCF) (zorientowana na rynek kapitałowy realizacja przyszłych przepływów pieniężnych).[224]

W dalszej klasyfikacji Bej rozróżnia klasyczne metody ustalania wartości przedsiębiorstwa (metoda wartości aktywów netto i metoda wartości skapitalizowanych zysków) [225] oraz metody nowoczesne (tutaj rozróżnia metodę DCF w metodzie skorygowanej wartości bieżącej (APV), metodę średniego ważonego kosztu kapitału (WACC), metodę łącznych przepływów pieniężnych (TCF) oraz metodę praw własności).[226]
Matschke i Brösel wysuwają się na pierwszy plan i kategoryzują:

- Procedura oceny indywidualnej
- Połączone metody oceny (zwane również metodami łączonymi i mieszanymi) oraz

[223] Behringer [Procedura wyceny przedsiębiorstwa w roku 2016] s. 493.

[224] Patrz Bej [Rachunek przepływów pieniężnych w Controllingu 2015] str. 24.

[225] Patrz Bej [Rachunek przepływów pieniężnych w Controllingu 2015] str. 27-45.

[226] Patrz Bej [Rachunek przepływów pieniężnych w Controllingu 2015] str. 47-79.

- Ogólna procedura oceny.[227]

Na poniższym wykresie ponownie podsumowano różnice w perspektywach kategoryzacji:

Kategorisierung	Autoren			
	Voigt et al.	Behringer	Bej	Matschke/Brösel
Marktwertverfahren	Marktwertverfahren			
subjektive Verfahren	Ertragswertverfahren DCF-Verfahren Realoptionenverfahren			
Multiplikationsverfahren	Multiplikationsverfahren	Multiplikatorverfahren		
Substanzwertverfahren		Substanzwertverfahren		
Zukunftserfolgswertverfahren		Ertragswertverfahren DCF-Verfahren		
Optionspreisverfahren		Realoptionenverfahren		
Klassische Methoden			Substanzwertverfahren Ertragswertverfahren	
Moderne Methoden			DCF-Verfahren	
Einzelbewertungsverfahren				• Substanzwertverfahren • Verfahren der börsenkursgestützten Bewertung
Kombinierte Bewertungsverfahren				• Mittelwertverfahren Verfahren der Goodwillrenten • Verfahren der Geschäftswert-abschreibung
Gesamtbewertungsverfahren				
Gesamtbewertungsorientierte Vergleichsverfahren				• Verfahren der kürzlichen Akquisition • Multiplikatormethoden
Finanzwirtschaftliche Verfahren				
Finanzierungstheoretische Verfahren				• Kapitalmarkttheoretische Verfahren • Verfahren der strategischen Bewertung
Investitionstheoretische Verfahren				• Zustands-Grenzpreismodell • Zukunftserfolgsverfahren • Approximative dekomponierte Bewertung • Substanzwert als Auszahlungsersparniswert

Rysunek 17: Perspektywy kategoryzacji wybranych autorów[228]

Przedstawione tu kategoryzacje nie mają być wyczerpujące, ale mają ilustrować dużą liczbę różnych perspektyw. Autor nie twierdzi w tym momencie, aby oceniać zalety różnych perspektyw. Poszukiwana jest raczej perspektywa dla dalszego przebiegu pracy, która kładzie nacisk na zastosowanie. Matschke i

[227] Por. Matschke/Brösel [wycena przedsiębiorstwa w 2013 r.] s. 122.

[228] Źródło: Reprezentacja własna

Brösel dokonują znaczącego rozróżnienia, różnicując procedury finansowe (jako podgrupę ogólnych procedur oceny) na procedury oparte na teorii finansowania i teorii inwestycji. To zróżnicowanie będzie odgrywać rolę w dalszym przebiegu prac poprzez bliższe przyjrzenie się metodzie wartości bieżącej netto jako podstawie procedury wyceny.

Jak widać naRysunek 18, przyszłe metody wyceny firmy Behringer są równoważne z dynamicznymi / finansowymi metodami matematycznymi obliczania inwestycji:

Gegenüberstellung der Verfahren zur Unternehmensbewertung zu Investitionsrechenverfahren			
Kategorisierung Investitionsrechenverfahren	**Heesen (Busse)**	**Behringer**	**Kategorisierung Unternehmensbewertung**
keine Relevanz		Marktwertverfahren	**Marktwertverfahren**
keine Relevanz		Substanzwertverfahren	**Substanzwertverfahren**
statische Verfahren (kalkulatorische Verfahren)	Kostenvergleichsrechnung Gewinnvergleichsrechnung Rentabilitätsvergleichsrechnung statische Amortisationsrechnung		
dynamische Verfahren (finanzmathematische Verfahren)	Kapitalwertmethode Interner-Zinsfuss-Methode Annuitätenmethode dynamische Amortisation	Ertragswertverfahren DCF-Verfahren	**Zukunftserfolgswertverfahren**
keine Relevanz		Realoptionenverfahren	**Optionspreisverfahren**

Rysunek 18: Porównanie procedur: Wycena spółki na potrzeby metod kalkulacji inwestycji[229]

Wspólnym mianownikiem metod dynamicznej kalkulacji inwestycji i przyszłych metod oczekiwanej wyceny przedsiębiorstwa jest dyskontowanie przyszłych zysków do dnia wyceny. W tym zakresie przestrzegana jest logika strukturyzacji Behringera, co znajduje również odzwierciedlenie w dalszej strukturze rozdziałów dotyczących procedur wyceny przedsiębiorstw.

229 Źródło: Reprezentacja własna

3.2. Metoda wartości aktywów netto

Według Beja, metoda wartości aktywów netto, wraz z metodą wartości skapitalizowanych zysków, jest jedną z klasycznych metod wyceny wartości przedsiębiorstwa.[230] Celem metody wartości aktywów netto jest ustalenie obiektywnie uzasadnionej wartości przedsiębiorstwa, na którą nie mają wpływu czynniki subiektywne. Punktem[231] wyjścia do wyceny są zapasy przedsiębiorstwa, które wycenia się według ich aktualnej wartości rynkowej (wartość aktywów netto w wartości likwidacyjnej, zwanej też likwidacyjną) z wartością odtworzeniową (wartość aktywów netto w wartości odtworzeniowej) lub wartością aktywów netto w wartości zaoszczędzonych wydatków[232]. Procedury wartości aktywów netto dla wartości odtworzeniowych można dodatkowo rozróżnić na wartości odtworzeniowe netto (włączenie aktywów i zobowiązań) i wartości odtworzeniowe brutto (włączenie tylko aktywów).[233]

Behringer postrzega problem z metodą wartości aktywów netto jako brak uwzględnienia efektów synergii, ponieważ firma jest zazwyczaj warta więcej niż suma jej części.[234] Uzasadnia to kompetencjami pracowników i innymi wartościami niematerialnymi i prawnymi (takimi jak marki i technologiczne know-how), które nie są wyceniane w zapasach, ale są bardzo istotne z punktu widzenia wyceny przedsiębiorstwa. Krytyka Behringera

---

[230] Patrz Bej [Rachunek przepływów pieniężnych w Controllingu 2015], str. 27.

[231] Patrz Bej [Rachunek przepływów pieniężnych w Controllingu 2015], str. 27.

[232] Zob. Matschke/Brösel [wycena przedsiębiorstwa w 2013 r.], s. 315 i nast. oraz Behringer [procedura wyceny przedsiębiorstwa w 2016 r.], s. 493.

[233] Patrz Bej [Rachunek przepływów pieniężnych w Controllingu 2015], str. 27.

[234] Zob. Behringer [Verfahren der Unternehmensbewertung 2016], s. 493.

może zostać w pewnym stopniu obalona, jeśli ocena opiera się na pełnych wartościach odtworzenia, co obejmuje również patenty, marki, techniczne know-how, relacje z dostawcami i klientami itp.[235] W rezultacie wartość skapitalizowanego zysku przedsiębiorstwa po pełnej rekonstrukcji jest wyższa niż jego częściowa wartość odtworzenia (pod uwagę brane są tu tylko te aktywa materialne i niematerialne, które mogą być wprowadzane na rynek niezależnie). W ten sposób pierwotna wartość firmy może zostać ustalona pośrednio poprzez różnicę między wartością skapitalizowanego zysku a wartością odtworzenia części netto.[236]

W przypadku podziału spółki wartość aktywów netto jest na ogół ustalana jako wartość likwidacyjna, przy czym powstaje różnica pomiędzy płatnościami przychodzącymi (wynikającymi ze sprzedaży aktywów) i wychodzącymi (wynikającymi ze spłaty zobowiązań lub poniesionych kosztów podziału).[237]

W porównaniu do wartości aktywów netto wartości likwidacyjnych i odtworzeniowych, wartość aktywów netto pod względem zaoszczędzonych kosztów różni się tym, że zawiera subiektywną wycenę. Potencjalny nabywca spółki ma zawsze do czynienia z alternatywą zakupu lub budowy nowego przedsiębiorstwa, przy czym obiektywne wartości bieżące (wartość odtworzeniowa lub likwidacyjna) nie mają znaczenia. Kupujący opiera swoją decyzję raczej na korzystnym wpływie substancji

[235] Por. Bej [Rachunek przepływów pieniężnych w Controllingu 2015], s. 28, pełna lista czynników wpływających na wartość firmy - patrz Voigt i in. [Wycena Spółki 2005], s. 27.

[236] Patrz Bej [Rachunek przepływów pieniężnych w Controllingu 2015], str. 29.

[237] Patrz Bej [Rachunek przepływów pieniężnych w Controllingu 2015], str. 29.

przedsiębiorstwa na jego koncepcję kontynuacji, biorąc pod uwagę przyszłe źródła przychodów.[238]
Podsumowując, można postulować, że metody wartości aktywów netto odgrywają podrzędną rolę w wycenie przedsiębiorstwa, ponieważ zbyt mało uwagi poświęca się przyszłym korzyściom.[239]

3.3. Metody mnożnikowe

W metodzie mnożnikowej wartość przedsiębiorstwa pochodzi z innych transakcji przedsiębiorstwa, które zostały przeprowadzone na rynku.[240] Wartość przedsiębiorstwa opiera się na trwałym, średnim przyszłym zysku rocznym po opodatkowaniu podatkiem od działalności gospodarczej i przed opodatkowaniem podatkiem dochodowym od osób prawnych/podatkowym, pomnożonym przez współczynnik (mnożnik).[241] Możliwe są jednak również inne wartości referencyjne, takie jak zysk po opodatkowaniu, obrót lub wskaźniki ilościowe (np. liczba klientów) lub EBITDA.[242] Ważne jest, aby wybrany mnożnik był specyficzny dla danej branży. Takie multiplikatory są publikowane przez różne czasopisma biznesowe, a także organizacje branżowe i handlowe, m.in.[243] Jak wyjaśniono powyżej, metody mnożnikowe oparte są na ostatnio osiągniętych cenach przedsiębiorstw lub kapitalizacji porównywalnych przedsiębiorstw

[238] Zob. Bej [Rachunek przepływów pieniężnych w Controllingu 2015], s. 29 f.

[239] Por. Sieben/Maltry [Net asset value of the company 2009], s. 549.

[240] Zob. Behringer [Verfahren der Unternehmensbewertung 2016], s. 493.

[241] Por. Voigt et al. [wycena przedsiębiorstwa 2005], s. 33.

[242] Por. Voigt et al. [wycena przedsiębiorstwa 2005], s. 33.

[243] Por. Matschke/Brösel [wycena przedsiębiorstwa w 2013 r.], s. 688.

$$Multiplikator = \frac{Börsenkapitalisierung}{Gewinn}$$

$$Multiplikator = \frac{Unternehmenspreis}{Gewinn}$$

$$Multiplikator = \frac{Börsenkapitalisierung}{Eigenkapital(Buchwert)}$$

$$Multiplikator = \frac{Enterprise - Value}{EBITDA}$$

$$Multiplikator = \frac{Aktienkurs}{Gewinn / Aktie}$$

na giełdzie. Na przykład mnożnik porównuje cenę rynkową porównywalnego przedsiębiorstwa z z zyskiem lub wielkością produkcji tego samego porównywalnego przedsiębiorstwa.[244]

Jako przykład, oto kilka możliwości określenia mnożników:[245]

Wartość przedsiębiorstwa przedmiotu wyceny jest obliczana odpowiednio:

$$Multiplikator\ des\ Vergleichsunternehmens \times Kennzahl\ des\ Bewertungsobje = Unternehmenswert$$

"Wartość rynkowa w stosunku do księgowej"

Behringer krytykuje metodę mnożnikov najlepszym przypadku wartość rynkow cena krańcowa, jest określana dla decydenta.[246] Mandel i Rabel

[244] Por. Voigt et al. [wycena przedsiębiorstwa 2005], s. 33 f.

[245] Por. Voigt et al. [wycena przedsiębiorstwa 2005], s. 34.

[246] Zob. Behringer [Verfahren der Unternehmensbewertung 2016], s. 493.

idą jeszcze dalej w swojej krytyce i kategoryzują metody mnożnikowe na "twierdzenia o doświadczeniu" lub "zasady kciuka" z powodu braku podstaw teoretycznych.[247] Matschke i Brösel relatywizują ogólną krytykę, odnosząc się do marginesów mnożników i ich rozwoju w czasie. W celu zachowania obiektywności opracowały one wybrane mnożniki z oficjalnych roczników konsultantów podatkowych i audytorów. [248] Jak można się domyślać, metody mnożnikowe nie odgrywają w tej pracy żadnej dalszej roli.

3.4. Metoda wartości sukcesu w przyszłości

Z historycznego punktu widzenia, termin "metoda przyszłych zysków" jest nowszym terminem dla metod wartości skapitalizowanych zysków. [249] Termin "metoda przyszłych zysków" jest obecnie stosowany również w związku z metodą zdyskontowanych przepływów pieniężnych (DCF). Wspólnym[250] mianownikiem metody przyszłych zysków jest kształtowanie się ceny krańcowej poprzez dyskontowanie przyszłych zysków do dnia wyceny. Dlatego też należy również przestrzegać zasad kapitalizacji,[251] gdyż interpretacja przyszłej wartości zysku jako wartości decyzyjnej lub ceny krańcowej w przypadku idealnego rynku kapitałowego wynika z zastosowania pojęcia wartości kapitałowej.[252]

---

[247] Por. Mandl/Rabel [wycena spółki 2012], s. 81.

[248] Por. Matschke/Brösel [wycena przedsiębiorstwa 2013], s. 689 i nast.

[249] Por. Matschke/Brösel [wycena przedsiębiorstwa w 2013 r.], s. 244.

[250] Por. Sieben [metoda DCF 1995], s. 713 i nast.

[251] Por. Matschke/Brösel [Ocena funkcjonalna przedsiębiorstwa 2014], s. 46.

[252] Por. Hering [wycena przedsiębiorstwa w 2006 r.], s. 37 f.

Istnieją zatem podobieństwa między metodą wartości skapitalizowanych zysków (takie jak zastosowanie rachunku wartości bieżącej), ale nie należy pomijać różnic pojęciowych: Metoda wartości skapitalizowanego zysku ma na celu określenie wartości decyzji,[253] metoda DCF ma na celu określenie wartości argumentacji[254][255] lub ewentualnie wartości arbitralnej.[256]

Matschke i Brösel przestrzegają przed zacieraniem się różnic w treści, używając tych samych terminów. Ich zalecenie jest takie, że metoda DCF nie powinna być opisana jako metoda przyszłych zysków ze względu na jej teoretyczne podstawy.[257]

---

[253] Wynikiem wyceny przedsiębiorstwa w funkcji decyzyjnej jest wartość decyzyjna przedsiębiorstwa. Termin "wartość decyzji" odnosi się do celu obliczenia wartości przedsiębiorstwa w celu zapewnienia podstawy do podejmowania racjonalnych decyzji dla określonego przedmiotu wyceny w bardzo szczególnej sytuacji decyzyjnej i konfliktowej. Matschke/Brösel [Ocena funkcjonalnego przedsiębiorstwa 2014], s. 9.

[254] Wartość argumentacji jest wynikiem wyceny przedsiębiorstwa w rozumieniu funkcji argumentacji. Jest to instrument wywierania wpływu na partnera negocjacyjnego. Wartość argumentacji jest wartością tendencyjną, której nie można sensownie określić bez znajomości własnej wartości decyzyjnej i bez założeń co do wartości decyzyjnej przeciwnika. Matschke/Brösel [Ocena funkcjonalnego przedsiębiorstwa 2014], s. 10.

[255] Wartość arbitralna jest wynikiem wyceny przedsiębiorstwa w kontekście funkcji mediacyjnej. Ma on na celu ułatwienie lub doprowadzenie do zawarcia umowy pomiędzy kupującym a sprzedającym w sprawie warunków zmiany własności wycenianego przedsiębiorstwa. Na tej podstawie strona bezstronna, jako ekspert i mediator, uważa, że rozwiązanie konfliktu jest możliwe. Wartość arbitralna jest kompromisem zaproponowanym stronom. Matschke/Brösel [Ocena funkcjonalnego przedsiębiorstwa 2014], s. 10.

[256] Por. Matschke/Brösel [wycena przedsiębiorstwa w 2013 r.], s. 245.

[257] Por. Matschke/Brösel [wycena przedsiębiorstwa w 2013 r.], s. 245 f.

Behringer natomiast zalicza zarówno metodę wartości skapitalizowanych zysków, jak i metodę DCF do metod wartości przyszłych sukcesów. Dla niego jedynym kryterium zróżnicowania jest współczynnik dyskonta, za pomocą którego odpowiednia nadwyżka jest dyskontowana do wartości bieżącej. W[258] dalszym toku prac przestrzega się logiki Behringera i zarówno metoda wartości skapitalizowanych zysków, jak i metoda DCF są rozpatrywane na podstawie wspólnej perspektywy dyskontowej.

3.4.1. Metoda wartości skapitalizowanego zysku

Jak wspomniano powyżej, metoda kapitalizacji dochodowej ma na celu określenie przyszłej wartości zysku. Dla inwestora wartość przedsiębiorstwa może składać się z niepieniężnych czynników, takich jak siła lub prestiż, które zazwyczaj nie są brane pod uwagę przy ocenie korzyści z inwestycji, ponieważ nie są one wymierne. Koncentruje się więc na komponencie finansowym w postaci napływu płatności z firmy.[259] W swoim standardzie Institut der Wirtschaftsprüfer (IDW) dzieli wartość skapitalizowanego zysku na część subiektywną i obiektywną za pomocą "Zasad wykonywania wyceny wartości firmy" (IDW S 1).[260] Subiektywne rozróżnienie wynika z różnych koncepcji wartości kupującego i sprzedającego, co skutkuje cenami krańcowymi, tj. górną granicą ceny dla kupującego (np. oczekiwane efekty synergii) i dolną granicą ceny dla sprzedającego.[261]

---

[258] Zob. Behringer [Verfahren der Unternehmensbewertung 2016], s. 493 f.

[259] Zob. Peemöller/Kunowski [Ertragswertverfahren 2009], s. 272.

[260] O.V. [IDW Principles of Business Valuation 2008]

[261] Zob. Peemöller/Kunowski [Ertragswertverfahren 2009], s. 278.

Cena limitu (subiektywnego) określa w obliczeniach obu stron krytyczną wstępną wypłatę lub depozyt, przy której zmienia się znak wartości kapitału.[262]

Ze względu na znaczenie dla pracy, poniżej rozważane jest jedynie obiektywne określenie przyszłej wartości sukcesu. Podejście oparte na kapitalizacji dochodu jest oparte na metodzie netto, zgodnie z którą uwzględnia się jedynie przepływy pieniężne między przedsiębiorstwem a jego właścicielem, ponieważ mogą one być wykorzystane do konsumpcji.[263] Ponieważ niezwykle trudno jest prognozować przyszłe przepływy pieniężne z przedsiębiorstwa do właściciela, zdolność przedsiębiorstwa do generowania przyszłych nadwyżek pieniężnych jest rozważana jako alternatywa. W tym celu, wpływy pieniężne netto spółki są wykorzystywane jako kwota końcowa wpływów i wypływów pieniężnych.[264] Alternatywnie, można również korygować okresowe dane dotyczące zysków i strat przy księgowaniu wszystkich transakcji niepieniężnych lub transakcji, które nie mają wpływu na zysk lub stratę, co prowadzi do tego samego wyniku.[265] Dla uproszczenia, zakłada się, że właściciel otrzymuje pełny zysk za dany okres. Jeśli tak nie jest, na przykład poprzez zatrzymanie części zysku za okres, przyszły zysk za okres musi być dokładnie zaplanowany w czasie.[266] Zasadę zgodności zmiennych dotyczących płatności i powodzenia

[262] Por. Matschke/Brösel [wycena przedsiębiorstwa w 2013 r.], s. 246.

[263] Patrz Bej [Rachunek przepływów pieniężnych w Controllingu 2015], str. 32.

[264] Patrz Bej [Rachunek przepływów pieniężnych w Controllingu 2015], str. 32.

[265] Por. Pape [Wertorientierte Unternehmensführung 2004], s. 63.

[266] Por. Burger et al. [Beteiligungscontrolling 2010], s. 497.

leżących u podstaw tej metodologii wyjaśniono szczegółowo w rozdziale 3.10 podczas omawiania twierdzenia dotyczącego luki. Pojawia się teraz pytanie, w jaki sposób należy określić stopę procentową wyliczenia. Zgodnie z konwencjonalną opinią, należy to ustalić w taki sposób, aby odpowiadało najlepszej alternatywnej możliwości inwestycyjnej inwestora. Ze względu na[267] zmniejszenie złożoności, w praktyce regularnie wybiera się stopę procentową inwestycji finansowej, quasi-wolnej od ryzyka, specyficznej dla danego kraju. W związku z tym Bej podkreśla, że zachowana jest zasada równoważności, zgodnie z którą "obliczeniowa stopa procentowa musi odpowiadać wskaźnikowi efektywności (licznikowi) w odniesieniu do jego struktury ryzyka, czasu trwania, siły nabywczej i dostępności[268]". W odniesieniu do wymiaru niepewności należy dokonać korekty, ponieważ ryzyko długoterminowej inwestycji finansowej pozbawionej ryzyka (zazwyczaj długoterminowej obligacji rządowej)[269] nie jest równoważne z rzeczywistą inwestycją.[270] Model uwzględniania ryzyka z kategorii modeli cen rynku kapitałowego zaproponowany przez IDW - Model wyceny aktywów kapitałowych (Capital Asset Pricing Model - CAPM) - został szerzej[271] omówiony w punkcie 3.6 w związku z określeniem średniego ważonego kosztu kapitału.

Model fazowy rekomendowany przez IDW jest odpowiedni do obliczania wartości skapitalizowanego zysku jako wartości

---

[267] Por. Pape [Wertorientierte Unternehmensführung 2004], s. 65.

[268] Bej [Rachunek przepływów pieniężnych w Controllingu 2015], s. 36 oraz przytoczona tam literatura.

[269] Zob. Behringer [Verfahren der Unternehmensbewertung 2016], s. 494.

[270] Por. Pape [Wertorientierte Unternehmensführung 2004], s. 67.

[271] Por. o.V. [IDW Principles of Business Valuation 2008], paragraf 118.

przyszłego zysku lub wartości decyzji w przypadku nieograniczonego kontynuowania działalności (zasada kontynuacji działalności):[272]

$$EW = \sum_{t=1}^{T} \frac{\mu(PE)_t}{(1+i+z)^t} + \frac{\mu(PE)_{T+1}}{(i+z)*(1+i)^T}$$

$\mu(PE)_t$ = wyraźnie planowane spodziewane wartości wyników okresu

$\mu(PE)_{T+1}$ = wynik okresu zrównoważonego

i = podstawowa stopa procentowa wolna od ryzyka

z = Premia za ryzyko

Pierwsza faza obejmuje okresy T (od 3 do 5 lat zgodnie z zaleceniem IDW). W tej fazie zyski w danym okresie są szacowane indywidualnie i dyskontowane przy zastosowaniu stopy procentowej skorygowanej o ryzyko. W drugiej fazie, dla każdego okresu ustalana jest oczekiwana wartość $\mu(PE)_{T+1}$, która odpowiada nieskończenie długiej emeryturze.[273]
Wartość przedsiębiorstwa uzyskuje się poprzez dodanie do wartości skapitalizowanych zysków bieżącej wartości przyszłych nadwyżek finansowych z aktywów, które nie są niezbędne do prowadzenia działalności.[274]

[272] Por. o.V. [IDW Principles of Business Valuation 2008], para. 77.

[273] Por. o.V. [IDW Principles of Business Valuation 2008], para. 77.

[274] Bej [Rachunek przepływów pieniężnych w Controllingu 2015], s. 43 i nast.

3.4.2. Metoda zdyskontowanych przepływów pieniężnych (DCF)

Metoda zdyskontowanych przepływów pieniężnych (DCF) jest powszechnie przyjętym podejściem do wyceny przedsiębiorstw w teorii i praktyce. DCF zyskał na znaczeniu w zarządzaniu przedsiębiorstwem, w szczególności dzięki wkładom Rappaport, ponieważ uznał DCF za dominujący cel korporacyjny w ramach podejścia opartego na wartości dla akcjonariuszy.[275]
Metody zdyskontowanych przepływów pieniężnych (DCF) opierają się na ustaleniach teorii finansowania, przy czym przypisuje się je do metod wyceny z teorii rynku kapitałowego.[276] Metoda DCF opiera się również na wartości bieżącej lub obliczeniu wartości bieżącej, ponieważ oczekiwane przyszłe nadwyżki są dyskontowane do dnia wyceny.[277] Wartość przedsiębiorstwa jest pochodną przepływów pieniężnych, które mogą być generowane przez przedsiębiorstwo poprzez dyskontowanie, a zatem odpowiada płatnościom na rzecz inwestorów.[278]
W procedurach DCF rozróżnia się podejście brutto i netto. Podejście brutto lub jednostkowe odnosi się do sumy oczekiwanych zdyskontowanych wolnych przepływów pieniężnych dla dostawców kapitału własnego i dłużnego, a zatem odpowiada wartości rynkowej całego kapitału. Aby ustalić wartość godziwą kapitału własnego (wartość dla akcjonariuszy), należy odjąć

---

[275] Por. Weber et al. [Wertorientierte Unternehmenssteuerung 2004], s. 33.

[276] Por. Matschke/Brösel [wycena przedsiębiorstwa w 2013 r.], s. 697.

[277] Por. Matschke/Brösel [wycena przedsiębiorstwa w 2013 r.], s. 697.

[278] Patrz Bej [Rachunek przepływów pieniężnych w Controllingu 2015], str. 47.

wartość rynkową kapitału dłużnego.[279] Podejście netto lub kapitałowe oblicza wartość rynkową kapitału własnego (wartość dla akcjonariuszy) bezpośrednio poprzez zdyskontowanie oczekiwanych wolnych przepływów pieniężnych dla podmiotów dostarczających kapitał.[280] Metoda WACC stała się ogólnie przyjęta do ustalania ważonego kosztu kapitału własnego i kapitału dłużnego[281]. W związku z tym przy ustalaniu wartości przedsiębiorstwa, w szczególności jego przyszłych wyników ekonomicznych, należy uwzględnić perspektywę dostawców kapitału (udziałowców). Na podstawie tej koncepcji opracowano szereg podejść, które zostały ujęte w ramach metody zdyskontowanych przepływów pieniężnych.[282] Przegląd przyporządkowania odpowiednich procedur DCF do podejścia brutto i netto jest przedstawiony naRysunek 19:

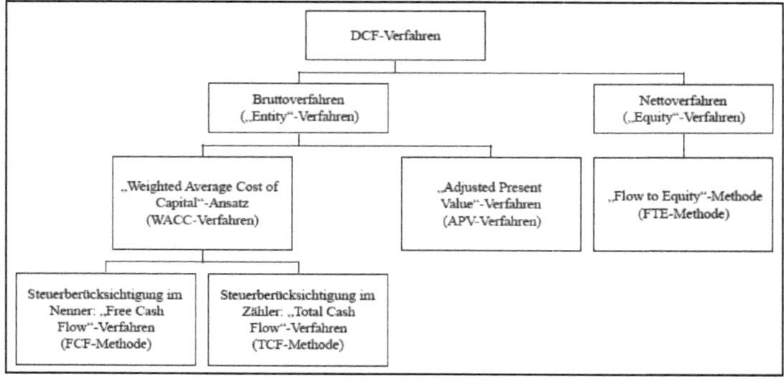

Rysunek 19: Przegląd procedur DCF[283]

[279] Por. Männel [Wertorientiertes Controlling 2006], s. 133.

[280] Zob. Bej [Rachunek przepływów pieniężnych w Controllingu 2015], s. 47 f.

[281] Voigt et al. [wycena przedsiębiorstwa 2005], s. 42.

[282] Por. Weber et al. [Wertorientierte Unternehmenssteuerung 2004], s. 33.

[283] Źródło: Matschke/Brösel [wycena przedsiębiorstwa 2013], s. 699.

Wszystkie warianty metod DCF różnią się zasadniczo tylko tym, jak ustalane są przepływy pieniężne istotne dla wyceny i stopy dyskontowe, które mają być zastosowane, lub jak zapisywane jest finansowanie zewnętrzne i wynikające z niego skutki podatkowe.[284]

Celem poniższej sekcji jest przedstawienie przeglądu poszczególnych metod DCF i podkreślenie ich różnic. Logika obliczeń jest wyjaśniona, ale prezentacja odpowiednich formuł jest w dużej mierze pominięta. Powodem tego jest fakt, że określenie kosztu kapitału, a tym samym określenie stóp dyskontowych, zostało omówione szczegółowo jedynie w sekcji 3.6.1 rozdziale 3.9 wyjaśniono szczegółowo finansowe, matematyczne zasady dyskontowania, a mianowicie dodawanie lub odejmowanie odsetek. Dla zrozumienia formuł, te podstawy byłyby warunkiem wstępnym.

3.4.2.1. Metoda wolnych przepływów pieniężnych (FCF) (podejście podmiotowe)

Metoda FCF jest również znana jako metoda WACC (Weighted Average Cost of Capital) i jest najczęściej stosowaną metodą DCF[285]. "W tym celu prognozowane wolne przepływy pieniężne brutto są dyskontowane przy zastosowaniu średniego ważonego kosztu kapitału (WACC).[286] Skumulowane, zdyskontowane wolne przepływy pieniężne dają wartość bieżącą. Wolne przepływy pieniężne brutto są zasadniczo uzyskiwane z NOPAT

---

[284] Zob. Heesen [Beteiligungsmanagement 2017], s. 87.

[285] Zob. Heesen [Beteiligungsmanagement 2017], s. 88.

[286] Bej [Rachunek przepływów pieniężnych w Controllingu 2015], s. 64.

(zysk operacyjny netto po opodatkowaniu). Poprzez zastosowanie średniego ważonego kosztu kapitału (WACC), [287]tarcza podatkowa jest brana pod uwagę w sensie korekty zryczałtowanego opodatkowania EBIT[288]. Dla uproszczenia, nie podzieliliśmy wolnych przepływów pieniężnych na część operacyjną i nie operacyjną, co oznacza, że wyliczenie jest wyprowadzone bezpośrednio z rachunku przepływów pieniężnych i może być łatwiej zrozumiałe przy użyciu uproszczonego wzoru:[289]

Przepływy pieniężne z działalności operacyjnej

+/- Przepływy środków pieniężnych z działalności inwestycyjnej

\+ Odsetki od pożyczonego kapitału

\- Oszczędności z tytułu podatku dochodowego od osób prawnych z tytułu odsetek od pożyczonego kapitału

= Wolny przepływ środków pieniężnych

Wartość rynkową kapitału własnego można zatem określić za pomocą następującej logiki obliczeń:[290]

---

[287] Osłona podatkowa oznacza oszczędność podatkową przy korzystaniu z pożyczonego kapitału, co jest również nazywane "ochroną podatkową". Patrz również rozdział 3.6.1.

[288] Patrz Bej [Rachunek przepływów pieniężnych w Controllingu 2015], str. 65.

[289] Zob. Heesen [Beteiligungsmanagement 2017], s. 91.

[290] Zob. Heesen [Beteiligungsmanagement 2017], s. 89.

Wartość bieżąca wolnych przepływów pieniężnych

\+ Wartość rynkowa aktywów nieoperacyjnych

= Wartość rynkowa kapitału ogółem

\- Wartość rynkowa pożyczonego kapitału

= Wartość rynkowa kapitałów własnych (wartość dla akcjonariuszy)

3.4.2.2. Metoda całkowitych przepływów pieniężnych (TCF) (podejście podmiotowe)

W tym przypadku wykorzystuje się całkowite przepływy pieniężne (TCF) zamiast wolnych przepływów pieniężnych (FCF). Oblicza się to poprzez dodanie do FCF oszczędności podatkowych z tytułu odsetek od pożyczonego kapitału:[291]

swobodny przepływ środków pieniężnych

\+ Oszczędności podatkowe z tytułu odsetek od zaciągniętych pożyczek

= Całkowity przepływ środków pieniężnych

Logicznie rzecz biorąc, tarcza podatkowa nie może już wtedy pojawiać się w stopie dyskontowej, aby uniknąć podwójnego uwzględnienia ulgi podatkowej z tytułu kosztów kredytu.[292] Wartość rynkowa kapitału własnego jest obliczana zgodnie z opisaną powyżej logiką obliczeń.

291 Zob. Heesen [Beteiligungsmanagement 2017], s. 92.

292 Zob. Heesen [Beteiligungsmanagement 2017], s. 92.

Ponieważ metoda TCF ma niewielkie znaczenie w praktyce i nie jest istotna dla tej pracy, komentarze na ten temat są krótkie.

3.4.2.3. Metoda netto (podejście oparte na kapitale własnym)

Przy zastosowaniu metody netto, wartość kapitału własnego jest ustalana bezpośrednio poprzez zdyskontowanie wartości przepływów pieniężnych. Wymaga to, aby płatności odsetkowe na rzecz pożyczkodawców zostały już odjęte od wartości przepływów pieniężnych, a zatem odpowiadały wygenerowanym nadwyżkom w przepływach pieniężnych, które są dostępne wyłącznie dla podmiotów zapewniających kapitał własny. [293] Oznacza to, że wszystkie skutki wykorzystania pożyczonego kapitału są brane pod uwagę, dlatego osłona podatkowa związana z zadłużeniem musi być również dodana do wolnych przepływów pieniężnych brutto.[294] Ponadto zmiana poziomu pożyczonego kapitału musi być uwzględniona przy ustalaniu zdyskontowanych przepływów pieniężnych:[295]

swobodny przepływ środków pieniężnych

- Odsetki od pożyczonego kapitału

+ Oszczędności podatkowe z tytułu odsetek od zaciągniętych pożyczek

+ Pożyczki

- Spłaty pożyczek

---

[293] Zob. Heesen [Beteiligungsmanagement 2017], s. 92 f.

[294] Patrz Bej [Rachunek przepływów pieniężnych w Controllingu 2015], str. 73.

[295] Zob. Heesen [Beteiligungsmanagement 2017], s. 93.

= przepływ do kapitału własnego

Ponieważ przepływy do kapitału własnego można przypisać wyłącznie dostawcom kapitału własnego przedsiębiorstwa, są one dyskontowane wyłącznie z uwzględnieniem zwrotu wymaganego przez dostawców kapitału własnego. Skutkuje to dalszym rozróżnieniem od procedur brutto, w których nie stosuje się mieszanej stopy procentowej jako średniego ważonego kosztu kapitału.[296]
W praktyce metoda netto odgrywa podrzędną rolę ze względu na jej niską chorobowość. Ich wykorzystanie jest szczególnie wskazane, gdy działalności finansowej nie można oddzielić od świadczenia usług (np. w bankach).[297]

3.4.2.4. Metoda skorygowanej wartości bieżącej (podejście podmiotowe)

Łączna wartość przedsiębiorstwa według Skorygowanej Wartości Aktualnej ustalana jest poprzez dodanie efektu dźwigni podatkowej w postaci kapitału dłużnego do wartości bieżącej teoretycznie wolnej od zadłużenia spółki. Metoda APV jest zatem

[296] Zob. Heesen [Beteiligungsmanagement 2017], s. 93.
[297] Patrz Bej [Rachunek przepływów pieniężnych w Controllingu 2015], str. 47.

oparta na przesłankach Modiglianiego/Millera[298] i jest jedną z metod kapitalizacji brutto.[299]

Zakładając, że przyszłe przepływy pieniężne są określane, gdy przedsiębiorstwo jest w pełni samofinansujące się, obliczenie wartości godziwej kapitału własnego jest zgodne z logiką przedstawioną poniżej:[300]

Wartość bieżąca wolnych przepływów pieniężnych
+ Wartość rynkowa aktywów nieoperacyjnych
= wartość rynkowa firmy bez zadłużenia
+ Wzrost wartości rynkowej poprzez finansowanie dłużne (tarcza podatkowa)
= wartość rynkowa całego kapitału zadłużonej spółki
- Wartość rynkowa pożyczonego kapitału
= Wartość rynkowa kapitału własnego (wartość dla akcjonariuszy)

[301] Metoda skorygowanej wartości bieżącej (APV) ma drugorzędne znaczenie, podobnie jak metoda Flow to Equit (FTE).[302]

---

[298] Zgodnie z twierdzeniem Modiglianiego/Millera o nieistotności istnieje teoretycznie możliwa do skonstruowania sytuacja, w której struktura kapitałowa nie ma wpływu na wartość przedsiębiorstwa, a zatem nie ma ona znaczenia dla celów maksymalizacji wartości rynkowej. Warunkiem koniecznym do tego jest istnienie doskonałego i kompletnego rynku kapitałowego. Por. Bej [Rachunek przepływów pieniężnych w Controllingu 2015], s. 55 oraz przytoczona tam literatura.

[299] Patrz Bej [Rachunek przepływów pieniężnych w Controllingu 2015], str. 55.

[300] Zob. Heesen [Beteiligungsmanagement 2017], s. 94.

[301] Patrz Bej [Rachunek przepływów pieniężnych w Controllingu 2015], str. 47.

[302] Por. Voigt et al. [wycena przedsiębiorstwa 2005], s. 40.

Podsumowując, zalety metod zdyskontowanych przepływów pieniężnych w odniesieniu do wyceny przedsiębiorstw i inwestycji można opisać pod względem prostoty ich stosowania i ich przyszłej orientacji[303]. Główną wadą metody zdyskontowanych przepływów pieniężnych jest jej podatność na manipulacje, zgodnie z którą nawet niewielkie zmiany prognozowanych przepływów pieniężnych prowadzą do istotnej zmiany wartości przedsiębiorstwa.[304]

W tym kontekście Voigt zwraca uwagę, że metody DCF tylko niedoskonale wpisują się w zmienną i dynamiczną przyszłość, ponieważ są one raczej statyczne niż dynamiczne z następujących powodów:

- oczekują, że stopa procentowa pozostanie na stałym poziomie w czasie,
- oczekują, że strategia biznesowa pozostanie niezmieniona w czasie oraz
- zazwyczaj oczekują, że wolne przepływy pieniężne pozostaną na stałym poziomie w czasie.[305]

Jak wykazano, metody DCF koncentrują się na przepływie środków pieniężnych, tak aby można było oszacować konsekwencje dla przepływu środków pieniężnych przy każdej decyzji biznesowej. [306] Są to subiektywne szacunki przyszłych przepływów pieniężnych estymatorów. W tym miejscu leżą czasami największe wyzwania w zastosowaniu praktycznym: po

[303] Zob. Heesen [Beteiligungsmanagement 2017], s. 52.

[304] Por. Weber et al. [Wertorientierte Unternehmenssteuerung 2004], s. 98.

[305] Por. Voigt et al. [wycena przedsiębiorstwa 2005], s. 41.

[306] Kuhner/Maltry [wycena spółki 2017], s. 87.

pierwsze, nie można dokładnie przewidzieć przyszłości, a po drugie, sposób myślenia decydentów w przedsiębiorstwach jest kształtowany przez przychody i koszty.[307]
Stosując metody DCF zgodnie z metodami pośrednimi DCF, przepływ środków pieniężnych przed odsetkami i podatkami jest generowany na podstawie bilansów budżetowych i rachunków zysków i strat budżetowych. Zatem płatności nie są punktem wyjścia do wyprowadzenia przepływów pieniężnych, jak sama nazwa może sugerować, lecz raczej dane dotyczące kosztów i przychodów. Za pomocą różnych korekt podejmuje się próbę przybliżenia zakładanej wielkości płatności.[308]
Voigt stwierdza w tym kontekście: "Oczywiście lepiej jest doceniać niż nie robić nic. Ale szacunki nie będą dokładnie przewidywać przyszłości tylko poprzez dokonywanie szacunków w postaci skomplikowanych algorytmów. "Co więcej,[309] wniosek ten nie odnosi się wyłącznie do procedur DCF.

3.5. Procedury wyceny opcji

Podobnie jak metody DCF, metody ceny opcji są oparte na teorii finansowania. Są one jednak przypisane do procedur oceny strategicznej i opierają się na ustaleniach teorii opcji rzeczywistych, przy [310] czym w literaturze naukowej zakres działań kierownictwa określany jest jako opcje rzeczywiste.[311]
Opcje rzeczywiste można skategoryzować w zależności od

[307] Por. Frick i inni [Wertorientierte Unternehmenssteuerung 2016], s. 368.
[308] Por. Matschke/Brösel [wycena przedsiębiorstwa w 2013 r.], s. 707.
[309] Voigt et al. [wycena przedsiębiorstwa 2005], s. 40.
[310] Por. Matschke/Brösel [wycena przedsiębiorstwa w 2013 r.], s. 697.
[311] Por. Voigt et al. [wycena przedsiębiorstwa 2005], s. 47.

rodzaju bazowej opcji działania, np. inwestycja, dezinwestycja, reorientacja strategiczna lub oczekiwanie i zobacz.[312]

Voigt i in. opisują różnicę między metodą DCF a metodą wyceny opcji w następujący sposób: "Metoda DCF oparta jest na zasadzie określonej strategii, zrealizowanych decyzjach inwestycyjnych, symetrycznych wypłatach, zdefiniowanych działaniach, niezmienionych stopach dyskontowych w czasie i ustalonych ustaleniach. W tym zakresie metodę DCF stosuje się statystycznie. Myślenie w kategoriach rzeczywistych opcji opiera się na zmienności rynków, na nowych spojrzeniach na przestrzeni czasu, na alternatywnych kierunkach działania. Pod tym względem myślenie uzupełniające w rzeczywistych opcjach jest dynamiczne. Wartość wiedzy w zakresie podejścia opartego na rzeczywistych opcjach jest płynnie wyższa od wartości wiedzy w zakresie metody DCF i podobnych metod, szczególnie w przypadku szybko zmieniających się warunków rynkowych.[313]

Ponieważ niepewność towarzyszy strategicznym decyzjom inwestycyjnym w odniesieniu do ich zysków, należy wziąć pod uwagę nie tylko oczekiwane możliwości, ale również niekiedy wysokie ryzyko. W związku z tym czynnik sukcesu strategicznego zarządzania przedsiębiorstwem - zdolność do elastycznego reagowania na zmieniające się warunki środowiskowe - staje się znacznie ważniejszy. Dlatego Voigt i in. zalecają uwzględnienie tych cennych szerokości geograficznych

312 Por. Kuhner/Maltry [wycena przedsiębiorstwa 2017], s. 321.

313 Voigt et al. [wycena przedsiębiorstwa 2005], s. 47.

działania przy ocenie firmy, oprócz już zrealizowanych inwestycji.[314] Jednakże dokładna ocena zakresu działań jest trudna, ponieważ wymagałaby ona zarówno pełnego zarejestrowania możliwych warunków środowiskowych, jak i przydzielenia określonych ilościowo płatności oraz prawdopodobieństwa ich wystąpienia. Z tego powodu unika się rozwiązań opartych na podobieństwie rzeczywistego pola manewru z opcjami na papiery wartościowe notowane na rynku kapitałowym.[315]
Analogicznie do zasady wyceny opartej na teorii cen opcji, wartość przedsiębiorstwa jako suma wartości podstawowej i wartości opcji jest obliczana w następujący sposób:[316]

$$UW = GW + OW$$

UW = wartość przedsiębiorstwa
GW = wartość podstawowa
OW = wartość opcji

Wartość opcji ma zatem funkcję premii strategicznej. "Zwolennicy tego podejścia są zdania, że tradycyjne metody wyceny nie doceniają wartości przedsiębiorstwa, ponieważ nie uwzględniają w wystarczającym stopniu alternatywnych sposobów postępowania, które kupujący może podjąć w związku z przejęciem. "[317]
Wartość podstawową (GW) oblicza się według powyższego wzoru poprzez zdyskontowanie przyszłych nadwyżek płatniczych oczekiwanych od przedmiotu wyceny do dnia wyceny.

[314] Por. Voigt et al. [wycena przedsiębiorstwa 2005], s. 47.

[315] Por. Kuhner/Maltry [wycena przedsiębiorstwa 2017], s. 322.

[316] Por. Matschke/Brösel [wycena przedsiębiorstwa w 2013 r.], s. 738.

[317] Matschke/Brösel [wycena przedsiębiorstwa w 2013 r.], s. 738.

Należy założyć, że do obliczenia wartości rynkowej przy zastosowaniu metody wyceny strategicznej stosuje się teoretyczne metody DCF oparte na rynku kapitałowym.[318]

Matschke i Brösel opisują określenie wartości opcji w następujący sposób: "Wartość opcji (OW) z kolei ma być ustalana z wykorzystaniem modeli, które opierają się na zasadzie wyceny bez arbitrażu, a więc na przesłankach ogólnej teorii równowagi. W restrykcyjnych i wysoce wyidealizowanych warunkach identyczne ceny mają zastosowanie do identycznych pozycji aktywów. Każda opcja (w sensie warunkowego przepływu środków pieniężnych) może zostać zrekonstruowana przez portfel papierów wartościowych będących przedmiotem obrotu na rynku (przepływy pieniężne), który generuje takie same warunkowe przepływy pieniężne jak sama opcja. Cena za replikę to P*. Żaden inwestor nie zapłaciłby więcej niż wynosi cena P*, która jest pełną wartością odtworzenia tego przepływu środków pieniężnych, zgodnie z warunkami przyjętymi dla danej opcji; żaden nabywca opcji nie zapłaciłby jednak za cenę niższą niż P*. Jeżeli przestrzegane są ograniczenia wyceny bez arbitrażu, wartość opcji (OW) jest zatem równa cenie portfela, który powiela opcję.[319]

W odniesieniu do założeń dotyczących rozkładu jako podstawy do określenia wartości opcji stosuje się przede wszystkim dwumianowy model Cox/Ross/Rubinstein lub model Black-Scholesa.[320]

---

[318] Por. Krag/Kasparzak [wycena przedsiębiorstwa 2000], s. 122.

[319] Matschke/Brösel [wycena przedsiębiorstwa w 2013 r.], s. 741.

[320] Więcej szczegółów na temat modeli i ich powiązań finansowo-matematycznych znajduje się w Voigt i in. [Unternehmensbewertung 2005], s. 48-53,

Jak wynika z korelacji, metody wyceny opcji są jeszcze bardziej zorientowane na przyszłość niż metody DCF i metody wartości skapitalizowanych zysków, ponieważ dają one możliwość włączenia alternatywnych sposobów działania do obliczeń wyceny. Ponieważ procedury te są bardzo złożone, wymagają wyjaśnienia i opierają się na matematyce finansowej, mają niewielkie znaczenie praktyczne. IDW rekomenduje również metodę DCF oraz metodę wartości skapitalizowanych zysków do praktycznego zastosowania.[321]

Nawet jeśli stosowanie modeli cen opcji opartych na teorii rynku kapitałowego jest stosowane tylko w bardzo niewielu przypadkach, koncepcja ta stanowi przynajmniej pomoc skłaniającą do refleksji w sensie zaostrzenia istniejących możliwości działania[322]. Ten schemat myślenia jest podejmowany w trakcie prac w celu włączenia rzeczywistych opcji (zakres działań kierownictwa) do projektu modelu oceny, tak aby mogły one być dynamicznie przedstawiane jako scenariusze.

3.6. Podejście oparte na wartości dla akcjonariuszy

Jak omówiono w rozdziałach 3.4 i 3.5, dominującym poglądem w doktrynie wyceny nowoczesnego biznesu jest to, że wartość przedsiębiorstwa jest mierzona przez przyszły sukces.[323] Podejście oparte na wartości dla akcjonariuszy opiera się na zasadzie zarządzania przedsiębiorstwem zorientowanego na

---

Matschke/Brösel [Unternehmensbewertung 2013], s. 741-746, Kuhner/Maltry [Unternehmensbewertung 2017], s. 323-333, oraz w cytowanej tam literaturze.

[321] Por. o.V. [IDW Principles of Business Valuation 2008]

[322] Por. Kuhner/Maltry [wycena przedsiębiorstwa 2017], s. 335.

[323] Zob. Behringer [Verfahren der Unternehmensbewertung 2016], s. 491.

wartość. Podstawowym[324] celem korporacyjnym jest tworzenie wartości dla akcjonariuszy poprzez trwałe zwiększanie i zabezpieczanie ceny akcji (= zwiększanie wartości dla akcjonariuszy). "Podstawową ideą zarządzania przedsiębiorstwem zorientowanego na wartość jest zatem ocena i kontrola przedsiębiorstwa według tworzonej wartości.[325] "Chociaż niektórzy autorzy są zdania, że wyprowadzenie wartości przedsiębiorstwa z przyszłych zysków stanowi niepewną podstawę, podejście to stało się powszechnie akceptowane. Oparte na wartościach zarządzanie przedsiębiorstwem ugruntowało się obecnie na poziomie krajowym i międzynarodowym (np. w spółkach DAX30)[326] jako centralna zasada zarządzania i pozostanie nią w przewidywalnej przyszłości. W ramach[327] krytyki związanej z orientacją na wartość dla udziałowców wielokrotnie mówi się o tym, że nie jest możliwe podporządkowanie wszystkiego w przedsiębiorstwie wzrostowi wartości dla udziałowca, lecz przede wszystkim uwzględnienie całego otoczenia, tj. interesariuszy (pracowników, klientów, dostawców i m.in. udziałowców itp.).[328] Krytyka ta może zostać w pewnym stopniu odrzucona, ponieważ wzrost wartości dla akcjonariuszy może zostać osiągnięty

---

[324] Zarządzanie przedsiębiorstwem zorientowane na wartość, zarządzanie zwiększaniem wartości, "zarządzanie wartością dla akcjonariuszy" i "zarządzanie oparte na wartości" to terminy, które są używane identycznie w filozofii zarządzania, której głównym celem jest osiągnięcie trwałego wzrostu wartości firmy. Zob. Heesen [Beteiligungsmanagement 2017], s. 30.

[325] Zell [Cost and Performance Management 2008], s. 151.

[326] Zob. Müller/Hirsch [Zorientowanie na wartość w zarządzaniu przedsiębiorstwem 2005], s. 83.

[327] Por. Gundel [EVA jako narzędzie zarządzania i oceny 2012], s. 1.

[328] Zob. Heesen [Beteiligungsmanagement 2017], s. 29.

tylko wtedy, gdy potrzeby innych zainteresowanych stron zostaną uwzględnione i odpowiednio zaspokojone.[329] Zwolennicy zarządzania wartością dla akcjonariuszy odwołują się m.in. do badań, które pokazują rosnącą liczbę pracowników i rosnące wartości dla innych interesariuszy, takich jak klienci, dostawcy, kredytodawcy i państwo.[330] Sformułowanie Losbichlera trafnie podsumowuje plusy i minusy dyskusji na temat wartości dla akcjonariuszy, wprowadzając perspektywę czasową: "Prawdziwie skuteczne zarządzanie zwiększaniem wartości skupia się na trwałym tworzeniu wartości w firmie, a nie na krótkoterminowej aprecjacji rynków akcji.[331]

CVA (Cash Value Added) i EVA (Economic Value Added) stały się najważniejszymi kluczowymi wskaźnikami wyników w ujęciu wartościowym przedsiębiorstwa i odpowiednio wzrostu wartości dla akcjonariuszy,[332] dlatego też zostały one również bardziej szczegółowo zbadane w dwóch kolejnych podrozdziałach. Inne wskaźniki często przywoływane w opracowaniach, takie jak stopa zwrotu z zaangażowanego kapitału (ROCE) lub stopa zwrotu z aktywów netto (RONA), są bardziej tradycyjnymi wskaźnikami[333] i tym samym odgrywają podrzędną rolę w kontekście pracy.

---

[329] Por. Müller et al. [EVA 2001], s. 358.

[330] Por. Heesen [Beteiligungsmanagement 2017], s. 35 f.

[331] Losbichler [Value Enhancement Management 2010], s. 330.

[332] Por. Gundel [EVA jako narzędzie zarządzania i oceny 2012], s. 2 i cytowana tam literatura.

[333] Zob. Müller/Hirsch [Zorientowanie na wartość w zarządzaniu przedsiębiorstwem 2005], s. 83.

3.6.1. Ustalenie kosztu kapitału

Koszt kapitału wyraża minimalny zwrot oczekiwany przez dostarczycieli kapitału (kapitał własny i obcy) jako wynagrodzenie za dostarczenie kapitału.[334] W przypadku aktywów o obniżonej jakości koszt kapitału stanowi dolną granicę zwrotu, jaki należy osiągnąć z wykorzystania kapitału, aby uniknąć zniszczenia zainwestowanego kapitału przez inwestorów.[335] W przypadku przedsiębiorstw finansowanych z kapitału własnego i dłużnego jest to oprocentowanie mieszane, oparte na oczekiwaniach właścicieli kapitału (wypłaty dywidendy lub wzrost wartości rynkowej) oraz na stopach procentowych kredytów negocjowanych umownie z dłużnikami, zazwyczaj bankami[336]. Mieszana stopa procentowa odnosi się zatem do całkowitych kosztów kapitałowych i jest obliczana następująco[337]

$$GKK = FKK + EKK$$

GKK = całkowite koszty kapitałowe

FKK = koszt kapitału dłużnego

EKK = koszt kapitału własnego

Koszty kredytu zazwyczaj wynikają z jasno uregulowanych umów kredytowych. Jeżeli istnieją różne rodzaje oprocentowanego kapitału pożyczonego[338] dla przedmiotu objętego

---

[334] Zob. Zell [Cost and Performance Management 2008], s. 153.

[335] Por. Heesen [Investitionsrechnung 2016], s. 121.

[336] Por. Heesen [Investitionsrechnung 2016], s. 121.

[337] Por. Heesen [Investitionsrechnung 2016], s. 122.

[338] Termin "przedmiot obserwacji" jest tu używany właśnie dlatego, że może to być zarówno firma, jak i inwestycja.

przeglądem, musi zostać utworzona ważona stopa kosztu kapitału pożyczonego. [339] Jeśli analizowana nieruchomość jest spółką, której dotychczasowe oprocentowanie pożyczek odpowiada normalnym warunkom rynkowym, wartość godziwa pożyczonego kapitału zasadniczo odpowiada wartości bilansowej. [340] Ważony całkowity koszt kapitału wynika następnie z ważenia zwrotu oczekiwanego przez podmiot zapewniający kapitał własny oraz kosztu długu. Te ważone całkowite koszty kapitału znajdują się pomiędzy kosztem kapitału własnego a kosztem długu, ponieważ kapitał własny jest znacznie droższy niż dług. Wynika to z następujących aspektów:[341]

- na oszczędności podatkowe przy wykorzystaniu pożyczonego kapitału, co nazywane jest również tarczą podatkową,
- zysk oczekiwany przez akcjonariusza z tytułu ryzyka biznesowego, które ma zostać poniesione,
- oczekiwany przez podmiot zapewniający kapitał własny zwrot z ryzyka finansowego, które ma być ponoszone przez strukturę kapitałową.[342]

Najbardziej znanym i najczęściej stosowanym podejściem do obliczania kosztu kapitału własnego jest model wyceny aktywów

---

339 Por. Heesen [Investitionsrechnung 2016], s. 122.

340 Zob. Zell [Cost and Performance Management 2008], s. 153.

341 Por. Heesen [Obliczenia dotyczące inwestycji w 2016 r.], s. 116 i nast.

342 Koszt kapitału własnego zależy również od wskaźnika zadłużenia, ponieważ ryzyko inwestora wzrasta wraz ze wzrostem kapitału dłużnego. Por. Heesen [Investitionsrechnung 2016], s. 122.

kapitałowych (Capital Asset Pricing Model - CAPM).[343] CAPM odzwierciedla oczekiwania co do zwrotu z inwestycji, które są współmierne do ryzyka związanego z inwestycją.[344] Ta wyliczona minimalna oczekiwana stopa zwrotu jest interpretowana jako koszt kapitału własnego spółki. W swoich obliczeniach uwzględnia ona

- potencjalne zyski z inwestycji wolnych od ryzyka (np. obligacji rządowych)[345], które są określane jako rf (risk free),
- oczekiwana dodatkowa premia za ryzyko rynkowe wynikająca z inwestycji w portfel akcji pomniejszona o inwestycję wolną od ryzyka, która jest oznaczana jako rp (premia za ryzyko),
- a także indywidualną ocenę ryzyka inwestycji w rozważanym otoczeniu spółki, która nazywa się β (współczynnik beta).[346]

Wzór obliczeniowy jest zatem następujący:[347]

---

[343] CAPM opiera się na założeniach idealnego rynku kapitałowego: (brak informacji lub kosztów transakcji, podatków lub ograniczeń), jednorodne oczekiwania inwestorów, stała liczba inwestycji, inwestycje zbywalne i arbitralnie dzielone. Istnieją wolne od ryzyka inwestycje i nieograniczone kwoty pieniędzy przy bezpiecznym oprocentowaniu. Por. Heesen [Investitionsrechnung 2016], s. 122.

[344] Por. Steinle et al. [Określenie kosztów kapitałowych 2007], s. 205.

[345] Nie ma czegoś takiego jak całkowicie pozbawiona ryzyka forma inwestycji. Jako przybliżenie przyjmuje się rentowność długoterminowych obligacji skarbowych. Obligacja o ratingu potrójnego A (AAA) jest uważana za "praktycznie pozbawioną ryzyka". Por. Heesen [Investitionsrechnung 2016], s. 124.

[346] Zob. Zell [Cost and Performance Management 2008], s. 154.

[347] Por. Heesen [Investitionsrechnung 2016], s. 126.

$k_e = r_f + \beta \times r_p$

ke = Koszt kapitału własnego

rf = zysk z bezpiecznych obligacji rządowych

rp = premia za ryzyko

β = zakładowy czynnik ryzyka

przy czym stosuje się następujące zasady:[348]

$r_p = r_m - r_f$

rm = średnia rentowność portfeli akcji

Współczynnik beta wyraża wrażliwość (zmienność) określonej inwestycji na portfel rynkowy. [349] Ten porównawczy portfel rynkowy można zdefiniować jako segment akcji, branżę, obszar geograficzny, grupę konkurentów itp. [350] Przy współczynniku beta wynoszącym 1 przedmiotowa inwestycja obciążona jest zatem ryzykiem porównywalnym z ryzykiem portfela rynkowego. W przeciwnym razie ryzyko jest większe (współczynnik beta > 1) lub mniejsze (współczynnik beta < 1).[351]

Na przykład w przypadku spółek giełdowych dane szacunkowe dotyczące wartości beta publikowane są codziennie na podstawie obliczeń regresji dotyczących dziennych zwrotów (patrz np.: http://www.deutsche-boerse.com). W przypadku spółek nienotowanych na giełdzie stosuje się częściej publikowane skorygowane współczynniki beta porównywalnej spółki lub branży.[352]

[348] Por. Heesen [Investitionsrechnung 2016], s. 126.

[349] Zob. Zell [Cost and Performance Management 2008], s. 154.

[350] Por. Heesen [Investitionsrechnung 2016], s. 126.

[351] Zob. Zell [Cost and Performance Management 2008], s. 154.

[352] Zob. Heesen [Obliczenia dotyczące inwestycji w 2016 r.], s. 128.

Dotychczasowy wzór jest poprawny tylko w przypadku inwestycji, w których stosuje się tylko kapitał własny (tj. bez kapitału pożyczonego). Stosunek długu do kapitału własnego jest określany jako struktura finansowania, ale często jest również określany przez angielski termin "leverage".[353] Następnie obliczany jest zazwyczaj średni ważony koszt kapitału (WACC) w celu określenia wskaźników zorientowanych na wartość. Jako współczynniki wagowe stosowane są wartości rynkowe odpowiedniego zaangażowanego kapitału:[354]

$$WACC = k_e \times \frac{EK}{GK} + k_d \times \frac{FK}{GK}$$

Kapitał własny = Kapitał własny

FK = pożyczony kapitał

GK = całkowity kapitał

k_e = Koszt kapitału własnego

kd = Koszt kapitału dłużnego

Jak już wyjaśniono powyżej, im wyższy jest poziom zadłużenia przedsiębiorstwa, tym większe jest ryzyko, a tym samym zwrot z kapitału wymagany przez podmioty zapewniające kapitał własny. W związku z tym w następnym etapie konieczne jest uwzględnienie[355] efektu dźwigni. W[356] praktyce, podejścia Copeland i Stewart są wykorzystywane głównie do integracji efektów

[353] Zob. Heesen [Obliczenia dotyczące inwestycji w 2016 r.], s. 130.

[354] Zob. Zell [Cost and Performance Management 2008], s. 153.

[355] Dźwignia finansowa w tym kontekście opisuje stosunek zadłużenia do kapitału własnego, zwany również strukturą finansowania.

[356] Zob. Heesen [Obliczenia dotyczące inwestycji w 2016 r.], s. 128.

dźwigni,[357] które zostaną bardziej szczegółowo przeanalizowane poniżej.

Copeland integruje wykorzystanie kapitału dłużnego poprzez obliczenie współczynnika dźwigni (LF). To z kolei musi zostać skorygowane przez tarczę podatkową, co, biorąc pod uwagę poziom zadłużenia, skutkuje następującą formułą:[358]

$$LF = 1 + (1 - t) \times \frac{FK}{EK}$$

LF = Współczynnik dźwigni

t = indywidualna stawka podatkowa (stawka podatku dochodowego, podatku dochodowego lub stawka podatku dochodowego od osób prawnych)

FK = pożyczony kapitał

Kapitał własny = Kapitał własny

Ponieważ do tej pory zakładaliśmy 100% finansowanie kapitałowe, możemy teraz obliczyć współczynnik β z dźwignią (βlev):[359]

$$\beta_{lev} = \beta_{unlev} \times LF$$

βlev = współczynnik β z dźwignią

βunlev = współczynnik β bez dźwigniLF

= współczynnik lewarowania

[357] Zob. Heesen [Obliczenia dotyczące inwestycji w 2016 r.], s. 131.

[358] Zob. Heesen [Obliczenia dotyczące inwestycji w 2016 r.], s. 131.

[359] Zob. Heesen [Obliczenia dotyczące inwestycji w 2016 r.], s. 131.

Możemy zatem obliczyć skorygowany koszt kapitału własnego ($k_{e\,lev}$) według Copeland:

$$k_{e\,lev} = r_f + \beta_{lev} \times r_p$$

$k_{e\,lev}$ = skorygowany koszt kapitału własnego
rf = zysk z bezpiecznych obligacji rządowych
β_{lev} = współczynnik β z dźwignią
rp = premia za ryzyko

Należy w tym miejscu podkreślić, że ta stopa procentowa może być powiązana jedynie z udziałem finansowania kapitałowego. Dlatego w następnym kroku musimy obliczyć ważony koszt kapitału własnego (gew. $k_{e\,lev}$):[360]

$$gew.\,k_{e\,lev} = k_{e\,lev} \times \frac{EK}{GK}$$

gew. $k_{e\,lev}$ = ważony, skorygowany koszt kapitału własnego
$k_{e\,lev}$ = skorygowany koszt kapitału własnego
Kapitał własny = Kapitał własny
GK = całkowity kapitał

Właśnie widzieliśmy, że skorygowany koszt kapitału własnego jest wartością po opodatkowaniu, ponieważ tarcza podatkowa jest uwzględniona w czynniku dźwigni finansowej (patrz powyżej):

$$LF = 1 + (1 - t) \times \frac{FK}{EK}$$

[360] Zob. Heesen [Obliczenia dotyczące inwestycji w 2016 r.], s. 133.

W związku z tym logiczne jest, że potrzebujemy również kwoty po opodatkowaniu w odniesieniu do kosztu kapitału dłużnego. Ponieważ koszt pożyczonego kapitału w formie zabezpieczenia podatkowego podlega odliczeniu podatkowemu, związek ten wymaga również obliczenia na podstawie wartości po opodatkowaniu. Wzór na obliczanie odsetek od kredytów i pożyczek po opodatkowaniu jest następujący:[361]

$$k_D = k_d \times (1 - t)$$

kD = koszt kapitału dłużnego po opodatkowaniu

kd = koszt zadłużenia przed opodatkowaniem

t = indywidualna stawka podatkowa (stawka podatku dochodowego, podatku dochodowego lub stawka podatku dochodowego od osób prawnych)

Koszt kapitału dłużnego po opodatkowaniu może być również związany jedynie z dłużną częścią finansowania inwestycji. W związku z tym dla ważonych kosztów finansowania zewnętrznego wynika poniższa zależność:[362]

$$gew.k_D = k_D \times \frac{FK}{GK}$$

gew.kD = ważony koszt zadłużenia po opodatkowaniu

kD = koszt kapitału dłużnego po opodatkowaniu

FK = pożyczony kapitał

GK = całkowity kapitał

---

[361] Zob. Heesen [Obliczenia dotyczące inwestycji w 2016 r.], s. 134.

[362] Zob. Heesen [Obliczenia dotyczące inwestycji w 2016 r.], s. 135.

Jak wykazano powyżej, całkowity koszt kapitału składa się z kosztu kapitału własnego oraz kosztu długu, ważonych w każdym przypadku wskaźnikiem kapitału własnego lub długu, czyli WACC. Teraz skorygowany koszt kapitału własnego ($k_{e\,lev}$) i koszt długu po opodatkowaniu (kD) muszą zostać włączone do wzoru. W ten sposób otrzymujemy:[363]

$$WACC = k_{e\,lev} \times \frac{EK}{GK} + k_D \times \frac{FK}{GK}$$

Kapitał własny = Kapitał własny

FK = pożyczony kapitał

GK = całkowity kapitał

$k_{e\,lev}$ = skorygowany, ważony koszt kapitału własnego

kd = Koszt kapitału dłużnego

Ponieważ dwie sumy wzoru odpowiadają ważonemu kosztowi kapitału własnego lub kapitału dłużnego, wzór na WACC można również przedstawić w następujący sposób:[364]

$$WACC = gew.k_{e\,lev} + gew.k_D$$

gew.kD = ważony koszt zadłużenia po opodatkowaniu

gew. $k_{e\,lev}$ = ważony, skorygowany koszt kapitału własnego

Drugie podejście do obliczania efektu dźwigni jest według Stewarta. Jego podejście uwzględnia podstawowe założenia twierdzenia Modiglianiego/Millera, który stwierdza, że struktura kapi-

363 Zob. Heesen [Obliczenia dotyczące inwestycji w 2016 r.], s. 136.

364 Zob. Heesen [Obliczenia dotyczące inwestycji w 2016 r.], s. 136.

tałowa nie ma znaczenia dla wartości rynkowej przedsiębiorstwa. W związku z[365] tym koszt kapitału spółki zmieniłby się tylko wtedy, gdyby należała ona do innej kategorii ryzyka.[366] Podejście Stewarta wyraźnie uwzględnia fakt, że kapitał własny na ogół wiąże się z wyższymi kosztami niż dług[367]. Stewart nie oblicza dźwigni finansowej jako czynnika, lecz definiuje sumę, czyli premię za ryzyko finansowe (FRP), która z kolei składa się z 3 czynników

- Tarcza podatkowa,
- Dźwignia i
- Różnica kosztów.[368]

Odpowiednim wzorem jest:[369]

$$FRP = (1 - t) \times \frac{FK}{EK} \times (k_{e\,unlev} - k_d)$$

(1-t) = tarcza podatkowa

$\frac{FK}{EK}$ = Dźwignia finansowa lub stosunek zadłużenia do kapitału własnego

---

[365] Por. Modigliani/Miller [Cost of Capital 1958], s. 261 i nast. Chociaż tezy Modiglianiego/Millera są raczej nierealistyczne, ponieważ istnienie idealnego rynku kapitałowego jest możliwe tylko w teorii, to jednak w znacznym stopniu przyczyniają się one do podstawowych założeń teorii finansowania. Doskonały rynek kapitałowy oznacza, że wszyscy uczestnicy rynku mają identyczną wiedzę na temat rynku kapitałowego, nie ma podatków, nie ma kosztów transakcji i nie istnieje ryzyko upadłości.

[366] Zob. Heesen [Obliczenia dotyczące inwestycji w 2016 r.], s. 138.

[367] Zob. Heesen [Obliczenia dotyczące inwestycji w 2016 r.], s. 138.

[368] Por. Heesen [Investitionsrechnung 2016], s. 139.

[369] Por. Heesen [Investitionsrechnung 2016], s. 139.

($k_{e\,unlev}$ - kd) = różnica kosztów (koszt kapitału własnego pomniejszony o koszt długu przed opodatkowaniem)

Ważony koszt kapitału własnego według Stewarta jest teraz obliczany poprzez dodanie premii za ryzyko finansowe do kosztu kapitału własnego według poniższego wzoru:[370]

$$k_{e\,lev} = k_{e\,unlev} + FRP$$

Koszt kapitału własnego jest obliczany według Stewarta, jak również Copeland, przy zastosowaniu modelu wyceny aktywów kapitałowych (Capital Asset Pricing Model - CAPM):

$$k_{e\,unlev} = r_f + \beta_{unlev} \times r_p$$

Dalsza procedura jest analogiczna do obliczania według Copeland, ponieważ obliczany jest ważony koszt kapitału własnego:[371]

$$gew.\,k_{e\,lev} = k_{e\,lev} \times \frac{EK}{GK}$$

Kalkulacja kosztów kredytu jest identyczna jak w przypadku podejścia Stewarta:

$$k_D = k_d \times (1 - t)$$

kD = koszt zadłużenia po opodatkowaniu

kd = koszt zadłużenia przed opodatkowaniem

t = stawka podatkowa

---

[370] Por. Heesen [Investitionsrechnung 2016], s. 139.

[371] Por. Heesen [Investitionsrechnung 2016], s. 140.

Podobnie, stopa ta musi być ważona wskaźnikiem zadłużenia:

$$\mathrm{w.k_D} = \mathrm{k_D} \times \frac{\mathrm{FK}}{\mathrm{GK}}$$

Całkowity koszt kapitału jest również zgodny z powyższym wyliczeniem:

$$\mathrm{WACC} = \mathrm{k_{Elewacja}} \times \frac{\mathrm{EK}}{\mathrm{GK}} + \mathrm{k_D} \times \frac{\mathrm{FK}}{\mathrm{GK}}$$ a raczej $\mathrm{WACC} = \mathrm{gew.k_{e_{Lew}}} + \mathrm{w.k_D}$

Przedstawienie graficzne w

Rysunek 20 ilustruje zależności i różnice pomiędzy tymi dwoma rodzajami obliczeń:

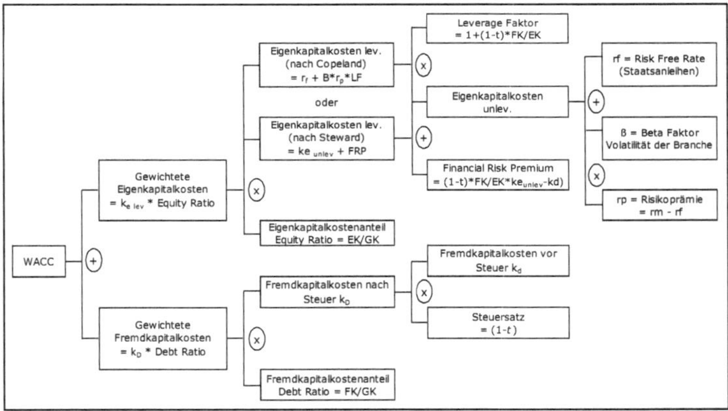

Rysunek 20: Obliczenie kosztu kapitału według Copeland i Stewart[372]

Model wyceny, który zostanie opracowany dla inwestycji w szczupłe, elastyczne ogniwa produkcyjne, wymaga uwzględnienia czynnika dyskontującego w celu obliczenia wartości bieżącej przyszłych przepływów pieniężnych. Ze względu na

[372] Źródło: Opracowanie własne na podstawie Heesen [Obliczenia inwestycyjne 2016], s. 147.

wyższość matematyczno-analitycznego wyprowadzenia stóp procentowych, WACC jest wybierany jako całkowity koszt kapitału. W modelu ma być możliwość wyboru pomiędzy dwoma ścieżkami obliczeniowymi według Copelanda i Stewarta.

Heesen podsumowuje różnice pomiędzy tymi dwoma podejściami: "Copeland" zakłada z jednej strony, że ryzyko biznesowe jest zależne od ryzyka struktury finansowej, a z drugiej strony, że ryzyko jest przenoszone wyłącznie na akcjonariusza, ponieważ współczynnik beta ßunlev jest rozszerzony na całe ryzyko struktury finansowej poprzez pomnożenie go przez współczynnik dźwigni LF. "Stewart" postrzega natomiast stopy procentowe dla kapitału własnego i dłużnego jako wyraz wynagrodzenia za ryzyko i w związku z tym dzieli ryzyko struktury finansowej na odpowiednie udziały w ryzyku dostawców kapitału własnego i dłużnego, wyrażone w ($k_{e\ unlev}$ - kd). W związku z tym akcjonariusz ponosi jedynie ryzyko, które nie jest ponoszone przez kredytodawcę.

Jedyną różnicą pomiędzy tymi dwoma metodami obliczeń jest rejestracja i prezentacja poszczególnych rodzajów ryzyka związanego ze strukturą biznesową i finansową.

Oba podejścia są uznawane przez środowisko finansowe. However, they only come to an identical result under one condition if rf is identical to kd, i.e. if the return on risk-free investments (in e.g. government bonds) is identical to the pre-tax cost of borrowed capital".[373]

W kolejnych dwóch rozdziałach średni ważony koszt kapitału (WACC) jest stosowany do kontroli zarządzania w oparciu o

[373] Heesen [Ocena inwestycji w 2016 r.], s. 143.

wartość dodaną, służąc jako podstawa dla dwóch głównych metod.

3.6.2. Metoda wartości dodanej w gotówce (CVA)

Metoda wartości dodanej w ujęciu kasowym (CVA) jest wartością zysku rezydualnego opartą na zwrocie z inwestycji w przepływy pieniężne (CFROI) jako mierniku rentowności[374][375]. Koncepcja (CFROI) została opracowana w latach 80-tych przez firmę doradczą HOLT, która została przejęta przez Boston Consulting Group w 1991 roku.[376] W nowszej, zmodyfikowanej wersji koncepcji CFROI, jest ona obliczana jako jednookresowa miara rentowności w stosunku do pierwotnie zainwestowanego kapitału (baza inwestycyjna brutto)[377]. Z CFROI, CVA (Cash Value Added) może być wyprowadzone jako kwota zysku rezydualnego, który reprezentuje bezwzględną zmianę wartości przedsiębiorstwa na podstawie przepływów pieniężnych w odniesieniu do ogólnej rentowności[378]. Wzory obliczeniowe dla CVA i CFROI są następujące:[379]

---

[374] Jeżeli odsetki od zatrzymanego kapitału zostaną odjęte od zysków danego okresu i następnie zostanie utworzona wartość kapitałowa tych danych (netto), ta zdyskontowana wartość odpowiada wartości kapitałowej odpowiednich serii wpłat. Wartość (netto) wynikająca z odjęcia odsetek od zaangażowanego kapitału od zysków za dany okres nazywana jest zyskiem rezydualnym. Por. Kuhner/Maltry [wycena przedsiębiorstwa 2017], s. 85.

[375] Zob. Zell [Cost and Performance Management 2008], s. 162.

[376] Zob. Männel [Cash Flow Return on Investment 2001], s. 40.

[377] Por. Männel [Cash Flow Return on Investment 2001], s. 48 f.

[378] Patrz Weber/Schäffer [Wstęp do kontroli 2006], str. 173.

[379] Zob. Heesen [Beteiligungsmanagement 2017], s. 40.

$$\text{Ökonomische Abschreibung} = \left(\frac{WACC}{(1+WACC)^n} - 1\right) \times \text{abschreibbare Aktiva}$$

$$CFROI = \frac{\text{Brutto Cash Flow - ökonomische Abschreibung}}{\text{Brutto Investitionsbasis}}$$

$$\text{CVA} = (\text{CFROI} - \text{WACC}) \times \text{Grossowa baza inwestycyjna}$$

Amortyzacja ekonomiczna jest to kwota, która powinna być odłożona na dany okres w okresie użytkowania bazy inwestycyjnej w celu realizacji przyszłych inwestycji odtworzeniowych[380]. Zakłada się, że zaoszczędzone kwoty będą oprocentowane według stopy WACC.[381]

Przepływy pieniężne brutto są przepływami pieniężnymi z działalności operacyjnej, po opodatkowaniu i przed naliczeniem odsetek, które są uzyskiwane z dochodu netto (skorygowanego o efekty nadzwyczajne i aperiodyczne).[382]

Baza inwestycyjna brutto odzwierciedla kapitał zainwestowany w spółkę po odjęciu nieoprocentowanych zobowiązań (wycena według kosztu historycznego, skorygowanego do obecnego poziomu cen).[383]

CVA można zatem wyprowadzić z CFROI przez pomnożenie podstawy inwestycji brutto przez stopę zwrotu netto (spread) wynikającą z odjęcia WACC od CFROI.[384]

---

[380] Zob. Weber/Schäffer [Wstęp do kontroli 2006], s. 174.

[381] Zob. Zell [Cost and Performance Management 2008], s. 164.

[382] Zob. Zell [Cost and Performance Management 2008], s. 163.

[383] Zob. Zell [Cost and Performance Management 2008], s. 163.

[384] Zob. Zell [Cost and Performance Management 2008], s. 164.

Heesen krytykuje podejście CVA lub CFROI za to, że baza inwestycji brutto nie jest swobodnie dostępna i dlatego takie podejście do analizy jest prawie niemożliwe dla obserwatorów zewnętrznych, chyba że dostępne są szczegółowe sprawozdania roczne.[385]

3.6.3. Metoda ekonomicznej wartości dodanej (EVA)

Koncepcja Economic Value Added® (EVA®) została[386] opracowana na początku lat 90-tych przez firmę doradczą Stern Stewart & Co. i uzyskała chronione oznaczenie produktu.[387] Praktyka pokazuje, że EVA jest najczęściej stosowanym top wskaźnikiem zorientowanym na wartość, zarówno przez firmy, jak i analityków kapitałowych.[388] EVA to koncepcja zwiększania wartości firmy oparta na danych z zewnętrznej księgowości z próbą ilościowego określenia zmiany wartości firmy w odniesieniu do konkretnego okresu.[389] Podstawowe podejście do EVA jest jednokierunkowym, zorientowanym na wyniki wskaźnikiem, który ma na celu wyrażenie wartości przedsiębiorstwa wytworzonej lub zniszczonej w danym okresie (w przeciwieństwie do wielookresowego, zorientowanego na przyszłość, zdyskontowanego przepływu środków pieniężnych, który stanowi całkowitą wartość przedsiębiorstwa). W[390] tym kontekście EVA należy

---

385 Zob. Heesen [Beteiligungsmanagement 2017], s. 41.

386 Por. Weber et al. [Wertorientierte Unternehmenssteuerung 2004], s. 42.

387 Por. Zell [Kosten- und Performance Management 2008], s. 159 Dla lepszej czytelności nie używa się symbolu znaku towarowego, który nie powinien być źle rozumiany jako naruszenie praw autorskich.

388 Por. Gundel [EVA jako narzędzie zarządzania i oceny 2012], s. 3.

389 Zob. Heesen [Beteiligungsmanagement 2017], s. 41.

390 Zob. Zell [Cost and Performance Management 2008], s. 159.

rozumieć jako zysk rezydualny [391] po odliczeniu kosztów zaangażowanego kapitału od zysku operacyjnego po opodatkowaniu wygenerowanego przez zaangażowany kapitał[392]. W uproszczeniu, EVA jest obliczana na podstawie wyniku operacyjnego po opodatkowaniu, pomniejszonego o koszt kapitału dla całego wymaganego kapitału.[393] W tym kontekście należy zauważyć, że wartość bezwzględna EVA nie równa się tworzeniu wartości lub wzrostowi wartości przedsiębiorstwa w tym okresie, ponieważ obliczenie wartości bieżącej nie jest na razie brane pod uwagę.[394]

Kluczowa wartość EVA jest obliczana przy użyciu następującego wzoru narzutu kapitałowego:[395]

$$EVA = NOPAT - WACC \times CE$$

EVA = Ekonomiczna wartość dodana

NOPAT = zysk operacyjny netto po opodatkowaniuWACC

= średni ważony koszt kapitału (patrz sekcja 3.6.1)

CE = zaangażowany kapitał / oprocentowany kapitał ogółem

[391] Koncepcje zysku rezydualnego, w przeciwieństwie do klasycznej oceny sukcesu, zakładają, że nie tylko kredytodawcy żądają zwrotu ze swojego kapitału, ale także podmioty dostarczające kapitał własny żądają odpowiedniego zwrotu z ryzyka związanego z inwestycją w przedsiębiorstwo (koszty te nie są jednak kosztami efektywnymi pod względem przepływów pieniężnych, jak ma to miejsce w przypadku kosztów kapitału dłużnego, ale kosztami alternatywnymi podmiotów dostarczających kapitał własny). Por. Gundel [EVA jako narzędzie zarządzania i oceny 2012], s. 16.

[392] Zob. Zell [Cost and Performance Management 2008], s. 159.

[393] Zob. Heesen [Beteiligungsmanagement 2017], s. 41.

[394] Zob. Heesen [Beteiligungsmanagement 2017], s. 41.

[395] Zob. Heesen [Beteiligungsmanagement 2017], s. 42.

Stosunek EVA można również przedstawić przy użyciu oryginalnej formuły smarowania według Stewarta:[396]

$$EVA = (ROCE - WACC) \times CE$$

EVA = Ekonomiczna wartość dodana
ROCE = Zwrot z zaangażowanego kapitału auch ROI = Zwrot z inwestycji / Gesamtkapitalrendite
CE = zaangażowany kapitał / oprocentowany kapitał ogółem

Prezentacja zgodnie z formułą spreadu pokazuje, że wartość jest tworzona tylko wtedy, gdy zwrot z całkowitego zaangażowanego kapitału przed odsetkami, ale po opodatkowaniu (ROCE lub ROI) jest wyższy niż koszt zaangażowanego kapitału (WACC). W związku z tym spread musi być dodatni, aby zwiększyć wartość.[397]
Wartości dla NOPAT i CE pochodzą z zewnętrznej księgowości. Jest to o tyle problematyczne, że wynik obliczenia może zostać zniekształcony z powodu ustawowych przepisów o rachunkowości i dlatego nie nadaje się do analizy w przypadku środków zwiększających wartość.[398] Zniekształcenia dotyczą różnicy między rocznym sprawozdaniem finansowym, które przedstawia, ze względu na ochronę wierzyciela, którą jest zobowiązany zapewnić, i jego funkcją polegającą na obliczaniu

---

[396] Por. Stewart [The Quest for Value 1999], s. 136 i nast. Heesen [Beteiligungsmanagement 2017], s. 42 i Gundel [EVA as a management and valuation tool 2012], s. 17.

[397] Zob. Heesen [Beteiligungsmanagement 2017], s. 42.

[398] Zob. Zell [Cost and Performance Management 2008], s. 159 oraz Heesen [Beteiligungsmanagement 2017], s. 42.

dywidend, a rzeczywistymi wynikami ekonomicznymi przedsiębiorstwa[399]. W celu skorygowania tych różnic, w literaturze omówiono dużą liczbę korekt (przekształceń) mających na[400] celu poprawę wartości informacyjnej zarządzania opartego na wartości.[401] W oparciu o względy praktyczności i w celu ułatwienia zrozumienia EVA, Weber i inni sugerują, że w praktyce należy wprowadzić tylko kilka istotnych zmian.[402] Hostettler redukuje konwersje do czterech kategorii, które mają być konsekwentnie stosowane do NOPAT i CE:

- *Przeliczenia operacyjne:* Korekty te zapewniają uzgodnienie z danymi dotyczącymi przychodów i aktywów związanych z działalnością operacyjną; składniki przychodów nieoperacyjnych i składniki aktywów nieoperacyjnych są eliminowane.
- *Konwersja finansowania: ma na celu* zapewnienie porównywalności wskaźnika nawet z alternatywnymi formami finansowania; np. aktywa będące przedmiotem leasingu lub dzierżawy mogą być ujmowane według wartości bieżącej zobowiązań płatniczych, aby umożliwić porównanie ze składnikiem aktywów nabytym w celu nabycia.
- *Konwersje na udziały/akcje:* Przeprowadzają one korekty w celu ustalenia kapitału własnego zgodnie z warunkami rynkowymi; na przykład wydatki o charakterze inwesty-

399 Por. Weber et al. [Wertorientierte Unternehmenssteuerung 2004], s. 45.

400 Hostettler opisuje to jako przejście z modelu rachunkowości do modelu ekonomicznego. Zob. Hostettler [Ekonomiczna wartość dodana w 2002 r.], s. 79.

401 Zob. Zell [Cost and Performance Management 2008], s. 159.

402 Por. Weber et al. [Wertorientierte Unternehmenssteuerung 2004], s. 45.

cyjnym (np. wydatki na badania i rozwój lub dalsze szkolenia) są kapitalizowane i amortyzowane przez okres ich użytkowania.

- *Konwersje podatkowe:* Obciążenie podatkowe, które ma być zastosowane w kluczowej wartości, musi być powiązane z wartością zysku wynikającą z poprzednich konwersji.[403]

Stewart wymienia cztery pytania jako kryteria decyzyjne dla wdrożenia konwersji, które sugerują pragmatyczne odniesienie do wniosku:

- Czy korekta ma znaczący wpływ na EVA?
- Czy menedżerowie mogą w ogóle wpłynąć na pozycję, której dotyczy korekta?
- Czy użytkownicy EVA rozumieją tę regulację?
- Jak trudno jest uzyskać informacje niezbędne do przeprowadzenia korekty?[404]

Nawet duże spółki notowane na DAX-ie wydają się odpowiadać na te pytania "nie" lub "trudno" i dlatego dokonują tylko kilku korekt.[405] Gundel twierdzi, że nie jest możliwe opracowanie ram decyzyjnych dotyczących wyboru dostosowań i założeń, które miałyby ogólne znaczenie dla wszystkich obszarów stosowania EVA.[406] Ponieważ EVA w dalszym toku pracy nie skupia się na

[403] Por. Hostettler [Economic Value Added 2002], s. 98 f., opisy przytoczone przez Zell [Kosten- und Performance Management 2008], s. 159 f.

[404] Por. Heesen [Beteiligungsmanagement 2017], s. 43 f.

[405] Zob. Heesen [Beteiligungsmanagement 2017], s. 43.

[406] Por. Gundel [EVA jako narzędzie zarządzania i oceny 2012], s. 23.

precyzyjnym pomiarze, ale na zachowaniu kierownictwa osiągniętym dzięki pomiarowi w planowaniu i podejmowaniu decyzji dotyczących[407] projektów inwestycyjnych, korekty (konwersje) są zaniedbywane.

3.7. Podstawy obliczania inwestycji

W pierwszej kolejności należy dokładniej zdefiniować pojęcie "inwestycji", zgodnie z definicją Heesena: "Koncepcja inwestycji zorientowanych na aktywa, zorientowanych na bilans, określa inwestycje jako konwersję kapitału na aktywa. W związku z tym płatności za badania i rozwój powinny być interpretowane jako inwestycje, podobnie jak budowa budynków, zakup maszyn i szkolenie pracowników. Termin "inwestycja" obejmuje zatem inwestowanie środków finansowych w środki trwałe. Po pierwsze, nie ma znaczenia, czy środki te pochodzą z finansowania kapitałowego czy dłużnego, ponieważ zwrot z zaangażowanego kapitału jest rzeczywiście decydujący. Dezinwestycja" ma miejsce, gdy kapitał zostaje ponownie uwolniony w wyniku sprzedaży środków trwałych.[408]

Według Busse et al. teoria inwestycji operacyjnych dotyczy przede wszystkim procedur optymalnego doboru poszczególnych obiektów inwestycyjnych i całych programów inwestycyjnych W[409] obszarze niemieckojęzycznym przejawia

[407] Zob. Hostettler [Ekonomiczna wartość dodana w 2002 r.], s. 117.

[408] Heesen [Obliczenia dotyczące inwestycji w 2016 r.], s. 1.

[409] Por. Busse et al. [Teoria inwestycji 2015], s. 1.

się ścisły związek między teorią wyceny przedsiębiorstw a teorią inwestycji w sensie zastosowania centralnych metod wyceny przedsiębiorstw jako procedur teorii inwestycji.[410]

W ciągu ostatnich dwóch dekad na rozwój teorii inwestycji znaczący wpływ miały ustalenia z zakresu finansów i teorii rynku kapitałowego.[411] Tak więc, w nowoczesnym podejściu, ocena (nie)inwestycyjnego obiektu "jednostka" odnosi się w znacznym stopniu do jego wpływu na przepływy pieniężne.[412] W związku z tym z czasem podstawowe ustalenia dotyczące wyceny przedsiębiorstwa zostały przeniesione do obliczeń inwestycyjnych. Jest to powód wybranej linii argumentacji tej tezy, w której najpierw omawiane są podstawy procedur wyceny przedsiębiorstw, a następnie pogłębiane procedury wyceny inwestycji.

Jako kolejne elementy składowe, części teorii produkcji, kosztów i sprzedaży są zawarte w teorii inwestycji. W celu oceny projektów inwestycyjnych konieczne jest, aby inwestor miał wyobrażenie o potencjalnej wielkości sprzedaży (produkcji) i związanych z nią wymaganiach dotyczących czynników produkcji (nakładów), a także o sprzedaży i cenach czynników produkcji związanych z użytkowaniem obiektu inwestycyjnego. W tym celu rozpatrzenie musi zostać przedłużone do kilku okresów.[413]

---

[410] Por. Matschke/Brösel [wycena przedsiębiorstwa w 2013 r.], s. 122 i nast.

[411] Zob. Götze [Investitionsrechnung 2008], s. 1.

[412] Por. Quill [Interests Guided Company Valuation 2016], s. 31.

[413] Por. Busse et al. [Teoria inwestycji 2015], s. 1.

Na podstawie teorii i praktyki opracowano różne metody obliczania inwestycji w celu oceny poszczególnych inwestycji i programów inwestycyjnych.[414] Najczęstsze metody obliczania inwestycji (znane również jako metody klasyczne) dzielą się na:

- procedury statyczne (koszt, zysk, porównanie rentowności i obliczanie amortyzacji statycznej) oraz
- metody dynamiczne (metoda wartości bieżącej netto, metoda wewnętrznej stopy zwrotu, metoda renty i amortyzacji dynamicznej).[415]

Obliczenia inwestycyjne mogą być wykorzystywane do określania lub optymalizacji metod obliczeniowych. Jeśli chodzi o przygotowanie decyzji inwestycyjnej, mówi się o kalkulacjach planistycznych, które mają na celu wygenerowanie pomocy decyzyjnej dla optymalizacji ekonomicznej. Jednakże w przypadku już zrealizowanych inwestycji może to być również kwestia obliczeń kontrolnych, które są przeprowadzane w celu weryfikacji decyzji.[416] Nie jest możliwe wydanie ogólnie obowiązującego zalecenia dotyczącego stosowanych procedur i obszarów zastosowania. Ważne jest jednak, aby znać sposób działania różnych procedur, aby móc ocenić ich potencjał i ograniczenia.[417]

W trakcie tych prac ma zostać ustalone przejście do podejścia do budżetowania kapitałowego opartego na wartościach, co

[414] Por. Busse et al. [Teoria inwestycji 2015], s. 20.

[415] Por. Heesen [Investitionsrechnung 2016], s. 5.

[416] Por. Heesen [Investitionsrechnung 2016], s. 5.

[417] Por. Heesen [obliczenia dotyczące inwestycji w roku 2016], s. 5.

znacznie rozszerzy granice obszarów zastosowania[418]. Jeśli chodzi o postęp wiedzy, podejście to nie może pozostać bez zmian, ale istnieje twierdzenie, że model zorientowany na zastosowanie należy wyprowadzić z koncepcji wywodzącej się z teorii.

3.8. Statyczne metody obliczania inwestycji

Statyczne metody obliczania inwestycji opierają się wyłącznie na wyraźnym uwzględnieniu okresu czasu, który może odnosić się do okresu lub okresu użytkowania.[419] Dlatego też opierają się one na zmiennych dotyczących jednego okresu w rachunkowości operacyjnej i nie uwzględniają faktu, że płatności są dokonywane w różnym czasie, lub też czynią to jedynie w sposób niedoskonały.[420] Podział modeli statycznych odnosi się do czynników docelowych lub czynników sukcesu, które należy wziąć pod uwagę, a którymi mogą być Koszty, zysk, rentowność lub okres zwrotu z inwestycji.[421]

Ponieważ są one oparte na przychodach i kosztach lub zmiennych z nich wynikających, określa się je również jako procedury kalkulacyjne.[422]

---

[418] Wstępne podejścia w tym kierunku już istnieją, ale nie ma spójnego, zorientowanego na zastosowanie modelu. Zob. Doerr et al. [model kalkulacji inwestycji oparty na EVA 2003], s. 285 i nast. oraz Bej [Rachunek przepływów pieniężnych w Controlling 2015], s. 245 i nast.

[419] Zob. Götze [Investitionsrechnung 2008], s. 50.

[420] Por. Busse et al. [Teoria inwestycji 2015], s. 21.

[421] Zob. Götze [Investitionsrechnung 2008], s. 50.

[422] Por. Busse et al. [Teoria inwestycji 2015], s. 20.

Metody statyczne obejmują następujące metody:

- obliczenie porównania kosztów,
- rachunek porównawczy zysków,
- porównawczą kalkulację rentowności oraz
- obliczenie porównania amortyzacji statycznej.[423]

Po pierwsze, pokrótce omówiono procedury statyczne / obliczeniowe, które można rozumieć jako pre-formy finansowych procedur matematycznych. Pomimo opisanych powyżej poważnych niedociągnięć, są one nadal szeroko rozpowszechnione w praktyce. Z[424] wyjątkiem zastosowania do mniejszych obiektów inwestycyjnych, należy zrezygnować z ich wykorzystania ze względu na trudną do określenia granicę ich przydatności.[425] Dlatego też teza ta daje jedynie przegląd podstawowego zrozumienia, ale nie przedstawia wyraźnie metod i wzorów obliczeniowych.

3.8.1. Porównawcza rachunkowość kosztów

Heesen podsumowuje podejście do porównania kosztów w następujący sposób: "Porównując koszty dwóch lub więcej alternatywnych inwestycji o identycznych cechach wydajności, metoda porównania kosztów (np. księgowanie stawek maszynowo-godzinowych) próbuje określić tę, która generuje

[423] Por. Ermschel i in. [Inwestycje i finansowanie w 2016 r.], s. 36.

[424] Por. Blohm et al. [Słabe punkty w obliczeniach inwestycyjnych 2012], s. 39 i nast.

[425] Por. Busse et al. [Teoria inwestycji 2015], s. 21.

najniższe koszty w perspektywie długoterminowej".[426] Przy stosowaniu tej metody odniesienie do identycznych właściwości użytkowych zakłada, że porównywane rozwiązania alternatywne nie mają wpływu na strukturę przychodów i zdolności produkcyjne.[427]

Podstawowym kryterium oceny w metodzie porównywania kosztów są średnie koszty okresu. Głównymi rodzajami kosztów uwzględnianymi w porównawczej rachunkowości kosztów są

- Koszty paliwa
- Koszty naprawy
- Koszty utrzymania
- Koszty pomieszczeń
- Koszty materiałowe
- Koszty narzędzi
- amortyzacja obliczeniowa
- odsetki obliczeniowe
- Płace i wynagrodzenia oraz pozapłacowe koszty pracy.[428]

W końcowej analizie porównawczej rachunku kosztów dominują jego poważne braki:

- Decyzja ta opiera się na jednookresowym celu w zakresie efektywności,
- nie bierze się pod uwagę rozkładu kosztów w czasie (wartości średnie),
- nie są brane pod uwagę okresy użytkowania o różnej długości, oraz

[426] Heesen [Obliczenia dotyczące inwestycji w 2016 r.], s. 6.

[427] Por. Busse et al. [Teoria inwestycji 2015], s. 22.

[428] Por. Heesen [Obliczenia dotyczące inwestycji w 2016 r.], s. 6 f.

- w przypadku inwestycji odtworzeniowej, wartości rezydualne nie są brane pod uwagę.[429]

Tworzenie lub zwiększanie wartości przedsiębiorstwa zostało sformułowane jako podstawowa idea zarządzania przedsiębiorstwem zorientowanego na wartość w punkcie 3.6Jeśli ten postulat ma być traktowany poważnie, porównawcza księgowość kosztów musi zostać odrzucona ze względu na ten cel.

3.8.2. Zestawienie porównawcze zysków

Zestawienie porównawcze zysków stosuje się w przypadku, gdy przychody netto na jednostkę lub wielkość produkcji i sprzedaży alternatywy inwestycyjnej różnią się. W związku z tym[430], obliczenie porównania zysków stanowi rozszerzenie porównania kosztów poprzez uwzględnienie skutków po stronie sprzedaży.[431] Można go zatem zbudować w oparciu o założenia rachunkowości porównawczej kosztów, formułując średni zysk (jako różnicę między przychodami a kosztami) jako wartość docelową.[432]
Ponieważ kryterium decyzyjne w rachunku zysków i strat jest średni zysk za okres, metoda ta może być również stosowana do oceny poszczególnych obiektów inwestycyjnych (bezwzględna przewaga w stosunku do względnej przewagi).[433]

---

[429] Por. Busse et al. [Investitionstheorie 2015], s. 22 oraz Por. Heesen [Investitionsrechnung 2016], s. 8.

[430] Por. Ermschel i in. [Inwestycje i finansowanie w 2016 r.], s. 42.

[431] Zob. Heesen [Obliczenia dotyczące inwestycji w 2016 r.], s. 9.

[432] Zob. Götze [Investitionsrechnung 2008], s. 58.

[433] Zob. Heesen [Obliczenia dotyczące inwestycji w 2016 r.], s. 9.

Ponadto obliczenie porównania zysków ma analogiczne wady jak obliczenie porównania kosztów[434] i w związku z tym odgrywa podrzędną rolę w odniesieniu do pracy.

3.8.3. Porównawcza kalkulacja rentowności (Return on Investment - ROI)

Porównawcza kalkulacja rentowności (znana również jako metoda ROI lub statyczna metoda rentowności) opiera się albo na porównaniu kosztów, albo na obliczeniu porównania zysków i jest metodą nieco ulepszoną poprzez powiązanie zwrotu z inwestycji z różnymi zaangażowanymi kapitałami. W związku z tym[435] celem staje się najwyższy możliwy zwrot z zaangażowanego kapitału. Jeżeli finansowanie pochodzi z kapitału własnego i dłużnego, jako porównanie należy zastosować odpowiednio określoną mieszaną stopę procentową składającą się ze stóp procentowych kapitału własnego i dłużnego. Zazwyczaj stosuje się[436] tu WACC (Weighted Average Cost of Capital).[437] MaW, podejście to koncentruje się na całkowitym zwrocie z inwestycji mierzonym zaangażowanym kapitałem, porównując obliczoną rentowność z pożądanym minimalnym zwrotem.[438]

---

[434] Por. Busse et al. [Teoria inwestycji 2015], s. 23.

[435] Zob. Heesen [Obliczenia dotyczące inwestycji w roku 2016], s. 10.

[436] Por. sekcja 3.6.1Ustalenie kosztu kapitału, w którym WACC został szczegółowo wyprowadzony.

[437] Por. Ermschel i in. [Inwestycje i finansowanie w 2016 r.], s. 44.

[438] Por. Heesen [Obliczenia dotyczące inwestycji w 2016 r.], s. 11.

Ponieważ podejście to jest bliższe podejściu do tworzonej wartości, jest ono lepsze od podejścia opartego na porównywaniu kosztów i zysków.[439]
Krytyka (statycznego) zwrotu z kapitału jako kryterium przewagi przedmiotu inwestycji jest podobna do krytyki porównań kosztów lub zysków. Jako dodatkowy punkt krytyki należy tu wspomnieć o niespójności założeń, która pojawia się, gdy do porównania korzyści włącza się jednocześnie kilka nieruchomości, a ich rentowność spada wraz ze wzrostem zaangażowania kapitałowego. W tym przypadku ma miejsce proces selekcji z różnymi przesłankami w odniesieniu do wyrównania różnic w zaangażowaniu kapitałowym.[440]

3.8.4. Obliczenie porównania amortyzacji (statyczna metoda spłaty)

W obliczeniach porównawczych amortyzacji dodatkowym kryterium oceny opłacalności obiektów inwestycyjnych jest okres czasu, w którym cała płatność za nabycie jest amortyzowana poprzez nadwyżki pieniężne. Im krótszy okres amortyzacji, tym bardziej korzystny jest obiekt inwestycyjny.[441]
Podobnie jak w przypadku kalkulacji porównania rentowności, kalkulacja porównania amortyzacji (znana również jako metoda refluksu kapitałowego, spłaty lub zwrotu) opiera się na porównaniu kosztów lub zysków, ale nie jest zorientowana na dążenie

---

[439] Por. Heesen [Investitionsrechnung 2016], s. 12.

[440] Zob. Götze [Investitionsrechnung 2008], s. 63.

[441] Por. Busse et al. [Teoria inwestycji 2015], s. 27.

do aktywów lub zysków, ale jest procedurą z grubsza uwzględniającą ocenę ryzyka inwestora.[442]
W literaturze przypisane są dwa warianty obliczania amortyzacji statycznej:

- metoda kosztów średnich (metoda jednookresowa) oraz
- metoda kumulacji (procedura wielookresowa).[443]

Zgodnie z metodą kosztu średniego zaangażowany kapitał dzieli się przez średnie przepływy pieniężne, a zatem opiera się na średnich wpływach i wypływach pieniężnych, tak jak w przypadku metody statycznej dla jednego okresu rozpatrywanej do tej pory.[444]
W przeciwieństwie do procedur jednookresowych, metoda kumulacji, jako procedura wielookresowa, uwzględnia płatności przychodzące i wychodzące w różnych momentach czasu. Ponieważ jednak nie uwzględnia ona wartości płatności przychodzących i wychodzących w czasie, nie jest ona uważana za procedurę dynamiczną.[445]
Okres zwrotu jest odpowiedni jako jedyne kryterium korzyści z inwestycji tylko wtedy, gdy bezpieczeństwo i płynność finansowa mają najwyższy priorytet wśród celów inwestorów.[446] Ponadto, stosując metody porównania amortyzacji, należy wziąć pod uwagę, że obiekty inwestycyjne muszą mieć ten sam okres użytkowania, aby uzyskać znaczące wyniki.[447] Zasadnicza

---

[442] Por. Heesen [Investitionsrechnung 2016], s. 12.

[443] Zob. Götze [Investitionsrechnung 2008], s. 63.

[444] Zob. Heesen [Obliczenia dotyczące inwestycji w 2016 r.], s. 13.

[445] Zob. Heesen [Obliczenia dotyczące inwestycji w 2016 r.], s. 13.

[446] Por. Busse et al. [Teoria inwestycji 2015], s. 27.

[447] Por. Heesen [Investitionsrechnung 2016], s. 14.

krytyka tych dwóch opisanych metod polega na tym, że chociaż czas zwrotu może być osiągnięty wcześnie, to zwrot w całym okresie może się załamać, a tym samym być słaby. Dlatego też rozważania na temat amortyzacji mogą być rozsądnie wykorzystane tylko jako uzupełnienie innych kalkulacji inwestycyjnych.[448]

3.9. Dynamiczne metody obliczania inwestycji

Dynamiczne (finansowo - matematyczne) metody obliczania inwestycji opierają się na serii wypłat inwestycji. Poprzez zastosowanie odsetek i odsetek złożonych, serie płatności mogą być zgrupowane w jednej kwocie na początku serii (wartość bieżąca) lub na końcu (wartość końcowa)[449]. Podstawą obliczeń są zatem wpływy i wypływy środków pieniężnych i ich ekwiwalentów w całym okresie, tj. serie płatności i wypływów, które są dyskontowane lub sumowane (zwane również dyskontowaniem).[450] W tym kontekście Heesen po raz kolejny wyraźnie wskazuje na znaczenie odniesienia do przepływów pieniężnych: "Obliczenia inwestycyjne są zorientowane na przepływy pieniężne ("cash in" i "cash out"). Wszystkie wydatki, które nie mają wpływu na płatności (np. amortyzacja i wartości kalkulacyjne - również dodatkowa amortyzacja i/lub odsetki, w celu uwzględnienia późniejszych wyższych kosztów odtworzenia w trakcie cyklu życia inwestycji) nie mają miejsca w obliczaniu inwestycji ... I

---

[448] Por. Busse et al. [Teoria inwestycji 2015], s. 29.

[449] Por. Busse et al. [Teoria inwestycji 2015], s. 30.

[450] Por. Heesen [Investitionsrechnung 2016], s. 14.

odwrotnie, dochód, który nie ma wpływu na płatności również nie ma miejsca w obliczaniu inwestycji.[451]

Przepływy pieniężne są dyskontowane w oparciu o matematykę finansową, a dokładniej poprzez wyliczenie odsetek złożonych. Poniżej omówiono w skrócie teoretyczne zasady.

Według Busse et al. stopa procentowa jest interpretowana jako cena za utratę możliwości wykorzystania pieniędzy na inne cele, ale także jako nagroda za powstrzymanie się od konsumpcji oraz jako wyraz preferencji w zakresie płynności.[452] W odniesieniu do wartości inwestycji, dwie kwestie wynikają z rozważań dotyczących odsetek:

- Jaka jest kwota na koniec ustalonego terminu? (akumulacja)
- Ile kapitału jest potrzebne do osiągnięcia planowanej sumy końcowej na koniec
  o określonym czasie trwania? (dyskontowanie)[453]

Wzór na compounding jest następujący:[454]

$K_n = K_0 \times (1 + i)^n$

Kn = kwota, którą należy obliczyć na koniec semestru

K0 = kwota (wpłacona) na początku

i = stopa procentowa oferowana w danym okresie (np. przez bank)

n = termin (np. inwestycji) lub liczba okresów analizy

---

[451] Por. Heesen [Investitionsrechnung 2016], s. 16.

[452] Por. Busse et al. [Teoria inwestycji 2015], s. 30.

[453] Por. Heesen [Obliczenia dotyczące inwestycji w 2016 r.], s. 16.

[454] Zob. Heesen [Obliczenia dotyczące inwestycji w 2016 r.], s. 17.

Jak wynika ze wzoru, zainteresowanie złożone nie jest funkcją liniową, lecz wykładniczą. Wzór ten jest wyliczeniem[455]zaległości, które prawie zawsze jest stosowane w praktyce.

Dyskontowanie (dyskontowanie) jest wykorzystywane do ustalenia wartości bieżącej przyszłej płatności. Wartość bieżąca jest kwotą, która odpowiada tej przyszłej płatności w dniu dzisiejszym.[456]

Wzór na dyskontowanie jest następujący:[457]

$$K_0 = K_n \times \frac{1}{(1+i)^n}$$

K0 = kwota, którą należy obliczyć na początku semestru

K_n = kwota na koniec semestru

i = stopa procentowa oferowana w danym okresie (np. przez bank)

n = termin (np. inwestycji) lub liczba okresów analizy

Ta podstawowa wiedza jest wystarczająca, aby móc bliżej przyjrzeć się dynamicznym procedurom kalkulacji inwestycji w następujący sposób.

---

455 Zaległości oznaczają, że odsetki są naliczane na koniec rozpatrywanych okresów.

456 Por. Ermschel i in. [Inwestycje i finansowanie w 2016 r.], s. 50.

457 Por. Heesen [Obliczenia dotyczące inwestycji w 2016 r.], s. 17 f.

3.9.1. Metoda wartości gotówkowej lub wartości bieżącej netto

W języku angielskim powszechnie stosowana jest metoda Net Present Value (NPV)[458]. "Podstawową ideą metody wartości bieżącej netto jest to, że wszystkie płatności przychodzące i wychodzące z inwestycji są dyskontowane do czasu 0 wraz z obliczeniem stopy procentowej inwestora. "W punkcie 3.6.1[459] już szczegółowo koszty kapitałowe wymagane przez inwestorów w formie WACC (Weighted Average Cost of Capital). WACC można zatem rozumieć jako "zorientowaną na inwestora" kalkulacyjną stopę procentową, która uwzględnia premie za ryzyko, koszty kapitału własnego, oczekiwaną stopę inflacji, stopy procentowe zwyczajowo stosowane w branży, a nawet oczekiwane obciążenia podatkowe.

Heesen definiuje wartość kapitałową inwestycji w następujący sposób: "Wartość kapitału to przede wszystkim kwota bezwzględna z punktu widzenia lub w momencie "zero" (t0), która jest równoważna wartości inwestycji w danym okresie. Wartość bieżąca netto jest zatem różnicą pomiędzy skumulowaną wartością bieżącą kolejnych wpływów i wypływów pieniężnych z obiektu inwestycyjnego. Pierwotna kwota inwestycji jest również uważana za wypłatę".[460]

Można z tego wyprowadzić następujący wzór:[461]

[458] Zob. Heesen [Obliczenia dotyczące inwestycji w 2016 r.], s. 27.

[459] Ermschel et al. [Investment and financing 2016], s. 50.

[460] Heesen [Obliczenia dotyczące inwestycji w 2016 r.], s. 25.

[461] Por. Heesen [Obliczenia dotyczące inwestycji w 2016 r.], s. 26.

$$K_0 = -A_0 + \sum_{t=1}^{n}(e_t - a_t) \times \frac{1}{(1+i)^t} + Rest_n \times \frac{1}{(1+i)^n}$$

K0 = wartość bieżąca netto (€) w roku 0

A0 = Wypłata środków na inwestycje (w EUR) w roku 0

$_{et}$ = depozyt na koniec okresu t (€/rok)

$_{at}$ = płatność na koniec okresu t (EUR/rok)

t = liczba lat / okresów

n = termin w latach / okresach

i = stopa procentowa (%)

Odpoczynek = dochody rezydualne na koniec okresu użytkowania (w EUR)

Jeśli dodatnia wartość kapitału jest obliczana dla inwestycji przy użyciu powyższego wzoru, oznacza to dla inwestora, że przepływy pieniężne są wyższe niż wypłaty dokonane w całym okresie trwania inwestycji. Jeśli obliczono kilka inwestycji, najkorzystniejsza jest ta, która ma największą dodatnią wartość bieżącą netto.[462] Względna przewaga obiektów inwestycyjnych może być również określona dla dwóch lub więcej obiektów za pomocą fikcyjnej inwestycji, tzw. inwestycji różnicowej.[463]
"Równoważność metody wartości bieżącej netto i metody EVA jest udowodniona matematycznie przez twierdzenie o luce. Zgodnie z którą wartość bieżąca przyszłych nadwyżek płatniczych odpowiada wartości bieżącej przyszłych zysków pomniejszonej o koszt kapitału.[464] "Warunki ważności tej zależności i

[462] Zob. Heesen [Obliczenia dotyczące inwestycji w 2016 r.], s. 28.

[463] Zob. Götze [Investitionsrechnung 2008], s. 72.

[464] Gundel [EVA jako narzędzie zarządzania i oceny 2012], s. 248.

czynniki wpływające na dostosowanie zostały szczegółowo omówione w rozdziale 3.10

3.9.2. Metoda renty dożywotniej

Metoda renty dożywotniej jest procedurą wyprowadzoną z metody wartości bieżącej netto, w której wartość kapitałowa inwestycji jest rozłożona równomiernie (liniowo) w okresie trwania inwestycji, tworząc w ten sposób wartość docelową dla renty dożywotniej.[465]

Renta pieniężna może być interpretowana jako kwota, którą inwestor może wycofać w danym okresie przy dokonywaniu inwestycji, uwzględniając tym samym fakt, że wartość kapitałowa wytworzona w krótszym okresie czasu ma być wyceniana wyżej w porównaniu, ponieważ może istnieć możliwość dokonania nowych inwestycji.[466] "W celu ustalenia zysku za dany okres, kwota nabycia, wartość końcowa, odsetki i odsetki złożone są rozłożone na cały okres użytkowania obiektu inwestycyjnego.[467] Ten równy podział na poszczególne okresy oznacza, że metoda renty dożywotniej może być również stosowana do porównywania obiektów inwestycyjnych o różnych okresach użytkowania,[468] ale następnie w zmodyfikowanej formie poprzez odniesienie renty dożywotniej obiektów dostępnych do wyboru do tego samego okresu.[469] Rentowność obiektu inwestycyjnego

---

[465] Por. Ermschel i in. [Inwestycje i finansowanie w 2016 r.], s. 61.

[466] Zob. Götze [Investitionsrechnung 2008], s. 93 i Heesen [Investitionsrechnung 2016], s. 53.

[467] Heesen [Ocena inwestycji w 2016 r.], s. 53.

[468] Por. Heesen [Obliczenia dotyczące inwestycji w 2016 r.], s. 53.

[469] Zob. Götze [Investitionsrechnung 2008], s. 95.

można obliczyć przez pomnożenie wartości kapitałowej obiektu inwestycyjnego przez współczynnik odzysku.[470]
Wzór obliczeniowy dla renty jest następujący[471]

$$An = K_0 \times \frac{(1+i)^n \times i}{(1+i)^n - 1}$$

On = Rocznica (€)
i = obliczeniowa stopa procentowa (%)
K0 = wartość bieżąca netto (€) w roku 0
n = termin w latach / okresach

Metoda rentowa w dużym stopniu przypomina założenia modelowe metody wartości bieżącej netto. Z wyjątkiem określania wartości kapitałowej w przypadku nieskończonego łańcucha inwestycyjnego, w większości przypadków można zrezygnować z obliczania renty. W związku z tym[472] metoda ta odgrywa podrzędną rolę w praktyce i w niniejszym opracowaniu i nie będzie szczegółowo rozpatrywana.

3.9.3. Metoda wewnętrznej stopy zwrotu (IRR)

Metoda wewnętrznej stopy zwrotu (IRR) jest również w[473] dużej mierze oparta na sytuacji modelowej metody wartości bieżącej netto.[474] Wewnętrzna stopa procentowa to stopa procentowa,

---

[470] Zob. Götze [Investitionsrechnung 2008], s. 94.

[471] Por. Heesen [Obliczenia dotyczące inwestycji w 2016 r.], s. 53.

[472] Zob. Götze [Investitionsrechnung 2008], s. 96.

[473] Por. Heesen [Investitionsrechnung 2016], s. 58.

[474] Zob. Götze [Investitionsrechnung 2008], s. 96.

przy której zdyskontowane płatności przychodzące i wychodzące są równe.[475] Götze opisuje wynikającą z tego interpretację w następujący sposób: "Oceniając bezwzględną korzyść, porównuje się odpowiednio zysk z ocenianej inwestycji z kosztami finansowania lub zyskiem z alternatywnej inwestycji, które są reprezentowane przez obliczoną stopę procentową.[476] "Jeżeli wewnętrzna stopa procentowa jest taka sama jak obliczeniowa stopa procentowa, wówczas w metodzie wartości gotówkowej lub wartości bieżącej netto mielibyśmy wartość kapitałową równą zero. Korzystna inwestycja musi zatem mieć dodatnią marżę inwestycyjną (różnicę między wewnętrzną stopą procentową a obliczeniową stopą procentową).[477]
Wewnętrzną stopę zwrotu określa się za pomocą równania Regula-Falsi, które jest metodą przybliżoną do wyznaczenia punktu zerowego funkcji:[478]

$$IZF = i_1 + K_1 \times \frac{i_2 - i_1}{K_1 - K_2}$$

IZF = wewnętrzna stopa zwrotu (%)
i1 = eksperymentalna stopa procentowa 1(%) prowadząca do dodatniej wartości kapitału K1
i2 = eksperymentalna stopa procentowa 2 (%) powodująca ujemną wartość bieżącą netto K2
K1 = dodatnia wartość bieżąca netto (€) na podstawie i1

---

[475] Por. Heesen [Investitionsrechnung 2016], s. 58.

[476] Götze [Investitionsrechnung 2008], s. 97; Heesen formułuje cztery kolejne interpretacje, patrz Heesen [Investitionsrechnung 2016], s. 58 f.

[477] Por. Heesen [Investitionsrechnung 2016], s. 59.

[478] Por. Heesen [obliczenia dotyczące inwestycji w roku 2016], s. 59 i nast.

K2 = ujemna wartość zaktualizowana netto (€) na podstawie i2

Metoda wewnętrznej stopy zwrotu nie jest bezproblemowa w literaturze przedmiotu, zarówno ze względów ekonomicznych, jak i matematycznych (metoda ta nie jest jasno określona matematycznie[479]). Z powodu tego problemu metoda wewnętrznej stopy zwrotu jest stosowana w praktyce jedynie w wyjątkowych przypadkach, np. jako dodatkowa analiza do podejścia opartego na wartości bieżącej netto w celu określenia możliwości manewrowania finansami.[480]

3.9.4. Metoda amortyzacji dynamicznej (break even even)

Podstawowa procedura dla metody amortyzacji dynamicznej jest taka sama jak dla obliczeń porównawczych amortyzacji statycznej, z tą różnicą, że stosowane są wartości bieżące (zamiast momentu wystąpienia niezróżnicowanych przepływów pieniężnych) przyszłych nadwyżek pieniężnych[481]. "Dynamiczny okres amortyzacji to okres, w którym suma zdyskontowanych nadwyżek pieniężnych z alternatywy inwestycyjnej jest równa lub wyższa od płatności za przejęcie.[482] "W związku z tym, docelową wartością dla inwestora jest czas, w którym zainwestowany kapitał przepłynął z powrotem poprzez przepływy

---

[479] Por. Ermschel i in. [Inwestycje i finansowanie w 2016 r.], s. 67.

[480] Zob. Heesen [Obliczenia dotyczące inwestycji w 2016 r.], s. 61.

[481] Por. Busse et al. [Investitionstheorie 2015], s. 79.

[482] Busse et al. [Teoria inwestycji 2015], s. 79.

zwrotne, z uwzględnieniem wyliczenia odsetek (procedura dynamiczna).[483]

Ten punkt czasowy jest również znany jako "break even", który można obliczyć za pomocą następującego wzoru:[484]

$$Break\ Even = Periode\ von\ C_1 - \frac{C_1}{C_2 - C_1}$$

c_1 = ostatnia ujemna wartość zaktualizowana netto (€)

c_2 = pierwsza dodatnia wartość bieżąca netto (€)

Czytelnik z wytrawnym matematycznym okiem zauważy, że formuła break-even może dać poprawne wyniki tylko wtedy, gdy zakłada się liniowy rozwój zdyskontowanych nadwyżek depozytów w poszczególnych okresach. Ponieważ głównym problemem w praktyce jest pozyskiwanie przyszłych wpływów i wypływów pieniężnych, uproszczenie to jest powszechnie akceptowane.[485]

Bardziej problematyczna jest krytyka, że metoda ta pomija płatności po dacie zwrotu, co może prowadzić do fałszywych punktów zwrotnych.[486][487] Generalnie zaleca się stosowanie metody amortyzacji dynamicznej jedynie jako uzupełnienie metody wartości bieżącej netto. Gwarantuje to, że zarówno wysokość

[483] Por. Ermschel i in. [Inwestycje i finansowanie w 2016 r.], s. 69.

[484] Por. Heesen [Obliczenia dotyczące inwestycji w 2016 r.], s. 42 f.

[485] Zob. Heesen [Obliczenia dotyczące inwestycji w 2016 r.], s. 45.

[486] W sytuacji fikcyjnego progu rentowności, skumulowane wartości kapitału stają się dodatnie tylko na krótki czas, a następnie spadają poniżej kwoty pierwotnej wypłaty z inwestycji. Por. Heesen [Investitionsrechnung 2016], s. 42.

[487] Zob. Götze [Investitionsrechnung 2008], s. 110.

wartości kapitału, jak i najkrótszy dynamiczny okres amortyzacji są uwzględniane w ocenie korzyści dla inwestora.[488] Metoda amortyzacji dynamicznej nie będzie odgrywać dalszej roli w tej pracy.

3.10. Obliczanie inwestycji w oparciu o wartość, z uwzględnieniem twierdzenia o luce

Obecnie, po zapoznaniu się z założeniami modelu, zmiennymi docelowymi, stosowalnością i krytyką procedur wyceny przedsiębiorstw oraz metod kalkulacji inwestycji, konieczne jest wypracowanie podejścia łączącego zalety zarówno w teorii, jak i w praktyce.
Podsumowując, można postulować, że przy porównywaniu procedur wyceny przedsiębiorstw największe korzyści wynikają z zastosowania top ratio zorientowanego na wartość. Za pomocą tego wskaźnika dąży się do osiągnięcia obecnie niekwestionowanego celu, jakim jest zwiększenie wartości ekonomicznej przedsiębiorstwa w długim okresie i w sposób zrównoważony (patrz rozdział3.6). Tak więc podejście oparte na wartości dla akcjonariuszy stało się zasadą centralnego zarządzania i kontroli, przy czym albo wartość dodana w gotówce (CVA) albo ekonomiczna wartość dodana (EVA) są uznawane za kluczowy wskaźnik wyników zorientowany na wartość.

Dalsza dyskusja w rozdziałach 3.6.2 i 3.6.3 pokazała, że EVA jest nie tylko najbardziej powszechnym wskaźnikiem opartym

[488] Por. Busse et al. [Teoria inwestycji 2015], s. 81.

na wartości, ale także przewyższa CVA (opartą na bazie inwestycji brutto) ze względu na większą przejrzystość (opartą na zewnętrznych zmiennych księgowych).

EVA została zaprezentowana w rozdziale 3.6.3 jako okresowy zysk rezydualny po opodatkowaniu, który zmniejsza NOPAT rozważanego obiektu (spółki lub inwestycji) o koszty zaangażowanego kapitału niezbędnego do prowadzenia działalności. "Koszt kapitału, który jest obliczany jako średni ważony koszt kapitału, obejmuje zarówno koszty finansowania zewnętrznego, jak i kalkulacyjne koszty kapitału własnego. Są one określane przy użyciu CAPM[489]." Zwiększone ryzyko dostawców kapitału własnego z rosnącym wskaźnikiem zadłużenia jest zintegrowane z ich wymaganiami dotyczącymi rentowności poprzez efekt dźwigni finansowej, zgodnie z podejściami Copeland lub Stewart (por. rozdział 3.6.1).

Logiczną konsekwencją tego jest zbadanie w następujący sposób, w jakim stopniu EVA jest odpowiednia jako instrument do obliczania inwestycji.

Z punktu widzenia wartości, obliczenie inwestycji jest centralnym elementem wsparcia dla inwestycji operacyjnych poprzez próbę umieszczenia decyzji inwestycyjnej na odpowiedniej, racjonalnej podstawie.[490] "Ponieważ tylko dzięki optymalnemu wykorzystaniu dostępnych środków możliwe jest zwiększenie wartości dla akcjonariuszy w najlepszy możliwy sposób.[491] "EVA, a tym samym wartość dla akcjonariuszy wzrasta, jeżeli spółka

[489] Weber et al. [Value-based management 2004], s. 72.

[490] Por. Däumler [Fundamentals of Investment Calculation 2001], s. 61.

[491] Gundel [EVA jako narzędzie zarządzania i oceny 2012], s. 245.

rozpoznaje i realizuje korzystne inwestycje lub jeżeli pomija się niekorzystne projekty inwestycyjne.[492]

Ocena procedur oceny inwestycji wykazała, że procedury statyczne opierają się na zmiennych z jednego okresu operacyjnego systemu rachunkowości i w związku z tym fakt, że płatności są dokonywane w różnych okresach, nie jest brany pod uwagę w ogóle lub jest tylko niekompletny. W związku z tym procedury statyczne są wyłączone z procesu wyboru metody podstawowej dla integracyjnego, dynamicznego modelu oceny.

Zsumowanie dynamicznych procedur obliczania inwestycji pokazuje, że metoda rentowa, metoda wewnętrznych stóp procentowych oraz dynamiczne obliczanie amortyzacji odgrywają jedynie niewielką rolę. Ich użycie jest zalecane, jeśli w ogóle, tylko do towarzyszenia innym metodom obliczeniowym.

Rozważając metodę wartości bieżącej netto lub gotówkowej (porównaj rozdział 3.9.1), zauważyliśmy, że inwestycje mogą być przedstawione jako serie płatności. Wartość bieżąca netto jest różnicą pomiędzy skumulowaną wartością bieżącą kolejnych wpływów i wypływów pieniężnych z obiektu inwestycyjnego. Wiemy już, że wartość bieżąca jest obliczana poprzez dyskontowanie serii płatności. Dyskusja w sekcji 3.9.1 pokazała, że WACC można uznać za "najbardziej przyjazną dla inwestora" stopę procentową obliczeń, ponieważ uwzględnia ona między innymi premie za ryzyko, koszty kapitału własnego, oczekiwaną stopę inflacji, stopy procentowe zwyczajowo stosowane w branży, a także oczekiwane obciążenia podatkowe.

[492] Por. Däumler [Fundamentals of Investment Calculation 2001], s. 61 f.

W związku z tym metoda EVA i metoda wartości bieżącej netto są włączone do ostatecznej procedury selekcji. W tym momencie różne zmienne wejściowe tych dwóch metod muszą być ponownie wyraźnie opracowane: Wzrost wartości przedsiębiorstwa według metody EVA to zdyskontowany okresowy zysk operacyjny po opodatkowaniu (NOPAT) generowany przez kapitał zaangażowany pomniejszony o kapitał zaangażowany. Zysk za okres jest zatem wynikiem księgowania kosztów i działalności. Metoda wartości gotówkowej lub wartości bieżącej netto opiera się na dyskontowaniu serii płatności, tj. na wyniku [493]rachunku przepływów pieniężnych (patrz również Rysunek 110 w Załączniku). W związku z tym należy przyjąć, że zdyskontowane zyski okresowe nie odpowiadają zazwyczaj czasowemu potrąceniu kosztów / przychodów i płatności / wpływów.[494] Jednakże zasada zgodności stanowi, że suma zysków/strat musi odpowiadać sumie nadwyżki/deficytu płatności w całym okresie.[495] Rozwiązanie problemu polega na korekcie zysków w oparciu o wartość kapitałową poprzez zastosowanie przypisanych odsetek do kapitału powiązanego. Ta funkcja wyrównawcza jest możliwa dzięki twierdzeniu o luce, w którym wartość kapitałowa zysku okresu jest pomniejszona o odpowiednie przypisane odsetki od kapitału związanego na początku okresu.[496]

[493] Por. Hering [Value-oriented Controlling 2008], s. 42.

[494] Zob. Mussnig [Dynamisches Target Costing 2001], s. 147.

[495] Por. Ewert/Wagenhofer [sprawozdanie finansowe przedsiębiorstwa wewnętrznego 1997], str. 73 f. i Bej [rachunek przepływów pieniężnych w Controlling 2015], str. 33.

[496] Zob. Mussnig [Dynamisches Target Costing 2001], s. 147.

Zgodnie z twierdzeniem o luce, różnice pomiędzy metodą EVA zorientowaną na zysk a metodą wartości bieżącej netto zorientowaną na przepływy pieniężne wynikają wyłącznie z ich odmiennej okresowości.[497]

Ponieważ celem tej tezy jest opracowanie modelu wyceny zorientowanego na zastosowanie, należy również wziąć pod uwagę fakt, że decydenci w praktyce (zazwyczaj zarząd) mają trudności z prognozowaniem serii płatności dla inwestycji. Prognoza przyszłych płatności przychodzących i wychodzących wymaga, oprócz prognozy przyszłych programów sprzedaży, produkcji i zaopatrzenia, prognozy terminów płatności przychodzących i wychodzących. Można zrezygnować z prognozowania wpływów i wypływów środków pieniężnych, jeżeli - uwzględniając twierdzenie o luce - główne pozycje zobowiązań kapitałowych w rachunkowości budżetowej zostaną uzupełnione na poziomie kosztów i wyników.[498] Można z tego wywnioskować, że chociaż niektóre korzyści są teoretycznie przypisywane procedurom zorientowanym na przepływy pieniężne (takim jak procedura DCF lub procedura wartości bieżącej netto), to jednak nie[499] znalazły one odzwierciedlenia w praktyce decyzyjnej ze względu na brak odniesienia do ich stosowania. Odniesienie do zastosowania jest podane, jeżeli zmienne wejściowe i docelowe modelu wyceny są wiarygodne w sensie zrozumiałości. Myślenie w kategoriach wielkości kosztów

---

[497] Por. Weber et al. [Wertorientierte Unternehmenssteuerung 2004], s. 118.

[498] Zob. Mussnig [Dynamisches Target Costing 2001], s. 158.

[499] Z definicji DCF jest klasyfikowany jako zgodny z celem zwiększenia wartości przedsiębiorstwa i jest zgodny z wartością rynkową kapitału własnego wykazaną przez kapitalizację rynkową. Por. Weber et al. [Wertorientierte Unternehmenssteuerung 2004], s. 72 i s. 117.

jest znacznie bardziej powszechne w przedsiębiorstwach niż myślenie w kategoriach przepływów płatności.[500] Jeżeli przy obliczaniu wyceny weźmie się pod uwagę, że koszty, przychody i przepływy pieniężne są ponoszone zarówno na poziomie przedsiębiorstwa, jak i w kontekście projektów inwestycyjnych, a także jeżeli weźmie się pod uwagę dużą liczbę projektów inwestycyjnych[501], istnieje wyraźna preferencja opracowania modelu wyceny na podstawie metody EVA, przy uwzględnieniu twierdzenia o luce.

Dla pełnego obrazu sytuacji konieczne jest rozważenie dwóch kontrowersyjnych kwestii. Po pierwsze, metoda EVA jest modelem jednookresowym. W tym kontekście Zell stwierdza: "Interpretacja EVA© jako wzrost wartości firmy jest jednak wątpliwa, ponieważ dostępny jest tylko jednookresowy widok. Jednakże skutki środków podjętych w tym okresie w celu zwiększenia wartości przedsiębiorstwa (np. inwestycji) zasadniczo wykraczają daleko poza rozważany okres. W związku z tym istnieje tendencja do unikania działań zwiększających wartość i mających raczej długofalowy efekt przy dążeniu do jak najwyższego EVA© i do krótkoterminowego wzrostu EVA©".[502] Połączenie to jest również określane jako czasowe połączenie decyzyjne.[503] Można temu przeciwdziałać, że wprowadzenie kalkulacji inwe-

---

[500] Por. Frick i inni [Wertorientierte Unternehmenssteuerung 2016], s. 368 oraz Por. Mussnig [Dynamisches Target Costing 2001], s. 161.

[501] Patrz Bej [Rachunek przepływów pieniężnych w Controllingu 2015], str. 95.

[502] Zell [Cost and Performance Management 2008], s. 160.

[503] Por. Weber et al. [Wertorientierte Unternehmenssteuerung 2004], s. 80.

stycyjnych opartych na EVA może stworzyć spójny system kontroli. W ten sposób można wykorzystać jednolity wskaźnik zarządzania, od planowania strategicznego i operacyjnego po podejmowanie decyzji i kontrolę inwestycji.[504] Ponadto, w celu zachowania zgodności z zasadą zgodności, konieczne jest utrzymanie średniego ważonego kosztu kapitału (WACC) na stałym poziomie w okresie objętym przeglądem. Chociaż koszt kapitału obliczony przy integracji dźwigni finansowej według Copeland i Stewart dawałby różne wyniki ze względu na zmieniającą się strukturę kapitału w okresach planowania, należy wybrać stałą wartość. [505] Jeśli przy obliczaniu inwestycji uwzględni się zalety i wady aplikacji EVA, można zauważyć, że zalety te wyraźnie przeważają nad wadami. Krytyce dotyczącej związku czasowego między decyzjami przeciwstawia się okres obserwacji, który jest rozsądnie stosowany[506] do okresu amortyzacji przy ocenie inwestycji. W zasadzie jednak możliwość błędnej oceny i manipulacji EVA jest znacznie mniejsza niż w przypadku metod opartych na przepływach pieniężnych.[507] Biorąc pod uwagę te zależności, całkowitą wartość inwestycji można obliczyć na podstawie sumy zaangażowanego kapitału i

---

[504] Por. Dörr et al. [model kalkulacji inwestycji oparty na EVA 2003], s. 286.

[505] Zob. Heesen [Beteiligungsmanagement 2017], s. 178.

[506] Ponieważ jest to amortyzacja kalkulacyjna, zastosowanie amortyzacji opartej na wynikach zamiast amortyzacji liniowej pozwala uniknąć zakładania zbyt długiego okresu użytkowania, co prowadziłoby do wyższych wartości EVA. Por. Weber et al. [Wertorientierte Unternehmenssteuerung 2004], s. 82; zob. również dalsze rozważania dotyczące stosowania i ograniczeń w zakresie amortyzacji opartej na wynikach w rozdziałach 5.2.2.15.2.2.2.

[507] Por. Weber et al. [Wertorientierte Unternehmenssteuerung 2004], s. 82.

wartości bieżącej przyszłych EVA w momencie ich rozpatrzenia[508]. Zostanie to omówione bardziej szczegółowo w rozdziale 3.10 pomocą przykładowych obliczeń i w ten sposób stanie się namacalne dla praktykującego.

Prowadzi nas to do drugiej kwestii, którą należy omówić, czyli podejścia do kapitału wiązanego. W tym kontekście Mussnig stwierdza: "W ramach tej koncepcji (twierdzenie o luce; notatka autora) nie ma znaczenia, czy kalkulacja inwestycji jest dokonywana z wydatkami czy z kosztami. W tym przypadku podejście do dynamicznych obliczeń inwestycyjnych nie wymaga już prognozowania przepływów pieniężnych, pod warunkiem, że w każdym przypadku można zaplanować związany kapitał". W odniesieniu do[509] inwestycji, kapitał związany z obiektami inwestycyjnymi można stosunkowo łatwo określić. W modelu wyceny będą to inwestycje początkowe (np. maszyny) lub inwestycje rozwojowe (np. dodatkowe narzędzia do maszyn). Jednakże twierdzenie o luce rozszerza również zakres analizy na zmiany w aktywach obrotowych i krótkoterminowych pożyczkach, w związku z czym odsetki są naliczane od całego kapitału powiązanego. Jak będzie widać w kolejnych rozdziałach, model wyceny uwzględnia to rozszerzone podejście, ponieważ zmiany w aktywach obrotowych (zapasy i należności krótkoterminowe) oraz zobowiązaniach krótkoterminowych są rejestrowane, a następnie wyceniane. Jak można wykazać, twierdzenie o luce określa przepływy pieniężne na podstawie środków płynnych poprzez korektę wszystkich pozycji specyficznych dla inwestycji,

---

[508] Por. Weber et al. [Wertorientierte Unternehmenssteuerung 2004], s. 72.

[509] Mussnig [Dynamic Target Costing 2001], s. 162.

co prowadzi do uzyskania takiej samej wartości środków pieniężnych, jak w przypadku bezpośredniego określenia poprzez zdyskontowane przepływy pieniężne.[510]

Na podstawie przedstawionych zależności można określić obecną wartość za pomocą różnych metod (dla łatwiejszego odwołania metody te są oznaczone jako odstęp 1 do 3):

- zgodnie z metodą wartości bieżącej netto poprzez dyskontowanie nadwyżek płatniczych;
- poprzez wyliczenie wartości bieżących z wykorzystaniem zdyskontowanych zysków za okres, pomniejszonych o odsetki od imputowanych wartości rezydualnych środków trwałych i aktywów obrotowych na początek okresu (luka 1);
- poprzez wyliczenie wartości bieżącej z wykorzystaniem zdyskontowanych zysków okresowych pomniejszonych o odsetki od różnicy pomiędzy skumulowanymi zyskami a skumulowanymi nadwyżkami płatniczymi (luka 2);
- poprzez wyliczenie wartości bieżącej przy użyciu zdyskontowanych zysków okresowych powiększonych o odsetki od środków trwałych danego poprzedniego okresu [511], pomniejszonych o odsetki od wszystkich zapasów środków trwałych danego poprzedniego okresu,

[510] Zob. Mussnig [Dynamisches Target Costing 2001], s. 178.

[511] Procesu obliczeniowego w cytowanej literaturze nie można było powtórzyć w empirycznych obliczeniach porównawczych. Równość wyników następuje tylko wtedy, gdy zyski za dany okres są powiększone o odsetki od środków trwałych. W tym względzie należy to rozumieć jako korektę wzoru wyprowadzonego według Mussniga.

pomniejszonych o wartość początkowej inwestycji w środki trwałe i powiększonych o amortyzację (luka 3).[512]

Dla kompletności, oto przedstawienie jako wzory matematyczne:

- Metoda wartości kapitałowej (znana już z rozdziału 3.9.1):

$$KW = \sum_{t=1}^{n}(e_t - a_t) \times \frac{1}{(1+i)^t}$$

KW = wartość bieżąca netto (€) w roku 0

e_t = depozyt na koniec okresu t (€/rok)

a_t = płatność na koniec okresu t (EUR/rok), obejmuje A0 = płatność z tytułu inwestycji (EUR) w roku 0

t = liczba lat / okresów

n = termin w latach / okresach

i = stopa procentowa (%)

Restn = dochody rezydualne na koniec okresu użytkowania (€) dla uproszczenia ustalono tu na zero

- Szczelina metodyczna 1:

$$KW = \sum_{t=1}^{n}(PG_t - KB_{t-1} \times i) \times \frac{1}{(1+i)^t}$$

KW = wartość bieżąca netto (€) w roku 0

PGt = Zysk za okres w okresie t (€/rok)

KBt-1 = zobowiązanie kapitałowe na koniec poprzedniego okresu (EUR/rok)

[512] Por. Mussnig [Dynamisches Target Costing 2001], s. 181 f.

t = liczba lat / okresów

n = termin w latach / okresach

i = stopa procentowa (%)

- Szczelina metodyczna 2:

$$KW = \sum_{t=1}^{n}(PG_t - i \times \left(\sum_{t=1}^{n}(L_{t-1} - K_{t-1}) - \sum_{t=1}^{n}(e_{t-1} - a_{t-1})\right) \times \frac{1}{(1+i)^t})$$

KW = wartość bieżąca netto (€) w roku 0

PGt = Zysk za okres w okresie t (€/rok)

Lt-1 = działalność w poprzednim okresie (€/rok), = sprzedaż plus zmiany w zapasach

Kt-1 = koszty w poprzednim okresie (€/rok)

t = liczba lat / okresów

n = termin w latach / okresach

i = stopa procentowa (%)

- Szczelina metodyczna 3:

$$KW = \sum_{t=1}^{n}((PG_t + (KBA_{t-1} - KBU_{t-1}) \times i) - A_0 + AfA_{t-1}) \times \frac{1}{(1+i)^t}$$

KW = wartość bieżąca netto (€) w roku 0

PG = zysk okresowy (€/rok)

KBAt-1 = zaangażowanie kapitałowe środki trwałe na koniec poprzedniego okresu (EUR/rok)

KBUt-1 = zaangażowanie kapitałowe aktywa obrotowe na koniec poprzedniego okresu (EUR/rok)

A0 = Wypłata środków na inwestycje (w EUR) w roku 0

DepAt-1 = amortyzacja w poprzednim okresie (€/rok)

t = liczba lat / okresów

n = termin w latach / okresach

i = stopa procentowa (%)

W następnej sekcji przedstawiono graficznie sterowniki wartości EVA lub metodę wartości bieżącej netto na uproszczonym przykładzie ilustrującym zależności. Służy to również do wyciągnięcia pierwszego wniosku dotyczącego przydatności opracowanej metody do zastosowania.

3.11. Podsumowanie obliczeń inwestycyjnych opartych na wartości przy użyciu przykładowego obliczenia

W tym rozdziale, teoretycznie opracowane podstawy są wyjaśnione za pomocą uproszczonego przykładu i są łatwiejsze do zrozumienia dzięki reprezentacji w schemacie drzewa. Struktura drzewa sprawia również, że czynniki wartości modelu są przejrzyste, a ich zależności i współzależności wyraźne.

Na przykład, model wyceny jest już używany po raz pierwszy. Parametry wejściowe i tryb pracy modelu zostały szczegółowo opisane w rozdziałach5.1 i5.2 tym miejscu wyjaśniona jest tylko logika niezbędna do zilustrowania integracji twierdzenia o luce w procedurze EVA.

Ważne jest, aby zrozumieć, że model jest zasadniczo podzielony na 2 bloki. Pierwszy moduł opisuje ogniwo produkcyjne i pozwala na zmianę jego parametrów wejściowych, takich jak

Modele czasu pracy, koszty płac, czasy wymiany narzędzi, wielkość partii, inwestycje i wiele innych. Drugi moduł opisuje produkt lub produkty, które mają być wytwarzane w ogniwie produkcyjnym. Niektóre typowe parametry produktów to: Cykl życia sprzedaży, procesy pracy, zużycie surowców i materiałów. Najważniejsze parametry wejściowe są tutaj podsumowane w celu śledzenia wyników:

- Istnieje inwestycja początkowa na okres t=0 w wysokości 600.000,-T EUR
- W przykładzie uwzględniono 3 okresy / lata, więc okres użytkowania inwestycji jest ustawiony na 3 lata, wartość rezydualna jest ustawiona na 0.
- Cykl sprzedaży produktów rozpoczyna się w okresie t=0, wzrasta do maksymalnej wartości 2.500 sztuk/miesiąc w połowie roku t=1 i spada do 0 pod koniec roku t=2. Na razie tylko 1 produkt jest symulowany w celu zachowania przejrzystości.
- Przychód ze sprzedaży produktu wynosi 75 €/sztukę
- Na podstawie ilości buforów ustawionych pomiędzy operacjami, model automatycznie oblicza zapasy i ich dynamiczne zmiany.
- Bezpośrednie koszty pracy ustalono na poziomie 50 EUR/godz.
- Pośrednie koszty pracy obliczane są przy użyciu po jednym czynniku dla logistyki i intensywności konserwacji (wyjaśnienie patrz rozdział 5.2.2).
- Stopa dyskontowa i (WACC) jest ustalona na poziomie 7,5% rocznie (funkcjonalność modelu odzwierciedla jednak

również pełną kalkulację kosztu kapitału, por. rozdział 5.2.9).

- Stawka podatkowa ustalona jest na 25%, co daje tarczę podatkową w wysokości 75%.

To powinno na razie wystarczyć. Przyjrzyjmy się wynikom w formie kalkulacji wartości kapitału, aby móc wyciągnąć wstępne wnioski na temat korzyści z inwestycji:

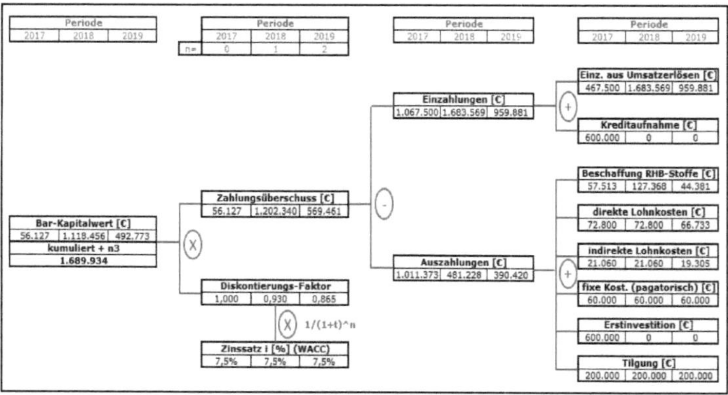

Rysunek 21: Czynniki wpływające na wartość w metodzie wartości bieżącej netto[513]

Przeszkolony czytelnik natychmiast zauważy wysokie nadwyżki płatnicze, które znajdują odzwierciedlenie w wyraźnie dodatniej wartości kapitału w wysokości 1.689.934 €. W celu zapewnienia pełnej identyfikowalności wymagane jest tu jeszcze wyjaśnienie. Ponieważ w modelu termin płatności za sprzedane produkty ustalono na 3 miesiące, w okresie t=3 nadal występują płatności w wysokości 28 049 EUR, co daje zdyskontowaną wartość

[513] Źródło: Reprezentacja własna

gotówkową w wysokości 22 579 EUR. Wartość ta jest zintegrowana w skumulowanej prezentacji wartości kapitału, ale nie jest wyraźnie widoczna na diagramie drzewa ze względu na wybraną 3-okresową formę prezentacji.

W rozdziale 1.3 sformułowano zapotrzebowanie na konstruktywistyczną perspektywę badawczą w trakcie realizacji naukowych postulatów pracy. Aby oddać sprawiedliwość temu twierdzeniu, konieczne jest włączenie wymiarów rzeczywistości subiektywnej do zasad działania, a w konsekwencji do modelowej koncepcji. Decydenci w firmach myślą i czują się w prognozowanych wymiarach przychodów i kosztów. Metoda wartości bieżącej netto zakłada prognozę terminów płatności i wypłat, co stoi w sprzeczności z subiektywną rzeczywistością decydentów. W rozdziale 3.10 postuluje się, że główną wadą metod obliczania inwestycji opartych na przepływach pieniężnych jest brak przydatności do zastosowania. Poprzez uwzględnienie subiektywnej rzeczywistości decydentów, odniesienie do aplikacji może być interpretowane nie tylko w kategoriach wiarygodności danych wejściowych i zmiennych docelowych, ale także i w sensie zrozumiałości myślenia i odczuwania w subiektywnej rzeczywistości zarządzania może być bardziej precyzyjne.

Tak więc kolejnym krokiem jest sprawdzenie, jak ścisła jest metodologia procesu EVA w odniesieniu do sformułowanego roszczenia i wspieranie myślenia decydentów w kategoriach wyników i kosztów. W tym celu patrzymy na prezentację wyników zgodnie z metodą EVA w drzewie sterownika wartości:

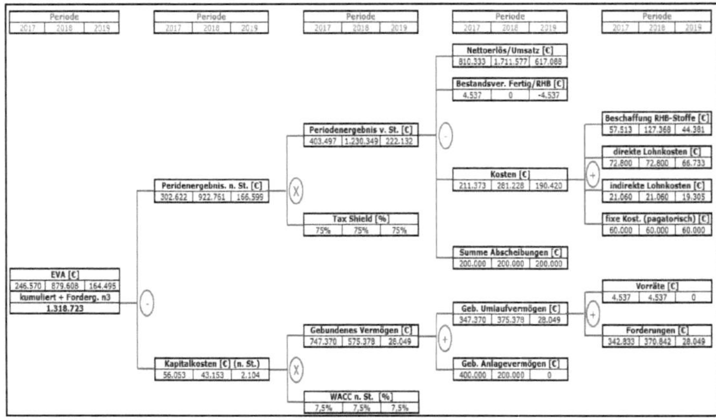

Rysunek 22: Sterowniki wartości w metodzie EVA[514]

Również w tym przypadku należy zauważyć, że dla skumulowanej wartości EVA, należności nadal nierozliczone w okresie t=3 zostały dodane do wartości całkowitej (w tym okresie nie ma obciążenia kosztami kapitałowymi, ponieważ zarówno zapasy, jak i kapitał powiązany mają wartość 0).

Porównując bezwzględną wartość zysku w wysokości 1 318 723 EUR przy zastosowaniu metody EVA z 1 689 934 EUR przy zastosowaniu metody wartości bieżącej netto, wkład wartości dodanej inwestycji jest znacznie niższy. Wynika to z jednej strony ze zmniejszenia się zysków w wyniku obciążenia kosztami kapitału (łącznie 101 310,- EUR), ale także z braku przychodów po opodatkowaniu według metody wartości bieżącej netto. W ten sposób skumulowany wynik za okres zgodnie z metodą EVA zostaje zmniejszony o 463 994 EUR z powodu

[514] Źródło: Reprezentacja własna

włączenia zabezpieczenia podatkowego. Gdyby do skumulowanej wartości EVA dodano dwie kwoty obciążenia kosztami kapitału i obniżenia zysku z tytułu zabezpieczenia podatkowego, wzrost wartości wyniósłby 1 884 027 EUR, co jest wartością wyższą niż wzrost wartości przy zastosowaniu metody wartości kapitałowej. Jednakże, jak wiemy, wartości kapitałowe są dyskontowane, co oznacza, że wartość bieżąca na poziomie nadwyżki gotówkowej jest niższa o 160 572 EUR od wyniku na poziomie EVA.

Na podstawie tych rozważań można sformułować następujące wymagania dotyczące metody EVA, która ma być zoptymalizowana:

- różnice wynikające z odmiennej periodyzacji pomiędzy metodą EVA zorientowaną na zysk a metodą wartości bieżącej netto zorientowaną na przepływy pieniężne mają być kompensowane poprzez uwzględnienie twierdzenia o luce;
- obliczanie wartości bieżącej (dyskontowanie) musi być zintegrowane z metodą EVA, oraz
- Względy podatkowe mają być ujednolicone w obu metodach.

W poprzednim rozdziale przedstawiono 3 typy, zgodnie z którymi można uwzględnić funkcję kompensacji matematycznej zgodnie z twierdzeniem o luce. Dla integracji z kalkulacją inwestycji opartą na EVA odpowiednia jest logika według "Luki 1", ponieważ nie ma bezpośredniego uzależnienia od przepływów pieniężnych i nie ma większego pola do pomyłek poprzez zwiększenie zdyskontowanych zysków okresowych o odsetki od środków trwałych lub zmniejszenie ich o odsetki od środków obrotowych. Aby odświeżyć tutaj ponownie opis z odpowiednią formułą:

Wzrost wartości wynika z wyliczenia skumulowanej bieżącej wartości zdyskontowanych zysków za okres, które zostały wcześniej pomniejszone o odsetki od imputowanych wartości rezydualnych środków trwałych i aktywów obrotowych (obie na początek okresu).

$$KW = \sum_{t=1}^{n}(e_t - a_t) \times \frac{1}{(1+i)^t}$$

KW = wartość bieżąca netto (€) w roku 0

e_t = depozyt na koniec okresu t (€/rok)

a_t = płatność na koniec okresu t (EUR/rok), obejmuje A0 = płatność z tytułu inwestycji (EUR) w roku 0

t = liczba lat / okresów

n = termin w latach / okresach

i = stopa procentowa (%)

Restn = dochody rezydualne na koniec okresu użytkowania (w EUR) dla uproszczenia ustalono na 0

Przyjrzyjmy się, jak teraz wygląda wynik po integracji właśnie sformułowanych wymagań:

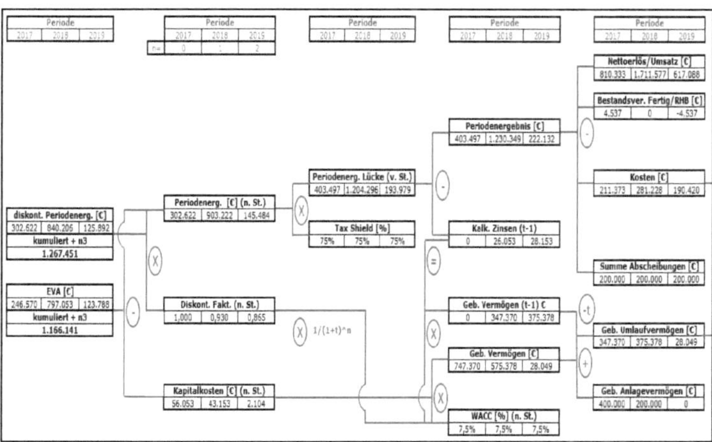

Rysunek 23: Metoda EVA z tezą o zintegrowanej luce[515]

Dla lepszej czytelności, kolumny ze zmiennymi wejściowymi kosztów i środków trwałych zostały ukryte, ale odpowiadają one dokładnie wartościom w

Rysunek 22. W tym zoptymalizowanym modelu funkcja kompensacji jest zintegrowana za pomocą twierdzenia o szczelinie. Zgodnie z logiką obliczania "luki 1", do powiązanego majątku obrotowego poprzedniego okresu (t-1) zastosowano odsetki kalkulacyjne na poziomie WACC. Ponadto zdyskontowano zysk netto za okres po opodatkowaniu, przy czym stopa dyskontowa jest również oparta na WACC. Zdyskontowany, skumulowany wynik okresu wynosi obecnie 1.267.451 EUR. Odjęcie od tej liczby zdyskontowanego, skumulowanego kosztu kapitału powoduje wzrost wartości inwestycji o 1 166 141 EUR. Analogiczny na przykład w

[515] Źródło: Reprezentacja własna

Rysunek 22 przekroczenia wartości z okresu t=3 nie są wyraźnie widoczne, ale są uwzględniane w odpowiednim wyniku. Poprzez integrację twierdzenia o luce i rachunku bieżącego, dwa z trzech wymagań sformułowanych powyżej dla zoptymalizowanego modelu są zaimplementowane. Aby móc udowodnić, że różnica między metodą wartości bieżącej netto a metodą EVA wynika jedynie z przesunięcia w czasie między odpowiednimi zmiennymi wejściowymi, perspektywa podatkowa musi być włączona do metody wartości bieżącej netto. Prowadzi to do następującego rezultatu:

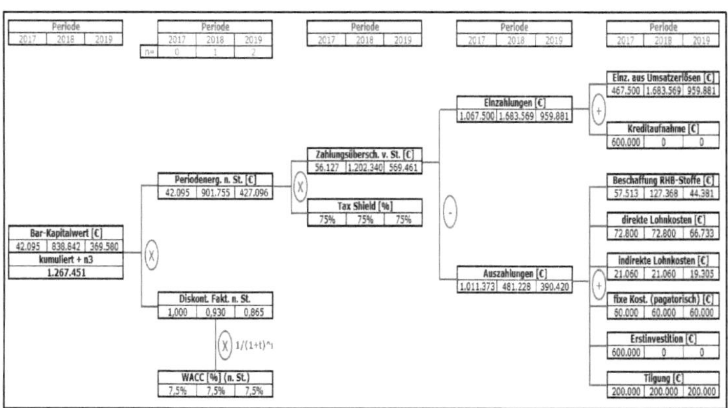

Rysunek 24: Metoda wartości bieżącej netto ze skutkiem podatkowym[516]

Efekt podatkowy został teraz uwzględniony poprzez pomnożenie nadwyżki płatności przez tarczę podatkową. Wyniki za ten okres są dyskontowane przy użyciu stopy procentowej opartej na WACC. Skumulowane wyniki okresowe odpowiadają wartości kapitałowej inwestycji, przy czym skutki okresu t=3 są ponownie uwzględniane w tle. Wartość kapitałowa inwestycji po

[516] Źródło: Reprezentacja własna

opodatkowaniu wynosi 1.267.451 EUR. Dowodzi to, że metoda wartości bieżącej netto i metoda EVA, biorąc pod uwagę twierdzenie o luce, dają takie same wyniki.

Ponieważ podejście EVA uwzględnia wymóg minimalnego zwrotu z kapitału własnego i kapitału dłużnego jako wynagrodzenie za dostarczenie kapitału, podejście to spełnia zasady orientacji na wzrost wartości. Wzrost wartości, w naszym przypadku wynikający z inwestycji, występuje, jeżeli skumulowane wyniki okresu są większe niż skumulowany koszt kapitału (patrz punkt 3.6.3).

Podsumowanie opracowanej koncepcji jest wyraźnie pozytywne w świetle przyjętych założeń. Model ten umożliwia obliczanie przychodów i kosztów jako parametrów wejściowych poprzez zintegrowanie twierdzenia o luce, a tym samym zwiększa przydatność aplikacji. Wynik przed odliczeniem kosztu kapitału jest identyczny z wynikiem wynikającym z zastosowania metody wartości bieżącej netto po uwzględnieniu efektu podatkowego. Ustalając koszt kapitału, model spełnia wymóg podejścia opartego na wzroście wartości. Dlatego też nowoczesne podejście do wyceny przedsiębiorstw w odniesieniu do kalkulacji wyceny zorientowanej na przyszłość ma dalszy wpływ na uwarunkowania związane z korzyściami przy podejmowaniu decyzji inwestycyjnych.[517] To również zbliża nas do celu, jakim jest zintegrowany system, w którym parametry operacyjne i strategiczne działania mogą być zoptymalizowane na podstawie tych samych parametrów docelowych.

[517] Por. Quill [Interests Guided Company Valuation 2016], s. 15.

4. Teoretyczne ramy odniesienia dla chudych, elastycznych komórek produkcyjnych

W rozdziale 2 wykazano z jednej strony, że zwłaszcza na niestabilnych rynkach produkcja przemysłowa może być filarem wspierającym stabilną konkurencyjność kraju. Z drugiej strony, wykazano, że wiele przedsiębiorstw prowadzi działalność blisko progu rentowności i że nawet niewielkie wahania w wykorzystaniu mocy produkcyjnych mogą stanowić ogromne zagrożenie dla sukcesu operacyjnego. Westkämper i Löffler trafnie podsumowują najsilniejsze czynniki wpływające na system produkcji: "Rynki i wynikające z nich zapotrzebowanie oraz zamówienia na produkty i ich produkcję można określić jako najważniejsze czynniki zmian w systemie produkcji. Internacjonalizacja rynków, ich nieprzewidywalność, w połączeniu z trudną do przewidzenia sytuacją w zakresie zamówień i zmiennością są jednymi z największych motorów zmian. Kierując się życzeniami klientów, w całej bogatej w wariacje produkcji seryjnej ma miejsce tendencja do wytwarzania produktów dostosowanych do potrzeb klienta i spersonalizowanych.[518] Poza tendencjami wynikającymi z globalizacji i indywidualizacji, w poprzedniej sekcji przeanalizowano czynniki wpływające wynikające z megatrendów zmian demograficznych, zrównoważonego rozwoju, zmian technologicznych i digitalizacji pod kątem ich potencjalnych skutków.

W kolejnych rozdziałach zostanie najpierw wypracowane wspólne rozumienie elementów systemu produkcji w celu ograniczenia do minimum rozmycia wywołanego lingwistycznie i wynikającego stąd stopnia swobody w interpretacji. W oparciu o to,

[518] Westkämper/Löffler [Strategie produkcji w roku 2016], S. 54.

koncepcja szczupłych, elastycznych komórek produkcyjnych wywodzi się z podejścia holistycznych systemów produkcji. Celem niniejszego rozdziału jest zatem stworzenie wspólnego rozumienia pojęć stosowanych w kontekście produkcji przemysłowej oraz nakreślenie podejścia do potencjału rozwiązań szczupłych, elastycznych komórek produkcyjnych w zakresie bieżących problemów poprzez ewolucyjny rozwój strategii produkcyjnych.

4.1. Definicje terminologiczne

Przed objaśnieniem terminów elementów systemu produkcji należy podać definicję samego terminu referencyjnego, poprzedzoną definicją "produkcji": "Produkcja rozumiana jest jako kontrolowane wykorzystanie towarów i usług, tzw. czynników produkcji, do wydobycia surowców lub do produkcji lub wytwarzania towarów i świadczenia usług". [519] Odzwierciedlając ukierunkowanie tej pracy, w szerokiej definicji według Bloech et al. skupia się ona na ukierunkowanym zastosowaniu lub ukierunkowanej kontroli czynników produkcji do wytwarzania produktów przemysłowych. Produkcja może być również rozumiana jako proces transformacji tworzenia wartości, który jest realizowany przez człowieka za pomocą narzędzi i maszyn. Rozumienie[520] produkcji przemysłowej jako transformacji obiektów wejściowych w obiekty wyjściowe znajduje się w centrum uwagi zarówno w inżynierii, jak i ekonomii. W celu opisania procesu transformacji opracowano na przestrzeni lat różne modele w

[519] Bloech et al [Wstęp do produkcji w 2014 r.], s. 3.

[520] Por. Westkämper/Löffler [Strategie produkcji na rok 2016], s. 2.

tych dwóch dyscyplinach, które generalnie charakteryzują proces transformacji poprzez funkcje produkcyjne, opisujące związek między możliwościami produkcyjnymi jako funkcję wielkości nakładów czynników produkcji.[521] Z tego wynikają typowe cele gospodarki produkcyjnej, takie jak: niskie koszty, wysoka produkcja, wysoka jakość produktów, wysoka zgodność z harmonogramami, wysokie wykorzystanie mocy produkcyjnych, a także niskie czasy przepustowości.[522]

Organizacje tworzą ramy, w których odbywa się produkcja przemysłowa. Organizacje można opisać jako systemy dorozumianych i wyraźnych zasad, które są przeznaczone do określonego celu i informują zarówno członków organizacji, jak i osoby niebędące jej członkami o oczekiwaniach dotyczących zachowania się w określony sposób.[523] To szerokie rozumienie organizacji powinno wystarczyć, aby wyraźnie pokazać, że organizacje mają zasadnicze znaczenie dla działań ludzi we wszystkich dziedzinach życia społecznego. Odnosi się to w szczególności do społeczności przedsiębiorców i osób działających w gospodarce. [524] (Produkcja) przedsiębiorstwa mogą być rozumiane jako forma organizacji, w której odbywa się produkcja przemysłowa.[525] Przedsiębiorstwa tworzą w ten sposób system socjotechniczny, w którym czynniki produkcji są kształtowane i zarządzane w celu osiągnięcia wyznaczonych

[521] Por. Arnoscht i in. [Development of Production Theory 2011], s. 43.

[522] Por. Bloech et al. [Wstęp do produkcji w 2014 r.], s. 9.

[523] Por. Scherer [Kritik der Organisation 2006], s. 19.

[524] Por. Scherer [Kritik der Organisation 2006], s. 19.

[525] Por. łańcuch [Unternehmen als Organisation 2012], s. 21 i nast.

celów. W[526] rezultacie firmy mogą być postrzegane jako złożone, wielowymiarowe, otwarte i dynamiczne systemy.[527] Jest to zatem zasadniczo kwestia sterowania systemem, choć zadanie to różni się w zależności od struktury i mechanizmów systemu. Umożliwienie lub poprawa sterowalności systemów jest jednym z podstawowych zadań projektowych menedżerów.[528]
Z kolei w teoriach zarządzania istnieją dwa zasadniczo różne podejścia: konstruktywistyczno-technomorficzne i systemowo-ewolucyjne. Podstawowym paradygmatem pierwszego typu, tj. typu teorii konstruktywistyczno-technomorficznej, jest maszyna w sensie mechaniki klasycznej. Wymaga to pełnej wiedzy na temat wszystkich poszczególnych części i ich wzajemnego oddziaływania.[529] Nie możemy zakładać, że znamy złożone, wielowymiarowe przedsięwzięcia aż do ostatniego szczegółu. Zwłaszcza w odniesieniu do interakcji w ramach sieci firmowej składającej się z kilku partnerów z ich zróżnicowanymi pod względem demograficznym i kulturowym warunkami środowiskowymi, wszechstronna wiedza nie jest możliwa. Systemowe podejście ewolucyjne stanowi zatem podstawę do dalszych rozważań.

---

[526] Por. Malik [Management komplexer Systeme 2002], s. 23 Malik odnosi się tutaj do rozumienia przez Ulricha zarządzania przedsiębiorstwem, przy czym w żadnym wypadku nie należy sprowadzać tego do kwestii zarządzania ludźmi, lecz raczej do kompleksowego projektowania i kontroli przedsiębiorstwa w celu rozwiązywania wielowymiarowych problemów. Zob. Ulrich [Unternehmung als soziales System 1971], s. 45.

[527] Zob. Malik [Management of Complex Systems 2002], s. 23.

[528] Zob. Malik [Management of Complex Systems 2002], s. 25.

[529] Por. Malik [Management komplexer Systeme 2002], s. 36 i nast.

Systemowe podejście ewolucyjne opiera się na zupełnie innych podstawowych ideach. Jego podstawowym paradygmatem jest spontaniczny, samo-tworzący się porządek, którego najbardziej wyrazistym przykładem jest żywy organizm.[530] "Istnieje wiele przykładów bardzo złożonych, ale solidnych systemów z pół-autonomicznymi podsystemami i redundancjami w organach krytycznych. Kontrola jest osiągana przez wyrafinowany system czujników, transformatorów informacji (nerwów) i siłowników, które wykonują polecenia organu (mózgu), który jest zdolny do uczenia się. Można z tego wyprowadzić analogię do rozszerzonego systemu produkcji."[531] Podejście to sięga dwóch dekad badań cybernetycznych prowadzonych przez Stafford Beer, który wyprowadził z nich "model realnego systemu".[532]

W modelu realnego systemu można wyróżnić 5 różnych elementów strukturalnych lub podsystemów. Są one oznaczone jako 1-5. Każdy system musi wykonywać czynności operacyjne, które są oznaczone jako A-D i odpowiadają na przykład narządom i kończynom w ciele człowieka.[533] Podstawowa struktura realnego systemu jest zatem następująca:

[530] Por. Malik [Management komplexer Systeme 2002], s. 38 i nast.

[531] Westkämper/Löffler [Strategie produkcji w roku 2016], S. 57.

[532] Vgl. Piwo [Brain of the Firm 1972], S. 135 ff.

[533] Por. Malik [Management komplexer Systeme 2002], s. 84 i nast.

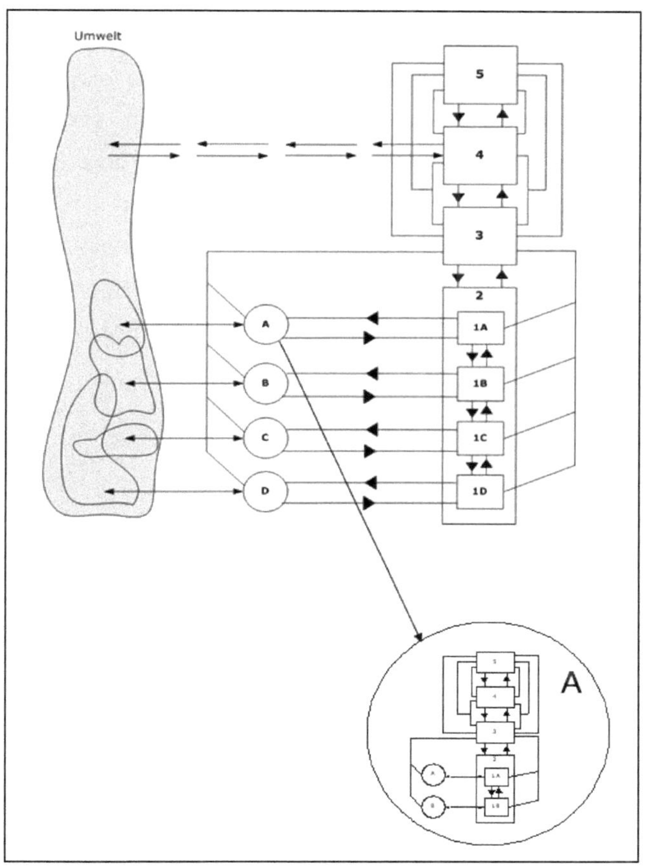

Rysunek 25: Model realnej organizacji[534]

Szczegółowy opis elementów modelu został celowo pominięty, gdyż wykraczałby on poza zakres niniejszej pracy. Ważne jest jednak, aby w tym momencie zrozumieć dwie zasady wykonalności: zasadę inwazyjności struktury i zasadę powtarzalności.

534 Źródło: Opracowanie własne na podstawie Malik [Management komplexer Systeme 2002], s. 84.

Odwrócenie oznacza, że te i tylko te systemy, które mają taką strukturę, są opłacalne. Recursion odnosi się do konstelacji systemów, w której każdy system, podsystem i nadsystem ma taką samą strukturę, niezależnie od poziomu, na którym się znajduje.[535] Porównywalne najlepiej z formą systemów gniazdowych, w przenośni, byłyby tego przykładem polskie lalki. Westkämper i Löffler opracowały rozszerzony systemowy model produkcji oparty na cybernetycznym modelu Stafford Beer, który odzwierciedla skalowalność w zakresie zasady powtarzalności:

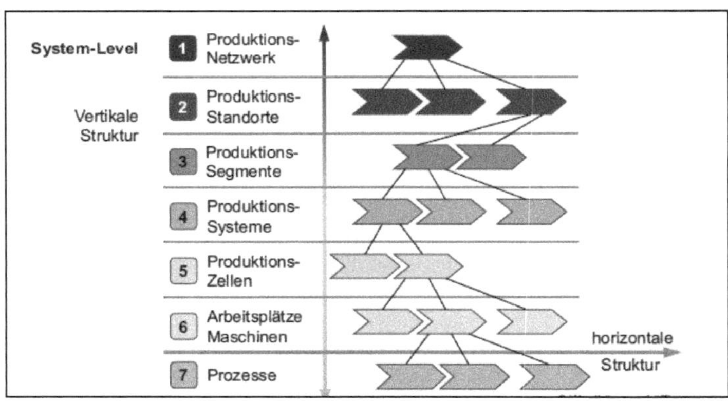

Rysunek 26: Systemowy model produkcji[536]

Skalowalność jest osiągana poprzez hierarchiczną architekturę, która sięga od sieci produkcyjnych z relacjami kooperacyjnymi pomiędzy autonomicznymi jednostkami usługowymi aż do procesów produkcyjnych i montażowych. Systemowy model pro-

[535] Por. Malik [Management komplexer Systeme 2002], s. 92 i nast. oraz s. 98 i nast.

[536] Źródło: Westkämper/Löffler [Strategie produkcyjne 2016], S. 60.

dukcji według Westkämper i Löffler zawiera zatem również elementy poza granicami przedsiębiorstwa, o ile istnieją interakcje i relacje z nimi, dzięki czemu można na przykład zintegrować zewnętrznych usługodawców. Westkämper i Löffler we własnym opracowaniu opisują te powiązania w następujący sposób: "Podział na przedstawione podsystemy odpowiada zorientowanej technologicznie strukturze na organizacyjne obszary usług z definiowalnymi interfejsami technicznymi. Zakłada ona także horyzontalne łańcuchy procesów z jasnymi mechanizmami współpracy i podziału odpowiedzialności za jakość, stosowane w łańcuchach dostaw. "[537]
Zgodnie z przedstawionym modelem, poniższy rozdział definiuje pojęcia w sposób analogiczny do hierarchii systemowej.

4.1.1. Poziom sieci produkcyjnych

W globalnych strategiach produkcji[538] coraz częściej podejmuje się decyzje o partnerstwie strategicznym, znanym również jako sieci wartości dodanej.[539] W celu stworzenia sieci wartości, pierwszym krokiem jest wybranie przez firmę centralną strategicznie ważnych partnerów tworzących wartość. Mogą to[540] być

---

[537] Westkämper/Löffler [Strategie produkcji na rok 2016], S. 59 f.

[538] Strategie produkcyjne mogą być rozumiane jako zestaw kilku strategicznych decyzji, które są podejmowane proaktywnie przez kierownictwo firmy lub przez samo kierownictwo w celu przyczynienia się do osiągnięcia nadrzędnych celów firmy. Specht/Stefanska [Lean Production as a Production Concept 2009], s. 32.

[539] Por. Winkler/Slamanig/Kaluza [Tworzenie strategicznych sieci tworzenia wartości 2008], s. 104.

[540] Por. Winkler/Slamanig/Kaluza [Formation of Strategic Value Networks 2008], s. 87.

dostawcy, klienci lub inne firmy zaangażowane w proces tworzenia wartości dodanej[541]. Najważniejszą cechą dominującą w sieciach tworzenia wartości jest cel uczestniczących w nich firm, jakim jest optymalizacja tych działań w zakresie tworzenia wartości, które stanowią podstawę ich własnej przewagi konkurencyjnej.[542] Logiczną konsekwencją tego jest mniejsza głębokość tworzenia wartości, co oznacza, że sukces firmy w coraz większym stopniu zależy od jej zdolności do zintegrowania się w odpowiednie sieci korporacyjne.[543]

W wyniku tendencji do globalizacji, nie tylko klienci są międzynarodowi, ale także inni partnerzy i dostawcy.[544] Większa podatność międzynarodowych łańcuchów dostaw na ryzyko wystąpienia współzależności w zglobalizowanej gospodarce światowej jest bezsporna.[545] Zasady Lean Management zwiększyły dotkliwość skutków takich zakłóceń, drastycznie zmniejszając bufory bezpieczeństwa w postaci zapasów i czasu realizacji zamówień.[546]

Sieć produkcyjna może być rozumiana jako część sieci tworzenia wartości. Przez[547] "sieć produkcyjną" rozumie się całość

[541] Inne przedsiębiorstwa" mogą obejmować partnerów w zakresie badań i rozwoju, dostawców usług logistycznych lub organizacje sprzedaży.

[542] Vgl. Powell [Learning from Collaboration 1988], S.228 i nast.

[543] Por. noga kozy [Supply Chain Risks 2007], s. 1.

[544] Por. noga kozy [Supply Chain Risks 2007], s. 2.

[545] Podejścia Lean Management zostały szczegółowo wyjaśnione w rozdziale 4.4

[546] Zob. Kajüter [Zarządzanie ryzykiem w łańcuchu dostaw 2007], s. 13.

[547] Wniosek ten opiera się na definicji wartości dodanej jako "różnicy między zyskiem brutto z danej działalności (wartość towarów i usług dostarczonych do krajów trzecich) a kosztami zużycia pośredniego tej działalności (wartości towarów i usług otrzymanych ze świata zewnętrznego)". C.I.R.P. Office [Wörter-

zakładów i fabryk zaangażowanych w wytwarzanie danego produktu. Zakłady montażowe pełnią zazwyczaj funkcję zarządczą, ponieważ produkty są kompletowane zgodnie z zamówieniem klienta. Zakłady montażowe kupują części i komponenty od zakładów dostawców".[548]

4.1.2. Poziom zakładów produkcyjnych

Miejsca lub zakłady produkcyjne to miejsca, w których odbywają się procesy produkcyjne[549]. "Zakład jest niezależną organizacją firmy, która jest odpowiedzialna za fizyczną produkcję części, takich jak formowane arkusze lub komponenty, takie jak koła zębate lub całe produkty. Odpowiedzialność wynika z możliwości technicznych poszczególnych prac oraz z ich wielkości. Zakład może być odpowiedzialny za kilka etapów produkcji. Podstawowym warunkiem podziału zadań produkcyjnych na poszczególne zakłady lub lokalizacje jest to, że mogą one dostarczać sprawdzone części i komponenty do montażu po niskich kosztach".[550]

Aby spełnić ten wymóg, zakłady produkcyjne muszą również świadczyć usługi peryferyjne dla produkcji, takie jak planowanie instalacji, konserwacja, produkcja narzędzi, ale również usługi związane z bezpieczeństwem, zapleczem socjalnym, takim jak stołówki, ochrona zdrowia i administracja lokalna. Ponadto

buch der Fertigungstechnik 2011], s. 2 laW, tworzenie wartości można zdefiniować jako wkład w zwiększenie wartości produktu (lub usługi), przy czym klient określa wartość.

[548] Westkämper et al. [Organizacja produkcji 2006], s. 55.

[549] Por. Westkämper et al. [Organizacja produkcji 2006], s. 56.

[550] Westkämper et al. [Organizacja produkcji 2006], s. 44 f.

zakłady produkcyjne odgrywają również rolę lokalnych pracodawców w stosunku do władz i organów lokalnych.[551] Dlatego też zakłady produkcyjne mogą być niezależnymi przedsiębiorstwami, które zaopatrują również inne przedsiębiorstwa lub korzystają z własnych dostawców. Zakłady[552] produkcyjne mogą również obejmować kilka tzw. segmentów produkcyjnych, które zostały opisane poniżej.[553]

4.1.3. Poziom segmentów produkcji

Podział zakładu produkcyjnego na niezależne obszary produkcyjne, segmenty produkcji, jest metodą wyznaczania granic systemów. Segmenty produkcji mogą być zarządzane np. jako centra zysków z własną rachunkowością kosztów. Westkämper rozróżnia segmentację według technologii takich jak :

- Produkcja mechaniczna,
- obróbka powierzchniowa,
- Produkcja elektryczno-elektroniczna,
- montaż lub wstępny montaż oraz
- Montaż końcowy.[554]

Istnieje dalsza możliwość różnicowania w zależności od funkcji produkcji:

- Produkcja,
- Wykonywanie narzędzi i form,

[551] Por. Westkämper et al. [Organizacja produkcji 2006], s. 56.

[552] Por. Westkämper i in. [Organizacja produkcji 2006], s. 45.

[553] Por. Westkämper et al. [Organizacja produkcji 2006], s. 56.

[554] Por. Westkämper et al. [Organizacja produkcji 2006], s. 56.

- Usługi pomocnicze i użytkowe,
- Spedycja, transport i magazynowanie.[555]

Westkämper zakłada również, że struktura segmentów produkcji w obrębie lokalizacji znajduje odzwierciedlenie w wydzielonych obszarach, własnych budynkach oraz własnych funkcjach zarządczych i administracyjnych, przy czym segmenty peryferyjne, takie jak własna spedycja, mogą być zlecane na zewnątrz i przekazywane usługodawcom.[556]

Wildemann stawia na pierwszym planie orientację na produkt przy różnicowaniu segmentów produkcji (segmenty produkcyjne). Z tego wynika pięć cech wyróżniających:

- Zorientowanie na rynek i cele,
- Zorientowanie na produkt,
- Kilka etapów w łańcuchu logistycznym produktu,
- Przekazanie funkcji pośrednich (np. konserwacja, transport) oraz
- Odpowiedzialność za koszty i wyniki.[557]

Podejście Wildemanna podkreśla konsekwentne ukierunkowanie całego łańcucha wartości produktu na rynek i tym samym usuwa ograniczenia w optymalizacji poszczególnych etapów łańcucha logistycznego.[558]

---

[555] Por. Westkämper et al. [Organizacja produkcji 2006], s. 56.

[556] Por. Westkämper et al. [Organizacja produkcji 2006], s. 56 f.

[557] Zob. Wildemann [Die modulare Fabrik 1992], s. 66 i nast.

[558] Por. Wildemann [Die modulare Fabrik 1992], s. 70.

4.1.4. Poziom systemów produkcji

Westkämper używa terminu "systemy produkcji" identycznie jak terminy "systemy produkcji i montażu", które zasadniczo oznaczają techniczne koncepcje produkcji. Obejmują one ludzi, maszyny i urządzenia oraz systemy zaopatrzenia i utylizacji.[559] Systemy produkcyjne charakteryzują się dwoma zasadniczo różnymi formami opisu, zwanymi typem produkcji i zasadą wytwarzania. Rodzaj produkcji określa się na podstawie ilości, które mają być wyprodukowane (produkcja na zamówienie i produkcja wielokrotna). Zasada produkcji charakteryzuje się strukturą przestrzenną i organizacyjną systemu pracy (stopień podziału pracy)[560]. Kompletny system produkcji elementów systemu składa się dodatkowo z tzw. systemu sterowania produkcją lub operacjami.[561]

Wildemann widzi cel systemu produkcyjnego w stworzeniu możliwości szybszego reagowania na nowe wyzwania wynikające z daleko idących zmian technologicznych, takich jak techniki automatyzacji, technologie informacyjne i komunikacyjne, nowe rodzaje materiałów oraz większe zmiany na rynkach sprzedaży i zaopatrzenia. Sformułował odpowiednią operacjonalizację: "System produkcyjny tworzy się poprzez zorientowane na cel łączenie, standaryzację i ciągłe doskonalenie znanych zasad i metod. Prowadzi to do systemowego, podstawowego porządku w systemie produkcji. Ten podstawowy porządek jest udokumentowany i musi być przestrzegany przez

559 Por. Westkämper et al. [Organizacja produkcji 2006], s. 57.

560 Por. Westkämper et al. [Organizacja produkcji 2006], s. 198.

561 Por. Westkämper et al. [Organizacja produkcji 2006], s. 201.

wszystkich zainteresowanych. Aby to zapewnić, dostępne są opisy procedur, metod i zasad. "[562]
Systemy produkcyjne są zatem systemami społeczno-technicznymi. Dlatego nigdy nie można całkowicie przewidzieć zachowania się systemu produkcyjnego.[563] Opracowanie modelu oceny powinno jednak umożliwić opisanie dużej części przewidywalnych relacji w postaci kwantyfikowalnych formuł relacji wpływu, a tym samym uczynić je możliwymi do oceny.
W przypadku pytań wyższego szczebla dotyczących sposobu planowania, projektowania i kontroli systemu produkcji należy uwzględnić zarówno aspekty techniczne, jak i ekonomiczne. "Oprócz kosztów coraz większego znaczenia dla pomiaru wydajności systemu produkcyjnego nabierają inne zmienne ewaluacyjne, takie jak wariancja i jakość produktu, czas dostawy oraz niezawodność lub elastyczność. "[564]

4.1.5. Poziom komórek produkcyjnych

Termin "komórki produkcyjne" jest używany identycznie jak termin "komórki produkcyjne i montażowe". "Są to maszyny i stanowiska pracy połączone w jednostkę lokalną i zazwyczaj obsługiwane przez grupę roboczą. Kombinacja ta służy do skrócenia tras transportowych i czasów przepustowości oraz do realizacji operacji wielomaszynowych o wyższym stopniu automatyzacji. Komórki produkcyjne i montażowe są niezależnymi jednostkami wykonawczymi."[565]

---

[562] Wildemann [Linie Rozwoju Systemów Produkcyjnych 2017], s. 162.

[563] Por. Arnoscht i in. [Development of Production Theory 2011], s. 37.

[564] Arnoscht i in. [Development of Production Theory 2011], s. 37.

[565] Westkämper et al. [Organizacja produkcji 2006], s. 57.

W swoim modelu obiektów produkcyjnych Schenk nie rozróżnia segmentów, systemów i komórek produkcyjnych, ale raczej ujmuje je w obszary. Obszary reprezentują poziom systemowy, który jest określony przez zamknięte jednostki wydajności, przy czym co najmniej dwa stanowiska pracy/stacje produkcyjne są strukturalnie połączone ze sobą za pomocą systemów przepływu. Skupia się więc na logicznym związku, który odnosi się zarówno do przepływu materiałów, jak i informacji.[566]
Wspólną cechą obu rozgraniczeń jest niezależność jako jednostek działalności, w których łączy się kilka elementów produkcji (grupy robocze, maszyny, centra pracy). Skutkuje to kilkoma aspektami korzyści, które są omówione bardziej szczegółowo w rozdziale 4.7

4.1.6. Poziom stanowisk pracy / maszyn

Schenk definiuje miejsce pracy jako "... elementarną jednostkę" procesu (produkcji). Obejmuje ona organizację pracy z zadaniami procesu pracy, podział zadań między człowieka i technikę oraz komunikację między ludźmi. Jest to miejsce z blatem roboczym i miejscem pracy, w którym zadanie robocze można wykonać bezpiecznie i bez ryzyka przy użyciu zasobów".[567]
Wśród elementów tego poziomu systemowego znajdują się również maszyny, przy czym maszyny kapitałochłonne są zazwyczaj rozpatrywane oddzielnie w rachunku kosztów. Różnica między maszynami a stanowiskami pracy polega na tym, że

566 Por. Schenk et al. [Fabrikplanung 2014], s. 178 f.

567 Schenk et al [Planowanie fabryczne 2014], s. 167.

stanowiska pracy to miejsca, w których wykonuje się prace ręczne lub w których używa się narzędzi ręcznych[568]. Wiendahl i in. opisują stanowisko pracy z punktu widzenia planowania fabrycznego jako najmniejszy element projektowania procesów.[569]

4.1.7. Poziom procesów

Norma DIN EN ISO 9001 definiuje proces w następujący sposób: "Proces jest zbiorem powiązanych ze sobą lub współzależnych działań, które przekształcają wejścia w wyjścia". [570] Innymi słowy, proces może być opisany jako przekształcenie wejścia w wyjście w określonych granicach. W[571] tym momencie ważne jest, aby zrozumieć, że procesy obejmują zarówno operacje dodawania wartości, jak i niedodawania wartości. Ponadto rozróżnia się procesy techniczne (np. procesy produkcyjne) i organizacyjne (np. planowanie, zamawianie)[572]. Westkämper podkreśla w swoim modelu interakcję poszczególnych procesów: "Podejście systemowe zakłada interakcję wszystkich elementów zaangażowanych w procesy. Należy zauważyć, że w produkcji fizycznej istnieją fundamentalne relacje pomiędzy zaangażowanymi procesami".[573]
Schenk przypisuje podstawową funkcjonalność produkcji do procesów produkcyjnych, skupiając się na zadaniu wytwarzania

[568] Por. Westkämper et al. [Organizacja produkcji 2006], s. 57.

[569] Por. Wiendahl et al. [Fabrikplanung 2009], s. 155 i nast.

[570] Patrz Brugger-Gebhardt [The DIN EN ISO 9001 2014], str. 7.

[571] Por. Schuh et al. [Prozessmanagement 2011], s. 364.

[572] Por. Westkämper et al. [Organizacja produkcji 2006], s. 57.

[573] Westkämper et al. [Organizacja produkcji 2006], s. 58.

produktów. Określa on wkład w proces produkcyjny poprzez jakościowo, ilościowo i czasowo zdefiniowane wykorzystanie siły roboczej, materiałów i zasobów operacyjnych. W sensie przemiany, proces produkcyjny generuje produkt wyjściowy z wkładu, składający się z pewnej ilości produktów, a także produktów niepożądanych, takich jak emisje lub odpady. Podkreślono w nim również orientację na wartość dodaną procesów produkcyjnych, które wykorzystują procedury technologiczne do zmiany kształtu i właściwości produktów, a tym samym do zwiększenia ich wartości.[574]

W tym rozdziale wyjaśniono, na ile to możliwe, użyte terminy i ich wzajemne oddziaływanie. W oparciu o model realnej organizacji według Stafford Beer przedstawiono logikę na przykładzie modelu systemowego firmy Westkämper/Löffler, która umożliwia optymalne zaprojektowanie i sterowanie systemem produkcji. W oparciu o to, następna sekcja koncentruje się na orientacji na cele.

4.2. Strategia produkcji jako powiązanie ze strategią korporacyjną

Skinner ustanowił obszar badań nad strategią produkcji, ujawniając produkcję jako "utracone ogniwo w strategii korporacyjnej".[575][576] Czynniki wpływające wynikające z megatrendów, takie jak zwiększona internacjonalizacja konkurencji, zwłaszcza

[574] Por. Schenk et al. [Fabrikplanung 2014], s. 119.

[575] Vgl. Skinner [Manufacturing - missing link in corporate strategy 1969], S. 136.

[576] Patrz rozdział 2

poprzez wejście na rynek krajów Dalekiego Wschodu, takich jak Chiny i Indie, a także stale rosnące zapotrzebowanie na indywidualne, specyficzne dla klienta produkty, zmuszają firmy do większego skupienia się na celach strategicznych. Pod[577] tym względem stale wzrasta również strategiczne znaczenie produkcji.[578]

Na tym tle globalnych i dynamicznych warunków środowiskowych oraz zrozumiałego dążenia do ukierunkowania na długofalowy, zrównoważony sukces przedsiębiorstwa, w ostatnich dziesięcioleciach opracowano, szczególnie przez praktyków, strategiczne lub strategiczne strategie produkcji.[579] Strategie produkcyjne mogą być rozumiane jako zestaw kilku strategicznych decyzji, które są podejmowane proaktywnie przez kierownictwo firmy w celu przyczynienia się do osiągnięcia ogólnych celów firmy.[580] Decyzje strategiczne są podzielone na pakiety celów i środków operacyjnych, które są następnie wdrażane na poziomie funkcjonalnym.[581]

Oprócz czynników wpływających z obecnych megatrendów, Porter wzywa do ogólnego planowania strategicznego, aby nie narażać się na ryzyko "złapania między dwoma stołkami". W tym kontekście formułuje on 3 podstawowe rodzaje strategii: Przywództwo kosztowe, przywództwo jakościowe i koncentracja (koncentracja na niszach).[582] Jak pokazano powyżej, w ciągłym procesie ustalania celów, cele korporacyjne, które przyczyniają

---

[577] Vgl. Pendlebury [Creating a Manufacturing Strategy 1987], S. 36 f.

[578] Specht/Stefanska [Lean Production as a Production Concept 2009], s. 32.

[579] Zob. Moos [Kompleksowość i elastyczność 2009], s. 47.

[580] Zob. Moos [Kompleksowość i elastyczność 2009], s. 47.

[581] Zob. Moos [Kompleksowość i elastyczność 2009], s. 47.

[582] Zob. Porter [Strategia konkurencji 2013], s. 81 i następne.

się do zwiększenia korzyści dla klienta, wynikają z ogólnej strategii i z kolei stanowią wytyczne dla strategii produkcji. Strategia produkcji ma się przekładać na cele produkcyjne i rozwojowe analogiczne do celów korporacyjnych. Odbywa się to przy uwzględnieniu warunków brzegowych efektywnej alokacji zasobów.[583]

W swoim porównaniu literatury Wildemann zidentyfikował 4 kluczowe aspekty strategii produkcji:

- strategia produkcji jako część strategii konkurencyjnej,
- strategia produkcji jako strategia technologiczna,
- strategia produkcji jako strategia inwestycyjna oraz
- strategia produkcji jako koncepcja rozwoju przedsiębiorstwa.[584]

W zależności od wybranego kierunku strategicznego, firmy mają szeroki zakres działania w zakresie projektowania swojej produkcji. Zwłaszcza w czasach wysokiej dynamiki, potrzebują linii orientacyjnych, aby móc prawidłowo ustawić się i orientować w przyszłości.[585] W rozdziale 2.1 omówiono już rosnącą presję konkurencyjną wywieraną na przedsiębiorstwa w związku z globalizacją produkcji. Brecher opisuje wynikające z tego wyzwania jako "polielemma produkcji"[586]. Za tym kryją się

---

583 Por. Wildemann [Fertigungsstrategien 1994], s. 2 f.

584 Jak stwierdzono powyżej, terminy "wytwarzanie" i "produkcja" mają w niniejszym dokumencie identyczne znaczenie. Wildemann użył w tym kontekście terminu "strategie produkcyjne". Por. Wildemann [Fertigungsstrategien 1994], s. 8 i nast. oraz przytoczona tam literatura

585 Por. Westkämper/Löffler [Strategie produkcji na rok 2016], s. 1.

586 Por. Brecher et al. [Integrative Production Engineering 2011], s. 21.

dwa obszary napięcia. Pierwsza leży między ekonomią skali a ekonomią zakresu. Ekonomia skali jest silnie uzależniona od kosztów płac i dlatego dąży do osiągnięcia korzyści skali przy dużych ilościach produkcji. Economy of Scope stara się stworzyć akt równoważący pomiędzy efektywnością ekonomiczną a specyficzną dla klienta konstrukcją produktów. Drugi obszar konfliktu dotyczy ciągłej optymalizacji procesów za pomocą kapitałochłonnych instrumentów planowania, a nie prostych, solidnych, zorientowanych na strumień wartości łańcuchów procesów.[587]

Strategie produkcyjne działają nie tylko jako ogniwo łączące zarządzanie przedsiębiorstwem z produkcją. Koordynacja ze strategiami sąsiednich obszarów funkcjonalnych jest niezbędna dla skuteczności i efektywności w ogólnym kontekście korporacyjnym. Nieuwzględnienie innych obszarów funkcjonalnych przedsiębiorstwa wiąże się z ryzykiem nierozpoznania problemów z interfejsami. Pod tym względem porównanie strategii produkcyjnych z innymi strategiami funkcjonalnymi ma duży potencjał, ponieważ wszelkie sprzeczności mogą być zidentyfikowane i skorygowane.[588]

W związku z tym, aby osiągnąć cele przedsiębiorstwa, własny pogląd na temat działu produkcji musi być zgodny z ogólną strategią przedsiębiorstwa. Wyodrębnienie podstrategii związanych z funkcjami przedsiębiorstwa z nadrzędnego pakietu docelowego prowadzi do określenia pojęcia obszaru funkcjonalnego,

[587] Por. Brecher et al. [Integrative Production Technology 2011], s. 21.

[588] Zob. Moos [Kompleksowość i elastyczność 2009], s. 65.

funkcjonalnego lub strategii funkcjonalnej. Zasadniczo ich zadaniem jest skonkretyzowanie ogólnej strategii korporacyjnej, a tym samym stworzenie powiązania z podstawowym obszarem funkcjonalnym. Zawierają one cele wynikające z ogólnej strategii przedsiębiorstwa i opisują pakiet działań, które można podzielić na struktury, planowane i realizowane procesy, podejmowanie decyzji i programy.[589]

Podsumowując, strategia produkcji koordynuje wymagania rynku i możliwości firmy. Osiągnięcie celów wyznaczonych przez orientację strategiczną jest osiągane poprzez zaprojektowanie systemu produkcyjnego. [590] Strategie produkcyjne wspierają zatem efektywność obszaru produkcji[591] i mogą być rozumiane jako funkcja wspornikowa do systemowego modelu produkcji przedstawionego w rozdziale 4.1 zapewnienie wspólnej orientacji na wszystkich poziomach hierarchii. Zasady lean management wywodzą się z takiej strategii produkcji, czyli Systemu Produkcyjnego Toyoty. Relacje te zostały wyjaśnione w kolejnych rozdziałach.

4.3. Lean Management jako pionier zintegrowanych systemów produkcyjnych

Korzenie Systemu Produkcyjnego Toyoty (TPS) sięgają czasów sprzed produkcji samochodów Toyoty, kiedy rodzina Toyoda nadal produkowała krosna.[592] "Szczególną cechą tych krosien było to, że automatycznie wykrywały one, kiedy pękła osnowa

[589] Zob. Moos [Kompleksowość i elastyczność 2009], s. 49.

[590] Zob. Becker/Kaluza [Strategie produkcyjne 2004], s. 9.

[591] Zob. Moos [Kompleksowość i elastyczność 2009], s. 51.

[592] Por. Liker [The Toyota Way 2004], s. 16 f.

lub nić wątku i zatrzymywały proces tkania. Dlatego też usterka została odkryta i usunięta natychmiast po jej powstaniu, zanim mogła być kontynuowana w dalszej produkcji. Ta własność stała się później zasadą Jidoka TPS. "Międzynarodowe wpływy, takie jak stosowana w amerykańskich supermarketach zasada uzupełniania półek sprzedażowych o ilości usunięte przez klientów, zostały [593] również przeniesione do środowiska produkcyjnego Toyoty, co zaowocowało wprowadzeniem zasady Kanban [594]. Te dwa przykłady mają służyć jako przykłady różnorodnych, bardzo zróżnicowanych, ale często na pierwszy rzut oka trywialnych środków i powiązań, które rozwijały się przez kilkadziesiąt lat i w ten sposób tworzyły system produkcji Toyoty na różnych etapach.[595] Dlatego też TPS nie był wprowadzany systematycznie w konkretnym momencie, lecz rozwijał się przez kilka dziesięcioleci, tworząc kompletny system sprawdzonych zasad produkcji.[596] Jednym z głównych motorów rozwoju TPS były trendy w otoczeniu gospodarczym. W powojennej Japonii charakteryzowały się one niskim popytem na pojazdy. Niski popyt był rozłożony na wiele wariantów, tak że nie była możliwa ani masowa produkcja analogiczna do USA czy Europy, ani gromadzenie się wysokich zapasów. Od samego początku produkcja samochodów w Japonii musiała pracować bardzo elastycznie przy niskich stanach magazynowych i małych rozmiarach partii. Te rzekome wady w coraz większym stopniu przekładały się na korzyści w trakcie indywidualizacji

[593] Dombrowski/Mielke [Historyczny rozwój GPS 2015], s. 16.

[594] Por. Tegel [Optimization of Production Smoothing 2012], s. 8.

[595] Zob. Dickmann [Elements of Lean Production Systems 2009], s. 7.

[596] Zob. Dombrowski/Mielke [Historyczny rozwój GPS 2015], s. 15 f.

produktów (patrz rozdział 2.2), ponieważ japońskie firmy były w stanie lepiej reagować na rynek i realizować bardzo wysoką jakość przy niskich kosztach.[597]
Chociaż wykazano, że system produkcji Toyoty był ewolucyjny i napędzany przez wiele czynników wpływających, Taiichi Ohno jest uważane za jednego z wynalazców. Jednym z głównych wkładów Ohno w rozwój TPS jest wprowadzenie [598]podejścia systemowego Forda lub standardów jakości "Made in Germany", które przywiózł ze swoich podróży.[599]
Uważny czytelnik zauważy, że do tej pory wspomniano tylko o Systemie Produkcyjnym Toyoty (TPS). Termin Lean Management nie wywodzi się z ogólnej koncepcji japońskiej, ale został wynaleziony przez grupę roboczą w Massachusetts Institute of Technology (MIT) jako tytuł roboczy dla systemu produkcyjnego opracowanego przez Toyotę.[600] MIT był wiodącym instytutem w Międzynarodowym Programie dla Pojazdów Samochodowych (IMVP), który doprowadził również do opracowania Womack/Jones/Roos zatytułowanego "Druga rewolucja w przemyśle motoryzacyjnym".[601]
Wyniki badania IMVP były alarmujące nie tylko dla zachodniego przemysłu samochodowego, ale następnie dla wszystkich

---

[597] Por. Dombrowski/Mielke [Historyczny rozwój GPS 2015], s. 13 f.

[598] System produkcji Forda został scharakteryzowany przez Johna Krafcika w International Motor Vehicle Program (IMVP) jako "Buffered Production" w przeciwieństwie do "Lean Production". Produkcja buforowana oznacza "solidną" produkcję poprzez rozbudowane magazyny. Por. pozdrowienia [Schlanke Unikatfertigung 2010], s. 22 i cytowana tam literatura.

[599] Zob. Dickmann [Elements of Lean Production Systems 2009], s. 6.

[600] Por. powitanie [Schlanke Unikatfertigung 2010], s. 22.

[601] Por. Womack et al. [Druga rewolucja w przemyśle samochodowym 1992].

zachodnich przedsiębiorstw przemysłowych. Dickmann trafnie podsumowuje kluczowe wnioski z badania: "Japoński przemysł motoryzacyjny odtajnił zachodnie firmy pod niemal każdym względem. Podczas gdy na przykład japońskie zakłady wymagały średnio 17 godzin montażu jednego pojazdu, europejskie zakłady wymagały prawie 36 godzin. Niemniej jednak, w zakładach japońskich pojawiło się mniej błędów montażowych. Japończycy osiągnęli bardzo dobre wartości w zakresie produktywności i jakości, chociaż mieli znacznie niższe stany magazynowe części. W rezultacie, japońskie fabryki potrzebowały znacznie mniej miejsca." Pobudka[602] z Womack/Jones/Roos była jasna. Szybko stało się jasne, że podejście lean management oparte na systemie produkcji Toyoty to w wielu miejscach nie moda, a raczej strategia przetrwania. Jest to jedyny sposób na wyjaśnienie powszechnego stosowania podejścia lean management. Według badań przeprowadzonych przez Staufen AG we współpracy z Uniwersytetem Technicznym w Darmstadt, tylko 5% przedsiębiorstw przemysłowych w regionie[603] DACH nie podjęło jeszcze żadnych działań wdrożeniowych. [604] Poniższy diagram służy jako ilustracja:

[602] Dickmann [Elements of Lean Production Systems 2009], s. 14 f.

[603] DACH oznacza kraje: Niemcy (D), Austria (A) i Szwajcaria (CH).

[604] Badanie opiera się na ankiecie przeprowadzonej wśród 1 526 menedżerów z przedsiębiorstw przemysłowych z tych sektorów: Przemysł samochodowy, budowa maszyn i urządzeń, przemysł elektryczny, lotnictwo, przemysł chemiczny i farmaceutyczny, dostawcy usług i przemysł budowlany.

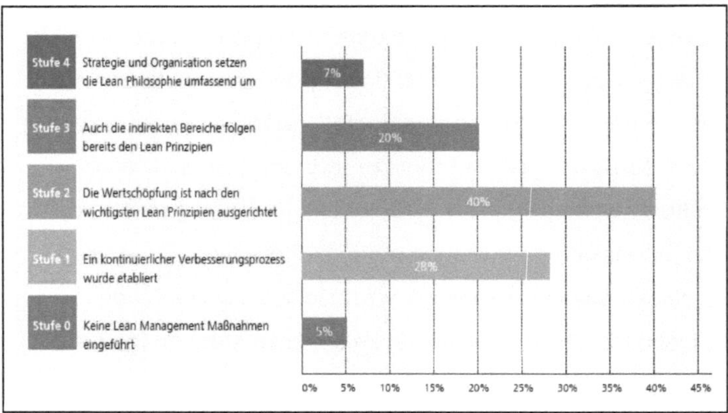

Rysunek 27: Wdrożenie Lean Management[605]

W tym względzie obawy, takie jak te wyrażone m.in. przez Wildemanna już w 1994 r.: "jest prawdopodobne, że termin "szczupłe zarządzanie" zostanie zdyskredytowany w trwającej dyskusji i będzie stosowany jako opakowanie dla starych koncepcji racjonalizacji, takich jak cięcia kosztów ryczałtowych, analiza wartości kosztów ogólnych, redukcja personelu i zwolnienia", [606] pozostały jedynie marginalne. Z tego powodu w niniejszej pracy uwzględniono pierwotny cel tej koncepcji, a mianowicie zorientowaną na klienta reorganizację całego przedsiębiorstwa.

Podsumowując, można potwierdzić twierdzenie, że podejście Lean Management uwzględnia aspekty strategiczne, a także

[605] Źródło: o.V. [25 lat Lean 2016], s. 31.

[606] Wildemann [Strategie produkcyjne 1994], s. XI.

urzeka spójnością koncepcyjną, ale także zupełnie nową filozofią. Koncepcja ta odpowiada zatem w dużym stopniu aktualnym wymaganiom nowoczesnego systemu zarządzania.[607]

W następnej części przedstawiono głębszy wgląd w zasady systemu Lean Management, aby zapewnić solidną i kompleksową podstawę do przejścia na holistyczne systemy produkcji i zarządzania.

4.4. Zasady Lean Management[608]

W zależności od pochodzenia autorów i ich twierdzeń o skuteczności, opracowano różne definicje i modele opisujące System Produkcyjny Toyoty lub System Zarządzania Lean i wprowadzające je w życie.
Definicja Pfeifer/Weiss jest używana jako przykład: " ... Lean Management [jest] stałym, spójnym i zintegrowanym zastosowaniem zestawu zasad, metod i środków dla efektywnego i skutecznego, strategicznego, taktycznego i operacyjnego planowania, wdrażania, projektowania, wykonywania i kontroli wszystkich czynników projektowych przedsiębiorstwa (wejście, wyjście, technologia/sprzęt, personel i organizacja/zarządzanie), a poza tym całej sieci wartości dodanej, w celu uniknięcia marnotrawstwa w celu optymalizacji wydajności systemu w krótkim,

---

[607] Zob. Liker [The Toyota Way 2004], s. 69 i nast.

[608] Rozdział ten został napisany we współpracy z panem Matthiasem Staufferem podczas jego pracy dyplomowej na Uniwersytecie Nauk Stosowanych w Rosenheim. Por. Stauffer, M.: An investigation of the advantages of lean, flexible production cells compared to conventional production lines, taking into account the general conditions, Rosenheim 2009.

średnim i długim okresie. Kiedy patrzysz na to w ten sposób, to wydaje się... właściwe jest mówienie bardziej o filozofii lean management niż o tradycyjnej definicji. Ma to na celu wyjaśnienie, iż "lean management" nie jest patentowym remedium w sensie "programu awaryjnego", który ma ożywić konkurencyjność firm znajdujących się w trudnej sytuacji". W[609] kontekście tej tezy, definicja Pfeifer/Weiss wydaje się być niezwykle właściwa, ponieważ odnosi się zarówno do poziomów systemowych hierarchicznego modelu produkcji przedstawionego w rozdziale 4.1 ich wspólnej orientacji w zakresie strategii produkcji jako łącznika ze strategią korporacyjną (por. rozdział 4.2).

Tak jak definicja nie jest przypadkowa, tak i model nie jest wybierany losowo, ale jest wykorzystywany do wyostrzenia zrozumienia zasad Lean Management. Wielu autorów sprowadza swój model wyjaśniający do rozpoznawalnych wizualnie praktyk, a tym samym do poziomu metodologicznego,[610] próbując zrozumieć współzależności za pomocą poszczególnych narzędzi, takich jak Poka Yoke, Kanban, 5S, Andon, Just in Time i wiele innych. Powyżej postulowano, że koncepcja Lean Management w wysokim stopniu odpowiada aktualnym wymaganiom nowoczesnego systemu zarządzania. Jako logiczną konsekwencję należy wybrać model, który wykracza daleko poza metodologiczny hogwash i raczej umieszcza filozofię, postawę i procedury w kontekście. Kötter postrzega Jeffreya Likera, między innymi, jako jednego ze sprawdzonych ekspertów w

[609] Pfeifer/Weiß [Lean Management 1994], s. 53.

[610] Por. Rother [Toyota Kata 2010], s. 4 i Por. Tegel [Optimierung der Produktionsglättung 2012], s. 11.

zakresie praktyki Toyoty i wykorzystuje jego model wyjaśniający, ponieważ urzeka on swoją wiedzą, szczegółowością i ilustracją na praktycznych przykładach. Z tego[611] powodu w trakcie tej pracy wykorzystano również model 4P Jeffry'ego Likera, który charakteryzuje się następującymi podstawowymi zasadami:

- filozofia długoterminowa / myślenie długoterminowe
- unikać orientacji procesowej / odpadów
- angażować osoby i partnerów oraz
- proces rozwiązywania problemów / ciągłego doskonalenia i uczenia się.[612]

Jeffrey K. Liker, profesor Uniwersytetu w Michigan, przez długi czas badał metody produkcji amerykańskich, a zwłaszcza japońskich firm, a zwłaszcza system produkcji Toyoty. Po około 20 latach intensywnej obserwacji, licznych badaniach i niekończących się godzinach wywiadów z pracownikami Toyoty wszystkich szczebli, Liker opublikował w 2004 roku książkę "The Toyota Way". W pracy tej rozwinął filozofię firmy, która pomogła Toyocie odnieść ogromny sukces, a także opisał, jak te metody i filozofie szczupłego zarządzania mogą zostać przeniesione na inne firmy i branże.[613]
W trakcie jego badań wyłoniło się 14 zasad, które są uważane za kluczowe dla TPS. Opisują one kulturę i filozofię, techniki i narzędzia oraz ogólną orientację w zarządzaniu, która jest praktykowana i stosowana we wszystkich zakładach Toyoty na całym świecie. Aby lepiej zrozumieć 14 zasad, Liker podzielił je

---

[611] Zob. Kötter [Ganzheitliche Produktionssysteme 2009], s. 218 f.

[612] Zob. Liker [The Toyota Way 2004], s. 69 i nast.

[613] Zob. Liker [The Toyota Way 2004], s. XV.

na cztery kategorie, 4P's, ponieważ wszystkie cztery zaczynają się od P: Filozofia, procesy, ludzie, partnerzy i rozwiązywanie problemów (patrzRysunek 28).[614]

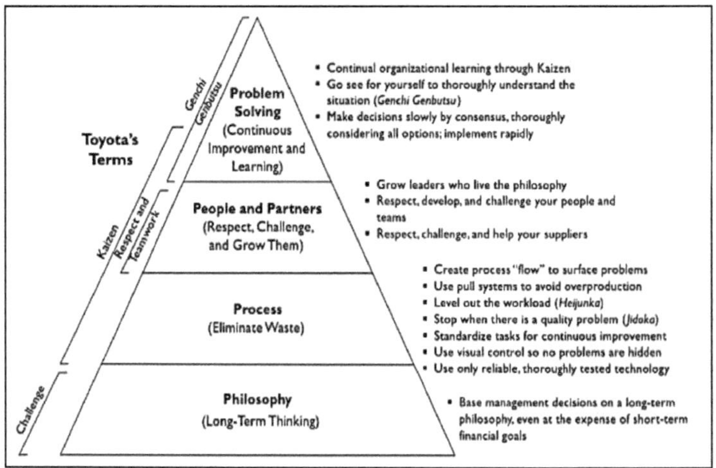

Rysunek 28: Model 4P z Liker[615]

Poniżej przedstawiono w skrócie 14 zasad. Służy to podniesieniu zasad skuteczności TPS z jednowymiarowego, zorientowanego na metody podejścia do poziomu wielowymiarowego, a tym samym stworzeniu sieci od strategii korporacyjnej do struktur i procesów do kultury korporacyjnej.

Zasada 1: Uczynić z długoterminowej filozofii podstawę swoich decyzji zarządczych, nawet jeśli odbywa się to kosztem krótkoterminowych celów zysku.

[614] Zob. Liker [The Toyota Way 2004], s. 6.

[615] Źródło: Liker [The Toyota Way 2004], s. 6.

Jak widać naRysunek 28, pierwsza zasada odnosi się do długoterminowej filozofii firmy i w ten sposób stanowi podstawę dla wszystkich kolejnych zasad. Zasadę tę można określić jako "strategiczną wizję i zrozumienie całości"[616], która zastępuje wszystkie decyzje czysto krótkoterminowe. Wyraźnym tego przesłaniem jest to, że ukierunkowanie całej firmy na cele długoterminowe jest ważniejsze niż zyski krótkoterminowe. I odwrotnie, każdy pracownik musi zrozumieć swoje miejsce w historii firmy i być świadomy swojej odpowiedzialności, co oznacza, że jego zaangażowanie będzie prowadzić firmę coraz dalej, na wyższy poziom.[617]

Istotnym wkładem do tego jest tworzenie wartości. Celem firmy musi być tworzenie wartości dla klienta, społeczeństwa i gospodarki. To jest siła napędowa wszystkiego. Aby[618] nie zboczyć z tej ścieżki, wszystkie funkcje i działania w firmie powinny być regularnie oceniane w celu zapewnienia, że wszystko jest ukierunkowane na działania tworzące wartość dodaną. Poniższy cytat świadczy o orientacji Toyoty od samego początku, kiedy to każdy mógł zatrudnić mechanika i inżyniera, zatrudnić go i kupić. Toyota uważała, że zanim zdołają zbudować samochód, muszą udoskonalić nowe, rewolucyjne procesy, aby zbudować formę, zbudować silnik, wrócić do tego poziomu. I to właśnie czyni firmę inną. Wracając do istoty."[619]

---

[616] Interpretacja ta opiera się na wieloletnim doświadczeniu autora we wdrażaniu zasad lean w praktyce.

[617] Zob. Collins/Porras [Always Successful 2005], s. 107 i nast.

[618] Zob. Liker [The Toyota Way 2004], s. 72.

[619] Liker [The Toyota Way 2004], s. 79.

Dźwignia sterująca do wdrożenia w rzeczywistości korporacyjnej jest odpowiedzialna. Każdy musi pracować samodzielnie i odpowiedzialnie nad swoimi umiejętnościami i stale je doskonalić, aby tworzyć wartość dla firmy.[620]

Zasada 2: Zapewnienie ciągłego przepływu procesów w celu ujawnienia problemów

Zasady dwa do ośmiu należą do wymiaru procesów i opierają się na filozofii opisanej powyżej. "Idealny proces jest celem." Jest to nie tylko teza buddyjska,[621] ale również podstawowa postawa TPS: "Właściwy proces przyniesie właściwe rezultaty". "Procesy pracy powinny być zaprojektowane w taki sposób, aby wnosiły wartość dodaną i zapewniały ciągły przepływ". Celem jest skrócenie do zera czasu bezczynności i czasu oczekiwania oraz innych form odpadów[622].
Kluczem do ciągłego doskonalenia procesów i rozwoju pracowników jest wyraźnie widoczny przepływ w całej organizacji. Ten przepływ materiałów i informacji musi być zaprojektowany w taki sposób, aby procesy i pracownicy byli ze sobą powiązani, a problemy były natychmiast wykrywane. Ta orientacja przepływu jest również podstawą produkcji przepływu jednoczęściowego.[623]

[620] Zob. Liker [The Toyota Way 2004], s. 80.

[621] Zob. Dickmann [Elements of Lean Production Systems 2009], s. 12.

[622] Taiichi Ohno zdefiniowało 7 rodzajów odpadów: Nadprodukcja, czas oczekiwania, transport, podczas samego przetwarzania, w magazynie, w postaci niepotrzebnego ruchu, w postaci wadliwych produktów. Por. Ohno [The Toyota Production System 1993], s. 45 f. oraz bardziej szczegółowy opis rodzajów odpadów znajduje się w rozdziale 9.3 załącznika.

[623] Patrz Liker [The Toyota Way 2004], str. 37 i rozdział 5.1.7.1.

Zasada 3: Używanie systemów ciągnących w celu uniknięcia nadprodukcji

"Im więcej zapasów ma firma, tym mniejsze prawdopodobieństwo, że będzie miała to, czego potrzebuje. [624] Jest to kolejny cytat z Taiichi Ohno, za pomocą którego chce on zwrócić uwagę na problem nadprodukcji. Nadprodukcji unika się poprzez zastosowanie zasady "pull", która umożliwia zaoferowanie klientowi tego, czego chce, kiedy tego chce i w ilości, jakiej potrzebuje. Częścią tego systemu jest również zaopatrzenie w materiały oparte na zapotrzebowaniu, które jest podstawowym elementem produkcji w systemie just-in-time (JIT). Zmniejsza to zapasy i oszczędza koszty magazynowania lub składowania. Poprzez zmniejszenie liczby magazynów pośrednich, obciążenie pracą koncentruje się na procesach i działaniach tworzących wartość dodaną. Kolejnym punktem unikania zapasów jest zamawianie zgodnie z wymaganiami klienta lub integracja łańcucha dostaw zgodnie z cyklami klientów[625]. Systemy komputerowe i tworzone wraz z nimi plany zwykle przyczyniają się do wzrostu zapasów, a czasami zaostrzają problem.[626]

Zasada 4: Zapewnienie zrównoważonego wykorzystania mocy produkcyjnych (heijunka)

---

[624] Zob. Liker [The Toyota Way 2004], s. 104.

[625] Patrz Dickmann [Supply Chain Management with Kanban 2009], str. 308 i nast.

[626] Zob. Henderson/Larco [Lean Transformation 2003], s. 53 i nast.

Eliminacja odpadów jest tylko jedną trzecią rozwiązywania problemów, a zatem jest tylko częścią tego, co czyni Lean Management tak skutecznym. Pozostałe dwie trzecie problemów wynika z ograniczeń przesyłowych z jednej strony i wahań w wykorzystaniu zdolności przesyłowych z drugiej strony. W Lean Management i TPS mówi się również o 3 M's, które oznaczają muda (odpady), muri (przeciążenie) i mura (wahania w wykorzystaniu mocy produkcyjnych)[627]. Ten związek 3 M's nie jest rozumiany przez wiele firm i często jest przyczyną niepowodzenia wdrożenia Lean.[628]

Heijunka jest metodą w TPS do wyrównania i wygładzenia produkcji. Wyrównanie oznacza podzielenie ilości produkcji w roku, miesiącu lub tygodniu na równe ilości dzienne. Na przykład, jeśli potrzebnych jest 1000 produktów w jednym miesiącu i dostępnych jest 20 dni roboczych, daje to dzienne zapotrzebowanie na 50 produktów. "Podział dostępnej dziennej zdolności produkcyjnej mierzonej w jednostkach czasu przez całkowitą dzienną ilość produkcji zapewnia tzw. czas odbioru. Dzieląc dzienną dostępną zdolność produkcyjną w jednostkach czasu przez średnią dzienną ilość produkcji produktu końcowego, uzyskuje się czas cyklu specyficzny dla danego produktu, który odpowiada odstępowi czasu pomiędzy dwoma kolejnymi cyklami produkcyjnymi dla danego produktu końcowego".[629]

Wyrównując i wygładzając, należy stworzyć sekwencję produkcyjną, która zsynchronizuje wielkość produkcji i zapotrzebowania. Celem jest zawsze unikanie zapasów i wahań popytu w

---

627 Zob. Dombrowski/Mielke [Historyczny rozwój GPS 2015], s. 33.

628 Zob. Liker [The Toyota Way 2004], s. 114.

629 Tegel [Optimization of production smoothing 2012], s. 29.

produkcji pod względem wariantów i ilości, ponieważ powstają one wstecz w całym łańcuchu wartości i ostatecznie prowadzą do tego, że procesy poprzedzające muszą dostosować swoje zapasy krążące, urządzenia i siłę roboczą do szczytów wykorzystania mocy produkcyjnych.[630] Poprzez określenie kolejności produkcji zgodnie z zasadą Heijunka można ograniczyć wymóg elastyczności w celu dostosowania się do rosnącego lub malejącego popytu.[631]

Zasada 5: Stworzyć kulturę, która natychmiast wytwarza jakość, a nie kulturę wiecznej poprawy.

W celu zapewnienia jakości dostarczanej do klienta i zwiększenia wartości dodanej, celem jest produkcja bez wad. Aby jak najbardziej zbliżyć się[632] do tego celu, w TPS opracowano dalsze metody. Jidoka (maszyny z ludzką inteligencją) lub nazywane autonomią, to systemy i maszyny, które zatrzymują się niezależnie od siebie, gdy tylko pojawi się błąd. W ten sposób powstaje jakość w procesie. Jest to bardziej wydajne i opłacalne, niż gdyby problem został wykryty dopiero po opuszczeniu linii.[633] Andon jest również metodą na zbliżenie się do celu, jakim jest produkcja bez wad. Andon to tablica wyników, która jest widoczna dla wszystkich na sali. Gdy w stacji roboczej wystąpi błąd, operator może pociągnąć za sznur lub nacisnąć przycisk i odpowiednia stacja zapali się na tablicy Andona. Często emitowany jest dodatkowy sygnał akustyczny. W ten sposób każdy,

[630] Zob. Liker [The Toyota Way 2004], s. 38.

[631] Zob. Becker [Phänomen Toyota 2006], s. 298.

[632] Zob. Dombrowski/Mielke [Historyczny rozwój GPS 2015], s. 80 i nast.

[633] Zob. Liker [The Toyota Way 2004], s. 129 f.

a zwłaszcza brygadzista, może zobaczyć, gdzie pojawił się problem. Po wspólnym usunięciu usterki, sygnał Andon jest anulowany poprzez ponowne naciśnięcie przełącznika Andon.[634]

Inną ważną kwestią jest wprowadzenie środków zaradczych, aby problemy nie pojawiały się w pierwszej kolejności. Jarzmo Poka to japoński termin oznaczający proste środki, które zapewniają uniknięcie ludzkiej niedbałości.[635] Jest to np. urządzenie, np. ogranicznik, dzięki któremu część może być włożona tylko w prawidłowej pozycji.

Zasada zerowej produkcji jest więc częścią podstawowej postawy TPS, która przejawia się w tym, że przerwa w procesie produkcji jest postrzegana jako mniej poważna niż kilkakrotne doświadczenie tego samego problemu.[636] Logiczną konsekwencją tego jest konieczność zainwestowania czasu w celu zapewnienia, że jakość jest produkowana natychmiast wraz z pierwszą częścią, zwiększając w ten sposób wydajność w dłuższej perspektywie czasowej.[637]

Zasada 6: Znormalizowane etapy pracy są podstawą do ciągłego doskonalenia i przekazywania odpowiedzialności pracownikom.

Tylko reprezentacja procesów operacyjnych poprzez standardy umożliwia wszystkim pracownikom udział w doskonaleniu tych

---

[634] Por. powitanie [Schlanke Unikatfertigung 2010], s. 48 f. i por. Liker [The Toyota Way 2004], s. 131 ff.

[635] Zob. Takeda [Tania Inteligentna Automatyka], s. 195.

[636] Por. Tegel [Optimization of Production Smoothing 2012], s. 16.

[637] Zob. Liker [The Toyota Way 2004], s. 38.

procesów. Przedtem proces pracy jest swego rodzaju tajemnicą pracownika, a może nawet jego przełożonego.[638]
Standardowa praca jest podstawą systemu ciągnięcia i stałego przepływu produkcji. Aby zapewnić przewidywalność, optymalny czas i regularne wyniki, potrzebne są solidne, powtarzalne metody i czynności robocze. Standaryzacja pracy jest również kluczem do tworzenia jakości w tym procesie. Gdy pojawia się wada lub błąd, pierwszym pytaniem musi być Jaki standardowy etap pracy musi być z tego wynikać? Odpowiednie rozwiązanie jest następnie doprowadzane i przenoszone do standardowego arkusza roboczego. Ten standardowy arkusz roboczy zawiera wszystkie uporządkowane sekwencje robocze i jest stale aktualizowany w przypadku ulepszeń.[639]
Obejmuje to również proces ciągłego uczenia się. Pracownicy muszą być przygotowani do podjęcia pracy i zawsze starać się udoskonalać ten proces. Oczywiście, pracownicy potrzebują również wolności od swoich przełożonych, aby być kreatywnymi i wnosić swoje pomysły. Ciągłe doskonalenie działa wtedy, gdy każdy jest gotów uczyć się od siebie i dla siebie nawzajem.[640]

Zasada 7: Używać wizualnych elementów sterujących, aby żaden problem nie pozostał ukryty.

Proste, wizualne kontrole i pomoce powinny pomóc pracownikowi ustalić, czy na przykład jego miejsce pracy jest w odpowiednim stanie, czy też nie. Może to sprawdzić za pomocą listy kontrolnej, która wizualizuje zdjęcia optymalnego stanu.

---

[638] Zob. Wildemann [Produktivitätsmanagement 1997], s. 71.

[639] Zob. Liker [The Toyota Way 2004], s. 143.

[640] Zob. Liker [The Toyota Way 2004], s. 38.

W TPS, program[641] 5S lub 6S został opracowany w celu uniknięcia strat spowodowanych przez niewłaściwe miejsca pracy. Skrót 6S oznacza następujące terminy, które pochodzą z języka japońskiego:

- Seiri (Sort out),
- Seiton (Stwórz porządek),
- Seiso (Cleanse),
- Seiketsu (utrzymanie czystości),
- Shitsuke (Ciągłe Udoskonalanie),
- Shukan (Tworzenie nawyku).[642]

Deklarowanym celem metody 6S jest nie tylko zmniejszenie ilości odpadów, ale także zwiększenie bezpieczeństwa pracy.[643] Inne punkty wyjścia wynikające z tej metody to unikanie niepotrzebnych wyświetlaczy i ekranów w miejscu pracy, aby nie osłabić uwagi pracownika, a także próba utrzymania raportów i instrukcji zawsze na długości jednej strony.[644]

Zasada 8: Stosuj wyłącznie niezawodne, dokładnie sprawdzone technologie, które służą ludziom i procesom.

[641] Metoda ta jest czasami określana jako 5S lub 6S, w języku niemieckim często również jako 5A. Nie ma to jednak wpływu na system bazowy. Patrz Stoesser [Optymalizacja procesów 2017], str. 10.

[642] Gl. Takeda [Low Cost Intelligent Automation], s. 191.

[643] Por. Trautim [Lean Paperback 2014] s. 20 f.

[644] Zob. Liker [The Toyota Way 2004] s. 150 i nast.

Droga Toyoty czasami oznacza powolne poruszanie się. Powodem tego jest fakt, że technologie często nie osiągnęły swojego celu, którym powinno być wspieranie pracowników i rozwój procesów. [645] Praca i procesy tworzące wartość dodaną są często lepiej wspierane przez proste, ręczne systemy niż przez nowe technologie. Dlatego Toyota nie jest liderem we wprowadzaniu nowych technologii, ale we wprowadzaniu technologii tworzących wartość dodaną, które napędzają procesy i ludzi.[646] W celu dalszego rozwoju procesów i ciągłego doskonalenia przepływu w fabryce, Toyota polega wyłącznie na maszynach i urządzeniach, które zostały dokładnie przetestowane przed włączeniem ich do procesu. Ponieważ nowe technologie oznaczają również wiele pracy, która musi być ponownie podniesiona do znanych standardów. Jednak po gruntownym przetestowaniu nowej technologii i zaawansowaniu procesu, jest ona wdrażana jak najszybciej.[647]

Zasada 9: Rozwijanie kadry kierowniczej, która zna i rozumie wszystkie procesy pracy oraz jest wzorem i komunikatem o filozofii firmy.

Zasady od 9 do 11 to zasady, które należą do wymiaru osób i partnerów.

Długoletni pracownicy, którzy udowodnili, że znając i internalizując filozofię firmy, zawsze powinni mieć pierwszeństwo przed zewnętrznymi kandydatami, jeśli chodzi o awans na wyższe

[645] Zob. Dombrowski/Mielke [Historyczny rozwój GPS 2015] s. 48.

[646] Zob. Liker [The Toyota Way 2004] s. 160.

[647] Zob. Liker [The Toyota Way 2004] s. 160.

stanowisko. Posiadają oni już niezbędną wiedzę o firmie, znają cele i cieszą się szacunkiem kolegów.[648]
Menedżerowie firmy nie są po prostu postrzegani jako ludzie, którzy wykonują swoje zadania i posiadają odpowiednie umiejętności. Menedżerowie są wzorem do naśladowania dla wszystkich pracowników. Muszą oni każdego dnia dawać przykład filozofii firmy pracownikom poprzez ich pełne zaangażowanie i sposób, w jaki rozwiązują swoje zadania. Dobra kadra kierownicza musi znać szczegółowo codzienną pracę swoich pracowników, aby móc ich wspierać lub pouczać w przypadku pytań lub wątpliwości.[649]

Zasada 10:Rozwijaj wybitnych pracowników i zespoły, które postępują zgodnie z filozofią firmy

Toyota znalazła doskonałą równowagę pomiędzy pracą indywidualną a pracą grupową. Zespół, który ma funkcjonować, a tym samym wykonywać dobrą pracę, potrzebuje doskonałych, indywidualnych pracowników. Właśnie dlatego Toyota podejmuje ogromny wysiłek, aby znaleźć właśnie takich pracowników. Zasada Toyoty mówi: jeśli praca zespołowa jest fundamentem firmy, jednostki muszą oddać swoje serce i duszę, aby firma odniosła sukces.[650] Aby to osiągnąć, potrzebna jest kultura korporacyjna, w której wartości i cele są wspólne dla wszystkich i przeżywane przez lata. Stały coaching i nauczanie pracowników

[648] Por. Collins/Porras [Always Successful 2005] str. 225 i nast.

[649] Por. Liker [The Toyota Way 2004] s. 181 f.

[650] Zob. Liker [The Toyota Way 2004] s. 186.

jest również niezbędne, ponieważ praca zespołowa jest czymś, czego trzeba się nauczyć.[651]
Ponadto TPS utworzyła wielofunkcyjne zespoły, które zajmują się konkretnymi problemami w ramach grupy i w ten sposób szybciej je rozwiązują.[652] Jest to skuteczny sposób na (organiczny) rozwój firmy przy wykorzystaniu własnych zasobów.[653] Wildemann opisuje tę formę organizacji, która gwarantuje osobistą odpowiedzialność, autonomię, jakość i realizację celów w przypadku indywidualnie zmieniających się zadań, zgodnie z ewolucyjną formułą Lorenza: "Wiedza i zysk jako informacja zwrotna". Uczenie się, aby stać się bardziej dochodowym i reinwestowanie części zysku w innowacje, aby ponownie stać się inteligentniejszym, stanowi pętlę kontrolną, która musi być stale ulepszana. "[654]

Zasada 11: Szanuj swoją rozległą sieć partnerów biznesowych i dostawców, stawiając przed nimi wyzwania i pomagając im w doskonaleniu się.

Innym sposobem, w jaki Toyota zwiększa efektywność TPS, jest dzielenie się wiedzą z dostawcami.[655] Toyota potrzebuje, aby jej dostawcy byli tak samo wydajni jak jej własne zakłady, aby mogli dostarczać najwyższą jakość na czas. Co więcej, Toyota uznała, że koszty mogą zostać jeszcze bardziej zredukowane, jeśli

[651] Zob. Rother [Toyota Kata 2010] s. 185 i nast.

[652] Zob. Becker [Phänomen Toyota 2006] s. 310.

[653] Zob. Liker [The Toyota Way 2004] s. 186.

[654] Por. Wildemann [Fertigungsstrategien 1994], s. XII.

[655] Zob. Becker [Phänomen Toyota 2006], s. 134.

dostawcy zostaną włączeni do filozofii produkcji[656]. Dlatego Toyota ściśle współpracuje ze swoimi dostawcami i stara się wspólnie rozwiązywać problemy na miejscu, przy własnym wsparciu i szkoleniu pracowników partnerów. Zasadą przewodnią jest zawsze "uczenie się przez działanie", aby bezpośrednio zwiększyć wartość dodaną dostawcy i w ten sposób bezpośrednio przyczynić się do redukcji kosztów.[657]
W tym celu Toyota posiada własnych ekspertów ds. jakości i TPS, którzy są natychmiast na miejscu u dostawcy w przypadku wystąpienia problemu, z jednej strony w celu jego natychmiastowego usunięcia, a z drugiej strony w celu zapobieżenia jego przekazaniu Toyocie.[658] Eksperci ci pomagają również dostawcy w osiąganiu celów wyznaczonych przez Toyotę. Toyota zawsze stara się rzucać wyzwanie dostawcom, aby naciskali na ciągłe doskonalenie w celu dalszego rozwoju. Ale to wszystko zawsze dzieje się z szacunkiem i godnością, bo na koniec dnia wszyscy są w tej samej łodzi.[659]

Zasada 12:Zobacz na własne oczy, aby w pełni zrozumieć sytuację (genchi genbutsu)

Ostatnie trzy zasady od 12 do 14 stanowią kategorię rozwiązywania problemów i podejścia polegającego na ciągłym doskonaleniu. W tym wymiarze czterowymiarowa sieć Jeffreya K. Likera jest zamknięta.

---

[656] Zob. Dickmann [Elements of Lean Production Systems 2009], s. 74.

[657] Zob. Liker [The Toyota Way 2004], s. 210 f.

[658] Zob. Liker [The Toyota Way 2004], s. 212.

[659] Zob. Becker [Phänomen Toyota 2006], s. 133.

Toyota przywiązuje wielką wagę do sposobu prawdziwego zrozumienia: nie możesz być pewien, że coś naprawdę rozumiesz, jeśli nie jesteś tam i sam na to patrzysz. Jest to wiodąca zasada, która jest przeżywana przez cały czas, po japońsku nazywana genchi genbutsu.[660]

W związku z tym pierwszym krokiem w procesie rozwiązywania problemu, opracowywania nowego produktu lub oceny działalności musi być obserwacja sytuacji w terenie wraz z towarzyszącą jej weryfikacją faktów[661]. Toyota wspiera i oczekuje kreatywnego myślenia i innowacji, ale musi to być oparte na zrozumieniu kontekstu. Funkcja "idź i zobacz" charakteryzuje tych, którzy naprawdę poznali Drogę Toyoty - nie biorą niczego za pewnik i dokładnie wiedzą, o czym mówią, ponieważ jest to wiedza z pierwszej ręki.[662]

Zasada 13:Podejmuj decyzje z rozwagą i w oparciu o konsensus. Rozważyć dokładnie wszystkie alternatywy, ale szybko wdrożyć decyzję

Decyzja nie może zostać podjęta, jeśli nie zostaną rozważone wszystkie możliwości. Nowi pracownicy i osoby z zewnątrz są zawsze zdumieni tym, jak skutecznie Toyota wykorzystuje ten szczegółowy, powolny, uciążliwy i pozornie czasochłonny proces decyzyjny. Ale w końcu przekonał wszystkich, którzy pracowali z nim dłużej. Dla Toyoty sposób podjęcia decyzji jest równie ważny jak jej jakość.[663]

---

[660] Zob. Becker [Phänomen Toyota 2006], s. 120.

[661] Zob. Becker [Phänomen Toyota 2006], s. 120.

[662] Zob. Liker [The Toyota Way 2004], s. 224.

[663] Zob. Liker [The Toyota Way 2004], s. 238.

Zasada 13. obejmuje również proces nemawashi. W procesie tym kilka zaangażowanych osób wyraża swoje opinie, a następnie osiągany jest konsensus.[664] Kiedy formalny wniosek jest przedkładany decydentom, rzeczywista decyzja została już podjęta. Nemawashi łączy w ten sposób budowanie emocjonalnego konsensusu z racjonalnym. Takie podejście jest stosowane codziennie w celu zebrania opinii, zaangażowania i zgody wewnętrznie i w różnych działach. Nie oznacza to, że z perspektywy wszystkich zainteresowanych stron zawsze wyłania się sytuacja korzystna dla obu stron, ale przynajmniej wszystkie obawy otrzymują odpowiednią uwagę.[665]

Zasada 14: Stań się prawdziwie uczącą się organizacją poprzez niestrudzoną refleksję (hansei) i ciągłe doskonalenie (kaizen).

Ważne jest, aby Toyota szybko rozwiązywała pojawiające się problemy. Im większa złożoność narzędzi do rozwiązywania problemów, tym dłużej trwa ich rozwiązywanie. "Jest to jeden z powodów, dla których projekty Six Sigma wykorzystują znacznie bardziej skomplikowane metody statystyczne niż projekty Kaizen. Pochyłość zwykle osiąga się za pomocą takich metod jak diagram Ichikawy (Sic!) (diagram przyczynowo-skutkowy, diagram rybiej ości) i 5-Why".[666] Cytat Yuichiego Okamoto, byłego wiceprezesa Centrum Technicznego Toyoty, ilustruje tę podsta-

---

[664] Zob. Kühnle [Lernen zu Lernen 2016], s. 250.

[665] Zob. Liker [The Toyota Way 2004], s. 240.

[666] Kühnle [Lernen zu Lernen 2016], S. 250.

wową postawę: "Mamy bardzo zaawansowaną technikę opracowywania nowych produktów. Nazywa się to pięciokrotnym. Pytamy dlaczego pięć razy."[667]
Toyota nie korzysta z rozbudowanego programu Six Sigma w celu osiągnięcia wysokiej jakości. Polegają one raczej na dyscyplinie, postawie i kulturze. Taiichi Ohno mówi, "...prawdziwe rozwiązywanie problemów wymaga zidentyfikowania głównej przyczyny, a nie źródła".[668] Ale jak dojdziesz do sedna problemu? Odpowiedź na to pytanie można znaleźć, kopiąc głębiej i pytając o przyczyny powstania problemu. Pięciokrotne pytanie o to, dlaczego działa, poprzez przyjęcie odpowiedzi po pierwszym dlaczego, a następnie pozwalając, aby po tym następowało kolejne dlaczego. W ten sposób Toyota rozwiązuje głębokie problemy bez stosowania skomplikowanych technik.[669]
Istotnym elementem TPS jest proces hanzeatycki, refleksja. W Toyocie, praca zespołowa nigdy nie zwalnia z osobistej odpowiedzialności. Osobista odpowiedzialność za błędy nie jest hańbą i w żaden sposób nie prowadzi do karania, lecz jest postrzegana jako okazja do nauki i rozwoju.[670] To jest centralny punkt hanzeatyckiego centrum. Samorefleksja jest częścią kultury japońskiej, gdzie przyznaje się się do błędów w celu ciągłego doskonalenia siebie. Ta podstawowa postawa stanowi podstawę hodowli Kaizen, aby wyeliminować błędy poprzez ciągłe doskonalenie.[671]

---

667 Zob. Liker [The Toyota Way 2004], s. 252.

668 Taiichi Ohno cytat z Liker [The Toyota Way 2004], s. 253.

669 Zob. Dickmann [Elements of Lean Production Systems 2009], s. 8 i s. 77.

670 Zob. Höfer [Lean Sales 2016], s. 205.

671 Zob. Liker [The Toyota Way 2004], s. 257.

4.5. Zintegrowane systemy produkcyjne

Jak pokazano w poprzednim rozdziale, siła konkurencyjna Toyoty nie opiera się na indywidualnych metodach, ale na skoordynowanym ogólnym systemie w postaci czterech P's według Likera. Naśladowanie systemu produkcyjnego opracowanego przez Toyotę przez zachodnie firmy przemysłowe przyniosło oczekiwany przełom tylko dzięki zrozumieniu wszystkich wymiarów i wynikającemu z tego zaprojektowaniu procesów z konsekwentnym nastawieniem na korzyści dla klienta.

Na tym tle w świecie niemieckojęzycznym ugruntowała się koncepcja Holistycznego Systemu Produkcyjnego (GPS), który stanowi specyficzną dla firmy formę systemu produkcyjnego z elementami Lean Management.[672] Stowarzyszenie Niemieckich Inżynierów (VDI) opracowało w tym celu własne wytyczne w VDI 2870. Poniższa definicja GPS zawiera następującą definicję: "GPS tworzy specyficzny dla firmy, metodyczny zestaw reguł dla ciągłego dopasowywania wszystkich procesów firmy do klienta. Aby osiągnąć cele wyznaczone przez kierownictwo. Zastosowanie poszczególnych metod i narzędzi w procesach biznesowych nie musi prowadzić do ogólnego optimum. Tylko ich integracja z GPS, która decyduje o wyborze i synchronizacji zasad, metod i narzędzi projektowania oraz jest zrozumiała, akceptowana i wdrażana przez wszystkich pracowników na wszystkich szczeblach firmy, prowadzi do trwałego sukcesu".[673]

Ponadto, VDI opisuje dalsze ogólne charakterystyki GPS:

- unikanie marnotrawstwa i ciągłe doskonalenie w celu zapewnienia zrównoważonej realizacji zysków, oraz

[672] Zob. Dombrowski/Mielke [Holistyczne Systemy Produkcji 2015], s. 19.

[673] VDI [VDI 2870 - Holistyczne systemy produkcji 2012], s. 2.

- zmiany kulturowe pracowników na wszystkich szczeblach w kierunku mentalności ciągłego doskonalenia.[674]

W procesie wdrażania, to nie liczba stosowanych metod i narzędzi jest decydująca dla sukcesu GPS, ale raczej zrozumienie wzajemnych zależności ("dostań to zamiast kopiowania"). Ponadto, Holistyczny System Produkcyjny nie ogranicza się do produkcji, ale dotyczy wszystkich podstawowych procesów, procesów zarządzania i procesów wsparcia.[675]

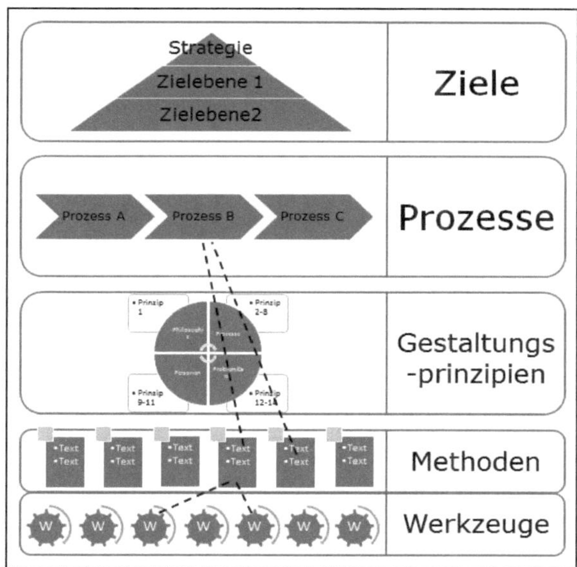

Rysunek 29: Struktura GPS[676]

[674] Por. VDI [VDI 2870 - Holistyczne systemy produkcji 2012], s. 2 f.

[675] Por. VDI [VDI 2870 - Holistyczne systemy produkcji 2012], s. 3.

[676] Źródło: Ilustracja na podstawie VDI [VDI 2870 - Holistyczne Systemy Produkcji 2012], s. 10.

Rysunek ilustruje połączenie i strukturę elementów GPS. Oprócz uwzględniania struktur, ważną rolę odgrywa procedura wdrażania BP. Dombrowski i Mielke proponują, aby najpierw zdefiniować cele, przy czym strategia i cele korporacyjne są najpierw wyprowadzane z wartości korporacyjnych (wizji i misji) poprzez kontrolowany proces.[677]
Zasada "Structure should follow Strategy" (Struktura powinna podążać za strategią), którą Chandler sformułował już w 1962 roku, powinna[678] zostać rozszerzona w tym kontekście na "Structure should follow Process should follow Strategy". Zlekceważenie tej zasady przewodniej poprzez niewyciąganie procesów z celów lub strategii i nieprzystosowanie struktury do procesów prowadzi zazwyczaj do dużego wysiłku koordynacyjnego i niejasnej odpowiedzialności na styku.[679] Poziom zasad projektowania według VDI 2870 jest porównywalny z 14

[677] Zob. Dombrowski/Mielke [Holistyczne Systemy Produkcji 2015], s. 28.
[678] Vgl. Chandler [Strategia i struktura 1962], S. 14.
[679] Zob. Dombrowski/Mielke [Holistyczne Systemy Produkcji 2015], s. 29.

zasadami według Likera, przy czym VDI skondensowało się do 8 zasad:

Rysunek 30: Zasady projektowania zgodnie z VDI 2870[680]

W celu operacjonalizacji osiągania celów w kontekście systemu produkcyjnego, metody i narzędzia służą w ramach struktury GPS oprócz procesów. Dombrowski/Mielke zaleca rozdzielenie terminów "metoda" i "narzędzie", chociaż są one ze sobą ściśle powiązane. "Więc jedno lub więcej narzędzi może być przypisane do danej metody. Dostosowanie do zasad projektowania zapewnia, że nie są one ze sobą sprzeczne".[681] Metody są opisane w VDI 2870 jako "pewne znormalizowane procedury, które są przypisane do zasady projektowania" [682] i są wykorzystywane do osiągnięcia określonych celów korporacyjnych. Narzędzie jest "znormalizowanym, fizycznie dostępnym środkiem" [683] (włącznie z oprogramowaniem), który jest niezbędny do stosowania lub implementacji metod. W [684] rozdziałach 5.1.35.1.9 szczegółowo omówiono podstawowe metody i narzędzia TPS, które mogą być wymagane w tym celu w trakcie ustalania parametrów modelu oceny.

W aktualnym podsumowaniu można wyciągnąć następujące wnioski: udowodniono, że rozumienie holistycznych systemów produkcji zgodnie z VDI 2870 odpowiada czterem wymiarom Liker (filozofia korporacyjna, orientacja na proces, integracja ludzi

680 Źródło: Dombrowski/Mielke [Holistyczne Systemy Produkcji 2015], s. 29.

681 Dombrowski/Mielke [Holistyczne Systemy Produkcji 2015], s. 30.

682 VDI [VDI 2870 - Holistyczne systemy produkcji 2012], s. 16 f.

683 VDI [VDI 2870 - Holistyczne systemy produkcji 2012], s. 17.

684 Zob. Dombrowski/Mielke [Holistyczne Systemy Produkcji 2015] s. 30.

i partnerów oraz ciągłe rozwiązywanie problemów) i związanym z nimi zasadom. Następnym krokiem jest wypracowanie wymagań dla systemów produkcyjnych, które mają z tego wynikać.

4.6. Wymagania dotyczące nowoczesnych modeli oceny systemów produkcyjnych

W celu określenia optymalnej pod względem ekonomicznym orientacji i, w konsekwencji, projektu systemu produkcji, konieczne jest, oprócz wyżej wymienionego całościowego spojrzenia, powiązanie ekonomicznie zorientowanych teorii produkcji z podejściami i modelami technologii produkcji. W tym celu konieczne jest powiązanie wpływu różnych aspektów, takich jak wielkość produkcji, zróżnicowanie produktów, jakość, aspekty logistyczne lub zdolność dostosowania systemu produkcji do efektywności ekonomicznej systemu produkcji[685]. W kolejnych rozdziałach omówiono zasadnicze wymagania z punktu widzenia koncepcji modelu w celu udostępnienia ich do kwantyfikacji za pomocą wartości lub parametrów referencyjnych po zdefiniowaniu przedmiotu badań w następnym rozdziale.

4.6.1. Zapotrzebowanie na całość

4.3 z TPS to, co oznacza zintegrowany system produkcji, a w rozdziale 4.5 dowiedzieliśmy się o tym na przykładzie wytycznej VDI 2870. Jednak zapotrzebowanie na holistyczne podejście w dyskusji nad teoriami produkcji w świecie niemieckojęzycznym

[685] Por. Arnoscht i in. [Development of Production Theory 2011] s. 38.

jest już na długo przed opublikowaną w 2012 roku wytyczną VDI. Spath 2003 stawia więc pytanie: co właściwie oznacza "holistyczny"? I odpowiada na pytanie: "Holistycznie ujmuje różne aspekty, które można opisać następującymi słowami kluczowymi:".[686]

- Kompleksowy,
- Bez przerwy,
- niezmącony i
- biorąc pod uwagę wszystkie aspekty.

Kompleksowe środki: wszystkie zadania produkcyjne są objęte i zaprojektowane są interfejsy do sąsiednich procesów w przedsiębiorstwie.[687]
Spójne środki: nie ma żadnych luk w tym procesie. Każdy etap procesu jest jasno określony przez zadania, obowiązki i cele.[688]
Bruchlos oznacza: nie ma przerw organizacyjnych. Odnosi się to zarówno do współpracy między działami, jak i do stosowanych systemów informatycznych.[689]
Uwzględnienie wszystkich aspektów oznacza: Łańcuch wartości składa się z ludzi, organizacji i technologii.
Na pierwszy rzut oka, opis całości według Spath'a pokazuje również zdumiewającą zgodność z wymiarami i zasadami Liker. Po bliższej analizie okazuje się, że Spath czerpie swój model

[686] Spath [O czym mówimy w 2003 r.], s. 14.
[687] Patrz Spath [O czym mówimy w 2003 r.], str. 14.
[688] Patrz Spath [O czym mówimy w 2003 r.], str. 14.
[689] Patrz Spath [O czym mówimy w 2003 r.], str. 14.

całości z trzech podejść (Lean Production, Taylorism, Innowacyjne Formy Pracy) i próbuje połączyć ich mocne strony. W[690] tym kontekście wskazuje jednak również na niekompatybilność tayloryzmu, innowacyjnych form pracy i odchudzonej produkcji, ponieważ realizują one różne zasady projektowania i w rezultacie często dążą do przeciwstawnych skrajności.[691]

Przy opracowywaniu modelu holistycznego ważne jest, aby w miarę możliwości wyeliminować te sprzeczności poprzez zaangażowanie wszystkich grup interesów i uwzględnienie ich potrzeb. W ten sposób systematycznie przeciwdziała się jednostronnemu skupianiu się na twardych czynnikach sukcesu, takich jak wartość dla akcjonariuszy.[692] Kolejnym wymogiem jest przeciwdziałanie myśleniu w kategoriach grupowych, co widać m.in. w rosnącej liczbie granic wydziałowych i wewnętrznych kluczowych danych wydziałowych. Mussnig opisuje tę tendencję, która wywodzi się z Tayloryzmu: "Konsekwencją tej dekompozycji procesów pracy jest powstawanie autonomicznych podobszarów, które można wyróżnić za pomocą konkretnych celów, specjalistycznego języka, ale także za pomocą ich obrazu i wizerunku. Wynikający z tego brak komunikacji i coraz bardziej specyficzny dla danego wydziału brak zrozumienia dla innych coraz częściej przejawia się w egoizmach wydziałowych, które utrudniają lub wręcz uniemożliwiają osiągnięcie synergii i tym samym ogólną optymalizację.[693] "Jeśli te niedociągnięcia nie zostaną przezwyciężone, trudniej będzie określić, zmierzyć

[690] Patrz Spath [O czym mówimy w 2003 r.], str. 43.

[691] Por. Spath [O czym mówimy w 2003 r.], str. 43 f.

[692] Patrz Spath [O czym mówimy w 2003 r.], str. 14.

[693] Mussnig [Dynamic Target Costing 2001], s. 164.

i kontrolować ogólne optimum. "Osiągnięcie optymalnych kluczowych danych w jednym obszarze w coraz większym stopniu oznacza, że kluczowe dane w innych obszarach stają się znacznie gorsze". Ogólny wynik pogarsza się pomimo działalności. Korelacja środków i skutków jest również utrudniona przez większy podział kompetencji. Przyczyną tego jest wyższy stopień specjalizacji, opóźnienie czasowe (między przyczyną a skutkiem) oraz fakt, że ogólne powiązania nie są już przejrzyste dla standardowych podejść do kontroli.[694] Arnoscht i in. również obserwują takie ograniczenia w produkcji: "Po dokonaniu inwestycji rzadko są one kwestionowane, tak więc same procesy logistyczne stanowią pole do popisu. Z tego powodu zazwyczaj tworzone są rozwiązania nieoptymalne, które w przypadku rozszerzenia zakresu (np. na projektowanie produktów i technologie lub procesy produkcyjne) prowadziłyby do znacznie większych usprawnień. Powodem tego jest również brak możliwości kompleksowej oceny rozważanych relacji.[695] "Ten brak możliwości oceny jest wzmocniony przez fakt, że doświadczenie zaangażowanych pracowników ma zbyt dużą wartość. Arnoscht et al. wzywają zatem do tego, aby decyzje w coraz większym stopniu opierały się na porównaniach liczbowych, w których przedstawiane są różne scenariusze. Powodem tego jest brak holistycznego podejścia: "Tak więc, jakościowe wartości docelowe znów odgrywają główną rolę. Na przykład, nie można udzielić generalnie prawidłowej odpowiedzi na pytanie, czy kompletna obróbka jest lepsza niż łańcuch procesów poziomowania składający się z kilku maszyn. Ponadto

---

[694] Dickmann [Elements of Lean Production Systems 2009], s. 3 f.

[695] Arnoscht i in. [Development of Production Theory 2011], s. 40.

istniejące modele o charakterze technicznym zazwyczaj opisują jedynie przypadki szczególne, tak więc i w tym przypadku nie jest spełniony wymóg ogólnej ważności ... "[696]

Oprócz problemów już omówionych, często brak jest zrozumienia interakcji w produkcji.[697] Ta słabość znajduje odzwierciedlenie w istniejących teoriach produkcji, a wynika z wysokiego stopnia zagregowania, jaki wykazują w opisie procesów produkcyjnych[698]. Arnoscht i in. konkludują z tego: "Rzeczywistość może być zatem przedstawiana tylko w sposób niedokładny i znacznie uproszczony. Tak więc, wymagania stawiane teorii produkcji od strony przedsiębiorstwa to możliwość całkowicie deterministycznego opisania interakcji w produkcji, tak aby można było określić optymalny punkt operacyjny w danych warunkach brzegowych. W tym celu należy przede wszystkim odpowiednio dokładnie przedstawić istotne elementy, które mają wpływ na produkcję, oraz zapewnić im funkcjonalne korelacje".[699]

Tymczasem zauważalne tendencje z punktu widzenia przemysłu 4.0 wymagają również jednolitych zasad organizacji i kontroli zorientowanej na proces, z których mają powstać uporządkowane i ukierunkowane przepływy wartości, które są niezbędnym warunkiem efektywnego i zorientowanego na cel wykorzystania technologii. Deuse i inni widzą w tym kontekście: "...kompleksową standaryzację mającą na celu ujednolicenie procesów i struktur wzdłuż łańcucha wartości [jako] podstawę

[696] Arnoscht et al [Development of Production Theory 2011], s. 41.

[697] Por. Arnoscht i in. [Development of Production Theory 2011], s. 41.

[698] Por. Arnoscht i in. [Development of Production Theory 2011], s. 41.

[699] Arnoscht i in. [Development of Production Theory 2011], s. 42.

inteligentnej autonomii poprzez CPS i zdecentralizowaną samoorganizację produkcji. Tylko wdrożenie zdefiniowanych, solidnych procesów, interfejsów i procedur o sterowalnej i możliwej do zaplanowania zmienności stwarza niezbędną przejrzystość w złożonych strukturach produkcyjnych. Dla realizacji procesów autonomicznych warunkiem wstępnym jest zdefiniowanie jednoznacznych, prawidłowych rozwiązań i procesów odniesienia jako zasad kontroli procesów monitorowania. "[700]

Kagermann postrzega Smart Factory jako ważny element Industry 4.0. W swojej definicji przenosi holistyczne podejście w zakresie kompleksowej komunikacji na kolejny poziom: "Inteligentna fabryka opanowała złożoność, jest mniej podatna na błędy i zwiększa wydajność produkcji. W Inteligentnej Fabryce ludzie, maszyny i zasoby komunikują się tak samo naturalnie jak w sieci społecznościowej. Inteligentne produkty posiadają wiedzę na temat procesu ich wytwarzania i przyszłego wykorzystania. Aktywnie wspierają proces produkcyjny ("kiedy zostałem wyprodukowany, z jakimi parametrami muszę być przetworzony, gdzie mam być dostarczony itp.) Dzięki swoim interfejsom do inteligentnej mobilności, inteligentnej logistyki i inteligentnej sieci energetycznej, inteligentna fabryka jest ważnym składnikiem przyszłej inteligentnej infrastruktury. Pozwoli to na zmianę tradycyjnych łańcuchów wartości i stworzenie nowych modeli biznesowych. Przemysł 4.0 nie powinien być zatem postrzegany w kategoriach "odizolowanych", lecz jako jeden z kilku obszarów potrzeb. Projektowanie przemysłu 4.0 powinno

[700] Deuse et al. [Systemy produkcyjne w kontekście przemysłu 4.0 2015], s. 103.

zatem mieć charakter interdyscyplinarny i być ściśle powiązane z innymi potrzebnymi obszarami. "[701]

Model oceny, który ma zostać opracowany, będzie musiał być mierzony nie tylko w odniesieniu do sformułowanych tu całościowych wymagań, takich jak kompleksowość, spójność, płynność i uwzględnienie wszystkich aspektów. Jako miernik wykorzystywana jest raczej możliwość pełnego opisania oddziaływań w kontekście rozpatrywanego obiektu (smukłe, elastyczne komórki produkcyjne), tak aby można było określić optymalny punkt pracy w danych warunkach brzegowych. Tę ocenę końcową przeprowadza się w rozdziale6.1 analiz zależności, a w rozdziale 6.2 poprzez tworzenie wiązek projekcyjnych w ramach techniki scenariuszowej.

4.6.2. Zapotrzebowanie na elastyczność

Jak pokazano w rozdziale 2.6, czynniki wpływające na trendy środowiskowe będą dodatkowo zwiększać dynamikę rynku dla przedsiębiorstw produkcyjnych. Doppler i Lauterburg formułują dwa główne kierunki strategiczne dla tak burzliwego środowiska z wysokim ryzykiem:

- Po pierwsze: mobilność i zdolność do adaptacji. Zamiast planować to, co nieprzewidywalne, firma musi skoncentrować wszystkie swoje wysiłki na możliwości szybkiego reagowania na nowe warunki rynkowe.

[701] Kagermann et al. [Zalecenia dotyczące wdrażania w przemyśle 4.0 2013], s. 23

- Po drugie: Powrót do podstawowych kompetencji. W czym jesteśmy szczególnie dobrzy? Gdzie jesteśmy lepsi od naszych konkurentów?[702]

W każdym razie, skupienie się na podstawowych kompetencjach powinno być brane pod uwagę w pakiecie decyzji strategicznych, które razem tworzą ogólną strategię produkcji (por. rozdział 4.2). Niniejszy rozdział koncentruje się na zapotrzebowaniu na mobilność i zdolności adaptacyjne. W związku z tym przedsiębiorstwa powinny być w stanie szybko i w sposób ukierunkowany reagować na aktualne warunki środowiskowe, np. wahania popytu. Równie ważne jest proaktywne przygotowanie się do zmian, tj. zanim one nastąpią. Przykładami rozpoznawalnych zmian wynikających z omawianych już megatrendów są na przykład oczekiwane zmiany demograficzne, obawiający się niedoboru wykwalifikowanych pracowników lub nowe, zindywidualizowane potrzeby klientów. Aby odnieść długoterminowy sukces na rynku w tym dynamicznym środowisku, przedsiębiorstwa muszą opracować strategie adaptacyjne.[703]

Zdolność do opracowywania strategii adaptacyjnych z większym powodzeniem niż inne może prowadzić do uzyskania przewagi konkurencyjnej i tym samym stać się znaczącą siłą napędową dla przedsiębiorstw zorientowanych na technologię. Wynikające z tego efekty mogą wpływać na poziom planowania strategicznego, rozwój innowacyjnych produktów oraz wdrażanie nowych technologii i systemów produkcyjnych[704]. Z tego powodu często pojawiają się najbardziej zróżnicowane,

---

[702] Zob. Doppler/Lauterburg [Change Management 2008], s. 55.

[703] Por. Transmission/galais [Unternehmensflexibility 2014], s. 2.

[704] Por. Arnoscht i in. [Development of Production Theory 2011], s. 60.

związane z firmą, definicje elastyczności, w zależności od konkretnej sytuacji lub problemu związanego z ich zastosowaniem. Według Kaluzy, dyskusja nad pojęciem elastyczności w kontekście specyficznym dla przedsiębiorstwa charakteryzuje się już od pewnego czasu: "niespójna terminologia i brak ogólnie przyjętej i akceptowanej koncepcji elastyczności". W związku z tym [705] konieczne wydaje się opracowanie definicji terminu "elastyczność" w kontekście niniejszego dokumentu. Z najniższego wspólnego mianownika różnych definicji występujących w literaturze, Sende i Galais sformułowali formułę, która jest następująca w niniejszej pracy: "... (pod pojęciem elastyczności biznesowej; uwaga redaktora) zdolność adaptacji organizacji do zmieniających się warunków wewnętrznych lub zewnętrznych należy rozumieć zarówno jako reakcję na obecną potrzebę adaptacji, jak i w przewidywaniu ewentualnych przyszłych wymagań.[706] Definicja ta zamyka zewnętrzny krąg w holistycznym rozumieniu i interpretacji strategii korporacyjnej. W związku z tym przedsiębiorstwa uważa się za wysoce elastyczne, jeżeli posiadają wysoki stopień elastyczności wewnętrznej i zewnętrznej, a także reaktywnej i proaktywnej. Pozostaje to na razie otwarte, niezależnie od tego, czy dotyczy to konkretnie klientów, dostawców czy pracowników.[707] Ponieważ konkretny temat pracy jest skoncentrowany na obszarze funkcjonalnym przedsiębiorstwa - produkcji - definicja elastyczności musi być dodatkowo ograniczona lub określona do bezpośredniego kontekstu. Jeśli chodzi o koncepcję modelu

---

[705] Kaluza [Elastyczność operacyjna 1993], s. 1174.

[706] Broadcast/Galais [Corporate Flexibility 2014], s. 8.

[707] Por. Garrel i in. [Elastyczność produkcji w 2014 r.], s. 85.

oceny szczupłych, elastycznych komórek produkcyjnych, definicja Garrela i Tackenberga wydaje się być najbardziej trafna, która charakteryzuje elastyczny system produkcji poprzez: "...umożliwienie produkcji zorientowanej na klienta, bez zapasów, gdzie ilość wymagana w danym momencie jest zorganizowana i wyprodukowana (elastyczność dostaw). Ogólnie rzecz biorąc, możliwa jest produkcja z wieloma wariantami (elastyczność produktu lub wariantu), co gwarantuje wysoką jakość poszczególnych produktów, a tym samym bezbłędną produkcję (jakość produktu) przy zachowaniu efektywnego stosunku kosztów do korzyści (koszty produktu).[708] Wybierając tę definicję, wewnętrzny krąg do holistycznych systemów produkcji zostaje obecnie zamknięty na poziomie zasad i metod projektowania, które zostaną jeszcze bardziej pogłębione w rozdziale 5 Podsumujmy krótko w tym miejscu: "Rosnąca różnorodność wariantów i większa złożoność produktów, jak również krótszy czas życia produktów i wymagania dotyczące krótszych terminów dostaw stawiają kryterium "elastyczności" w centrum procesów decyzyjnych obok klasycznych celów "wydajność - rentowność - zwrot z inwestycji".[709] "Kluczowym słowem, które w literaturze zyskuje w tym kontekście na znaczeniu inflacyjnym, ale które zostało jasno określone w odniesieniu do kontekstu tej pracy, jest elastyczność. Ponadto można stwierdzić, że w związku z rosnącą orientacją na interesy klientów, zwiększa się różnorodność produktów i wariantów, co powoduje, że strategia

---

[708] Garrel/Tackenberg [Elastyczność MŚP 2012], cytat z Garrel et al. [Elastyczność produkcji 2014], s. 88.

[709] Eversheim/Lösch [Techniczne planowanie inwestycji 2006], s. 630.

produkcji zorientowana wyłącznie na ilość staje się przestarzała.[710]

Jak pokazano w rozdziale 4.3, Japończycy znaleźli rozwiązania tych wyzwań i opracowali udane strategie produkcji, które przejawiły się przede wszystkim w systemie produkcji Toyoty. Kraje zachodnie musiały i muszą stawić czoła tej konkurencji i wypróbować nowe formy produkcji, które są bardziej ekonomiczne i elastyczne niż stare.[711] Zasady elastycznej, zindywidualizowanej produkcji można rozumieć jako podejście do projektowania i rozmieszczenia wszystkich elementów systemu produkcyjnego, które pozwala na dużą zmienność i dynamikę programu produkcji przy zachowaniu kosztów produkcji porównywalnych z produkcją masową. Aby móc zrealizować to zapotrzebowanie na przybliżoną neutralność kosztową, konieczna jest szeroko zakrojona standaryzacja produktów, a także solidność systemu produkcyjnego pod względem stosowanych technologii produkcyjnych, procesów i struktur zasobów.[712]

Zgodnie z tym, celem lean, elastycznej produkcji jest wytwarzanie nadających się do sprzedaży, wysokiej jakości produktów w sposób zorientowany na klienta, przy jak najmniejszym wysiłku technicznym i organizacyjnym oraz przy jak najmniejszej liczbie pracowników.[713] Dickmann widzi w logicznej i fizycznej konka-

---

[710] Por. Sekine et al. [Produkować bez odpadów 1995], s. 19.

[711] Por. Sekine et al. [Produkować bez odpadów 1995], s. 14.

[712] Por. Arnoscht i in. [Development of Production Theory 2011], s. 58 f.

[713] Por. Sekine et al. [Produkować bez odpadów 1995], s. 14.

tenacji tworzenia wartości, tj. poprzez eliminację podziału funkcjonalnego, podejście do zmniejszenia złożoności, a co za tym idzie, zmniejszenia wysiłku techniczno-organizacyjnego.[714] Logiczną konsekwencją tych rozważań musi być uwzględnienie ich w rozważaniach i decyzjach inwestycyjnych, przy czym należy przesunąć punkt ciężkości z rozpatrywania poszczególnych obiektów (np. obrabiarek) na kompletne systemy produkcyjne składające się z połączonych obrabiarek, urządzeń transportowych i manipulacyjnych, magazynów narzędzi i przedmiotów obrabianych, a także systemów komputerowych, kontrolnych, regulacyjnych i monitorujących (w związku z przemysłem 4.0 również czujników, techniki pomiarowej i testowej). "Wiąże się to z [715]rosnącą potrzebą dostosowania lub rekonfiguracji systemów produkcyjnych.[716] Wymagania stawiane systemom produkcyjnym reprezentowanym w kontekście elastyczności mają być realizowane w opracowywanym modelu oceny, tzn. mają być przedstawiane za pomocą parametrów i ich interakcji, a następnie podlegać ocenie za pomocą analiz zależności. To jest główna treść rozdziałów 5 i 6.

4.6.3. Zapotrzebowanie na dynamizację

Jak już pokazano w poprzednich rozdziałach, ze względu na dynamikę, zmiany i zawirowania, przedsiębiorstwa stają dziś wielokrotnie przed wyzwaniami, których nie można przewidzieć w planowaniu. Niepewność znacznie utrudnia długoterminową

---

[714] Zob. Dickmann [Elements of Lean Production Systems 2009], s. 26. f.

[715] Zob. Eversheim/Lösch [Techniczne planowanie inwestycji 2006], s. 630.

[716] Arnoscht et al [Development of Production Theory 2011], s. 60.

koncepcję strategiczną. Uniemożliwia to wiarygodne prognozy i zrzuca planowanie z kursu. Chance zastępuje planowanie błędem.[717]

Oparte [718]na teorii równowagi żądanie, aby agenci firmy opracowywali strategie maksymalizacji, nie jest po prostu możliwe w realnym świecie. Rzeczywistość jest zbyt złożona. Ilustruje to uproszczony przykład szachów:

- agenci (gracze) posiadają pełne informacje o zasadach gry
- pozycje kawałków w grze są całkowicie przejrzyste i znane oraz
- Niemniej jednak najlepszą strategię można obliczyć tylko dla kilku 6-cyfrowych konstelacji (nawet z najpotężniejszymi komputerami!).

  Jednak gra w szachy składa się z 32 sztuk na początku gry.[719]

Z powodu tych powiązań, nawet szachowe babcie robią to, co uważają za "rozsądny" ruch, który przynajmniej pozwala uniknąć bezpośredniej straty.[720]

---

[717] Zob. Spath [Revolution through Evolution 2003], s. 27.

[718] Neoklasyczna teoria równowagi odzwierciedla rzeczywistość w bardzo uproszczony sposób, co znajduje odzwierciedlenie w założeniu, że rynek jest doskonały. Na tych rynkach handluje się tylko towarami jednorodnymi i zamiennymi (łatwo wymienialnymi). Zakładając pełną konkurencję, rynki znajdują się w równowadze między podażą a popytem. Z tego wynika, że cena rynkowa towarów odpowiada kosztom krańcowym i średnim. Por. Möckel [Existenzgründungen 2005] s. 9 i cytowana tam literatura.

[719] Patrz Ormerod [Why Most Things Fail 2005] str. 116.

[720] Patrz Ormerod [Why Most Things Fail 2005] str. 116.

Ogromne trudności w dążeniu do maksymalizacji strategii wynikają nie tylko z ilości informacji i wiedzy[721], które firmy musiałyby posiadać, aby móc z nich czerpać swoje krzywe popytu i kosztów. Zdecydowana większość[722] teorii ekonomicznych nie zaczęła nawet zajmować się o wiele bardziej interesującym i powszechnym problemem, w którym agenci nie tylko nie posiadają kompletnych informacji, ale dzięki swoim zdolnościom poznawczym nie byli w stanie przekształcić ich nawet w "najlepszą strategię".[723]

Nawet w ramach planowanego horyzontu projektowego, statyczne koncepcje ograniczają agentów lub kierownictwo firm. "Takie koncepcje przyszłości blokują wgląd w to, że rzeczywistość jest czymś więcej niż wielorakimi nowymi zestawieniami danych obecnych brył (komponentów) i sprawiają, że zapominamy, iż przyszłość pozwala na prawdziwe nowe kreacje.[724] W odpowiedzi na filozoficznie sformułowany przez Dürr'a apel o "nową kreację" Westkämper i Löffler wskazują na możliwość poszerzenia zasięgu działania: "Tylko takie poszerzenie systemu produkcji umożliwia włączenie działań strategicznych, koncepcyjnych i strukturalnych do wariantów działania oraz osiągnięcie wysokiej wydajności i zdolności adaptacyjnych lub odporności. Dlatego też system produkcji musi być rozbudowywany

[721] Por. Nelson/Rosenberg [Wzrost gospodarczy 1999], s. 51; Nelson i Rosenberg odnoszą się w szczególności do niepewności związanej z wykorzystaniem technologii. Jednakże ustalenia te można również zastosować do opisanego tu kontekstu.

[722] Patrz Ormerod [Why Most Things Fail 2005] str. 23.

[723] Patrz Ormerod [Why Most Things Fail 2005] str. 56 i 68.

[724] Por. Dürr [The future is a path not trodden 1995] s. 115.

w taki sposób, aby można było kontrolować efekty dynamicznych czynników wpływających i wykorzystywać je do zwiększania wydajności".[725]

Ta opcja działania zakłada istnienie modeli obliczeniowych niezbędnych do oceny, przy czym również w tym przypadku należy wziąć pod uwagę dynamikę, ponieważ zmienne obliczeniowe podlegają wahaniom w czasie. "W przypadku zmiany asortymentu produktów, na przykład, obliczenia statyczne zwykle nie są wystarczające i należy przeprowadzić symulacje. Jest to jednak ogólny problem, który do tej pory był rozwiązywany poprzez stosowanie średnich wartości. W zależności od pożądanego rezultatu, może to być wystarczająco precyzyjne podejście, ale w wielu przypadkach takie podejście nie jest wystarczające".[726]

Na tej podstawie można sformułować wymóg opracowania modelu oceny, aby stworzyć możliwość wyraźnego uwzględnienia skutków zmian danych na przestrzeni czasu poprzez okresowość okresu planowania oraz umożliwić późniejszą ocenę tych zmian. W[727] tym kontekście Mussnig ponownie zwraca uwagę, że chociaż ciągłe przepływy płatności mogą

[725] Westkämper/Löffler [Strategie produkcji w roku 2016], S. 58.

[726] Arnoscht i in. [Development of Production Theory 2011], s. 41 f.

[727] Por. Mussnig [Dynamisches Target Costing 2001], s. 130, Mussnig twierdzi: "Bez odniesienia czasowego, tj. bez podstawowej definicji punktu w czasie lub okresu, informacje dotyczące planowania, zarządzania i kontroli tracą swoje znaczenie, a tym samym ostatecznie swój cel. Zrozumiałe jest, że z tych rozważań wynika, iż okresowość nie wyklucza dynamizacji koncepcji. W przeciwnym razie należałoby zaprzeczyć dynamicznemu charakterowi dynamicznej metody obliczania inwestycji lub dynamicznej kalkulacji kosztów krańcowych według Kilgera, ponieważ pojęcia te zawsze odnoszą się do okresu czasu, czyli okresu.

mieć znaczenie w teorii inwestycji, nie są one wykonalne w rzeczywistości biznesowej[728]. Opisał podejście wielookresowe, jak również uwzględnienie długoterminowych efektywnych zmiennych wpływających na koszty jako wyróżniające się cechy dynamiki księgowania kosztów.[729] Jest to kolejne potwierdzenie obliczenia inwestycji opartego na wartości, opracowanego w rozdziale 3.10 którym twierdzenie dotyczące luki może być stosowane do zmiennych wejściowych rachunkowości kosztów, co czyni je dostępnymi dla obliczenia inwestycji.

Jeśli chce się określić sukces produktu lub - jak w kontekście pracy - inwestycji, planowanie musi być długofalowe, tzn. dotyczyć całego cyklu życia.[730] Ta druga forma dynamiki pojęć ma na celu jednoczesne uwzględnienie konkretnych informacji z kilku kolejnych okresów. W ujęciu całościowym otrzymuje się wymierny cykl życia planowanego obiektu. [731] Jeżeli zatem rozumie się cykl życia jako możliwość spojrzenia w czasie na istotne informacje dotyczące zmian w czasie, wówczas Männel widzi między innymi istotny aspekt dla dynamiki realizowanych koncepcji.[732]

Przykładem zastosowania modelu oceny niniejszego badania dla takiego widoku zmian w czasie jest uwzględnienie doświ-

---

[728] Zob. Mussnig [Dynamisches Target Costing 2001], s. 130.

[729] Zob. Zehbold [Life Cycle Costing 1996], s. 11.

[730] Zob. Backhaus/Funke [Fixed Cost Management 1997], s. 35.

[731] Zob. Mussnig [Dynamisches Target Costing 2001], s. 130.

[732] Por. Männel [Moderne Konzepte für Kostenrechnung 1993], s. 74.

adczenia i wiedzy w widoku międzyokresowym w celu włączenia dynamicznych zmian kosztów i cen do metodologii obliczania.[733]

Dynamiczne efekty w sensie wartości pieniądza w czasie zostały już szczegółowo omówione w rozdziale 3.9, a także zintegrowane za pomocą metody kalkulacji inwestycji opracowanej w rozdziale 3.10 poprzez dyskontowanie okresowych wartości EVA. Z tego powodu nie podajemy tu żadnych dalszych wyjaśnień.

W rozdziale 6 omówiono coraz częściej pojawiające się w literaturze zapotrzebowanie na analizy wrażliwości, modele symulacyjne i scenariusze alternatywne w połączeniu z dynamicznymi metodami obliczania inwestycji.[734]

4.6.4. Zapotrzebowanie na integrację

W naukach ekonomicznych dokładność i ostrość wypowiedzi ma szczególnie wysoki priorytet. "Pomija to jednak fakt, że ze względu na złożoną strukturę naszej rzeczywistości, jednoznaczność, precyzję i ostrość można osiągnąć jedynie poprzez odizolowanie wybranych faktów od odpowiedniego środowiska.[735] "Na przykładzie szachów i faktu, że optymalna strategia może być obliczona maksymalnie z 6 sztuk, złożoność naszego środowiska została zilustrowana w rozdziale 4.6.3 abstrakcyjny, a więc żywy. Izolacja prowadzi jednak nieuchronnie do uniezależnienia się od naszego środowiska sieciowego, w

[733] Por. Ewert/Wagenhofer [sprawozdanie finansowe spółki wewnętrznej 1997], s. 317.

[734] Zob. Mussnig [Dynamisches Target Costing 2001], s. 141.

[735] Zob. Mussnig [Dynamisches Target Costing 2001], s. 136.

którym stopniowe usuwanie z kontekstu niszczy lub przynajmniej zmniejsza możliwość odpowiedniej oceny.[736] "Dokładność jest więc zazwyczaj kupowana za cenę zmniejszenia zdolności do oceny, a więc także jej znaczenia.[737] Ponieważ celem tej pracy jest dostosowanie modelu oceny do praktyki i tym samym zastosowanie go w praktyce, ważne jest, aby przeciwdziałać izolacji i oddzieleniu poprzez ukierunkowanie na integrację.

Horváth oparł swoje podstawowe żądanie integracji na niwelowaniu rozbieżności między teorią a praktyką.[738] Aby umożliwić to powiązanie teorii i praktyki, należy połączyć ze sobą różne formy modeli. "Z jednej strony, istnieją pewne modele fizyczno-analityczne, które mają dużą ogólną ważność, ale zazwyczaj nie są wystarczające do stworzenia kompletnego modelu rozpatrywanego systemu produkcyjnego. Zamiast tego wiele dzisiejszych decyzji opiera się na wiedzy empirycznej i wynikających z niej modelach empirycznych, które często mają bardzo ograniczony zakres ważności. Zachowanie lub wynik procesu jest więc często a priori tylko mgliście przewidywalny...[739]" Odpowiednio, zarówno odpowiednie zmienne modelu, jak i ich wzajemne powiązania są wymagane dla modelu ogólnego. Musi zatem istnieć możliwość oceny możliwości zastosowania takich modeli teoretycznych i zorientowanych na zastosowanie w kontekście możliwości ich przenoszenia.[740] Wdrożenie tego wymagania jest przedstawione w rozdziałach 5.1 i 5.2 z jednej

[736] Zob. Mussnig [Dynamisches Target Costing 2001], s. 136.

[737] Dürr [The future is an untrodden path 1995], s. 98.

[738] Zob. Horváth [Controlling 1998], s. 76.

[739] Arnoscht et al [Development of Production Theory 2011], s. 43.

[740] Por. Arnoscht i in. [Development of Production Theory 2011], s. 43.

strony poprzez wyprowadzenie zmiennych modelu jako parametrów wejściowych i wyjaśnienie ich interakcji w blokach konstrukcyjnych i funkcjonalnościach modelu.

Proces integracji w sensie realizacji w przedsiębiorstwach można rozumieć w najszerszym znaczeniu jako skoordynowane wprowadzanie części do nadrzędnej całości. Nie jest to jednak proces jednorazowy, ale raczej integracja musi odbywać się w sposób ciągły, ponieważ nawet po zakończeniu jednorazowej klasyfikacji nie udało się w żadnym wypadku osiągnąć pełnej i trwałej całości.[741] Wilber opiera fundamentalną zasadę ewolucji na tym, że odbywa się ona poprzez ciągłe różnicowanie i późniejszą integrację[742]. Droga do fazy integracji albo zaczyna się od refleksji nad dotychczasową strategią i kulturą,[743] albo jest wywoływana przez zewnętrzne czynniki zmian. Czynniki napędzające zmiany wynikają z czynników wpływających na megatrendy i stanowią ciągłe wyzwania, które zostały tu ponownie streszczone w kilku kluczowych aspektach:

- zmienne obciążenia pracą, stale zmieniające się kompozycje zamówień,
- zmniejszenie ilości produkcji przy jednoczesnym zwiększeniu ilości wariantów,
- wzrost złożoności produktów i produkcji oraz
- krótkie rampy dla nowych produktów.[744]

[741] Zob. Mussnig [Dynamisches Target Costing 2001], s. 125.

[742] Patrz rozdział 9.4 w załączniku i patrz Wilber [Kosmos 2007], str. 170 i nast.

[743] Por. Glasl [Corporate Development 2004], s. 132.

[744] Westkämper/Löffler [Strategie produkcji w roku 2016], S. 55.

Szkło dostrzega ogólne deficyty w fazie integracyjnej, ponieważ chociaż w fazie integracyjnej dąży się do wewnętrznej całości wraz ze wszystkimi towarzyszącymi jej zasadniczymi ulepszeniami, ma ona pewne ograniczenia w porównaniu z fazą różnicowania, które można przezwyciężyć jedynie poprzez konsekwentny dalszy rozwój.[745] Jako przykład tak konsekwentnego dalszego rozwoju, koncepcja, którą poznaliśmy w rozdziale 4.3 jako System Produkcyjny Toyoty, została stworzona w Japonii w niezliczonych, małych, połączonych krokach i jest uważana za pioniera holistycznych systemów produkcji.

Następnie aspekty integracyjne są omawiane na trzech różnych poziomach. Najpierw w zakresie rozwoju strategii i celów, a następnie na poziomie zasad projektowania z ostatecznym uwzględnieniem znaczenia dla procesów produkcyjnych. Odzwierciedla to strukturę holistycznych systemów produkcji zgodnie z VDI 2870 (patrz rozdział 4.5).

4.6.4.1. Aspekty integracyjne na poziomie strategii i ustalania celów

Centralnym punktem integracji na poziomie strategii i ustalania celów jest postulat, który Kötter sformułował w następujący sposób: "Aby "zaaranżować" GPS, konieczne jest ukierunkowanie na ogólne optimum i odpowiadającą mu, transdyscyplinarną kompetencję projektowania w kręgu zarządzania".[746] Wymaga

[745] Zob. Glasl [Corporate Development 2004], s. 134 f.

[746] Kötter [Podejście z punktu widzenia GPS 2016], S. 122.

to w sposób dorozumiany poglądu wykraczającego poza horyzont jurysdykcyjny, który idzie w parze z wielofunkcyjnym postrzeganiem wzajemnych zależności, ukierunkowanym na pionową i poziomą integrację poszczególnych elementów systemu GPS.[747]
W tym kontekście Westkämper i Löffler postulują: "Patrzące w przyszłość planowanie strategiczne i systematyczne podejście mogą zmniejszyć nieefektywność i nieoptymizm. [748] Jeśli połączyć popyt Köttera z postulatami Westkämpera i Löfflera, to istnieje potrzeba synchronizacji i długoterminowej, ukierunkowanej kontroli procesów zmian, która jest istotną dźwignią dla zrównoważonego rozwoju systemów produkcyjnych. Biorąc pod uwagę[749] czynniki wpływające na system produkcyjny i czynniki zmian wpływające na ten system w sekcji 0 pilna potrzeba "stosowania strategicznie ukierunkowanych podejść w celu całościowego rozwoju systemu produkcyjnego w przyszłości, aby móc sprostać czynnikom konkurencyjnym i realizować cel zrównoważonego rozwoju".[750]

Czynniki konkurencyjne wymagają zarówno wysokiej wydajności, jak i szybkości i staną się paradygmatem w systemach produkcyjnych przyszłości. "Wysoka wydajność" odnosi się do technicznych, organizacyjnych i metodycznych procesów systemu produkcyjnego, który poprzez innowacje w produkcie i procesach produkcyjnych stale osiąga nowe poziomy wydajności.

[747] Por. Kötter [Podejście z perspektywy GPS 2016], s. 122.
[748] Westkämper/Löffler [Strategie produkcji w roku 2016], S. 110.
[749] Por. Westkämper/Löffler [Strategie produkcji na rok 2016], s. 104.
[750] Westkämper/Löffler [Strategie produkcji na rok 2016], S. 104.

Istotną dźwignią jest integracja wiedzy z inżynierią i kontrolą produkcji.[751]

Oprócz wymagań integracyjnych dotyczących interdyscyplinarnych kompetencji przywódczych i ich skuteczności poprzez profesjonalne zarządzanie procesami zmian, perspektywa integracji musi również koncentrować się na wymiarze docelowym. Przecież celem firmy nie jest posiadanie szczególnie niskich kosztów, ale raczej osiągnięcie odpowiedniego sukcesu lub rentowności w tym dynamicznym środowisku. Na ten sukces znaczący wpływ ma strona dochodowa. Wynikająca z tego konieczność włączenia przychodów do koncepcji skutkuje przejściem od zarządzania kosztami do zarządzania sukcesem.[752] W rozdziale 3.10 opracowano w tym celu metodę, która nie opiera się na zmiennych wejściowych przychodów i kosztów, lecz poprzez wskaźnik EVA umożliwia ciągły proces zarządzania, od planowania do kontroli i oceny decyzji inwestycyjnych.

W ten sposób kalkulacja inwestycyjna jest również zintegrowana z procesem zarządzania, wypełniając tym samym kolejną lukę w praktyce biznesowej. To właśnie bowiem wzajemne powiązania wszystkich inwestycji przedsiębiorców często powodują problemy z przypisywaniem zadań, a tym samym wiążą się z ryzykiem osłabienia zarządzania sukcesem.[753]

[751] Westkämper/Löffler [Strategie produkcji na rok 2016], S. 104 f.

[752] Zob. Mussnig [Dynamisches Target Costing 2001], s. 127.

[753] Zob. Männel [Investitionscontrolling 2005], s. 23.

4.6.4.2. Aspekty integracyjne na poziomie zasad projektowania

Integracja na poziomie zasad projektowania może być rozumiana jako próba "włączenia jak największej liczby różnorodnych obiektów i perspektyw projektowania w zakres działania rozszerzonego o synergię". W[754] związku z tym zasady projektowania służą objęciu obszaru tematycznego, który służy realizacji powiązanych celów korporacyjnych. W wielu firmach te zasady projektowania są opisane różnymi terminami, które jednak mają tylko nieznacznie różne znaczenia, gdy przyjrzymy się im bliżej[755]. W tym względzie wydaje się sensowne utrzymanie odniesienia do VDI 2870 wybranego w rozdziale 4.5 aby stworzyć wspólną podstawę terminologiczną z wybranymi tam zasadami. Kontynuacja tej idei przejawia się w rozdziale 5.1 że wartości odniesienia wynikające z konkretnych metod i narzędzi są ustrukturyzowane poprzez zasady projektowania. Zapewnia to stworzenie skoordynowanego, całościowego systemu.[756]

W związku z zasadami projektowania, Zahn i inni odnoszą się do przestrzegania zasady zgodności poprzez wymaganie zgodności zadań, kompetencji i odpowiedzialności, aby móc zakotwiczyć działania przedsiębiorcze w całej piramidzie hierarchii jako maksymę działania[757]. Jeśli ta zasada projektowania jest stosowana w systemach produkcyjnych, oznacza to przeniesienie funkcji pośrednich na segmenty i ich projektowanie

[754] Zob. Mussnig [Dynamisches Target Costing 2001], s. 124.

[755] Zob. Dombrowski/Mielke [Holistyczne Systemy Produkcji 2015], s. 29.

[756] Zob. Dombrowski/Mielke [Holistyczne Systemy Produkcji 2015], s. 29.

[757] Cf. Zahn et al. [Unternehmensführung 2009], s. 189.

zorientowane na proces. W celu systematycznej analizy przemieszczeń obszarów pośrednich Zahn i in. zalecają podział funkcji pośrednich na

- superordynat (np. kontrola, marketing),
- w górę rzeki (np. AV, zakupy),
- związane z produkcją (np. konserwacja, ustawienie) oraz
- funkcje pośrednie (np. wysyłka, obsługa klienta).[758]

Koncentracja integracji funkcji pośrednich w kontekście tej tezy odnosi się do funkcji pośrednich związanych z produkcją i nadrzędnościowych. Funkcje związane z produkcją będą musiały zostać zintegrowane jako parametry w modelu wyceny, aby zapewnić realistyczny ogólny obraz rzeczywistych kosztów. Funkcje nadrzędne, takie jak zarządzanie i kontrola, są zatem wyposażone w metodę umożliwiającą ciągły, zorientowany na wartość proces inwestycyjny.

Analogicznie do integracji poziomu wyznaczania celów z procesem zarządzania, ważne jest również trwałe zakotwiczenie zasad projektowania w praktyce korporacyjnej. Jednym ze sposobów jest wykorzystanie modelu dojrzałości, w[759]którym należy przedstawić kryteria oceny zasad i metod projektowania GPS. Dla tych kryteriów należy określić różne stopnie ekspresji, co

---

[758] Cf. Zahn et al. [Unternehmensführung 2009], s. 189.

[759] Capability Maturity Model (CMM) został pierwotnie opracowany przez Instytut Inżynierii Oprogramowania (SEI) Uniwersytetu Carnegie Mellon w Pittsburghu/PA i jest obecnie wykorzystywany na całym świecie do ulepszania sposobu tworzenia oprogramowania. Pięć poziomów modelu maszyny współrzędnościowej zostało przeniesionych do ogólnej oceny organizacji i procesów i jest obecnie stosowanych jako standard. Por. Dymond [CMM Handbuch 2002], s. 8 i nast.

powinno zapewnić ciągły proces rozwoju.[760] Podobną funkcję spełniają wykresy radarowe (Lean Radar Charts) lub nazywane również wykresami internetowymi (Lean (spider).[761] Kryteria oceny są tu ujęte w wielowymiarową sieć, dla której stopnie zaawansowania są również określane na podstawie przechowywanego katalogu pytań.[762]

Po wyjaśnieniu strategii korporacyjnej i zdefiniowaniu zasad projektowania, można teraz skupić się na poziomie procesu, aby udoskonalić poszczególne procesy w ramach właściwych celów, tak aby rezultatem był optymalny proces całościowy.[763]

4.6.4.3. Aspekty integracyjne na poziomie procesu produkcyjnego

Jak wynika z rozdziału 4.1, system produkcyjny jest złożonym systemem społeczno-technicznym, który jest wymagany przez czynniki zmian, aby trwale zmienić jego strukturę, jak również jego zastosowanie. Systemowy model produkcji według Westkämper/Löffler, który opiera się na modelu rentownej organizacji według Stafford Beer, został wykorzystany do zilustrowania różnych poziomów systemu produkcji. Poziomy te sięgają od procesów elementarnych (poziom mikro) do sieci globalnych (poziom makro). Współdziałanie ludzi, maszyn (komputery to

[760] Zob. Schmidt/Zahn [Wprowadzenie GPS 2015], s. 182.

[761] Patrz Hoeft/Pryor [Pomysły na transformację 2016], str. 335.

[762] Dla lepszego zrozumienia, w rozdziale 9.5 załącznika przedstawiono przykład wykresu radaru przechyłowego.

[763] Por. Kletti/Schumacher [Die perfekte Produktion 2014], s. 140.

również maszyny), materiałów i informacji ma na celu zwiększenie wartości, nie marnując przy tym jak najwięcej[764]. Struktury produkcji, które odnoszą się do wszystkich pionowych, strukturalnych i przestrzennych skal modelu systemowego, wpływają więc na wzajemne zależności produkcji. Logiczną konsekwencją jest to, że ich adaptacja lub przekształcenie wymaga uwzględnienia wszystkich poziomów modelu systemu, co w szczególności pociąga za sobą skalowanie poza granicami poziomów systemu.[765]

Czynniki konwersji prowadzą do zmian w zmiennych wejściowych, co z kolei prowadzi do zmian w zmiennych docelowych za pomocą strategii i procesu znajdowania celów, powodując tym samym trwałe wewnętrzne dostosowanie całego systemu produkcji. "Większość firm jest jeszcze daleka od tego, a za zmianami często wywoływanymi z zewnątrz często nie idą konieczne dostosowania wewnętrzne lub z dużym opóźnieniem. Wynikiem tego są nieefektywne procesy i procedury. Dostosowujące się przedsiębiorstwa stale dostosowują swoje struktury do warunków środowiskowych wynikających z wewnętrznych i zewnętrznych czynników konwersji ... i tym samym zbliżają się do optymalnego punktu operacyjnego.[766] "W tym miejscu należy ponownie podkreślić, że suma zoptymalizowanych poszczególnych procesów nie prowadzi jeszcze do optymalnego procesu całościowego. Oczywiście konieczna jest optymalizacja poszczególnych procesów, ale ważne jest, aby zapewnić wykorzystanie właściwych wartości docelowych, tak

[764] Zob. Westkämper [Integracja w produkcji cyfrowej 2013], s. 134.

[765] Por. Westkämper/Löffler [Strategie produkcji na rok 2016], s. 108.

[766] Westkämper/Löffler [Strategie produkcji w roku 2016], S. 107.

aby ostatecznie można było stworzyć optymalny proces całościowy.[767]

Ponieważ szybkość i efektywność procesów zmian jest główną dźwignią trwałej konkurencyjności przedsiębiorstw produkcyjnych, przyszłe struktury technologiczne i organizacyjne muszą być zaprojektowane w taki sposób, aby można je było jak najszybciej dostosować do dynamiki rynków i technologii.[768]

Integracja w kontekście nowoczesnych systemów produkcji może być zatem rozumiana jako łączenie i łączenie (relacje) elementów (strategii, zasad projektowania, struktur, procesów, metod i narzędzi) w celu utworzenia zorganizowanego, elastycznego i wszechstronnego systemu, w którym poszczególne jego elementy mogą z kolei zawierać podsystemy.[769]

W wielu miejscach definicja ta skutkuje wieloma interfejsami i relacjami kooperacyjnymi, a nie tylko jedną funkcją interfejsu.[770] W przeciwnym razie, doświadczenie pokazuje, że powstają odosobnione rozwiązania, które wymagają niezwykłego wysiłku w celu ich skoordynowania.[771] "Można również założyć, że utrata informacji wzrasta stopniowo wraz z liczbą luźnych interfejsów. Natomiast myślenie i działanie integracyjne prowadzi do zawężenia zakresu problemów, które należy rozwiązywać w sposób skoordynowany".[772]

---

[767] Por. Kletti/Schumacher [Die perfekte Produktion 2014], s. 139.

[768] Por. Westkämper/Löffler [Strategie produkcji na rok 2016], s. 107.

[769] Por. Westkämper et al. [Organizacja produkcji 2006], s. 202.

[770] Por. Glasl [Corporate Development 2004], s. 142 f.

[771] Zob. Bleicher [Integriertes Management 1997], s. 7.

[772] Mussnig [Dynamisches Target Costing 2001], s. 124.

Westkämper i Löffler stwierdzają w związku z tworzeniem sieci wewnątrz przedsiębiorstwa, ale również z jego partnerami: "Płynna obsługa na styku procesów technicznych i organizacyjnych (ma) duże znaczenie. Wraz z dalszym rozwojem technologii informacyjno-komunikacyjnych integracja wiedzy w systemie produkcji zyskuje nowe możliwości i potencjał dla zwiększenia efektywności i jakościowej niezawodności procesów serwisowych. Cyfrowe fabryki z inteligencją techniczną, które podlegają stałemu procesowi uczenia się przez cały cykl życia, są zorientowanym na przyszłość polem działania, zwłaszcza jeśli połączona w sieć wiedza i wiedza dostępna w semantyce może zostać przeniesiona do rzeczywistej produkcji bez strat tarcia w cyfrowych modelach produkcji. Inteligencja techniczna i efekty uczenia się wynikają z porównania cyfrowej i rzeczywistej produkcji w czasie rzeczywistym, jak również z przetwarzania wcześniejszych doświadczeń w modelach fabrycznych i rzeczywistym procesie produkcji.[773] Nie przedstawiono bardziej szczegółowej analizy aspektów integracyjnych na poziomie technologii informacyjnych i komunikacyjnych, ponieważ wykraczałoby to poza zakres prac. Zwłaszcza w odniesieniu do megatrendu cyfryzacji i związanej z nią koncepcji przemysłu 4.0, jest tu miejsce na dalsze badania naukowe.

Podsumowując, można powiedzieć, że dla zrównoważonej produkcji odnoszącej sukcesy w międzynarodowej konkurencji kluczowe znaczenie ma zrozumienie różnorodnych interakcji pomiędzy procesami i elementami systemu produkcyjnego. "Na tej podstawie można określić teoretycznie optymalne punkty

[773] Westkämper/Löffler [Strategie produkcji w roku 2016], S. 105.

operacyjne i wyprowadzić środki poprawy. W tym celu należy lepiej odwzorować interakcje i współzależności pomiędzy poszczególnymi etapami procesu - zarówno dodawania, jak i niedodawania wartości - co pozwoli na skuteczną ocenę szerokiego zakresu możliwych scenariuszy. Ponadto, połączenie poszczególnych obszarów operacyjnych i technologicznych pozwoliłoby na zaprojektowanie poszczególnych procesów zgodnie z ekonomicznym optimum całego systemu produkcyjnego, unikając tym samym lokalnych optymalizacji, które odbywałyby się kosztem wydajności całego systemu (Sic!). Należy tu wspomnieć na przykład o lokalnej optymalizacji czasu i kosztów poszczególnych procesów produkcyjnych w ramach łańcucha procesów, z uwzględnieniem zakładanej stawki godzinowej maszyn..., które jednak z logistycznego punktu widzenia nie przynoszą żadnych korzyści, lecz raczej wyższe koszty, jeśli nie stanowią na przykład wąskiego gardła".[774]

Zapotrzebowanie na integrację może być zatem postrzegane jako skuteczna strategia radzenia sobie z dynamiką wewnętrzną i zewnętrzną.[775] Bleicher trafnie podsumowuje proces integracji trzech opisanych przed chwilą poziomów: "Integracyjna koncepcja zarządzania pozwala na sposób myślenia, który pozwala na mentalną interakcję pomiędzy częścią a całością, klasyfikację częściowych ustaleń na ogólne koncepcje, jak również na wzajemne myślenie na różnych poziomach abstrakcji. Przemyślenie w kierunku nowej (integracyjnej, autorskiej)

[774] Arnoscht i in. [Development of Production Theory 2011], s. 42.

[775] Zob. Bleicher [Integriertes Management 1997], s. 7.

perspektywy, opartej na idei całości, zwraca się ku procesualnym połączeniom w systemach.[776] Jeśli w ten sposób możliwe jest wdrożenie produkcji skoncentrowanej na wydajności i tworzeniu czystej wartości bez strat tarcia w procesach i na styku, można stworzyć zrównoważoną fabrykę w sensie ekonomicznym, ekologicznym i społecznym.[777]

4.7. Rozgraniczenie chudych, elastycznych komórek produkcyjnych

W tym rozdziale, podstawowe idee Tayloryzmu i wynikające z nich konwencjonalne linie do masowej produkcji porównywane są z zasadami systemu produkcyjnego Toyoty i wynikającą z nich koncepcją chudych, elastycznych komórek produkcyjnych (SFF). Następnie SFF różnią się od innych koncepcji produkcyjnych swoimi właściwościami.

Frederick W. Taylor założył na początku XX wieku kierownictwo naukowe, znane w języku angielskim jako Scientific Management.[778] Taylor był przekonany, że istnieje tylko jedna idealna metoda wykonywania pracy, którą można określić na podstawie systematycznego badania pracy.[779] Zakładał on, że naukowo uzasadniona analiza i uporządkowanie działań może otworzyć duży potencjał racjonalizacji [780], co przyniosłoby znaczne

[776] Bleicher [Konzept Integriertes Management 1992], s. 6.

[777] Por. Westkämper/Löffler [Strategie produkcji na rok 2016], s. 105.

[778] Zob. Dombrowski/Mielke [Historyczny rozwój GPS 2015], s. 9.

[779] Zob. Dombrowski/Mielke [Historyczny rozwój GPS 2015], s. 9.

[780] Cf. Westkämper et al. [Herausforderungen in der Unternehmensorganisation 2009], s. 28.

oszczędności.[781] Strukturyzowaniu elementów pracy powinny towarzyszyć instrukcje dla pracowników, aby umożliwić im optymalne wykonywanie pracy zgodnie z ich indywidualnymi zdolnościami.[782]"Z tych myśli powstała metodologia i przygotowanie pracy, które przede wszystkim stawiają pracownika i maszyny w centrum optymalizacji. Powstały wyrafinowane systemy czasu i płac, procedury obliczania i kontroli (Sic!) oraz nowe formy organizacji, które teraz nazywamy Tayloryzmem."[783] Wiele napisano o zasadach zarządzania naukowego Taylora; wpływ na praktyki zarządcze został znacznie niedoszacowany w teorii organizacji, a tym bardziej w ekonomii.[784] Głównym celem Taylora nie było podporządkowanie człowieka maszynom w celu wykorzystania raczej niewydolnego ludzkiego organizmu tylko do rutynowych czynności i tym samym zdegradowanie go do roli zwykłego asystenta.[785] Taylor miał już raczej przełomowe pojęcie, że po pierwsze, pytania dotyczące organizacji produkcji to przede wszystkim kwestie wiedzy i kompetencji.[786] Po drugie, Taylor uznał już, że rozpowszechnianie wiedzy jest ściśle związane z dystrybucją energii. Po trzecie, ustanowienie praktyk Taylorist może być postrzegane jako paradygmatyczny przykład wspólnej ewolucji pomiędzy kontrolą systemów mo-

---

[781] Zob. Dombrowski/Mielke [Historyczny rozwój GPS 2015], s. 9.

[782] Cf. Westkämper et al. [Herausforderungen in der Unternehmensorganisation 2009], s. 28.

[783] Westkämper et al. [Challenges in Business Organization 2009], s. 28.

[784] Zob. Coriat/Dosi [Governance and Problem Solving 1999], s. 114.

[785] Por. March/Simon [Organizacje 1993], str. 32 f. March i Simon nie docenili daleko idących ustaleń Taylor w tym kontekście.

[786] Zob. Coriat/Dosi [Governance and Problem Solving 1999], s. 114.

tywacyjnych, rutynami/standardami i kompetencjami w warunkach ostrego konfliktu interesów.[787] Podejście Taylora obejmowało więc już całe kierownictwo firmy i wykraczało daleko poza rozdzielenie pracy fizycznej od umysłowej. Tak więc, podstawa znanego dziś systemu sugestii poprawy została już stworzona przez Taylor poprzez zachęcanie pracowników do sugerowania poprawy określonych procesów.[788] Dlatego też duża część ustaleń Taylora stanowi ważną podstawę dla dzisiejszych holistycznych systemów produkcji.[789]

W 1908 roku Henry Ford stanął przed wyzwaniem produkcji legendarnego modelu T w dużych seriach. Ford zrealizował to poprzez dalszy rozwój idei Taylora poprzez wprowadzenie zasad projektowania. Obejmowały one rozmieszczenie narzędzi i pracowników w naturalnej kolejności, w jakiej były wykonywane, lub wprowadzenie taśmy przenośnikowej, która ostatecznie została rozwinięta do koncepcji linii montażowej[790]. Głównym warunkiem wstępnym wprowadzenia zasad projektowania Forda była rygorystyczna standaryzacja. Elementy musiały być wykonane tak dokładnie i całkowicie, aby były wymienne i łatwe w montażu. To[791] właśnie te właściwości sprawiły, że linia montażowa stała się możliwa w pierwszej kolejności.[792] Masowa

---

[787] Zob. Coriat/Dosi [Governance and Problem Solving 1999], s. 114.

[788] Zob. Dombrowski/Mielke [Historyczny rozwój GPS 2015], s. 10.

[789] Por. Spath [Ganzheitlich Produzieren 2003], s. 195.

[790] Por. Spath [Ganzheitlich Produzieren 2003], s. 188.

[791] Patrz Womack i inni [Druga rewolucja w przemyśle samochodowym 1992], str. 17 i nast.

[792] Patrz Womack i in. [Druga rewolucja w przemyśle samochodowym 1992], str. 31.

produkcja Henry'ego Forda była siłą napędową przemysłu motoryzacyjnego przez ponad pół wieku i ostatecznie została przyjęta przez prawie wszystkie gałęzie przemysłu w Ameryce Północnej i Europie. Tak więc, naukowe kierownictwo Taylor i produkcja linii montażowej Forda stanowią jednocześnie dwa pierwsze przemysłowe systemy produkcyjne.[793]
Kilka głównych cech systemu produkcyjnego Forda to manifestacja produkcji masowej. Jedna z nich odnosi się do wykorzystania siły roboczej. W produkcji masowej, na przykład, montażysta ma zwykle tylko jedno zadanie, które powtarza w kółko. Często są to pracownicy o niskich kwalifikacjach, których w razie potrzeby można szybko wymienić. Podział pracy jest hasłem, które trwało aż do najwyższych szczebli organizacji. Każdy projektant lub inżynier jest odpowiedzialny tylko za konkretne zadanie i wykonuje je. To ogromnie zwiększa złożoność całej sprawy i sprawia, że praca w różnych działach jest prawie niemożliwa.[794]
Inną cechą produkcji masowej są kosztowne maszyny, urządzenia i narzędzia. Celem tych drogich maszyn specjalnych jest produkcja standardowych produktów w bardzo dużych ilościach. Ponieważ wiążą się one z dużymi inwestycjami, mottem było, że maszyny muszą zawsze pracować z pełną wydajnością. W oparciu o tę orientację zainstalowano specjalne bufory, które miały zastosowanie do zapasów rezerwowych, pracowników rezerwowych i przestrzeni rezerwowej. Bufory te powinny zapewnić płynną produkcję. Ponieważ zmiana narzędzia w celu wyprodukowania innych komponentów trwała zazwyczaj długo i

793 Patrz Kötter/Helfer [Stabil-Flexible Standards 2016], str. 44.

794 Patrz Womack i inni [Druga rewolucja w przemyśle motoryzacyjnym 1992], str. 31 i nast.

była kosztowna, często ustawiano kilka systemów lub pras jeden po drugim, aby móc wyprodukować odpowiednią liczbę różnych części. Przejście na nowe produkty było również bardzo skomplikowane i kosztowne. Dlatego próbuje się utrzymać te produkty w produkcji tak długo, jak to możliwe, bez przerwy, co obiecywało tanie produkty, ale zostało zrolowane kosztem różnorodności.[795]

Masowa produkcja przynosiła imponujące rezultaty, dopóki istniał rynek zbytu. Jednak sztywna standaryzacja wymagana przez linię montażową szybko osiągnęła swoje granice, a mianowicie granice elastyczności. [796] Znany cytat z Henry'ego Forda: "Każdy klient może mieć samochód pomalowany na dowolny kolor, o ile jest on czarny" [797] jasno pokazuje, jak sztywna jest linia montażowa systemu produkcyjnego w stosunku do różnorodności produktów i wariantów. Zróżnicowanie wymagań klientów nakłada nowe wymagania na elastyczność systemów produkcyjnych.[798]

W okresie przechodzenia od rynku sprzedającego do kupującego, który charakteryzuje się również dynamiką czynników wpływających na system produkcji z megatrendów (por. rozdział2), wynikające z tego wymagania rynkowe zderzają się z dotychczasową efektywnością systemów produkcyjnych, które nadal są zdominowane przez zasady taylorystyczne. Od końca lat 80. i początku lat 90. zaufanie do tradycyjnie sprawdzonych

---

795 Patrz Womack i inni. [Druga rewolucja w przemyśle samochodowym 1992], str. 40 i nast.

796 Patrz Kötter/Helfer [Stabil-Flexible Standards 2016], str. 45.

797 Ford [Moje życie i praca 1923], s. 72.

798 Patrz Kötter/Helfer [Stabil-Flexible Standards 2016], str. 45.

strategii i metod zarządzania maleje w zarządzaniu produkcją w krajach zachodnich. Nawet intensyfikacja stosowania metod nie zmieniła faktu, że duża liczba programów zwiększających wydajność rzadko przynosiła trwały sukces i że pod koniec ubiegłego stulecia przepaść do konkurentów z Dalekiego Wschodu dramatycznie wzrosła.[799] Chociaż możliwości nowych metod planowania, jak również poziom kwalifikacji pracowników znacznie się poprawiły, zwłaszcza w ostatnich dziesięcioleciach, mnogość podejść do zastąpienia starych organizacji Taylorist nie doprowadziła do znaczącego sukcesu. Jako przykład tych podejść należy wymienić w szczególności następujące kwestie: Produkcja komórek z pracą grupową, organizacją fraktalną, organizacją uczącą się, itp. [800] Powodem niskiego wskaźnika sukcesu tych podejść jest to, że "...nie dokonano żadnych fundamentalnych zmian w tayloriańskiej zasadzie optymalizacji metodami naukowymi, ale tylko treści pracy zostały rozłożone i przypisane inaczej".[801]

W Japonii nigdy nie udało się zgromadzić wysokich zapasów (dotyczy to również wszystkich wyżej wymienionych form buforów) lub wyprodukować dużych ilości po niskich kosztach na wysoko wyspecjalizowanych maszynach ze względu na niskie wartości sprzedaży. Niski popyt został podzielony na wiele wariantów, tak że masowa produkcja Forda nie była możliwa. Ta

---

[799] Por. Sekine et al. [Produkować bez odpadów 1995], s. 13.

[800] Cf. Westkämper et al. [Herausforderungen in der Unternehmensorganisation 2009], s. 29.

[801] Westkämper et al. [Challenges in Business Organization 2009], s. 29.

pierwotnie zakładana wada z biegiem czasu coraz bardziej stawała się zaletą, ponieważ produkcja samochodów w Japonii od samego początku była przyzwyczajona do bardzo elastycznej pracy przy niskich stanach magazynowych i małych rozmiarach partii.[802]

W odpowiedzi na te warunki powstał System Produkcyjny Toyoty (TPS), który następnie stał się światowym sukcesem w postaci Zasad Lean Management. [803] Lean Management oznacza szczupłą lub usprawnioną organizację firmy, która pod względem integracji odnosi się do wszystkich elementów modelu systemu (patrz rozdział 4.1) i ich relacji[804]. Nacisk kładziony jest nie tylko na produkcję, ale na wszystkie funkcje firmy, jak również na dostawców i nabywców lub klientów, którzy mają być włączeni do łańcucha procesów.[805]

Lean Management miało moc zastąpienia masowej produkcji produktów Tayloristic silnym podziałem pracy i doprowadzenia do bardziej efektywnego i zorientowanego na pracowników systemu. Efektywne oznacza, że podejście Lean Management udało się zwiększyć wydajność pomimo szerokiej gamy wariantów, zdecydowanie poprawiając jakość produktów i utrzymując koszty na porównywalnie niskim poziomie.[806]

Tylko dzięki rozpowszechnieniu Lean Management możliwe było odejście od długookresowego, czysto zorientowanego na wyniki spojrzenia na zarządzanie produktywnością do bardziej zorientowanej na proces koncepcji doskonalenia, która znajduje

---

[802] Zob. Dombrowski/Mielke [Historyczny rozwój GPS 2015], s. 13.

[803] Patrz rozdziały 4.3 i 4.4

[804] Patrz rozdziały 4.3 do 4.6

[805] Por. Sekine et al. [Produkować bez odpadów 1995], s. 14.

[806] Por. Sekine et al. [Produkować bez odpadów 1995], s. 14.

swoje doskonałe zastosowanie w unikaniu wszelkiego rodzaju odpadów.[807]

W tym miejscu należy jeszcze raz podkreślić, że wiele pomysłów i zasad lean management wywodzi się z klasycznej produkcji masowej według Taylora i Forda, a pierwotne osiągnięcia Toyoty w zakresie zarządzania polegały na dostosowaniu, modyfikacji i ciągłym rozwijaniu jej w ciągły i zintegrowany proces produkcji.[808]

Nakładanie się narzędzi stosowanych w systemie produkcji Toyoty z zasadami TPS i ich dalsza systematyzacje prowadzi do powstania koncepcji lean production / lean manufacturing (patrzRysunek 31). Chuda produkcja może być [809]zatem rozumiana jako "synonim nowych, elastycznych koncepcji produkcji". Celem tych odchudzonych koncepcji jest zastąpienie masowej produkcji pochodzenia taylorystycznego, która opiera się na silnym podziale pracy, i przeniesienie jej na bardziej wydajny i zorientowany na pracowników system. Celem lean production jest wytwarzanie nadających się do wprowadzenia na rynek, wysokiej jakości produktów w sposób zorientowany na klienta, przy jak najmniejszym wysiłku technicznym i organizacyjnym oraz przy jak najmniejszej liczbie pracowników.[810]

[807] Por. Sekine et al. [Produkować bez odpadów 1995], s. 13.

[808] Zob. Becker [Phänomen Toyota 2006], s. 264.

[809] Por. Sekine et al. [Produkować bez odpadów 1995], s. 14.

[810] Por. Sekine et al. [Produkować bez odpadów 1995], s. 14

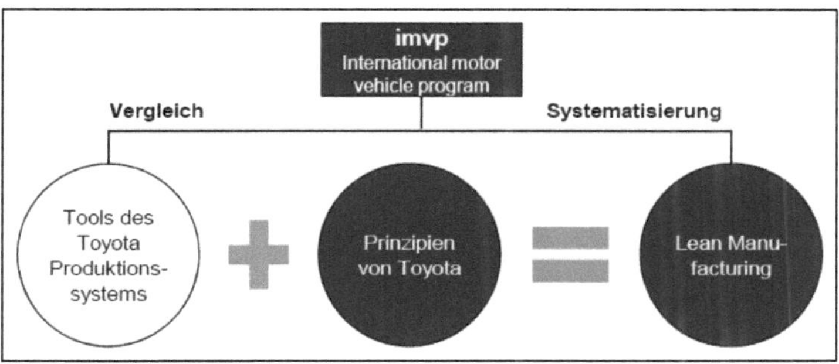

Rysunek 31: Podejście oparte na szczupłej produkcji[811]

Udane wdrożenie nie wymaga jednak pojedynczych elementów konstrukcyjnych, lecz raczej koncepcji przekrojowej, aby o-siągnąć wyznaczone cele korporacyjne.[812] Wymaga to w szczególności zaangażowania i kwalifikacji wszystkich pracow-ników oraz zainicjowania procesu ciągłego doskonalenia (Kai-zen). Należy również rozbić stare, przestarzałe struktury orga-nizacyjne i produkcyjne, tzn. stworzyć procesy i struktury, które zapewnią, że ostatecznie produkowane będą tylko te produkty, które są pożądane przez klientów, a zatem mogą być sprzeda-wane.[813]

Strategia orientacji na rynek i klienta wymaga stworzenia wrażliwych na czas, elastycznych struktur organizacyjnych, które zwykle idą w parze z restrukturyzacją. Parametrami sukcesu procesu zmian są wydajność i elastyczność, a także

[811] Źródło: Wildemann [Linie Rozwoju Systemów Produkcyjnych 2017], s. 170.

[812] Zob. Dombrowski/Mielke [Historyczny rozwój GPS 2015], s. 19.

[813] Zob. Liker [The Toyota Way 2004], s. 302 i nast.

czas i jakość[814]. Parametry działania, tj. dźwignie lub metody i narzędzia prowadzące do parametrów powodzenia (zmienne wynikowe), zostały omówione w rozdziale 5.1 niniejszej pracy. W obszarze napięcia pomiędzy parametrami sukcesu pojawiają się dwa dylematy. Z jednej strony pomiędzy wydajnością a elastycznością, z drugiej strony pomiędzy wydajnością a czasem. Koordynacja procesów, która do tej pory opierała się na podziale pracy, zajmuje dużo czasu, którego nie przyznaje ani klient, ani konkurencja. Czas stał się więc towarem deficytowym, co oznacza, że należy stworzyć zorientowane na czas formy organizacji w celu optymalizacji również w obszarze produkcji.[815]

Aby odpowiednio reagować na parametry sukcesu, opracowano wiele różnych koncepcji produkcyjnych. Wśród najczęściej omawianych w literaturze naukowej i stosowanych w praktyce koncepcji produkcji znajdują się

- zintegrowana fabryka/komputer zintegrowana produkcja,
- fabryki fraktali,
- Fabryka segmentowa i modułowa,
- chudej fabryki. /Lean Production,
- das Web-based Manufacturing und
- Bionic Manufacturing.[816]

Wszystkie wymienione tutaj koncepcje są zgodne z ich dążeniem do skupienia się na zdolności adaptacyjnej, tj. połączeniu

[814] Por. Wildemann [Die modulare Fabrik 1992], s. 26.

[815] Por. Wildemann [Die modulare Fabrik 1992], s. 28.

[816] Por. powitanie [Schlanke Unikatfertigung 2010], s. 7.

zdolności reagowania i elastyczności. Na [817] przykład segmentacja produkcji oferuje wstępne podejście do rozwiązania, które ma na celu połączenie zalet w zakresie kosztów i wydajności produkcji przepływowej z wysoką elastycznością produkcji na hali produkcyjnej. Celem jest rozdzielenie mocy produkcyjnych, przy czym orientacja na klienta służy jako wytyczna dla segmentacji. Wynika to z faktu, że klient jest źródłem wszelkiej wartości dodanej, a wszystkie działania muszą być do tego dostosowane.[818] Kolejne podejścia wywodzą się z orientacji na produkt, która kończy się połączeniem wszystkich niezbędnych funkcji w jednostce organizacyjnej. Zorientowanie na produkt zmniejsza szerokość produkcji, ale nie zmniejsza liczby wariantów w obrębie rodziny produktów. Zmniejsza to do minimum drogi transportu i informacji oraz koncentruje całą wiedzę na temat danego produktu. Ponadto, zorientowanie na produkt wspiera proces tworzenia grupy.[819]

Tendencje związane z segmentacją produkcji i zorientowaniem na produkt są bardzo zbliżone do podejścia opartego na szczupłej, elastycznej produkcji: produkowaniu różnorodnych produktów przy udziale jak najmniejszej liczby pracowników, przy jednoczesnym unikaniu marnotrawstwa, przy jak najmniejszej ilości zapasów i przy jak najmniejszej ilości błędów.[820]

[817] Zob. Meier/Fuchs [Quick Response Manufacturing 2017], s. 95.

[818] Por. Wildemann [Die modulare Fabrik 1992], s. 28.

[819] Zob. Wildemann [Die modulare Fabrik 1992], s. 48.

[820] Por. Schönsleben [Integralne zarządzanie logistyczne 2007], s. 312 i por. rozdział 4.4

Wszystko to w organizacji złożonej z zespołów dobrze wyszkolonych pracowników,[821] z maszynami, które są bardzo elastyczne i łatwe do zautomatyzowania, produkując dużą ilość produktów w ogromnej różnorodności.[822] Podsumowując, ogólny cel można opisać jako synchronizację przepływu produkcji z potrzebami klienta.[823]

Omówienie stopnia automatyzacji w związku z elastycznością zakładów produkcyjnych prowadzi do przedstawienia nowszych form organizacji produkcji oraz poszerzenia perspektywy na organizację narzędzi i zasobów operacyjnych.[824] Eversheim/Lösch jasno zilustrował rozszerzony ogólny kontekst systemów produkcyjnych:

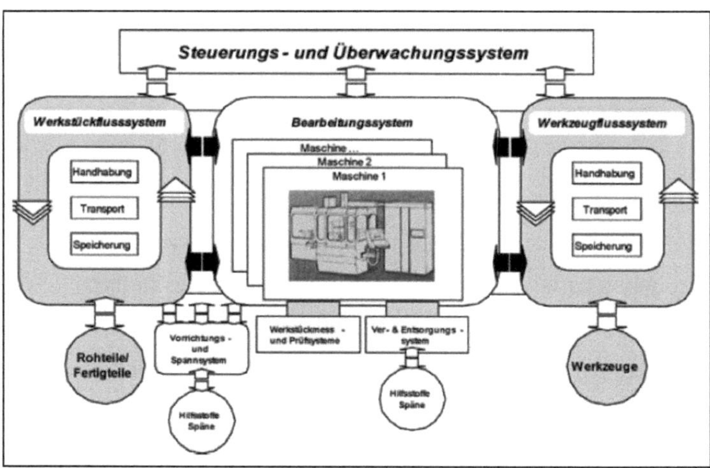

[821] Zob. Becker [Phänomen Toyota 2006], s. 310.

[822] Patrz Takeda [Niskokosztowa Inteligentna Automatyka], str. 112 i następne.

[823] Zob. Takeda [The synchronous production system 2006], s. 67 i następne.

[824] Por. Bloech et al. [Wstęp do produkcji w 2014 r.], s. 284.

Rysunek 32: Części składowe i interfejsy elastycznego systemu produkcyjnego[825]

Rozszerzona perspektywa wysuwa na pierwszy plan logistykę, która z jednej strony odnosi się do cyklu materiałowego i systemu transportu materiałów, który łączy przyjmowanie, przechowywanie i dostarczanie towarów z komórkami produkcyjnymi, a te z kolei z kwestią towarów. Z drugiej strony, aspekt logistyczny odnosi się również do cyklu materiałów eksploatacyjnych i systemu transportu materiałów eksploatacyjnych, który zaopatruje komórki produkcyjne w materiały eksploatacyjne. Produkcyjny system informacyjno-komunikacyjny, który kontroluje procesy operacyjne, stanowi wspornik sieciowy tych systemów.[826]

W tym momencie właściwe wydaje się stworzenie jeszcze raz wspólnej podstawy terminologicznej, ponieważ stosowanie terminów w literaturze jest niezwykle zróżnicowane. Garrel i in., na przykład, rozumieją elastyczne ogniwa produkcyjne jako "...zazwyczaj samodzielne maszyny NC, zazwyczaj centrum obróbkowe, centrum tokarskie itp. Maszyny te są wyposażone w dodatkowe urządzenia automatyzujące do czasowej, bezobsługowej pracy...[827]" Dla porównania, odwołują się do koncepcji elastycznej wyspy produkcyjnej jako: "...wydzielony obszar warsztatowy..., w którym znajduje się kilka konwencjonalnych maszyn i obrabiarek NC, jak również inne urządzenia, aby móc wykonać wszystkie niezbędne czynności robocze na

[825] Źródło: Eversheim/Lösch [Techniczne planowanie inwestycji 2006], s. 631.

[826] Por. Westkämper/Löffler [Strategie produkcji na rok 2016], s. 149.

[827] Garrel et al. [Elastyczność produkcji w 2014 r.], s. 109.

ograniczonej liczbie przedmiotów.".[828] W tym względzie rozumienie elastycznej wyspy produkcyjnej według Garrel et al. jest bliskie definicjom komórek produkcyjnych stosowanym w rozdziale 4.1 którym wielokrotnie wskazuje się, że użycie terminów "wytwarzanie" i "produkcja" jest synonimem w odniesieniu do tej pracy: Komórka produkcyjna lub wytwórcza składa się z lokalnie połączonej jednostki, zwykle składającej się z maszyn i stacji roboczych obsługiwanych przez grupę roboczą.[829] Schenk rozszerza odniesienie do poziomu systemu, który jest zdefiniowany przez zamknięte jednostki wydajności i obejmuje strukturalny aspekt logicznego powiązania poprzez systemy przepływowe.[830] Jak wynika z niniejszej sekcji, aspekty logistyczne cykli materiałowych i operacyjnych zasobów, jak również systemy informacji i komunikacji produkcyjnej, muszą być również zintegrowane z ogólnym spojrzeniem na szczupłą, elastyczną komórkę produkcyjną.[831]

Na poziomie ogólnego widoku, widoki są ponownie zgodne. Garrel i inni skomentowali to następująco: "Istotnym czynnikiem jest tu przestrzenne i organizacyjne połączenie maszyn i zasobów w celu jak najpełniejszej obróbki detali ... FMS (Flexible Manufacturing System) składa się z trzech istotnych elementów: systemu obróbki, systemu przepływu materiałów i systemu informacyjnego ...".[832]

---

828 Garrel et al. [Elastyczność produkcji w 2014 r.], s. 109.

829 Por. Westkämper et al. [Organizacja produkcji 2006], s. 57.

830 Por. Schenk et al. [Fabrikplanung 2014], s. 178 f.

831 Westkämper/Löffler [Strategie produkcji w roku 2016], S. 149.

832 Garrel et al. [Elastyczność produkcji w 2014 r.], s. 110.

Konsekwentne stosowanie tej ogólnej perspektywy segmentacji produktów i produkcji prowadzi do powstania koncepcji produkcji komórkowej. Osiąga[833] się je poprzez restrukturyzację koncepcji linii montażowych w małe, elastyczne jednostki, wyspy produkcyjne i komórki produkcyjne.[834]

Z historycznego punktu widzenia takie komórki produkcyjne, które zazwyczaj są ustawione w kształcie litery U, rozwinęły się z linii produkcyjnych w Japonii i stanowią obecnie istotną część produkcji JIT, podobnie jak produkcja stymulowana popytem (produkcja ciągniona) i produkcja jednostkowa.[835]

Produkcja przepływowa lub przepływ jednoczęściowy oznacza, że tylko wymagane części są produkowane poprzez posiadanie tylko jednej części na tym samym etapie przetwarzania.[836] Takeda opisuje metaforycznie zasadę: muszą być generowane silne, jednolite przepływy, które mogą elastycznie reagować na zmiany, możliwe do osiągnięcia poprzez skrócenie czasu przepustowości, przez wykwalifikowanych pracowników i aktywne kaizen w liniach U. Działania takie jak tworzenie, utrzymanie, serwisowanie i zadania związane z zapewnieniem jakości muszą być również zintegrowane i dalej zwiększać elastyczność.[837]

Te smukłe, elastyczne ogniwa produkcyjne, ustawione w kształcie litery U, łączą w sobie kilka maszyn lub systemów do wytwarzania jednego produktu lub rodziny produktów. Na przykład frezarka, tokarka, wiertarka i szlifierka są ułożone w kształcie

[833] Zob. Schönsleben [Integralne zarządzanie logistyczne 2007], s. 322.

[834] Zob. Black/Hunter [Lean Manufacturing Systems 2003], s. 27.

[835] Por. Liker [The Toyota Way 2004], s. 94 i nast. oraz por. rozdział 5.1

[836] Zob. Becker [Phänomen Toyota 2006], s. 284 f.

[837] Zob. Takeda [The Synchronous Production System 2006], s. 68 i następne.

litery U, przy czym układ jest analogiczny do kolejności operacji [838]. Pracownik pracuje na każdym stanowisku przez niezbędny etap pracy, ma krótką drogę do następnego stanowiska pracy i w ten sposób wytwarza potrzebne części w jednym przepływie sztuk. [839] Istotną cechą chudych, elastycznych komórek produkcyjnych jest skalowalność. Kontrolując rozmieszczenie personelu w komórce, można reagować na ilość faktycznie wymaganych pozycji. [840] Zapewnia to również stały przepływ produkcji, który służy jako podstawa do wyrównywania lub wygładzania produkcji.[841]

Na poziomie systemowym produkcji poszczególne ogniwa produkcyjne mogą być łączone ze sobą w taki sposób, że części albo przechodzą z jednego ogniwa do drugiego, albo bezpośrednio do montażu końcowego.[842]

Ta konwersja linii produkcyjnych lub linii do pojedynczych komórek może przynieść kilka korzyści. Pracownicy mają znacznie krótsze odległości w komórkach, co pozwala jednemu pracownikowi na obsługę kilku maszyn lub systemów. Metoda ta jest również znana jako operacja wieloprocesowa. Operator obsługuje pierwszą maszynę, naciska przycisk start, aby rozpocząć proces obróbki, a następnie przechodzi do następnej maszyny. W czasie przetwarzania pierwszego systemu, opera-

[838] Por. Black/Hunter [Lean Manufacturing Systems 2003], s. 26 f.

[839] Por. Spengler et al. [Chaku-Chaku-Systems 2005], s. 254.

[840] Por. Spengler et al. [Chaku-Chaku-Systems 2005], s. 256.

[841] Zob. Takeda [The synchronous production system 2006], s. 43 i następne.

[842] Zob. Black/Hunter [Lean Manufacturing Systems 2003], s. 49 i nast. Black i Hunter nazywają tę strukturę "konstrukcją systemu produkcyjnego z ogniwami połączonymi".

tor może na przykład wykonać załadunek lub rozładunek drugiego systemu. Można to zrobić jednocześnie w kilku systemach, oszczędzając czas, personel i tym samym koszty.[843]

Taiichi Ohno wdrożyło koncepcję chudych, elastycznych komórek produkcyjnych w Toyocie już w 1947 roku, a jako kierownik zakładu ułożył maszyny w kolejności według sekwencji produkcji, aby zapewnić ciągłość procesu produkcyjnego. Próbował przetwarzać części kawałek po kawałku, a następnie natychmiast przekazać je do następnej maszyny. To przybliżyło go o krok do celu, jakim jest unikanie nadprodukcji i zapasów poprzez produkcję tylko takiej ilości, jaka jest sprzedawana[844]. Taiichi Ohno już wtedy wprowadziło w życie ideę smukłej, elastycznej komory produkcyjnej, ustawiając serie produkcyjne w kształcie litery L lub U:

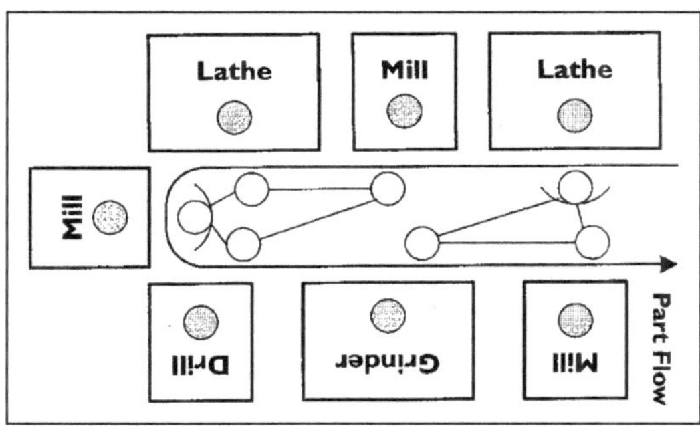

Rysunek 33: Przykład smukłej, elastycznej komórki produkcyjnej w kształcie litery U[845]

---

[843] Por. Takeda [The synchronous production system 2006], s. 70 ff i Por. Spengler et al. [Chaku-Chaku-Systems 2005], s. 257 ff.

[844] Zob. Liker [The Toyota Way 2004], s. 98 f.

[845] Źródło: Liker [The Toyota Way 2004], s. 98.

Zasadą konstrukcyjną często stosowaną w połączeniu z chudymi, elastycznymi ogniwami produkcyjnymi jest "zasada chaku-chaku", co oznacza, że zadanie pracownika koncentruje się prawie wyłącznie na wkładaniu i wyjmowaniu części. Termin "Chaku-Chaku" pochodzi z języka japońskiego i oznacza coś w rodzaju "ładowanie-ładowanie".[846]

Podsumowując, główną zaletą chudych, elastycznych komórek produkcyjnych jest ich elastyczność. Elastyczność odnosi się zarówno do liczby wyprodukowanych sztuk, jak i do wariantów. Jest to czasami możliwe dzięki prostym maszynom i systemom, które można szybko i łatwo przekształcić, w razie potrzeby, w celu wytworzenia innej części lub produktu.[847] Jednocześnie przejście na euro nie powinno być dodatkowym źródłem błędów. Celem jest ponowne wyprodukowanie dobrych części natychmiast po przezbrojeniu i uniknięcie dłuższych czasów rozruchu, a tym samym odrzucenie części. Pozwala to uniknąć konieczności stosowania dużej liczby maszyn i systemów, co jest powszechne w produkcji masowej, a tym samym zaoszczędzić miejsce, personel i ostatecznie koszty.[848]

Cechy opisane w tej części przedstawiają decydujące i wyraźnie odróżniające produkcję masową od szczupłej, elastycznej produkcji. W centrum uwagi szczupłych, elastycznych koncepcji

[846] Por. Spengler et al. [Chaku-Chaku-Systems 2005], s. 249.

[847] Zob. Takeda [The Synchronous Production System 2006], s. 82 i następne.

[848] Zob. Takeda [The Synchronous Production System 2006], s. 82 i następne.

znajduje się wyraźnie orientacja na wartość dodaną oraz elastyczność w dostosowaniu się lub zmianie zgodnie z potrzebami klienta i wymaganiami rynku. Ta orkiestracja zasad projektowania odbywa się jednak zawsze pod holistycznym spojrzeniem na system produkcji. Tu dochodzimy do pełnego koła w programie 4P Jeffreya Likera, który został przedstawiony w rozdziale 4.4 i zasadniczo niesie przesłanie długoterminowej filozofii i holistycznego podejścia. "Wyróżniającą cechą takiej organizacji jest zdolność do rozwijania wspólnych wizji i celów w zakresie łączenia energii i wiedzy. "[849]

Westkämper podnosi nawet koncepcję szczupłych, elastycznych komórek produkcyjnych na najwyższy poziom modelu systemu produkcyjnego: "Jeśli koncepcja elastycznie połączonych, pół-autonomicznych jednostek wydajnościowych zostanie przeniesiona do przedsiębiorstwa produkcyjnego, powstaje tymczasowa, otwarta sieć produkcyjna. Ma to dynamiczną strukturę, związaną z indywidualnym procesem wykonania, którego konfiguracja zależy jedynie od wytwarzanych produktów.[850]

W odniesieniu do pojęcia przemysłu 4.0, należy wyjaśnić jedno ostateczne ograniczenie. Autonomiczne komórki produkcyjne w rzeczywistości nie mają możliwości ukierunkowanej, samooptymalizującej się produkcji, ponieważ nie mają możliwości autonomicznego dostosowania się do celu lub podejmowania decyzji.[851]

---

[849] Zob. Wiendahl et al. [Fabrikplanung 2009], s. 14.

[850] Westkämper et al. [Organizacja produkcji 2006], s. 58.

[851] Por. Schmitt et al. [Selbstoptimierende Produktionssysteme 2011], s. 762.

5. Koncepcja modelu oceny szczupłych, elastycznych komórek produkcyjnych

Jak wykazano w poprzednich rozdziałach, podatność na awarie, a tym samym potrzeba kontroli systemów produkcyjnych, wzrasta wraz z rosnącą dynamiką i złożonością świadczenia usług.[852] W związku z tymi zmieniającymi się warunkami należy uznać ograniczenia istniejących systemów zarządzania i planowania. Głównym problemem w zarządzaniu jest przede wszystkim podział planowania korporacyjnego na współzależne podplany. [853] W rozdziale 4.6.4 szczegółowo omówiono, że dokładność i ostrość modeli planowania rozpatrywanych w oderwaniu od siebie ma tę cenę, że zmniejsza ich zdolność do oceny, a tym samym ich znaczenie dla zrównoważonej optymalizacji wartości.[854]

Kolejny problem wynika z przeważająco ekonomicznej perspektywy teorii produkcji, która nie odzwierciedla współzależności rzeczywistych systemów produkcji z wystarczającą dokładnością. "Z drugiej strony, z obszaru produkcji istnieją już liczne modele, np. różnych procesów produkcyjnych, obrabiarek, logistyki lub PPS. Jednak praktyczne połączenie tych modeli w celu stworzenia całościowej teorii nie zostało jeszcze zrealizowane w żadnym kompleksowym podejściu.[855]

Dzięki pochodnej koncepcji nowoczesnego systemu produkcyjnego opartego na koncepcji szczupłej lub holistycznej, konieczne jest nie tylko spełnienie istniejących wymagań, ale

[852] Zob. Wildemann [Produktivitätsmanagement 1997], s. 53.

[853] Por. Horvath [Schnittstellenüberwindung 1991], s. 3.

[854] Por. Dürr [The future is an untrodden path 1995], str.98.

[855] Arnoscht i in. [Development of Production Theory 2011], s. 42.

także aktywne przewidywanie przyszłości. "Gdzie będziemy dzisiaj za pięć czy dziesięć lat, lub gdzie chcemy być i jak system produkcji może się do tego najlepiej przyczynić? musi być zatem pytanie, które kieruje naszymi działaniami.[856]

W związku z tym konieczne jest opracowanie modelu oceny, który pozwoli na przedstawienie przyszłości za pomocą przewidywanych scenariuszy przy pomocy sformułowanych wymagań dotyczących całości, elastyczności, dynamiki i integracji.

W tym kontekście modelowanie rozumiane jest nie tylko jako tworzenie uproszczonej reprezentacji planowanego lub istniejącego systemu (por. VDI 3633)[857], ale także jako możliwie najbardziej realistyczna symulacja. W ten sposób modelowanie "pozwala użytkownikowi na stworzenie abstrakcyjnego, statycznego lub dynamicznego obrazu systemu w modelu". Aby uczynić system w pełni zrozumiałym w myśleniu, w procesie modelowania uwzględnia się istotne parametry i interakcje systemu.[858]

Zapotrzebowanie na realistyczne możliwości symulacji przeciwdziała również praktycznemu problemowi stosowania modeli wyceny sformułowanych przez Peschke. Peschke widzi problem z jednej strony w podziale procesu ewaluacji na fazy, które są logicznie powiązane pod względem czasu i tematyki oraz w zastosowaniu metod specyficznych dla poszczególnych faz, a z

---

856 Zanker/Reisen [Wdrożenie zintegrowanych systemów produkcji w 2016 r.], s. 89.

857 Patrz VDI [VDI 3633 - Symulacja logistyki, przepływu materiałów i systemów produkcyjnych 2012], str. 2 f.

858 Landherr i inni [Digital Factory 2013], s. 114.

drugiej strony w podziale zadań dla osób oceniających i koordynacji wynikających z nich interfejsów.[859]

W celu zilustrowania różnych perspektyw z teorii administracji gospodarczej i produkcji oraz wynikających z nich modeli, poniżej omówiono stan badań i przeanalizowano wybrane przykłady.

"Teoria produkcji powstała z potrzeby systematycznego wyjaśniania ilościowych związków pomiędzy ilością czynników produkcji i ilością produktów. Miało to na celu odejście od podejścia czysto "próbnego i błędnego" na rzecz "planowej" optymalizacji zysków lub czynników produkcji. [860] "Ta transformacja danych wejściowych (czynników produkcji) w obiekty wyjściowe (wielkość wyjściowa) znalazła się więc w centrum uwagi inżynierii i ekonomii. Aby opisać proces transformacji, na przestrzeni dziejów opracowano różne modele w tych dwóch dyscyplinach. Proces transformacji można scharakteryzować za pomocą tzw. funkcji produkcyjnych, które opisują wzajemne powiązanie możliwości produkcyjnych w zależności od wielkości nakładów czynników produkcji.[861] Bloech i wsp. formułują definicję terminu "teoria produkcji" na podstawie relacji opisanych powyżej: W ramach teorii produkcji "analizowane są ilościowe relacje pomiędzy ilościami czynników produkcji (nakładów), które mają

[859] Por. Peschke [Wertorientierte Strategiebewertung 1997], s. 94 i nast. oraz Por. Welge i inni [Strategisches Management 2017], s. 762.

[860] Bloech et al [Wstęp do produkcji w 2014 r.], s. 15.

[861] Por. Brecher et al. [Integrative Produktionstechnik 2011], s. 43.

być wykorzystane do produkcji towarów i usług, a ilościami produkcji (produkcji globalnej) oraz pokazywane są wpływy na konsumpcję czynników produkcji".[862]

We wczesnych fazach rozwoju teorii produkcji na pierwszy plan wysunęły się kwestie ekonomiczne, szczególnie stymulowane przez[863] problemy rolnictwa Dopiero po ustanowieniu funkcji produkcyjnej Leontief, którą po raz pierwszy podjął się Gutenberg w świecie niemieckojęzycznym, po raz pierwszy możliwe było oddzielenie teorii produkcji ekonomicznej od teorii produkcji ekonomicznej[864]. W tym celu Leontief rozpuszcza paradygmaty klasycznych i neoklasycznych teorii produkcji, które wcześniej zawsze zakładały zastępowalność jednego czynnika produkcji przez drugi.[865] Nowatorstwo funkcji produkcyjnej opracowanej przez Gutenberga w 1951 r. polega w szczególności na tym, że bierze się pod uwagę intensywność mocy maszyny. W ten sposób wejście i wyjście nie są już bezpośrednio powiązane, lecz uwzględnia się moc wyjściową procesu.[866]
Teorie produkcji ewoluowały w czasie dzięki dynamicznym, a także cybernetycznym czynnikom wpływu. Poniższa lista ma na celu przedstawienie przeglądu głównych etapów rozwoju i ich głównych kierunków:

- Typ A / podejście klasyczne i neoklasyczne
- Typ B / teoria produkcji według Gutenberga

[862] Bloech et al [Wstęp do produkcji w 2014 r.], s. 11.

[863] Por. Fandel [Produktions- und Kostentheorie 2005], s. 26 i nast.

[864] Por. Fandel [Produktions- und Kostentheorie 2005], s. 27.

[865] Por. Brecher et al. [Integrative Production Technology 2011], s. 44.

[866] Por. Brecher et al. [Integrative Production Technology 2011], s. 44.

- Typ C / teoria produkcji według Heinena
- Typ D / analiza wejścia/wyjścia biznesowego według Kloocka
- Typ E / Teoria produkcji według Küppera
- Typ F / funkcja produkcyjna zgodnie z matami
- Teoria produkcji według Dyckhoffa[867]

Ogólna krytyka modeli projektowania lub optymalizacji systemów produkcyjnych opiera się właśnie na ich ukierunkowaniu na relacje wejścia-wyjścia, które opierają się na wyżej wymienionych teoriach produkcji. Dźwignie sterujące stosowanych technologii i związane z nimi parametry techniczne, które są niezbędne do optymalnego zaprojektowania systemu produkcyjnego, są w dużej mierze pomijane.[868]
Oprócz czystego pomiaru wydajności systemów produkcyjnych, coraz częściej na pierwszy plan wysuwają się takie aspekty, jak zmienność i jakość produktów, terminy dostaw oraz niezawodność lub elastyczność w procesie produkcji. "Te atrybuty są zasadniczo zdeterminowane przez stosowane technologie. Ponadto czynniki te nie są w wystarczającym stopniu lub w ogóle nie są brane pod uwagę w istniejących funkcjach produkcyjnych".[869]

[867] Por. Fandel [Production and Cost Theory 2005], s. 26 i nast. oraz Por. Brecher i inni [Integrative Production Technology 2011], s. 45 i nast.

[868] Por. Brecher et al. [Integrative Production Engineering 2011], s. 50.

[869] Brecher et al [Integrative Production Engineering 2011], s. 51.

Przykładem funkcji produkcyjnej skoncentrowanej na technologii są inżynieryjne funkcje produkcyjne, które zostały opracowane mniej więcej w tym samym czasie, co funkcja produkcyjna Gutenberga. W porównaniu z rodzajami funkcji produkcyjnych wymienionych powyżej, skupia się to w mniejszym stopniu na bezpośrednich ekonomicznych relacjach wejścia-wyjścia, ale raczej na zapisie praw technicznych i naukowych leżących u podstaw procesów transformacji[870]. Ale również podejście do Inżynieryjnych Funkcji Produkcyjnych jako specyficznego modelu przedstawia jedynie szczególny problem i dlatego jest zwykle rozpatrywane tylko w oderwaniu od siebie. Uogólnienie i ogólne odwzorowanie wzajemnych powiązań pozostaje zatem dużym wyzwaniem.[871]

Na poziomie modelu wspomaganego komputerowo uformowało się kilka etapów wstępnych z niewielkim rezonansem. Obejmują one GISA (Graficzny Interaktywny System Symulacji i Animacji), który może być wykorzystywany do prezentacji alternatywnych układów produkcyjnych. "Ich dynamiczne zachowanie może być symulowane poprzez zmianę parametrów procesu (np. czasu przetwarzania, strategii transportu). Wyniki tych symulacji, np. statystyki obłożenia lub zachowania w czasie, służą jako podstawa do podejmowania decyzji przy wyborze alternatyw systemowych. "Do[872] tej kategorii należą również prace firmy Skudelny, która łączy systematyki GISA z sieciami neuronowymi rozwijanymi w informatyce i opracowała oparty na symulacjach

[870] Por. Fandel [Produktions- und Kostentheorie 2005], s. 28.

[871] Por. Brecher et al. [Integrative Production Engineering 2011], s. 51.

[872] Eversheim/Lösch [Techniczne planowanie inwestycji 2006], s. 633.

model optymalizacji do planowania elastycznych systemów produkcyjnych[873]. Również metodologia Sesterhennsa dotycząca projektowania systemów produkcyjnych o zmiennej strukturze i działaniu, służąca do symulacyjnej oceny struktur produkcyjnych na podstawie elastycznie parametryzowanego modelu cyklu życia, [874] pozostaje bez zauważalnego pogłosu. Powodem tego jest fakt, że chociaż model Sesterhenn definiuje kilka alternatywnych poziomów strukturalnych i może być przeniesiony do systemu produkcyjnego, jego efekt uwzględnia jedynie zmiany oparte na wykorzystaniu mocy produkcyjnych. Po dokładniejszym zbadaniu, koncepcja ta jest specjalnie dostosowana do zastosowania w budowie karoserii samochodowych. [875] W swojej pracy Lange-Stalinski proponuje przeciwdziałanie rosnącym wahaniom na rynkach z mobilnymi systemami produkcyjnymi poprzez opracowanie "metody projektowania i oceny mobilnych systemów produkcyjnych".[876]
Podsumowując, można stwierdzić, że w porównaniu z czysto ilościowym opisem pierwszych teorii, który koncentrował się w szczególności na optymalności, w nowszych modelach na pierwszy plan wysunęły się realistyczne opisanie procesu i wyjaśnienie aspektów produkcyjno-ekonomicznych. Ze względu na rosnącą złożoność teorii i wynikających z nich modeli, ich zawartość empiryczna, a w konsekwencji ich weryfikowalność lub stopień wiarygodności, maleje.[877]

---

[873] Zob. Eversheim/Lösch [Techniczne planowanie inwestycji 2006], s. 633.

[874] Zob. Eversheim/Lösch [Techniczne planowanie inwestycji 2006], s. 633 f.

[875] Por. Möller [Wirtschaftlichkeit versandlfähigen Produktionssysteme 2008], s. 62.

[876] Zob. Eversheim/Lösch [Techniczne planowanie inwestycji 2006], s. 636.

[877] Por. Brecher et al. [Integrative Production Engineering 2011], s. 45.

Aby uniknąć klasyfikacji w tej serii modeli teoretycznych, ale zorientowanych na zastosowanie, wybiera się podejście do modelu oceny, które opiera się na bazie empirycznej i w ten sposób całkowicie opisuje rozpatrywany obiekt. Rozpatrywany obiekt jest jasno zdefiniowany, ale nie jest izolowany w rozumieniu powyższej definicji chudych, elastycznych komórek produkcyjnych. Zwłaszcza, że możliwe jest połączenie kilku obliczeń modelowych w jeden system produkcyjny.

Jak pokazano w tym rozdziale, w konwencjonalnych teoriach produkcyjnych kryterium wydajności, które próbuje się odwzorować za pomocą funkcji produkcyjnych, stanowi główny problem wyboru. "Teoria produkcji skupia się na strukturze ilościowej Zarządzania Operacjami w tym kontekście. Ponieważ jednak procesy operacyjne związane z produkcją towarów i usług są planowane, zarządzane i kontrolowane nie na podstawie ilości, lecz w szczególności na podstawie zmiennych wartości, kontynuacja widoku opartego na wartości wydaje się właściwa. Aby jednak mapować procesy produkcyjne pod względem wartości, konieczne jest przekształcenie funkcji produkcji w funkcję kosztową. Funkcja kosztowa reprezentuje związane z produkcją, wycenione zużycie dóbr, które jest niezbędne do wytworzenia produkcji globalnej jako wkładu.[878]

Bloech i in. formułują również trafną definicję teorii kosztów: W ramach teorii kosztów "ustala się związek pomiędzy zmiennymi wpływającymi na koszty (przede wszystkim wielkościami wyjściowymi) a poziomem kosztów, przy czym koszty rozumie się jako

878 Himpel/Winter [Operations Management 2008], s. 17.

wielkości wejściowe czynników produkcji wycenione wraz z cenami (tj. wyrażone w jednostkach pieniężnych)".[879]

Zgodnie z tym podejściem, w teorii kosztów, ruchy ilościowe badane przez teorię produkcji są przekształcane w koszty poprzez porównanie nakładów wycenianych w cenach czynników produkcji z wielkością produkcji. Stanowi to podstawę do planowania produkcji i sprzedaży, które może być zaprojektowane tak, aby zmaksymalizować zyski lub zminimalizować koszty dla danej ilości produktu końcowego.[880]

Porównanie czynników produkcji i wielkości produkcji wymaga, aby te ilości towarów były mierzalne. Musi być zatem możliwe przypisanie danych liczbowych do czynników produkcji, które wykazują konsumpcję w stosunku do wielkości produkcji. Jest to zazwyczaj bezproblemowe w przypadku ilości używanych materiałów i może być mierzone za pomocą wielkości fizycznych, takich jak liczba sztuk, waga lub powierzchnia. Pomiar wykorzystania zasobów operacyjnych i pracy ludzkiej z drugiej strony stwarza większe problemy,[881] ale jest realizowany w ramach funkcji modelu oceny i tym samym staje się mierzalny.

Podsumowując, można stwierdzić, że podstawowym zadaniem teorii kosztów jest pokazanie zmiennych wpływających na koszty w celu umożliwienia ich optymalizacji.[882] Wynikające z tego funkcje kosztów składają się zasadniczo z kosztów

[879] Bloech et al [Wstęp do produkcji w 2014 r.], s. 11.

[880] Zob. Berndt/Cansier [Production and sales 2007], s. 50.

[881] Zob. Berndt/Cansier [Production and sales 2007], s. 50.

[882] Zob. Berndt/Cansier [Production and sales 2007], s. 51.

stałych [883] i zmiennych. [884] Obliczenie i prezentacja funkcji kosztowych w wyniku obliczeń porównawczych w tworzonym modelu wyceny staje się zatem istotnym elementem funkcjonalnym. Spójność z zarządzaniem opartym na wartości jest zapewniona przez model obliczania wartości inwestycji opracowany w rozdziale 3.10Integracja twierdzenia o luce umożliwia kalkulację z parametrami wejściowymi przychodów i kosztów jako czynnikami wartościotwórczymi, co zapewnia również odniesienie do aplikacji z punktu widzenia teorii kosztów.

W kolejnych rozdziałach czynniki produkcji są wyprowadzane i operacjonalizowane, aby móc funkcjonować jako parametry wejściowe dla modelu oceny.

5.1. Określenie parametrów oceny chudych, elastycznych komórek produkcyjnych

Celem tego rozdziału jest operacjonalizacja rozważań koncepcyjnych z poprzednich rozdziałów dotyczących tworzenia modelu wyceny. W tych ramach wyprowadza się, opisuje i wyjaśnia parametry wejściowe, a następnie funkcje służące opracowaniu modelu wyceny opartej na wartości przedsiębiorstwa

[883] Koszty stałe to koszty, które pozostają stałe, gdy zmienia się wielkość produkcji. Dalej rozróżnia się koszty bezwzględnie stałe, które są ponoszone w absolutnie takiej samej wysokości niezależnie od wielkości produkcji, oraz koszty stałe, które rosną skokowo wraz ze wzrostem wielkości produkcji w pewnych odstępach czasu. Zob. Berndt/Cansier [Production and sales 2007], s. 59.

[884] Koszty zmienne różnią się w zależności od wielkości produkcji, przy czym kurs może być liniowy, ponadliniowy (progresywny) lub nieliniowy (malejący). Zob. Berndt/Cansier [produkcja i sprzedaż 2007]. P. 59 f.

dla odchudzonych, elastycznych komórek produkcyjnych. Wyniki te pomagają następnie zilustrować specyficzne dla danego problemu relacje przyczynowo-skutkowe pomiędzy obiektem wyceny (chude, elastyczne komórki produkcyjne), standardem wyceny (wzrost wartości firmy) i instrumentem wyceny (model).[885]

Jak już wspomniano, aby określić ekonomicznie optymalny punkt operacyjny systemu produkcyjnego, konieczne jest podejście całościowe. Celem jest powiązanie lub uzupełnienie podejść z istniejących teorii produkcji zorientowanych ekonomicznie z zasadami projektowania holistycznych systemów produkcji. W tym celu konieczne jest opisanie wpływu na systemy produkcji, takie jak: wielkość produkcji w trakcie jej trwania, wariancja lub warianty produktów, jakość, aspekty logistyczne lub skalowalność danego obiektu (chude, elastyczne komórki produkcyjne) w modelu, aby móc ocenić ich wpływ na efektywność ekonomiczną[886]. Proponuje się procedurę iteracyjną dla podejścia do optymalnego, tzn. najbardziej ekonomicznego punktu operacyjnego, w celu zapewnienia kompatybilności metod i narzędzi, które się za tym kryją, poprzez analizy wrażliwości i tworzenie scenariuszy, a także uporządkowanie ich powiązania ze spójną strategią produkcji.

Stevens stwierdza, że przed każdym procesem wyceny, wartości niektórych wybranych cech przedmiotu wyceny muszą być najpierw przypisane do wartości referencyjnej.[887] Tak więc z

---

[885] Por. Wycisk [Elastyczność dzięki samokontroli 2009], s. 143.

[886] Por. Arnoscht i in. [Development of Production Theory 2011], s. 38.

[887] Patrz Stevens [Pomiar 1968], str. 849.

ogólnego procesu ewaluacji dla opracowania modelu e-waluacyjnego można wyprowadzić dwa obszary wymagań: "obszar obiektu ewaluacyjnego i obszar skali ewaluacyjnej, znacząco kształtują konstrukcję i wygląd modelu ewaluacyjnego.[888] W niniejszym opracowaniu przedmiotem wyceny są chude, elastyczne komórki wytwórcze, a miarą wyceny jest wzrost (lub spadek) wartości przedsiębiorstwa w wyniku dokonanej inwestycji. Ponieważ model oceny chudych, elastycznych komórek produkcyjnych jest w dużym stopniu determinowany przez ich cechy konstytutywne (wartości odniesienia), należy zapewnić, że mogą one być poddane pomiarom. W ten sposób, po pierwsze, pewne kryteria przedmiotu ewaluacji są przedstawione w sposób przejrzysty, a po drugie, pozwalają na istotne kształtowanie zadań, tj. relacji pomiędzy elementami systemu e-waluacji.[889] Dopiero po przypisaniu obiektu wyceny do jego wartości referencyjnych (a w wyniku ich operacyjności - parametrów wejściowych modelu) można rozpocząć rzeczywisty (iteracyjny) proces wyceny, w którym wartości wynikowe wybranych scenariuszy są porównywane z ich wartością docelową do optymalizacji (wzrost wartości firmy).[890]

W celu szczegółowej prezentacji na poziomie operacyjnym wartości referencyjne wraz z parametrami korelacji są podzielone na podobszary lub kategorie, aby zapewnić odniesienie do nadrzędnej zasady projektowania.[891] Do usystematyzowania parametrów wykorzystywane są więc zasady projektowania

[888] Wycisk [Elastyczność dzięki samokontroli 2009], s. 146 f.

[889] Por. Wycisk [Elastyczność dzięki samokontroli 2009], s. 146 f.

[890] Patrz Stevens [Pomiar 1968], str. 849.

[891] Zob. Zanker/Reisen [Wdrożenie zintegrowanych systemów produkcji w 2016 r.], s. 91.

określone w rozdziale 4.5 z VDI 2870. W przypadku preselekcji, potencjalne cechy konstytutywne w postaci zmiennych referencyjnych są poddawane ilościowej i jakościowej analizie literatury w celu zapewnienia, że parametry o najwyższej wartości są uwzględnione w modelu.

5.1.1. Analiza ilościowa czynników

W tym rozdziale ważne jest zapewnienie, że wszystkie istotne, a tym samym konstytutywne cechy szczupłych, elastycznych komórek produkcyjnych mogą być zidentyfikowane, opisane w ich odpowiednich cechach, a następnie uruchomione, a tym samym zmierzone jako parametry wejściowe modelu oceny. Wymaga to systematycznego, kompleksowego opisu konstrukcji,[892] który opiera się na ilościowej analizie literatury. Kryteria schematu systematyzacji opierają się na zasadach projektowania VDI 2870. W arkuszu 2, VDI 2870 przypisuje metody i narzędzia do kryteriów projektowych (por. rozdział 4.5), co daje następującą matrycę:

[892] Por. Wycisk [Elastyczność dzięki samokontroli 2009] s. 148.

Gestaltungsprinzipien und Methoden der VDI 2870-2	
Gestaltungsprinzip	**Methode**
Verschwendung vermeiden	Chaku-Chaku
	Low Cost Automation
	Total Productive Maintenance
	Verschwendungsbewertung
Kontinuierlicher Verbesserungsprozess	Audit
	Benchmarking
	Cardboard Engineering
	Ideenmanagement
	PDCA
Standardisierung	5S
	Prozessstandardisierung
Null-Fehler Prinzip	5x Warum
	8D-Report
	A3-Methode
	Autonomation
	Ishikawa-Diagramm
	Kurze Regelkreise
	Poka Yoke
	Six Sigma
	Statistische Prozessregelung
	Werkerselbstkontrolle
Fließprinzip	First In First Out
	One Piece Flow
	Schnellrüsten
	Wertstromplanung
	U-Layout
Pull-Prinzip	Just in Time / Just in Sequence
	Kanban
	Milkrun
	Nivellierung
	Supermarkt
Mitarbeiterorientierung	Hancho
	Zielmanagement
Visuelles Management	Andon
	Shopfloor Management

Rysunek 34: Zasady i metody projektowania zgodnie z VDI 2870-2[893]

35 metod wymienionych w wytycznej VDI 2870-2 jest powszechnie stosowanych w literaturze i praktyce przemysłowej, ale należy je rozumieć jako ogólnie obowiązu-

[893] Źródło: Ilustracja na podstawie VDI [VDI 2870-2 - Holistyczne Systemy Produkcji 2013], s. 4.

jące opisy, które muszą być dostosowane do specyficznego środowiska przedsiębiorstwa[894]. Jeżeli lista metod na Rysunek 34 poddana wymogowi wymierności, szybko można zauważyć, że wiele metod nie nadaje się jako zmienne odniesienia (parametry wejściowe) do projektowania chudych, elastycznych ogniw produkcyjnych. Na poniższym rysunku wszystkie metody wyróżnione na czerwono są wyłączone jako parametry wejściowe dla modelu wyceny. Odpowiednie powody[895] ich niestosowności są wymienione w osobnej kolumnie w odniesieniu do przedmiotu oceny chudych, elastycznych komórek produkcyjnych (SFF):

[894] Zob. Dombrowski/Mielke [Holistyczne Systemy Produkcji 2015], s. 30.

[895] Niektóre ze sformułowań opisowych są oparte na Dombrowski/Mielke [Ganzheitliche Produktionssysteme 2015], s. 32 i nast.

Messbarkeit der Methoden nach VDI 2870-2		
Gestaltungsprinzip	**Methode**	**Begründung**
Verschwendung vermeiden	Chaku-Chaku	Chaku-Chaku-Systeme sind Produktionszellen, die ident zum Betrachtungsobjekt der schlanken, flexiblen Fertigungszellen sind
	Low Cost Automation	
	Total Productive Maintenance	
	Verschwendungsbewertung	Stellt eine Bewertung der jeweiligen Verschwendungsarten anhand von Parametern, z.B. anhand der Kapitalbindung, Lohnkosten, Zeit dar und ist dadurch eine kumulative Betrachtung mehrerer Bezugsgrößen
Kontinuierlicher Verbesserungsprozess	Audit	Auditierung ist als Prozess zur Kontrolle und Analyse von zuvor festgelegten Auditkriterien zu verstehen und soll Ist- in Bezug zum Sollzustand setzen
	Benchmarking	Darunter wird der Vergleich von (Wettbewerbs-) Positionen zwischen Unternehmen oder auch der Vergleich von Unternehmensprozessen innerhalb eines Unternehmens verstanden und hat somit keine Relevanz für die iterative Bewertung der Vorteilhaftigkeit einer Investitionsentscheidung.
	Cardboard Engineering	Im Cardboard Engineering werden Arbeitssysteme durch den Einsatz einfacher, schnell verfügbarer und kostengünstiger Materialien physisch simuliert. Insofern besteht maximal ein bezug zur Vorstufe einer SFF.
	Ideenmanagement	
	PDCA	Ist ein Vorgehen zur nachhaltigen Umsetzung von Verbesserungen
Standardisierung	5S	Ist eine Methode mit standardisierendem Charakter für Ordnung und Sauberkeit und bildet ggf. die Basis für daraus entstehende Optimerungen der Bezugsgrößen
	Prozessstandardisierung	
Null-Fehler Prinzip	5x Warum	Ist eine Problemlösungsmethode zur Ursachenanalyse und somit nicht abbildbar
	8D-Report	Ist eine Methode zur Problemlösung bei Reklamationen zwischen Kunde und Lieferant und daher nicht abbildbar
	A3-Methode	Ist eine Methode zur Unterstützung bei komlexen Entscheidungen
	Autonomation	
	Ishikawa-Diagramm	Das Ursache-Wirkungs-Diagramm dient der Analyse von Problemen, indem mögliche Ursachen bzw. Einflussgrößen in grafischer Fischgrät-
	Kurze Regelkreise	Ist eine Art der angemessenen Eskalation, um eine schnelle und standardisierte Reaktion auf Probleme zu gewährleisten
	Poka Yoke	
	Six Sigma	Ist eine Qualitätsmanagementmethode, mit der die Fehlerrate auf maximal 3,4 Defekte pro eine Million Fehlermöglichkeiten reduziert werden soll. Daher ggf. als Enabler von Optimierungen zu sehen.
	Statistische Prozessregelung	
	Werkerselbstkontrolle	
Fließprinzip	First In First Out	Das FIFO-Prinzip ist als Basis für die Erzeugung des One Piece Flow zu verstehen, welcher sich aus einer Form der Verkettung ergibt
	One Piece Flow	
	Schnellrüsten	
	Wertstromplanung	Ist eine Planungsmethode zur Realisierung eines synchronisierten Fertigungsflusses vom Lieferanten bis zum Kunden. Ist implizit im Konzept der SFF enthalten.
	U-Layout	SFF werden meistens in Form eines U-Layouts aufgestellt und somit ist diese Methode implizit im Konzept der SFF integriert
Pull-Prinzip	Just in Time / Just in Sequence	
	Kanban	
	Milkrun	In unserem Zusammenhang ist darunter ein innerbetrieblicher Transport auf einer festgelegten Route, der in der Regel durch feste Zeiten, feste Mengen und eine feste Strecke charakterisiert ist zu verstehen. Die Methode geht als Voraussetzung für die Teileverfügbarkeit in das Modell ein, ist aber keine Variable.
	Nivellierung	
	Supermarkt	Durch Supermärkte werden im Unternehmen eine Art Kunden-Lieferanten Beziehung hergestellt, bei der nur verbrauchte Mengen nachproduziert bzw -geliefert werden. Kann als Schnittstelle vor bzw. nach einer SFF zum Einsatz kommen, stellt aber keine direkte Bezugsgröße dar.
Mitarbeiterorientierung	Hancho	Ist vergleichbar mit einem Teamleiter, der vor Ort die Verbesserung in einer kleinen Gruppe im Sinne des Coachings unterstützt. Stellt somit keine Bezugsgröße für das Modell dar.
	Zielmanagement	Der Hoshin Kanri Prozess soll das gesamte Unternehmen durch ein strukturiertes Zielmanagement auf eine gemeinsame Unternehmenszielstellung auszurichten. Um die Einbeziehung der unsicheren Zukunftserwartungen zu ermöglichen, werden Szenarien gebildet, die gegen ein Zielbündel gespiegelt werden können. Somit geht das Zielmanagement zwar in den Bewertungsprozess ein, ist aber kein isolierter Parameter.
Visuelles Management	Andon	Andon-Boards stellen eine für jeden Mitarbeiter des Fertigungsbereichs einsehbare, elektronische Darstellung von Ist- und Sollwerten dar und bilden somit keine direkte Bezugsgröße.
	Shopfloor Management	Dient dazu, das Tagesgeschäft der operativen Bereiche in einer strukturierten Art und Weise in das Zielmanagement einzubinden (vgl. Zielmanagement).

Rysunek 35: Zmierzalność metod VDI[896]

[896] Źródło: Ilustracja na podstawie VDI [VDI 2870-2 - Zintegrowane Systemy Produkcji 2013].

Jak pokazuje wynik, tylko 13 z pierwotnych 35 metod jest odpowiednich dla modelu oceny pod względem wymierności lub kwantyfikacji. Dlatego oczywiste jest badanie dalszych cech konstytutywnych poprzez porównywanie literatury. Literatura została wybrana z punktu widzenia jej znaczenia dla tematu chudych, elastycznych komórek wytwórczych (SFF). Analizowane prace są czasami najczęściej cytowanymi źródłami na temat SFF:

- (1) Sekine, K.: One Piece Flow. Projektowanie komór do transformacji procesu produkcyjnego.
- (2) Spengler et al.: On the use of chaku-chaku systems in the assembly of consumer-related products - a case study in frame order production.
- (3) Takeda, H.: System produkcji synchronicznej. W samą porę dla całej firmy.
- (4) Takeda, H.: LCIA Low Cost Intelligent Automation. Zalety produktywności dzięki prostej automatyzacji.
- (5) Black/Hunter: Lean Manufacturing Systems i Cell Design.
- (6) Hyer/Wemmerlöv: Reorganizacja Fabryki. Konkurencja poprzez produkcję komórkową.
- (7) Zespół ds. Rozwoju Produktywności: Produkcja komórkowa. Jednoczęściowy przepływ dla belek roboczych.

W arkuszu 2, VDI 2870 odnosi się do metod holistycznych systemów zarządzania, które są przedstawione w katalogu jako przykłady. [897] Chociaż niektóre z proponowanych metod odnoszą się do referencyjnego przedmiotu SFF (np. metoda Chaku-Chaku lub U-Layout), odniesienie do stosowania wytycznych jest wyraźnie oparte na podstawach, ogólnym wprowadzeniu i ocenie holistycznych systemów produkcji. Ponieważ literatura bezpośrednio odnosząca się do SFF została specjalnie wybrana do analizy, wytyczna VDI nie jest zawarta w tabeli oceny.

Analiza ilościowa przeprowadzona w pierwszym etapie powinna ujawnić dalsze cechy konstytutywne dla SFF. W tym celu zebrano wymienione przez wyżej wymienionych autorów cechy opisowe, przypisane do kryteriów sortowania zasad projektowania VDI 2870 i nałożono na nie 13 mierzalnych, metodologicznych wartości referencyjnych. Według Kromreya, wybór teoretycznej podstawy wyjaśnienia (w odniesieniu do pracy są to konstytutywne cechy lub wartości odniesienia) dla projektu badawczego musi być dokonany na podstawie celowo wybranego, zorientowanego na cel (w sensie katalogu kryteriów, który jest odpowiedni i znaczący dla projektu badawczego) katalogu kryteriów. W[898] tym miejscu należy wyraźnie zaznaczyć, że ta zasada wyboru jest ostatecznie oceną wartości w procesie pracy naukowej, która może mieć istotny wpływ na jej wynik naukowy.[899] Wpływ ten odnosi się zarówno do wyboru źródeł literatury, jak i do wybranych cech konstytutywnych.

---

[897] Por. VDI [VDI 2870-2 - Holistyczne systemy produkcji 2013], s. 9 i nast.

[898] Por. Kromrey [Badania społeczne 2000], s. 262 f.

[899] Por. Wycisk [Elastyczność dzięki samokontroli 2009], s. 209.

W wyniku ukierunkowanego badania źródeł literatury wyselekcjonowano 16 dodatkowych cech konstytutywnych i nałożono w tabeli oceny 13 metodologicznych wartości referencyjnych VDI 2870-2. W tym względzie należy zauważyć, że dwa źródła Takedy zostały poddane wspólnej ocenie. Powodem tego jest bezpośrednia zależność obu źródeł, którą Takeda wyraża w następujący sposób: "Elementy Synchronicznej Produkcji i Inteligentnej Automatyki zazębiają się... jak tryby". Prosta automatyka (lub LCIA dla taniej inteligentnej automatyki) znajduje się poniżej".[900]

Istnieje wysoki stopień zgodności między autorami co do większości cech, co wyraża się w liczbie ich odpowiednich cytatów. Rozróżnienie między wysoką istotnością cech charakterystycznych dla opisu SFF a podrzędną istotnością zostało dokonane dla co najmniej 4 wzmianek. Wszystkie wartości referencyjne poniżej 4 nominałów są zaznaczone na Rysunek 36 czerwono. Wyniki strajku zawierają wartości referencyjne, z których niektóre są ujęte w powiązanych cechach. Dlatego też kilku autorów postrzega charakterystyczne "zarządzanie pomysłami" jako podkategorię "procesu ciągłego doskonalenia". Na przykład Black i Hunter formułują wspólny mianownik zarządzania pomysłami i Kaizen w angażowaniu pracowników: "System sugestii i w istocie wszystkie działania Kaizen zachęcają do ciągłego doskonalenia poprzez zaangażowanie pracowników.[901] Dombrowski i Mielke widzą w zasadzie projektowania procesu ciągłego doskonalenia (CIP) podporządkowa-

[900] Takeda [Low Cost Intelligent Automation 2006], s. 16.

[901] Black/Hunter [Lean Manufacturing Systems and Cell Design 2003], S. 192.

nie wewnętrznego zarządzania pomysłami (spontaniczne generowanie pomysłów, rozumiane jako dalszy rozwój zakładowego systemu sugestii) i kontrolowanego generowania pomysłów (Kaizen).[902] Podobne nakładanie się na siebie zawartości zmiennych referencyjnych "standaryzacja procesów" i "praca standaryzowana", "dobrze wyszkoleni pracownicy" i "pracownicy elastyczni", jak również "proste działanie/obsługa" i "automatyzacja niskich kosztów". W tym względzie zmniejszenie wartości referencyjnych można przypisać rozmyciu definicji terminów i związanemu z tym ograniczeniu od innych wartości referencyjnych.

Wynik analizy literatury w zestawieniu z mierzalnymi, metodycznymi wartościami odniesienia VDI 2870-2 (por.Rysunek 35) daje następujący obraz:

[902] Zob. Dombrowski/Mielke [Holistyczne Systemy Produkcji 2015], s. 50.

Literaturvergleich quantitativ

Gestaltungsprinzipien	Bezugsgrößen	1 Sekine One Piece Flow	2 Spengler Chaku-Chaku	3 Takeda Synchrone Prod.	4 Takeda LCIA	5 Black/Hunter Lean Manuf.	6 Hyer/Wemmerlöv Reorgan. Factory	7 Prod. Dev. T. Cellular Manuf.	Anz. Nennungen
Verschwendung vermeiden	Low Cost Automation / Automation (Jidoka)	x	x	x		x	x	x	6
	TQM / TPM (Total Productive Maintenance)	x	x	x		x	x	x	6
	unnütze Zeiten/Tätigkeiten vermeiden	x	x	x		x	x	x	6
	klare/kurze (Transport)-Wege	x	x	x		x	x	x	6
	kurze DLZ / Zykluszeiten	x	x	x		x	x	x	6
	min. Anzahl an Werker	x	x	x		x	x		5
KVP	Ideenmanagement					x			1
	KVP (CIP) / Kaizen			x		x	x	x	4
Standardisierung	Prozessstandardisierung, -verknüpfung	x	x	x					3
	klare Abgrenzung zw. Einlegen und Entnehmen		x	x		x		x	4
	Stand. Arbeit Trennung HT & MT	x	x	x		x	x	x	6
Null-Fehler Prinzip	Autonomation / Stopp der Linie	x	x	x		x		x	5
	Statistische Prozessregelung / Six Sigma					x	x		2
	Werkerselbstkontrolle	x	x	x		x			4
	Poka Yoke - Fehlhandlungssicherheit	x	x	x		x	x	x	6
	Werker gut ausgebildet					x	x	x	3
Fließprinzip	One Piece Flow, One Piece Production	x	x	x		x		x	5
	Reduzierung des WIP, standardisierte Puffer	x		x		x	x	x	5
	Schnellrüsten, Zero changeover	x	x	x		x	x	x	6
Pull-Prinzip	Just-In-Time / Just in Sequence	x	x	x		x	x	x	6
	Kanban	x	x	x		x	x		5
	Nivellierung / Glättung	x		x		x	x	x	5
	Stückzahlflexibilität	x	x	x		x	x	x	6
	Variantenflexibilität	x	x	x		x	x	x	6
Mitarbeiterorientierung	Mehrprozessbedienung	x	x	x		x	x	x	6
	einfaches händeln/bedienen	x	x			x			3
	Arbeitssicherheit		x	x		x	x		4
	ergonomischer Arbeitsplatz		x	x		x	x		4
VM	Visuelles Management							x	1

Rysunek 36: Ilościowa analiza literatury[903]

903 Źródło: Reprezentacja własna

Podsumowując, w wyniku analizy literatury ilościowej otrzymano 23 wartości referencyjne, które będą dalej rozpatrywane pod kątem ich przydatności do konstytutywnego opisu konstrukcji chudych, elastycznych komórek produkcyjnych. Do dalszych działań proponuje się jakościową analizę literatury, po której następuje krótki opis wartości referencyjnych. Krótki opis obejmuje badanie operacyjności, a tym samym wymierności zmiennych referencyjnych, a tym samym stanowi również przejście do parametrów wejściowych modelu oceny. Jeżeli w procesie tym wystąpią jakiekolwiek synergie lub zależności parametrów wejściowych od wykonania przedmiotu wyceny, są one ujawniane w analizie.

5.1.2. Analiza jakościowa czynników

Wyniki analizy literatury ilościowej dostarczają informacji na temat zgodności wartości referencyjnych z zasadami projektowania (siatka oceny) i stanowią podstawę analizy jakościowej.[904]

Poniższe punkty mają kluczowe znaczenie dla przejrzystości podejścia metodologicznego:

- Autor starał się zastosować następujący schemat oceny dla danej wartości referencyjnej w zakresie od 1 do 10:

  1W sposób dorozumiany wspomniany

  2Wyraźnie wymienione w znaczeniu podrzędnym

  3Wyraźnie wymienione

  4Detailed description

  5Szczegółowy opis i podkreślenie znaczenia

[904] Zob. Mussnig [Dynamisches Target Costing 2001], s. 70.

6Wielokrotny nacisk na znaczenie

7Dedykacja głównej sekcji lub rozdziału

8Dedykacja jednego lub kilku rozdziałów

9Dedykacja jednego lub kilku rozdziałów z wyraźnym podkreśleniem znaczenia

10 Jest opisany jako podstawowy wymóg dla zasady projektowania

- Ze względu na dużą ilość odpowiednich publikacji, istnieje odpowiedni zakres oceny. Nie można wykluczyć, że doświadczenie autora może mieć wpływ na zakres programu oceny.

Wyniki analizy jakościowej literatury przedstawiają profil wydajności danej wartości referencyjnej w formie wariancji ocen. W poniższej tabeli oceny podsumowano poszczególne wyniki i odniesienia, zapewniając tym samym wstępny przegląd i przejrzystość.

Literaturvergleich qualitativ																	
GP	Bezugsgrößen	Literatur: Sekine One Piece Flow		Spengler Chaku-Chaku		Takeda Synchrone Prod. & LCIA		Takeda LCIA		Black/Hunter Lean Manuf.		Hyer/Wemmerlöv Reorgan. Factory		Prod. Dev. T. Cellular Manuf.		Min.	Max.
		1		2		3		4		5		6		7			
Verschwendung vermeiden	LCIA / Automation (Jidoka)	5	80	4	254 261	9	13		38 ff. 164	5	41, 273, 310 ff.	3	556	6	18 f.	3	9
	TQM / TPM	5	91 118	3	259	8	177 ff.			6	181, 185 ff	4	38	8	44, 54	3	8
	unnütze Zeiten / Tätigkeiten vermeiden	9	55 ff. 60, 90			8	153 ff.			1	307	5	542	6	2, 9, 10	1	9
	klare/kurze Wege	6	71 143 ff.	6	254	6	155 f.		156 ff. 162	4	26 f.	3	160	5	9, 14,	3	6
	kurze DLZ			4	257	8	12 70			3	243	8	182, 189, 192, 366	4	38 f.	3	8
	min. Anzahl an Werker	8	19 ff. 55 57, 90	2	261	3	117			3	212, 261, 307	2	156			2	8
KVP	KVP (CIP) / Kaizen					6	157 ff.			7	191, 323	6	547 ff.	5	8, 38	5	7
Standardisierung	Abgrenzung zw. Einlegen und Entnehmen			5	254	3	146			2	270			2	18	2	5
	Stand. Arbeit Trennung HT & MT	7	62 f. 129	6	254	9	139 ff.		32	5	26, 59, 212, 323	4	168 f. 386, 556 f.	3	33	3	9
Null-Fehler Prinzip	Autonomation	3	18	8	254	7	175			6	277, 310, 320			4	42	3	8
	Werkerselbstkontrolle	3	18	4	258	7	169 ff.			2	151					2	7
	Poka Yoke	8	18 117	7		7	172 ff.		181 f.	3	282, 321	4	555	6	43	3	8
Fließprinzip	One Piece Flow	7	13, 58, 91, 242	7	255 257	10	55 ff.			4	27, 31			8	3 f., 8,	4	10
	Reduzierung des WIP	9	58 90			8	58 ff.		156	7	215, 226, 230	7	271, 293, 305, 339	5	9, 36 f	5	9
	Schnellrüsten	9	90 117			8	80 ff.		47 f.	9	28 ff. 117 ff. 125 ff.	7	54, 193, 554	6	40 f.	6	9
Pull-Prinzip	Just-In-Time / Just in Sequence	3	5 f. 163			9	21			8	199, 215 313 ff.	8	40 f.			3	9
	Kanban	5	115			9	236 f.			9	215 ff. 313 ff.	7	330 ff.			5	9
	Nivellierung / Glättung	2	6 f., 50, 157 f.			9	23, 43 ff. 117			8	35, 199, 100, 201, 314	5	319 ff.	3	31	2	9
	Stückzahlflexibilität			7	258 273	4	20, 23 43		26	7	314, 102 62, 75	4	292, 382			4	7
	Variantenflexibilität			7	257 273	4	20, 23 43		26	7	314, 102 62, 75	5	61, 135, 292, 382, 562	6	5	4	7
Mitarbeiterorientierung	Mehrprozessbedienung, flex. Werker	3	50	7	256 257 f.	6	73 f. 114			3	26, 28, 30	8	49, 169, 203 ff. 322	5	15, 35	3	8
	Arbeitssicherheit			1	259				27 30 ff.	4	248, 263	3	164, 258			1	4
	ergonomischer Arbeitsplatz			3	259				37 160	9	248, 259 261 ff.	3	164			3	9

Legende:

1 Implizit erwähnt
2 Explizit erwähnt in nachrangiger Bedeutung
3 Explizit erwähnt
4 Ausführliche Beschreibung
5 Ausführliche Beschreibung und Betonung der Wichtigkeit
6 Mehrfache Betonung der Relevanz
7 Widmung eines größeren Abschnitts oder Kapitels
8 Widmung eines oderer mehrer Kapitel
9 Widmung eines oder mehrer Kapitel mit ausdrücklicher Betonung der Wichtigkeit
10 Wird als Grundvoraussetzung beschrieben

Rysunek 37: Jakościowa analiza literatury jako tabela oceny[905]

Poprzez wyświetlanie wartości minimalnych i maksymalnych na skali oceny (osie) diagramu sieciowego, tworzony jest profil wydajności specyficzny dla każdej zmiennej referencyjnej.

[905] Źródło: Reprezentacja własna

Pozwala to na wizualizację wyników analizy i upraszcza porównanie poszczególnych wartości referencyjnych.[906]

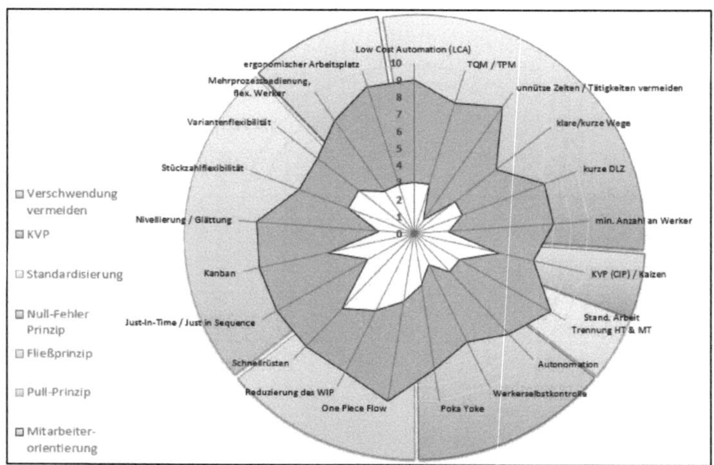

Rysunek 38: Analiza jakościowa literatury[907]

Jak pokazuje wizualny profil radarowy jako skondensowany wynik potencjału wydajnościowego zmiennych referencyjnych, wartości poszczególnych autorów są czasami bardzo odległe. To duże zróżnicowanie nie powinno być interpretowane jako sprzeczność lub zmniejszenie znaczenia tabeli oceny, ale raczej jako wzajemne przenikanie się różnych obszarów zainteresowania autorów. W ten sposób Sekine widzi główne czynniki napędzające koncepcję SFF w wartościach referencyjnych zasad projektowania zasady przepływu w połączeniu z unikaniem odpadów. Hyer/Wemmerlöv bardzo mocno koncentruje się na kwalifikacjach pracowników w połączeniu z zasadą

[906] Zob. Mussnig [Dynamisches Target Costing 2001], s. 70 f.

[907] Źródło: Reprezentacja własna

przyciągania. Kolejne rozdziały pokażą, że istnieje wysoki stopień wzajemnego oddziaływania wartości referencyjnych, co pozwala na zrozumienie różnych perspektyw.
Zgodnie z zapowiedzią, analizie jakościowej literatury towarzyszy krótki opis parametrów referencyjnych. Krótkie opisy w kolejnej części przedstawiają przejście do operacyjności w sensie variabilizacji zmiennych referencyjnych w postaci parametrów wejściowych modelu wyceny. Ewentualne synergie lub zależności parametrów wejściowych od wykonania przedmiotu wyceny (SFF) są ujawniane w tym procesie.

5.1.3. Parametry w kontekście unikania odpadów

Jak już wskazano w wizualizacji zasad projektowania zgodnie z VDI 2870 (por.Rysunek 30), unikanie odpadów jest podstawą wszystkich pozostałych zasad projektowania. Taiichi Ohno wyraźnie podkreśla znaczenie unikania odpadów: "Prawdziwa poprawa wydajności ma miejsce, gdy nie ma już odpadów i zwiększamy (wartość dodana; uwaga autora) pracę do 100 procent.[908] VDI 2870-1 deklaruje również wszystkie procesy, które nie wnoszą wartości dodanej[909] jako odpady, przy czym oprócz odpadów klasycznych (określanych przez japoński termin muda) należy również unikać odpadów wynikających z przeciążenia

[908] Ohno [The Toyota Production System 1993], s. 45.

[909] Działalność nieprzynosząca wartości dodanej, jak również działalność nieprzynosząca wartości dodanej, lecz niezbędna, nie prowadzi do wzrostu wartości z punktu widzenia klienta, a zatem stanowi odpad. Zob. Liker [The Toyota Way 2004], s. 27 f.

(muri) i odpadów wynikających z braku równowagi (mura).[910] Istnieje bezpośredni związek pomiędzy tak zwanymi trzema M, a zatem istnieje wymóg, aby całościowa poprawa wszystkich trzech M była głównym przedmiotem działań usprawniających[911]. Rozdział 9.3 załącznika opisuje siedem rodzajów odpadów według Ohno w sposób bardziej szczegółowy. W tym kontekście właściwe jest skorygowanie często błędnej interpretacji intencji lean management. Lean Management nie ma na celu, jak się czasem błędnie rozumie, redukcji hierarchii, ale raczej zaprojektowanie szczupłych procesów przy jednoczesnym unikaniu wszelkiego rodzaju odpadów.[912]

Poniżej zostaną bardziej szczegółowo przeanalizowane te punkty odniesienia, które są bezpośrednio związane z koncepcją SFF i mają na celu unikanie odpadów. Przyporządkowanie do zasad projektowania opiera się w miarę możliwości na wytycznych VDI. W praktyce, różnice w kategoryzacji można zaobserwować nawet wśród firm doświadczonych w branży GPS. Na przykład, VDI 2870 przypisuje metodę Low Cost Automation (LCA) do zasady projektowania polegającej na unikaniu odpadów.[913] W systemie produkcyjnym Festool metodę LCA można znaleźć w kategorii One-Piec-Flow[914]. Z jednej strony wskazuje to na trudności w określeniu metod i wartości referencyjnych na podstawie zasad projektowania, a z drugiej strony na ścisłą współzależność. Znajduje to również odzwierciedlenie w dalszej dyskusji.

---

[910] Por. VDI [VDI 2870 - Holistyczne systemy produkcji 2012], s. 15.

[911] Zob. Dombrowski/Mielke [Holistyczne Systemy Produkcji 2015], s. 33.

[912] Zob. Korge/Lentes [Holistyczne systemy produkcji 2009], s. 588.

[913] Por. VDI [VDI 2870 - Holistyczne systemy produkcji 2012], s. 18.

[914] Zob. Korge/Lentes [Holistyczne systemy produkcji 2009], s. 581.

5.1.3.1. Wartość referencyjna Niskokosztowa Automatyzacja (LCA)

Low Cost Automation (LCA) ma na celu zapewnienie tanich rozwiązań w zakresie automatyzacji. Inżynierowie mają doświadczenie w projektowaniu systemów automatyki TPS, które są znacznie tańsze niż rozwiązania konwencjonalne[915]. Zachodni inżynierowie tradycyjnie starają się uzyskać optymalną inwestycję dla planowanego punktu pracy systemu poprzez pełne wykorzystanie możliwości technicznych. "Niestety, prognozy są szczególnie trudne, gdy są ukierunkowane na przyszłość. To niesie ze sobą ryzyko irytującej dezinwestycji."[916] Takeda uważa, że niezbędne inwestycje zgodnie z zasadami LCA stanowią średnio jedną dziesiątą normalnych kosztów[917], co znacznie zmniejsza ryzyko złych inwestycji. Niskie koszty rozwiązań automatyzacji opierają się na prostych zasadach fizycznych, takich jak grawitacja czy dźwignia finansowa i są przede wszystkim oparte na know-how pracowników.[918] Oto przykład dla ilustracji:

[915] Zob. Dombrowski/Mielke [Holistyczne Systemy Produkcji 2015], s. 42.

[916] Korge/Lentes [Holistyczne systemy produkcji 2009], s. 582.

[917] Zob. Takeda [The Synchronous Production System 2006], s. 13.

[918] Zob. Takeda [Niskokosztowa Inteligentna Automatyka 2006], s. 35 i następne.

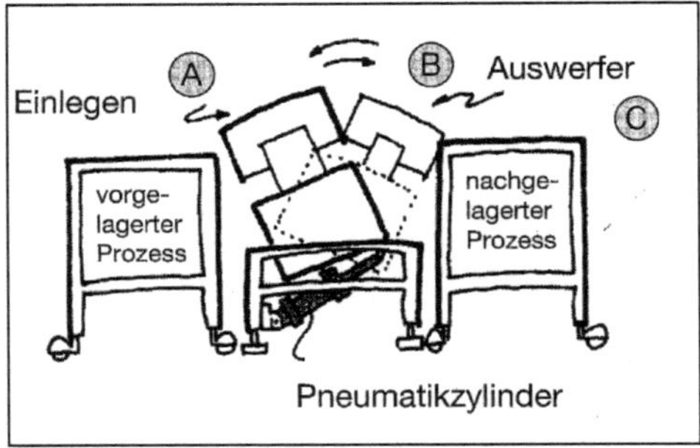

Rysunek 39: Przykład prostej automatyzacji[919]

Aby nie automatyzować marnotrawstwa, wskazane jest usprawnienie działań pracowników przed niskokosztową automatyzacją. W [920] tym celu Takeda proponuje dwie podstawowe zasady: po pierwsze, ustanowienie znormalizowanych procedur [921] i, w oparciu o to, wyraźne rozdzielenie i późniejsze przekształcenie pracy ludzkiej w maszynową.[922] Metoda ta ma zastosowanie nie tylko w obszarach zwiększających wartość dodaną. Również w logistyce, na przykład, wymagany transport, który wcześniej był wykonywany przez pracownika, może zostać zastąpiony przez prosty mechaniczny i bezzałogowy pojazd transportowy.[923] Niskokosztowa inteligentna automatyzacja (LCIA) zaproponowana przez Takedę, poprzez zapewnienie maszynom i urządzeniom możliwości wykrywania i reagowania

---

[919] Źródło: Takeda [Low Cost Intelligent Automation 2006], s. 43.

[920] Zob. Dombrowski/Mielke [Holistyczne Systemy Produkcji 2015], s. 42.

[921] Patrz Takeda [Niskokosztowa Inteligentna Automatyka 2006], str. 28.

[922] Patrz Takeda [Niskokosztowa Inteligentna Automatyka 2006], str. 21.

[923] Por. [VDI 2870-2 - Holistyczne systemy produkcji 2013], s. 102.

na odchylenia, została omówiona bardziej szczegółowo w kontekście omówienia autonomii wartości odniesienia w sekcji 5.1.6.1

Wartość referencyjna w modelu wyceny jest realizowana za pomocą parametrów operacji manualnych lub automatycznych oraz parametrów pobierania i transportu w arkuszu podziału pracy. Przy odpowiednio wysokim poziomie automatyzacji, może to mieć wpływ na liczbę zatrudnionych pracowników. Po przekształceniu pracy ludzkiej w pracę maszynową skraca się czas potrzebny na demontaż i transport. Ponieważ automatyzacja ta jest zazwyczaj realizowana przy niskich nakładach kapitałowych,[924] koszty inwestycji można pominąć.

5.1.3.2. Wartość referencyjna Całkowita produktywna obsługa techniczna (TPM)

Wartość referencyjna Total Productive Maintenance (TPM) odnosi się do obszaru odpowiedzialności Total Quality Management (TQM) w obszarze produkcji.[925] Koncepcja TQM jest metodą zarządzania organizacją opartą na udziale wszystkich pracowników, która stawia jakość w centrum uwagi i widzi długofalowy sukces biznesowy poprzez zadowolenie klienta.[926] Po TQM, Al-Radhi i Heuer opisują TPM jako "koncepcję, która stale poprawia ogólną efektywność zakładu poprzez holistyczne podejście i zaangażowanie wszystkich pracowników".[927]

[924] Zob. Dombrowski/Mielke [Holistyczne Systemy Produkcji 2015], s. 42.

[925] Zob. Tschandl i in. [Procurement Event Monitoring 2010], s. 276.

[926] Por. Garrel i in. [Elastyczność produkcji w 2014 r.], s. 121.

[927] Al-Radhi/Heuer [Total Productive Maintenance 1995], s. 13.

W celu optymalnego wykorzystania obiektów należy zwalczyć sześć źródeł strat:

- Straty z powodu awarii instalacji,
- Straty z powodu jałowej pracy i postoju,
- Straty nastawcze i nastawcze,
- straty z powodu zmniejszonej prędkości cyklu,
- straty wynikające z trudności w rozpoczęciu działalności oraz
- Utrata jakości w postaci odrzutów lub przeróbek.[928]

W celu wyeliminowania źródeł strat, Al-Radhi i Heuer proponują model 5-filarowy, skupiający się na następujących działaniach:

- Eliminacja priorytetowych problemów,
- Autonomiczna konserwacja,
- Planowany program konserwacji,
- Zapobieganie konserwacji oraz
- Edukacja i szkolenie pracowników.[929]

W kontekście SFF, Takeda wyjaśnia rozumienie TQM: "Konserwacja oznacza ... utrzymanie sprzętu w doskonałym i bezawaryjnym stanie. Oznacza to 100% dostępności, dzięki czemu system może być używany w każdej chwili. Wymaga to regularnego czyszczenia, sprawdzania i oliwienia". [930] Black/Hunter podkreślają pozytywne długoterminowe skutki TPM w kontekście

[928] Vgl. Black/Hunter [Lean Manufacturing Systems and Cell Design 2003], S. 185.

[929] Por. Al-Radhi/Heuer [Total Productive Maintenance 1995], s. 28 i nast.

[930] Zob. Takeda [The Synchronous Production System 2006], s. 177 i następne.

SFF: "Długoterminowe skutki i porównania kosztów niewątpliwie sprzyjają prewencyjnej konserwacji". Wynikające z tego korzyści to m.in[931]. znajomość maszyn i potencjalnych problemów przez pracownika, wyższa kontrola procesu, a tym samym wyższa jakość oraz większa elastyczność i bezpieczeństwo pracy komórki.[932]

Operacja na wartości referencyjnej w modelu wynika z parametru dostępności komórki w arkuszu Podstawowe operacje danych. Parametr dostępności odnosi się do technicznej dostępności komórki. Rzeczywisty poziom wydajności komórki jest określany w połączeniu z wydajnością pracowników (patrz rozdział 5.2.6).

5.1.3.3. Wartość referencyjna Unikać niepotrzebnego czasu i działań

Wartość referencyjna Unikanie zbędnego czasu i działań można interpretować jako cechę charakterystyczną dla 7 rodzajów odpadów (zob. rozdział 9.3 w załączniku). Wartość referencyjna została uwzględniona w tabeli oceny głównie ze względu na jej duże znaczenie dla Sekine w kontekście SFF. W swojej metodologii "Process Razing" postrzega marnotrawstwo powodowane przez "standby waste" (czas oczekiwania pracowników) jako podstawowe zło. [933] Ten tak zwany piaskowy odpad powstaje, gdy pracownicy stoją bezczynnie podczas pracy mas-

[931] Black/Hunter [Lean Manufacturing Systems and Cell Design 2003], S. 182.

[932] Vgl. Black/Hunter [Lean Manufacturing Systems and Cell Design 2003], S. 182.

[933] Zob. Sekine [One Piece Flow 1992], s. 55 i nast.

zyny, nie mają nic do roboty ze względu na problemy z poziomowaniem stanowisk pracy lub czekają na elementy, które są dostarczane z opóźnieniem lub muszą zostać poddane ponownej obróbce.[934] Pierwsze podejście mające na celu wyeliminowanie jednej z przyczyn tego marnotrawstwa niepotrzebnego czasu i działań zostało już wprowadzone w rozdziale 5.1.3.1 przy pomocy Low Cost Automation. Dalsze metody zostały przedstawione w szczególności w rozdziałach 5.1.3.4, 5.1.6.1 i 5.1.9.1Takeda odnosi się również do poczucia własnej wartości pracowników w związku ze zbędnymi czasami i działaniami. Szacunek dla pracowników wymaga zatem, aby nie zajmowali się oni pracą bez znaczenia. Zakładając, że[935] ogólnie rzecz biorąc, 80 % przemieszczeń pracowników to rodzaje odpadów, potwierdza to wysoką wartość wartości referencyjnej.[936]

Wartość referencyjna jest wprowadzana do modelu wyceny za pomocą parametrów czynności manualnych oraz usuwania i transportu. Przydzielenie pracowników do stanowisk pracy skutkuje parametrem wydajności pracowników. Im jest to niższe, tym bardziej niepotrzebne działania i czas są marnowane (patrz również rozdział 5.2.6).

[934] Zob. Sekine [One Piece Flow 1992], s. 90.

[935] Zob. Takeda [The Synchronous Production System 2006], s. 153.

[936] Zob. Takeda [The Synchronous Production System 2006], s. 153.

5.1.3.4. Punkt odniesienia wyraźny, niewielkie odległości

Analogicznie do poprzedniej wartości referencyjnej, Sekine postrzega krótkie odległości jako istotny punkt wyjścia dla racjonalizacji procesu.[937] Optymalizacji ścieżek w komórce towarzyszy zwykle optymalizacja układu. Miejsca pracy związane z produkcją są rozmieszczone w taki sposób, aby odległości między stanowiskami były jak najkrótsze, a pracownicy mogli obsługiwać kilka maszyn jedna po drugiej.[938] Jedną z najbardziej rozpowszechnionych form aranżacji jest kształt litery U. Oprócz niewielkich odległości dla pracowników, zaletą jest możliwość ułożenia początku i końca materiału oraz przepływu produkcji naprzeciwko siebie. W[939] ten sposób powstaje interfejs z logistyką, do którego odnosi się takie samo zapotrzebowanie na zoptymalizowane pod względem przepływu materiałów projektowanie tras transportowych. Synergie można tworzyć tutaj poprzez rozmieszczenie stanowisk dostaw i odbioru, ale także maszyn, buforów i magazynów w obrębie SFF.[940] Zespół ds. Produktywności trafnie podsumowuje powiązania między krótkimi odległościami a układem U: "...urządzenia w komórce są zazwyczaj ułożone w formie zakrzywionej, tak że ścieżka operatora jest jak U lub C... Kształty te zbliżają punkt końcowy procesu do punktu początkowego, co minimalizuje odległość, jaką operator musi przebyć, aby rozpocząć kolejny cykl.[941]

[937] Zob. Sekine [One Piece Flow 1992], s. 71.

[938] Zob. Dombrowski/Mielke [Holistyczne Systemy Produkcji 2015], s. 42.

[939] Por. [VDI 2870-2 - Holistyczne systemy produkcji 2013], s. 80.

[940] Zob. Schürle [Kanban - droga to cel 2009], s. 280 f.

[941] Vgl. Zespół Rozwoju Produktywności [Produkcja Komórkowa 1999], S. 14.

Wartość referencyjna krótkich odcinków jest obsługiwana przez pobieranie i transport parametrów wejściowych. Im krótsze są drogi pracowników, tym krótsze stają się te czasy.

5.1.3.5. Wartość referencyjna krótki czas przepustowości

Czas realizacji jest sumą wszystkich czasów przetwarzania, oczekiwania i bezczynności, przez które przechodzi produkt. W związku z tym zakres stanów magazynowych (jest on obliczany poprzez podzielenie ilości zapasów przez cykl klienta) jest bezpośrednio uwzględniany w czasie realizacji.[942] Wpływ wartości referencyjnej Zmniejszenie zapasów omówiono szczegółowo w rozdziale 5.1.7.2 na realizacji wartości referencyjnej w krótkim czasie przepustowości zastępuje niekiedy priorytetowe traktowanie wykorzystania maszyn. W każdym razie, takie podejście nie jest już właściwe z punktu widzenia małych rozmiarów partii i ciągłego przepływu. W [943]tym kontekście Dickmann mówi o syndromie czasu realizacji, zgodnie z którym wymagana jest możliwość mapowania algorytmów dla zmiennych czasów realizacji w systemach ERP. Wymóg ten pomija fakt, że wahania w czasie przepustowości nie są przyczyną, ale konsekwencją braku zarządzania zatorami i innych zakłócających wpływów.[944] W odniesieniu do SFF, Takeda przywiązuje najwyższą wagę do krótkich terminów realizacji: "Drastyczne skrócenie terminów realizacji ma najwyższy priorytet".[945] Uzależnia to nawet sukces w tworzeniu systemu produkcji synchronicznej od skrócenia czasu

[942] Por. Kletti/Schumacher [Die perfekte Produktion 2014], s. 52.

[943] Zob. Dombrowski/Mielke [Holistyczne Systemy Produkcji 2015], s. 35.

[944] Zob. Dickmann [Grundlegende Steuerungsverfahren 2009], s. 144.

[945] Takeda [The 2006 Synchronous Production System], s. 12.

produkcji.[946] Hyer i Wemmerlöv podkreślają strategiczną przewagę konkurencyjną w związku z osiąganiem krótkich terminów realizacji zamówień, co ma pozytywny wpływ m.in. na krótkoterminowe wahania preferencji klientów.[947]

Wartość referencyjna jest reprezentowana w modelu oceny przez czas cyklu. Czas cyklu wynika z przydziału i liczby pracowników na stanowiskach pracy (patrz rozdział 5.2.6) oraz czasu trwania poszczególnych etapów pracy i dlatego podlega wielowariantowej optymalizacji.

5.1.3.6. Wartość referencyjna Minimalna liczba pracowników

Jedną z podstawowych zasad TPS jest skupienie się na miejscu tworzenia wartości, znanym w języku japońskim jako Gemba (miejsce działania). W centrum uwagi znajduje się zarówno miejsce pracy, jak i działania pracownika operacyjnego. [948] Ciągła redukcja odpadów w procesach (por. m.in. rozdziały 5.5.1.3.4 i 5.1.3.5) oraz automatyzacja produkcji (por. rozdziały 5.1.3.1 i 5.1.6.1) nieuchronnie prowadzi do zmniejszenia wymaganej liczby pracowników w procesie. Jest to jedyny sposób na dalsze obniżenie kosztów produkcji. Aby skłonić[949] i zaangażować pracowników do ciągłej optymalizacji własnych działań, należy wyeliminować obawy o ich pracę. W związku z

[946] Zob. Takeda [The Synchronous Production System 2006], s. 70.

[947] Vgl. Hyer/Wemmerlöv [Reorganizacja Fabryki 2002], S. 182.

[948] Zob. Dickmann [Grundlegende Steuerungsverfahren 2009], s. 220.

[949] Por. Sekine et al. [Produkować bez odpadów 1995], s. 21.

tym TPS zapewnia gwarancję zatrudnienia, ale nie gwarancję zatrudnienia.[950]

Sekine zajmuje najbardziej radykalne stanowisko w sprawie redukcji liczby pracowników w ramach SFF. Mówi o nadmiernym poziomie zatrudnienia, który musi zostać wyeliminowany poprzez racjonalizację procesów.[951] Takeda uważa, że redukcja i uelastycznienie zatrudnionego personelu jest czasami największą dźwignią redukcji kosztów produkcji.[952] Black/Hunter postrzega znormalizowaną pracę jako skuteczny sposób na osiągnięcie minimalnego wkładu pracy, co zostanie omówione bardziej szczegółowo w rozdziale 5.1.5[953]

Wartość referencyjna jest obsługiwana przez liczbę pracowników przypisanych do stanowisk pracy. Warunkiem koniecznym do zmniejszenia liczby pracowników jest zdolność do pracy wieloprocesowej (patrz rozdział 5.1.9.1).

5.1.4. Parametry w kontekście ciągłego doskonalenia (CIP)

Ze względu na filtr ustawiony na co najmniej 4 wzmianki w ilościowej ocenie wartości referencyjnych, zarządzanie pomysłami nie zostało uwzględnione w tabeli oceny. Zgodnie z VDI 2870 Arkusz 1, zarządzanie pomysłami jest ujęte w wartości referencyjnej procesu ciągłego doskonalenia.[954] Dombrowski i

[950] Zob. Becker [Phänomen Toyota 2006], s. 132.

[951] Zob. Sekine [One Piece Flow 1992], s. 55.

[952] Zob. Takeda [The Synchronous Production System 2006], s. 117.

[953] Vgl. Black/Hunter [Lean Manufacturing Systems and Cell Design 2003], S. 212.

[954] Por. VDI [VDI 2870 - Holistyczne systemy produkcji 2012], s. 14.

Mielke widzą największe możliwości integracji pracowników w połączeniu zarządzania pomysłami w sensie spontanicznego generowania pomysłów z procesem ciągłego doskonalenia (CIP) w sensie kontrolowanego generowania pomysłów. Pod[955] tym względem niniejszy rozdział należy rozumieć jako wyczerpujący nawias wszystkich metod osiągania procesu ciągłego doskonalenia, a tym samym stanowi on również wartość odniesienia.

VDI 2870 opisuje podstawową ideę zintegrowanych systemów produkcji (GPS) z niesłabnącym dążeniem do doskonałości. Ta ciągła zmiana na lepsze jest zakotwiczona w wartości referencyjnej (która w tym przypadku stanowi relację jeden do jednego z nadrzędnych zasad projektowania) procesu ciągłego doskonalenia (CIP). CIP jest również znany jako CIP (Continuous Improvement Process) lub Kaizen.[956] Termin Kaizen pochodzi z języka japońskiego, gdzie "Kai" oznacza "zmianę", a "Zen" "na lepsze".[957] Masaaki Imai podkreśla różnicę między japońskim sposobem na poprawę poprzez małe kroki a zachodnim dążeniem do radykalnej poprawy poprzez innowacje: "Chociaż poprawa w ramach kaizen jest niewielka i stopniowa, proces kaizen przynosi z czasem dramatyczne rezultaty. Koncepcja kaizen wyjaśnia, dlaczego firmy nie mogą długo pozostawać w Japonii na stałym poziomie. Tymczasem zachodnie kierownictwo uwielbia innowacje: wielkie zmiany w następstwie przełomów technologicznych i najnowszych koncepcji zarządzania lub technik produkcji. Innowacja jest dramatyczna, prawdziwie

[955] Zob. Dombrowski/Mielke [Holistyczne Systemy Produkcji 2015], s. 50.

[956] Por. VDI [VDI 2870 - Holistyczne systemy produkcji 2012], s. 14.

[957] Zob. Dickmann [Elements of Lean Production Systems 2009], s. 20.

przyciągająca uwagę. Kaizen natomiast, jest często niedramatyczny i subtelny. Innowacja jest jednak jednorazowa, a jej wyniki są często problematyczne, podczas gdy proces kaizen, oparty na zdroworozsądkowym i tanim podejściu, zapewnia stopniowy postęp, który opłaca się w dłuższej perspektywie.[958] Istotne zmiany zachodzą również w firmach japońskich w wyniku postępu technologicznego, innowacji lub przeprojektowania procesów, ale ta forma poprawy znana jest jako kaikaku.[959]
W odniesieniu do podejścia CIP w środowisku SFF, Black/Hunter koncentruje się na przydatności heterogenicznych zespołów do rozwiązywania problemów. Dzięki temu problemy mogą być skutecznie rozwiązywane przy udziale inżynierów, personelu technicznego i pracowników.[960] Ponadto podkreślają Państwo efekt programu CIP, zmuszając pracowników do wzięcia odpowiedzialności za swoje miejsce pracy.[961] Takeda mówi wprost o znaczeniu CIP: "Bez kaizen nie ma zysku". W celu[962] ustabilizowania osiągniętej poprawy widzi ścisły związek ze znormalizowaną pracą,[963] co zostało omówione w następnym rozdziale.

Wskaźnik uczenia się w modelu oceny jest wykorzystywany jako podstawowy parametr oceny wpływu środków OIK. Wskaźnik uczenia się jest główną zmienną w koncepcji krzywej doświadczenia. Koncepcja krzywej doświadczenia reprezentuje

958 Imai [Gemba Kaizen 2012], s. 2.

959 Zob. Dombrowski/Mielke [Holistyczne Systemy Produkcji 2015], s. 51.

960 Vgl. Black/Hunter [Lean Manufacturing Systems and Cell Design 2003], S. 191.

961 Vgl. Black/Hunter [Lean Manufacturing Systems and Cell Design 2003], S. 323.

962 Takeda [The Synchronous Production System 2006], s. 163.

963 Zob. Takeda [The Synchronous Production System 2006], s. 158 i następne.

dynamiczną zmianę kosztów zmiennych, która jest wymierna w całym cyklu życia produktu. Podstawowym założeniem jest to, że gdy skumulowana wielkość produkcji podwoi się, rzeczywiste koszty jednostkowe zmniejszają się o stały procent.[964] Koncepcja oraz podstawowe funkcje i formuły obliczeniowe zostały szczegółowo opisane w rozdziale 5.2.8Z końcowej analizy współzależności pomiędzy wartościami odniesienia i parametrami wynika, że środki Kaizen mają wpływ na dużą liczbę parametrów (por. Rysunek 41).

5.1.5. Parametry w kontekście normalizacji

Analogicznie do stosunku zasady projektowania do wartości referencyjnej ciągłego doskonalenia, znormalizowana praca ma również stosunek jeden do jednego. Powody tego są następujące:

- metoda 5S zaproponowana przez VDI 2870 nie jest odpowiednia jako wartość odniesienia dla konstytutywnego opisu SFF (zob. Rysunek 35),
- autorzy postrzegają standaryzację procesów jako nadrzędną zasadę projektowania znormalizowanych prac oraz
- rozróżnienie wartości referencyjnej między wstawianiem a usuwaniem nie osiągnęło wymaganej oceny jakościowej (zob. Rysunek 37).

W związku z tym wartość referencyjną znormalizowanej pracy należy rozumieć jako kompleksową koncepcję normalizacji,

[964] Zob. Mussnig [Dynamisches Target Costing 2001], s. 252.

która odnosi się do procesów, przepływów pracy ludzkiej, technologicznych sekwencji produkcyjnych, a także związanych z nimi kluczowych danych liczbowych.[965]

W celu osiągnięcia trwałości środków ulepszających, VDI 2870 zaleca sensowne połączenie obszarów projektowania ciągłego doskonalenia i standaryzacji[966]. Inny definiuje standard w rozumieniu Systemu Produkcyjnego Toyoty (TPS) jako środek do osiągnięcia stanu docelowego poprzez prowadzenie procesu w ten sam sposób za każdym razem.[967] Zgodnie z tym standard stanowi "najlepszą możliwą zasadę wykonania procesu zgodnie z aktualnym stanem wiedzy... i w formie znormalizowanej pracy obejmuje chronologicznie zdefiniowaną sekwencję sekwencji ruchów, charakterystykę procesu (np. liczbę pracowników, wielkość partii, czasy ustawiania, czas cyklu), kluczowe dane procesu (np. czasy przetwarzania standardowej ilości, odchylenia czasowe pomiędzy różnymi cyklami, znormalizowane bufory) oraz kluczowe dane wynikowe, które reprezentują wynik procesu (np. koszty, wskaźniki jakości, wydajność).[968] Garrel i in. odnoszą się w tym kontekście do napięcia między standaryzacją a elastycznością, które nie jest podstawową sprzecznością. Opanowanie standardów w złożonym i dynamicznym środowisku pracy zapewnia raczej przegląd i tym samym kontrolę nad różnorodnością wymagań.[969]

965 Por. Brecher et al. [Integrative Production Technology 2011], s. 21.

966 Por. VDI [VDI 2870 - Holistyczne systemy produkcji 2012], s. 27 f.

967 Zob. Rother [Toyota Kata 2010], s. 114 f.

968 Dombrowski/Mielke [Ganzheitliche Produktionssysteme 2015], s. 66 f. oraz cytowana tam literatura.

969 Por. Garrel i in. [Elastyczność produkcji w 2014 r.], s. 120.

W kontekście SFF, Sekine domaga się konsekwentnego przekształcania pracy ludzkiej (Human Time - HT) w pracę maszynową (Machine Time - MT). W tym celu proponuje m.in. instalację automatycznych mechanizmów umieszczania i wyłączania. [970] Dla Takedy wprowadzenie znormalizowanej pracy w celu uzyskania GPS ma największą wagę.[971] Trzy elementy: czas cyklu, sekwencja ruchów i znormalizowane bufory tworzą minimalny zakres definicji znormalizowanej pracy. [972] Black/Hunter wskazuje na bezpośrednie powiązanie z wartością odniesienia minimalnej liczby pracowników: "Standardowe operacje są zaprojektowane tak, aby umożliwić wykorzystanie minimalnej liczby pracowników na obszarach produkcyjnych i w ogniwach montażowych.[973] Pozytywne efekty standaryzacji pracy pojawiają się również w zakresie szkolenia nowych pracowników i uczenia się pracy wieloprocesowej. I wreszcie, co nie mniej[974] ważne, istnieje pozytywny wpływ normalizacji na bezpieczeństwo pracy.[975]

Z jednej strony, wartość referencyjna jest obsługiwana poprzez bezpośrednie zmniejszenie ilości czynności manualnych, gdy są one przekształcane w czynności maszynowe. Z drugiej strony, pozytywne efekty standaryzacji mogą być rozważane w modelu poprzez wskaźnik uczenia się.

---

[970] Zob. Sekine [One Piece Flow 1992], s. 62 i s. 129.

[971] Zob. Takeda [The Synchronous Production System 2006], s. 137.

[972] Zob. Takeda [The Synchronous Production System 2006], s. 144.

[973] Black/Hunter [Lean Manufacturing Systems and Cell Design 2003], S. 212.

[974] Vgl. Hyer/Wemmerlöv [Reorganizacja Fabryki 2002], S. 557.

[975] Zob. Takeda [The Synchronous Production System 2006], s. 152.

5.1.6. Parametry w kontekście zasady "zero błędów".

Chociaż bezbłędna produkcja bez przeróbek i odrzutów jest główną zasadą projektowania GPS, pozostanie ona teoretycznym optimum. Błędy będą się zdarzać nawet w najbardziej zaawansowanych systemach GPS, ale tam błędy są postrzegane jako okazja do zidentyfikowania słabych punktów w procesach i uczenia się w sposób zrównoważony. [976] Negatywny wpływ błędów na centralne docelowe wymiary jakości, czasu i kosztów (por.

w rozdziale 2.2) są oczywiste.[977] Zasada "zero błędów" koncentruje się zatem na znaczeniu unikania wadliwych produktów u klienta oraz na efektach uczenia się na błędach w celu uniknięcia ich ponownego wystąpienia[978]. Najcenniejsze wartości referencyjne oparte na analizach literatury są następnie bardziej szczegółowo analizowane i badane pod kątem ich operacyjnej wykonalności dla modelu oceny.

5.1.6.1. Autonomia wartości referencyjnej

Autonomia oznacza transfer ludzkiej inteligencji do maszyny[979]. Autonomia opisuje więc wyposażenie urządzeń i maszyn w

[976] Zob. Dombrowski/Mielke [Holistyczne Systemy Produkcji 2015], s. 80.

[977] Zob. Dombrowski/Mielke [Holistyczne Systemy Produkcji 2015], s. 81.

[978] Por. VDI [VDI 2870 - Holistyczne systemy produkcji 2012], s. 13 f.

[979] Por. Garrel i in. [Elastyczność produkcji w 2014 r.], s. 107.

ludzki dotyk[980]. W tym celu urządzenia i maszyny są wyposażone w czujniki lub zasady działania[981] umożliwiające automatyczne zatrzymanie w sytuacjach nietypowych[982]. Celem autonomii jest unikanie lub co najmniej minimalizowanie odpadów w postaci błędów produkcyjnych, uszkodzeń urządzeń produkcyjnych i przeróbek.[983] W połączeniu z innymi metodami, takimi jak metoda Andona, problemy mogą być wskazywane natychmiast, a tym samym można rozpocząć ich natychmiastowe rozwiązanie.[984]
Takeda postrzega autonomię jako unikanie masowej produkcji złych części, z wyraźnym rozróżnieniem na warunki normalne i nietypowe. Pod tym względem widzi on bezpośredni związek między autonomią a poprawą sytuacji w zakresie zysków.[985] W języku japońskim autonomia jest również znana jako "jidoka" i stanowi podstawę do eliminacji "stand by waste", gdzie pracownicy nadzorują maszyny.[986]

Autonomia wartości referencyjnej jest operacjonalizowana w modelu oceny przez wskaźnik odrzucenia parametrów i (zmniejszoną) liczbę pracowników. Wskaźnik odrzutów odpowiada stosunkowi ilości wyprodukowanych złych części do całkowitej ilości produkcji. Liczba pracowników może zostać zmniejszona poprzez zmniejszenie liczby operacji ręcznych lub poprzez

[980] Zob. Dickmann [Elements of Lean Production Systems 2009], s. 9.
[981] Zob. Dombrowski/Mielke [Holistyczne Systemy Produkcji 2015], s. 86.
[982] Zob. Dickmann [Elements of Lean Production Systems 2009], s. 9.
[983] Por. powitanie [Schlanke Unikatfertigung 2010], s. 50.
[984] Zob. Dombrowski/Mielke [Holistyczne Systemy Produkcji 2015], s. 86.
[985] Zob. Takeda [The Synchronous Production System 2006], s. 175.
[986] Vgl. Black/Hunter [Lean Manufacturing Systems and Cell Design 2003], S. 320.

zmniejszenie liczby operacji związanych z usuwaniem i transportem, podczas gdy wydajność pozostaje praktycznie bez zmian.

5.1.6.2. Wartość referencyjna Samokontrola pracownika

Samokontrola pracowników jest uwzględniona w tabeli wyceny ze względu na jej wysoką wartość dla Takedy: "Jest to konkretyzacja świadomości, że jakość produktu jest wytwarzana w procesie. Jest to gwarancja jakości ze strony pracownika". [987] Uzasadnia on większą skuteczność samokontroli pracowników w porównaniu z kontrolą jakości brakiem praktycznej świadomości jakościowej pracowników wysokiej jakości w wielu miejscach.[988] Podobnie, Sekine wzywa do odrzucenia rozumienia jakości jako późniejszej, arbitralnej kontroli i apeluje o włączenie jej do procesu produkcyjnego.[989] Analogicznie do metody autonomii, samokontrola pracownika ma na celu natychmiastowe zatrzymanie linii lub komórki w przypadku wykrycia usterki. Zapobiega to przekazywaniu złych części do dalszego procesu.[990] Black/Hunter zwraca w tym kontekście uwagę, że po pierwsze, pracownicy muszą otrzymać niezbędne uprawnienia, aby faktycznie zatrzymać linię. Po drugie, przychodząca kontrola kolejnego procesu może lub musi zostać pominięta[991].

---

[987] Takeda [The Synchronous Production System 2006], s. 172.

[988] Zob. Takeda [The Synchronous Production System 2006], s. 172.

[989] Zob. Sekine [One Piece Flow 1992], s. 18.

[990] Zob. Takeda [The Synchronous Production System 2006], s. 171.

[991] Vgl. Black/Hunter [Lean Manufacturing Systems and Cell Design 2003], S. 151.

Spengler et al. charakteryzują ciągłą kontrolę jakości zintegrowaną z samokontrolą pracownika jako istotną cechę chudej, elastycznej komórki produkcyjnej.[992]

Samokontrola pracownika wartości referencyjnej zmniejsza szybkość odrzucania parametrów wejściowych analogicznie do autonomii. Podobnie, koszty stałe stosowane do SFF mogą zostać zmniejszone poprzez zmniejszenie liczby pracowników wysokiej jakości.[993]

5.1.6.3. Wartość referencyjna zabezpieczająca przed niewłaściwym użyciem (Poka Yoke)

"Japoński termin składa się ze słowa "poka", które oznacza "pomyłkę" lub "nieumyślną pomyłkę", oraz terminu "jarzmo", które oznacza "unikać" lub "redukować". W[994] przeciwieństwie do metod autonomii lub samokontroli pracowników, wartość referencyjna bezpieczeństwa przed błędami nie jest ukierunkowana na inteligencję maszynową lub ludzką w celu wykrycia odchyleń, lecz stara się wykluczyć błędy za pomocą technicznych i konstrukcyjnych środków ostrożności. Odnosi się to[995] do błędów takich jak pomyłki, nieostrożność, zapomnienie, pominięcia lub

[992] Por. Spengler et al. [Chaku-Chaku-Systems 2005], s. 258.

[993] Koszty ponoszone przez pracowników wysokiej jakości są w modelu traktowane jako koszty stałe ze względu na inercję ich zdolności do wpływania na czas.

[994] Dickmann [Elements of Lean Production Systems 2009], s. 46.

[995] Zob. Dombrowski/Mielke [Holistyczne Systemy Produkcji 2015], s. 88.

błędy w przetwarzaniu, które mogą wystąpić pomimo samokontroli lub autonomii pracownika.[996] Poka Yoke podchodzi do unikania tego typu błędów:

- kolorowe oznakowanie części należących do siebie w celu zmniejszenia prawdopodobieństwa pomyłki podczas produkcji,
- konstrukcja urządzeń przytrzymujących, które umożliwiają instalację niektórych części tylko w jeden sposób
- stosowanie czujników lub fotokomórek, które wykrywają i sygnalizują, na przykład, części zamontowane w niewłaściwym miejscu lub brakujące części, oraz
- inteligentna konstrukcja produktu, która umożliwia jedynie pewną sekwencję montażu[997]

Takeda postrzega metodę Poka Yoke jako kolejny warunek wstępny funkcjonowania przepływu jednoczęściowego (zob. sekcja 5.1.7), ponieważ "jakość jest wbudowana w produkt już w trakcie procesu produkcji".[998] Dlatego nie skupiamy się na klasycznej 100% kontroli, ale raczej na unikaniu błędów: "nie kontroluj dobrze, ale zrób to dobrze za pierwszym razem[999]" - to motto. Zespół ds. Produktywności za kluczowy element skutecznego zapobiegania błędom uważa proaktywne rozważanie, kiedy i gdzie mogą wystąpić warunki powodujące błędy oraz ich natychmiastowe wykrycie i wyeliminowanie.[1000]

---

[996] Zob. Takeda [The Synchronous Production System 2006], s. 173.

[997] Zob. Garrel i in. [Elastyczność produkcji 2014], s. 118 oraz cytowana tam literatura.

[998] Takeda [Low Cost Intelligent Automation 2006], s. 181.

[999] Dickmann [Elements of Lean Production Systems 2009], s. 46.

[1000] Vgl. Zespół Rozwoju Produktywności [Produkcja Komórkowa 1999], S. 43.

Metody Kaizen idą w parze z natychmiastową eliminacją[1001] (patrz rozdział5.1.4).

Analogicznie do dwóch poprzednich wartości referencyjnych w kontekście zasady "zero błędów", wartość referencyjna zabezpieczająca przed błędami jest uwzględniana w modelu oceny jako wskaźnik odrzucenia.

5.1.7. Parametry w kontekście zasady przepływu

"Zasada przepływu odnosi się do kompleksowej struktury korporacyjnej, która została zaprojektowana tak, aby umożliwić szybki, ciągły i nisko-turbulencyjny przepływ materiałów i informacji wzdłuż całego łańcucha wartości".[1002] Warunkiem zastosowania zasady przepływu jest m.in. ukierunkowany przepływ poszczególnych sztuk materiału, zdefiniowane stany magazynowe, krótkie czasy przezbrajania, elastyczni pracownicy oraz zorientowane na proces, ujednolicone treści pracy[1003]. Pierwsze trzy czynniki zostały omówione bardziej szczegółowo w kolejnych rozdziałach. Ponadto, aby uniknąć opóźnień spowodowanych przeciążeniem lub niedostatecznym obciążeniem w procesach poprzedzających i następujących po nim, bardzo ważne jest zrównoważenie obciążenia pracą lub wyrównanie poziomu[1004]. W kontekście tych prac, poziomowanie jako wartość odniesienia jest przypisane do zasady projektowania zasady przyciągania i jest bardziej szczegółowo omówione w

[1001] Zob. Dickmann [Elements of Lean Production Systems 2009], s. 46.

[1002] VDI [VDI 2870 - Holistyczne systemy produkcji 2012], s. 14.

[1003] Zob. Dombrowski/Mielke [Holistyczne Systemy Produkcji 2015], s. 96.

[1004] Dombrowski/Mielke [Holistyczne Systemy Produkcji 2015], s. 96.

rozdziale 5.1.8.3Zasada przepływu jest również ściśle związana z wartościami odniesienia dotyczącymi unikania niepotrzebnego czasu lub krótkich odległości (porównaj rozdziały 5.1.3.3 i 5.1.3.4). Jednocześnie zasada przepływu ma na celu zwiększenie elastyczności poprzez przenoszenie pojedynczych elementów zamiast partii[1005].

W teorii maksymalnym wyrażeniem zasady przepływu jest tzw. przepływ jednoczęściowy. Wracając do pomysłów Ohno, One Piece Flow opisuje idealny stan przepływu chudego materiału[1006]. Ta zasada przepływu jednostkowego została omówiona z punktu widzenia wartości referencyjnej w następnej sekcji.

5.1.7.1. Wartość referencyjna One Piece Flow

Jak opisano we wstępie w odniesieniu do zasady projektowania zasady przepływu, jednoczęściowy przepływ (OPF) jest jego podstawową podstawą. Zgodnie z zasadą OPF obrabiany przedmiot jest natychmiast przekazywany do następnego etapu procesu / cyklu roboczego po obróbce, aby mógł być tam dalej przetwarzany w sposób płynny, osiągając tym samym wielkość serii pierwszej.[1007]

Wielkość partii pierwszej oznacza w kategoriach zapasów, że przed etapem technologicznym dostępny jest maksymalnie jeden obrabiany przedmiot z poprzedniego procesu, a po etapie technologicznym tylko jeden przedmiot do następnego procesu. W celu osiągnięcia ukierunkowanego przepływu materiałów, różne stacje produkcji lub montażu są rozmieszczone w

[1005] Zob. Dombrowski/Mielke [Holistyczne Systemy Produkcji 2015], s. 97.

[1006] Dombrowski/Mielke [Holistyczne Systemy Produkcji 2015], s. 96.

[1007] Por. Garrel i in. [Elastyczność produkcji w 2014 r.], s. 116.

kolejności ich przetwarzania. Przepływ Jednoczęściowy (One Piece Flow) opisuje zatem formę powiązania, która wynika ze zgodności z zasadą FIFO (First In First Out) i wielkości partii jednego.[1008]

Sekine czasami postrzega zniesienie kontroli produkcji skoncentrowanej na planowaniu jako warunek wstępny utworzenia OPF. W tym kontekście proponuje się zastąpienie Planowania zapotrzebowania na materiały (MRP) zasadą przyciągania klientów (patrz sekcja5.1.8).[1009] Zespół ds. Produktywności trafnie opisuje wynikający z tego stan: "Przepływ jednoczęściowy to stan, który istnieje, gdy produkty przechodzą przez proces produkcyjny po jednej jednostce na raz, w tempie określonym przez potrzeby klienta.[1010] "Zespół ds. Produktywności podkreśla również, że koncepcja szczupłych, elastycznych komórek produkcyjnych pomaga skupić się na przepływie materiałów[1011]. Takeda uważa, że przepływ jednoczęściowy jest punktem wyjścia dla systemu produkcji synchronicznej, ponieważ ta zasada pozwala na regularną i terminową pracę na każdej stacji przetwarzania.[1012] Jako koncepcję wdrożeniową proponuje on wprowadzenie pojedynczych linii lub komórek do jednoczęściowego przepływu poprzez uwzględnienie wszystkich trzech aspektów: Maszyny i przedmioty obrabiane, praca ludzka i system są uwzględnione.[1013]

[1008] Dombrowski/Mielke [Holistyczne Systemy Produkcji 2015], s. 96.

[1009] Zob. Sekine [One Piece Flow 1992], s. 13 f.

[1010] Zespół Rozwoju Produktywności [Produkcja Komórkowa 1999], S. 3.

[1011] Vgl. Zespół Rozwoju Produktywności [Produkcja Komórkowa 1999], S. 4.

[1012] Zob. Takeda [The Synchronous Production System 2006], s. 55.

[1013] Zob. Takeda [The synchronous production system 2006], s. 55 i następne.

Zmienne wejściowe działające jako parametry w zależności od zmiennej referencyjnej przepływu jednostkowego to wielkości partii, zapasy buforowe pomiędzy stacjami przetwarzania oraz zapasy bezpieczeństwa wyrobów gotowych i materiałów RRB. Jednak większa wielkość partii w rozumieniu zlecenia wydania nie oznacza automatycznie, że przepływ poszczególnych jednostek jest tym samym anulowany w sensie bezpośredniego przeniesienia z jednego etapu pracy na drugi. Zasada przepływu pojedynczych sztuk jest zachowana tak długo, jak długo tylko jedna sztuka znajduje się w tym samym stadium obróbki.[1014]

5.1.7.2. Punkt odniesienia Zmniejszenie zapasów

Magazyny i zapasy work-in-process[1015] (WIP) nie tylko wiążą kapitał, ale także powodują koszty następcze związane z przestrzenią magazynową, kontenerami, transportem, administracją, złomowaniem itp. Co więcej, często ukrywają one dalsze słabe punkty procesu poprzez buforowanie produkcji. W związku z tym[1016] duże zapasy WIP są nie tylko uznawane za jeden z 7 rodzajów odpadów (zob. załącznik, rozdział9.3), ale są również postrzegane jako niezbędny warunek wstępny dla przepływu

[1014] Zob. Sekine [One Piece Flow 1992], s. 58.

[1015] Zapasy w toku produkcji to zapasy w obiegu lub zapasy produkcyjne (komponentów lub niegotowych produktów), które powstają z powodu czasu oczekiwania lub braku możliwości dalszego przetwarzania pomiędzy poszczególnymi etapami procesu i które prowadzą do zaangażowania kapitału, zasobów lub przestrzeni i dlatego należy ich unikać. Zob. Dombrowski/Mielke [Ganzheitliche Produktionssysteme 2015], s. 113, gdzie praca w toku i praca w procesie jest synonimicznie stosowana w literaturze.

[1016] Por. Kletti/Schumacher [Die perfekte Produktion 2014] s. 76.

poszczególnych sztuk w rozumieniu spójnego organu kontrolnego: "Przy jednym kawałku w każdym buforze, przepływ produkcji i połączenie między stacjami przetwarzania są utrzymywane".[1017] Sekine przykłada również największą wagę do WIP w procesie przekształcania produkcji: "Obserwując fabrykę, powinniśmy zwracać największą uwagę na pracę w procesie.[1018] Black/Hunter zobacz redukcję WIP jako metodę ciągłego doskonalenia. Aby to zrobić, porównują inwentaryzację WIP z poziomem rzeki. Jeśli poziom jest obniżony, pojawiają się płycizny i skały, które przez analogię mogą być postrzegane jako wady systemu produkcyjnego.[1019] Kinkel i in. postrzegają zasadę zerowego bufora jako kluczowy element realizacji zasady "pull" (por. rozdział5.1.8): "Zasada zerowego bufora ma na celu kontrolowanie przepływów materiałów w przedsiębiorstwach za pomocą spójnej zasady "pull", tj. zezwalanie na zbieranie wkładów i komponentów tylko wtedy, gdy istnieje konkretne zapotrzebowanie ze strony danego klienta. ... Koncepcja ta ma zatem na celu przede wszystkim zmniejszenie zapasów materiałów w magazynach pośrednich i poprawę elastyczności dostaw poprzez konsekwentne skupianie się na przepływie materiałów i czasie ich przepływu.[1020]

Podsumowując, wartość referencyjna zmniejszenia zasobów ma pozytywny wpływ na kilka zasad projektowania, przy czym bezpośredni wpływ na wartości docelowe musi zostać zbadany

[1017] Takeda [The Synchronous Production System 2006] s. 58.

[1018] Sekine [One Piece Flow 1992] s. 58.

[1019] Por. Black/Hunter [Lean Manufacturing Systems 2003] s. 230 i nast.

[1020] Kinkel et al [Elastyczność w ramach organizacji 2007], s. 7.

w trakcie analizy zależności. Operacja w modelu odbywa się poprzez parametry wejściowe zapasów buforowych pomiędzy poszczególnymi stacjami przetwarzania oraz zapasów bezpieczeństwa. Kontynuacja wartości referencyjnej w łańcuchu dostaw odbywa się z wykorzystaniem parametrów częstotliwości dostaw substancji RRB lub terminów dostaw wyrobów gotowych w arkuszu roboczym Work in Progress.

5.1.7.3. Szybkie ustawianie wartości referencyjnej

Szybka konfiguracja nazywana jest również minimalizacją czasu konfiguracji i jest metodą optymalizacji nieuniknionego, nie wnoszącego wartości dodanej procesu konfiguracji poprzez oszczędność czasu[1021]. Logicznie rzecz biorąc, zastosowanie metody szybkiej konfiguracji prowadzi do osiągnięcia pożądanego rezultatu tylko wtedy, gdy na linii produkcyjnej lub w komórce znajdują się warianty. [1022] Garrel i in. sugerują następujące podejście w celu osiągnięcia oszczędności czasu instalacji:

- Szkolenie pracowników biorących udział w ustawieniu,
- Standaryzacja wymiarów montażowych narzędzi i osprzętu,
- Wsparcie techniczne na wszystkich poziomach firmy oraz
- Ustalenie chronologicznej kolejności zleceń, tak aby można było zoptymalizować proces konfiguracji.[1023]

[1021] Por. VDI [VDI 2870 - Holistyczne systemy produkcji 2012], s. 67.

[1022] Por. VDI [VDI 2870-2 - Holistyczne systemy produkcji 2012], s. 4.

[1023] Por. Garrel i in. [Elastyczność produkcji w 2014 r.], s. 118 f. oraz przytoczona tam literatura.

Takeda uważa, że skrócenie czasu ustawiania jest podstawowym warunkiem zmniejszenia wielkości partii, co z kolei jest podstawowym warunkiem zmniejszenia zapasów (zob. sekcja 5.1.7.2) i zasady ciągnięcia (zob. sekcja5.1.8). Takeda dostrzega również silną korelację między poprawą technologii konwersji a efektywnością inwestycji w zakładzie.[1024] Postulat ten jest podejmowany w trakcie analiz wrażliwości (por. rozdział 6.1) i szczegółowo analizowany w powiązaniu z wariantami produktów.

Ponieważ, ze względu na coraz większą indywidualizację produktów (por. rozdział 2.2), nierealistyczne jest zarządzanie bez konwersji, celem jest "jednominutowa wymiana matryc" (SMED) lub jednoręczna konwersja.[1025] Ojciec metodologii SMED, Shigeo Shingo, proponuje 3-poziomowy system do wdrożenia:

- Rozdzielenie konwersji wewnętrznych i zewnętrznych,
- Przeniesienie z konwersji wewnętrznej na zewnętrzną oraz
- Zoptymalizuj wszystkie aspekty przejścia na euro.[1026]

Podsumowując, czynnikiem decydującym o szybkim ustawieniu wartości referencyjnej jest to, że czasy przestojów lub odstępy czasu między wymianami linii są możliwie jak najkrótsze, aby móc wyprodukować wymagane części w wymaganej ilości w wymaganym czasie[1027]. Natychmiastowa operacja wartości zadanej odbywa się poprzez parametr "Czas trwania zmiany

---

[1024] Zob. Takeda [The Synchronous Production System 2006], s. 80.

[1025] Zob. Takeda [The Synchronous Production System 2006], s. 82.

[1026] Zob. Shingo [Produkcja niepakietowa 1988], s. 374.

[1027] Zob. Takeda [The Synchronous Production System 2006], s. 84.

narzędzia", który określa czas od części dobrej do dobrej. Ponieważ optymalizacji czasu konfiguracji mogą towarzyszyć również inwestycje techniczne w urządzenia i narzędzia, parametr "inwestycje w rozbudowę"[1028] pozwala na uwzględnienie poniesionych kosztów.

5.1.8. Parametry w kontekście zasady przyciągania

Zasadniczo istnieją dwie różne zasady wytwarzania produktu o kilku etapach produkcji. W pierwszej zasadzie, tzw. zasadzie push, pierwszy etap procesu produkcyjnego uruchamiany jest na podstawie prognozowanych zamówień klientów [1029] . "Począwszy od tego impulsu, produkt jest przepychany przez wszystkie kolejne etapy produkcji, aż do momentu, gdy może być sprzedany klientowi lub przechowywany jako gotowa część, aż pojawi się potrzeba klienta".[1030] Ponieważ ten rodzaj kontroli wielokrotnie powoduje zakłócenia w procesie, zazwyczaj podejmowane są próby zwiększenia szybkości reakcji na wywołania poprzez wysoki poziom zapasów. Nieuchronnie prowadzi to do utrzymywania zapasów dla wielu kombinacji produktów, co powoduje zwiększenie kapitału związanego z aktywami obrotowymi. Rozwój ten idzie w parze z rosnącymi kosztami zarządzania magazynem i rosnącymi czasami przepustowości.[1031]

[1028] Zob. Black/Hunter [Lean Manufacturing Systems 2003], s. 126 i nast.

[1029] Zob. Liker [The Toyota Way 2004], s. 104 f.

[1030] Dombrowski/Mielke [Holistyczne Systemy Produkcji 2015], s. 110.

[1031] Por. powitanie [Schlanke Unikatfertigung 2010], s. 41.

Alternatywą jest zasada pull, zgodnie z którą klient uruchamia zlecenie dostawy, a tym samym produkcję. Tylko wtedy, gdy klient wywołuje gotowy produkt z łańcucha produkcyjnego, uruchamia on kolejną produkcję tej części.[1032] Gruß jasno opisuje proces zgodnie z zasadą "pull": "Data zapotrzebowania i zamówiona ilość są następnie podawane tylko do ostatniej stacji ... W zależności od wymaganej ilości, części są usuwane ze stacji roboczej wyższego szczebla. W poprzednim procesie produkcji brakujące części są (ponownie) produkowane i dostarczane ponownie.[1033]

Zasada "pull" stanowi zatem znaczne uproszczenie kontroli produkcji. VDI 2870-2 jako koncepcje realizacji kontroli ciągnięcia produkcji proponuje m.in. metodę Just in Time / Just in Sequence, Kanban, oraz poziomowanie[1034]. Autorzy analizy literatury w kontekście chudych, elastycznych komórek produkcyjnych poszerzają zakres badań o zmienne referencyjne elastyczności w zakresie liczby jednostek i wariantów. Uzyskane w ten sposób pięć wartości referencyjnych zostało zbadanych bardziej szczegółowo w kolejnych rozdziałach.

5.1.8.1. Wartość referencyjna Just-in-Time (JIT)

Just in Time (JIT) to metoda produkcji i logistyki, której definicją jest dostarczenie materiału we właściwym czasie, we właściwej jakości, w odpowiedniej ilości i we właściwym miejscu.[1035]

[1032] Zob. Dombrowski/Mielke [Holistyczne Systemy Produkcji 2015], s. 110.

[1033] Powitanie [Lean unique production 2010], s. 41.

[1034] Por. VDI [VDI 2870-2 - Holistyczne systemy produkcji 2012], s. 5.

[1035] Por. Garrel i in. [Elastyczność produkcji w 2014 r.], s. 112.

JIT jest zazwyczaj wdrażany z systemem kontroli Kanban opracowanym przez Taiichi Ohno w Toyocie. Black/Hunter opisuje ten rozwój: "Filozofia just-in-time w Toyocie doprowadziła do rozwoju kanbanu jako metody kontroli ruchu materiałów w systemie, przy jednoczesnym zminimalizowaniu poziomu zapasów. [1036] Jak opisano we wstępie do zasady projektowania zasady przyciągania (patrz rozdział 5.1.8), sterowanie procesami produkcyjnymi jest odwracane przez następny etap procesu, w którym w momencie zgłoszenia zapotrzebowania na kartę kanban wydawane jest zlecenie na poprzedni proces.[1037]
Zgodnie z VDI 2870-2, metoda JIT jest szczególnie odpowiednia dla wysokiej jakości materiałów lub zespołów i ma zalety, jeśli istnieje fizyczna bliskość pomiędzy partnerami (szczególnie w przypadku usterki). Metoda Just-in-Sequence (JIS) rozszerza metodę Just-in-Time o dostarczanie części w kolejności, w jakiej są one potrzebne w procesie produkcji lub montażu. Aby[1038] optymalnie koordynować synchronizację podprocesów pomiędzy dostawcą a klientem, dokładna kolejność zamówień jest przekazywana dostawcy jak najwcześniej w formie impulsów sterujących.[1039]
Podsumowując, można wzorować się na formule Hyer/Wemmerlöv, która określa JIT jako podstawową filozofię unikania wszystkich 7 rodzajów odpadów.[1040]
Z tego powodu trudno jest jednoznacznie przypisać jakiś parametr w modelu. W niektórych przypadkach wartość referencyjna

[1036] Black/Hunter [Lean Manufacturing Systems 2003], s. 215.
[1037] Por. Wildemann [Entwicklungslinien der Produktionssysteme 2017], s. 167.
[1038] Por. VDI [VDI 2870-2 - Holistyczne systemy produkcji 2012], s. 83.
[1039] Zob. Dombrowski/Mielke [Holistyczne Systemy Produkcji 2015], s. 114.
[1040] Vgl. Hyer/Wemmerlöv [Reorganizacja Fabryki 2002], S. 40.

JIT ma największy wpływ na zmniejszenie buforów pomiędzy stacjami przetwarzania i zmniejszenie wielkości partii.

5.1.8.2. Wartość referencyjna kanban

W poprzednim rozdziale zostało już omówione, że metoda JIT jest zazwyczaj wdrażana z kontrolą Kanbana. Kanban oznacza w języku japońskim kartę i reprezentuje samoregulującą się, zdecentralizowaną kontrolę produkcji. [1041] Podstawowa idea wywodzi się z zasady przyciągania i ma na celu zapewnienie, że każde miejsce pracy odtwarza tylko to, co zużył kolejny system pracy (porównaj rozdział 5.1.8). Kanban jest zatem jedną z najbardziej efektywnych metod unikania odpadów w postaci nadprodukcji. W tym celu karty kanban działają jako nośniki informacji, które zawierają wszystkie dane wymagane do kontroli (ilość, gotowe części, numer części, typ pojemnika, odbiorca lub miejsce przechowywania).[1042]
Lödding wyraźnie zaznacza, że system Kanban może skutecznie funkcjonować tylko wtedy, gdy towarzyszą mu istotne warunki ramowe dla zintegrowanych systemów produkcyjnych. Dotyczy to przede wszystkim bardzo krótkich czasów przezbrajania, organizacji przepływu części jako przepływu jednoczęściowego, opanowywania procesów oraz starannego planowania i sterowania produkcją zgodnie z zasadami just-in-time. Istnieją[1043] cztery podstawowe warianty sterowania z systemem Kanban:

- kontrolę kart,

[1041] Por. Garrel i in. [Elastyczność produkcji w 2014 r.], s. 112.

[1042] Zob. Dombrowski/Mielke [Holistyczne Systemy Produkcji 2015], s. 114.

[1043] Zob. Lödding [Verfahren der Fertigungssteuerung 2016], s. 213.

- kontroli kontenera,
- kierownictwo supermarketu oraz
- elektroniczny system kontroli (e-Kanban).[1044]

Ponieważ metoda Kanbana jest zasadniczo stosowana w celu połączenia dwóch oddzielnych linii produkcyjnych lub komórek,[1045] system odgrywa podrzędną rolę w odniesieniu do przedmiotu rozważań SFF. Przepływ produkcji w SFF jest zarządzany pomiędzy poszczególnymi procesami obróbki albo bezpośrednio przez pracowników, albo przez ograniczone bufory w połączeniu z transportem LCA w One Piece Flow. Z tego powodu nie jest dostarczony bardziej szczegółowy opis czterech różnych wariantów sterowania lub typów kanban (kanban dostawczy, kanban wciągany dla części gotowych, kanban rozmieszczeniowy, kanban wciągany, kanban produkcji części, kanban zakupionych części). [1046] Dla wyjaśnienia wystarczy ostatni przykład części ciągnącej kartę kanban:

[1044] Zob. Dombrowski/Mielke [Holistyczne Systemy Produkcji 2015], s. 115.

[1045] Zob. Takeda [The Synchronous Production System 2006], s. 226.

[1046] Szczegółowy opis znajduje się w Takeda [The synchronous production system 2006], s. 200 i nast. oraz w Lödding [Fertigungssteuerung 2016], s. 214 i nast.

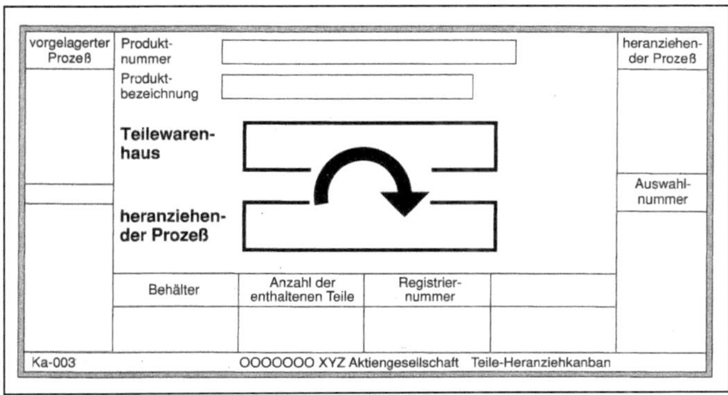

Rysunek 40: Przykład karty kanban[1047]

Ponieważ ilości dostarczone i otrzymane są poza zakresem analizy, wartość referencyjna nie jest bezpośrednio operacjonalizowana w modelu oceny.

5.1.8.3. Wartość odniesienia dla poziomowania

Kolejną metodą w projektowaniu zasady przyciągania jest wyrównywanie i wygładzanie. Według Hartmanna, jest to szkoła średnia kontroli produkcji. [1048] W języku japońskim zasada wygładzania i poziomowania nazywana jest heijunką. "Jest to instrument mający na celu harmonizację przepływu produkcji w sensie ilościowego bilansu produkcji, przy czym nie odbywa się to na zapleczu kolejnych punktów procesu produkcyjnego lub klienta". W[1049] tym przypadku niwelacja odnosi się do produkcji rocznej lub całkowitej ilości produktu w ilości dziennej.

[1047] Źródło: Takeda [The Synchronous Production System 2006], s. 212.

[1048] Zob. Hartmann [Ganzheitliche Produktionssysteme 2009], s. 585.

[1049] Syska [Production Management 2006], s. 55.

Wygładzanie jest kolejnym krokiem do produkcji dziennych ilości w dalszych ilościach częściowych[1050]. W celu wygładzenia produkcji, zamówienia produkowane są w małych seriach, aby zmniejszyć marginesy wahań wykorzystania mocy produkcyjnych.[1051] Jak już opisano w rozdziale 5.1.7.3, redukcja wielkości partii wymaga skrócenia czasu ustawiania. Takeda uważa wyrównywanie i wygładzanie za najskuteczniejszy element redukcji kosztów produkcji i podstawę elastycznego rozmieszczenia pracowników. Dostrzega on również stopień redukcji czasu przepustowości w bezpośredniej korelacji z wyrównaną, wygładzoną produkcją.[1052] Black/Hunter podkreślają, że zmniejszenie wielkości partii w związku z wygładzaniem produkcji stwarza również pozytywny aspekt jakościowy, ponieważ w przypadku problemów z jakością trzeba złomować lub przerabiać mniej części.[1053] Podobnie jak w przypadku wszystkich metod GPS, również tutaj obowiązuje wymóg ciągłego doskonalenia. W tym celu Takeda proponuje sukcesywne zwiększanie cykli produkcyjnych[1054] z dwóch cykli na zmianę do szesnastu cykli na zmianę.[1055] Różne warianty produktów lub części mają zazwyczaj różną zawartość pracy. Aby ułatwić

[1050] Zob. Hartmann [Ganzheitliche Produktionssysteme 2009], s. 585.

[1051] Zob. Dombrowski/Mielke [Holistyczne Systemy Produkcji 2015], s. 112.

[1052] Zob. Takeda [The Synchronous Production System 2006], s. 23.

[1053] Zob. Black/Hunter [Lean Manufacturing Systems 2003], s. 201.

[1054] Cykle produkcyjne wskazują na kolejność i częstotliwość części w cyklu produkcyjnym. Wielkość partii jest redukowana przez redukcję. Zob. Takeda [The Synchronous Production System 2006], s. 44.

[1055] Zob. Takeda [The Synchronous Production System 2006], s. 49.

pracę, można zmieniać liczbę i przydział pracowników do stanowisk pracy.[1056]

Skutki poziomowania i wygładzania zmiennych referencyjnych w modelu wyceny są wielorakie. W ten sposób bezpośrednio wpływa się na wielkość partii parametru wejściowego. Funkcjonalność modelu wyceny kompensuje wahania wielkości produkcji poprzez automatyczne uelastycznienie godzin pracy i wybór modelu zmianowego w oparciu o najniższy czas bezczynności. Rozmieszczenie pracowników w komórce produkcyjnej i przypisanie ich do stanowisk pracy może być regulowane ręcznie, aby zapewnić wysoką wydajność pracowników.

5.1.8.4. Ilość referencyjna Elastyczność ilościowa

Poprzednie wartości referencyjne dla niwelacji i wygładzania są ściśle związane z zapewnieniem elastyczności w obliczu zmieniających się wymagań klienta przy zachowaniu niemalże optymalnego wykorzystania mocy produkcyjnych.[1057] Za wartością referencyjną elastyczności w zakresie liczby sztuk kryje się zarówno elastyczność produkcji, tzn. systemu, jak i elastyczność pracowników.[1058] Metodologia One Piece Flow (zob. rozdział 5.1.7.1) w znacznym stopniu przyczynia się do maksymalnej elastyczności przy minimalnym wysiłku i minimalnym marnotrawstwie[1059]. Zastosowanie kilku małych maszyn zamiast dużych systemów również zwiększa elastyczność. Skutkuje to

[1056] Zob. Takeda [The Synchronous Production System 2006], s. 53.

[1057] Por. Garrel i in. [Elastyczność produkcji w 2014 r.], s. 118.

[1058] Zob. Dombrowski/Mielke [Holistyczne Systemy Produkcji 2015], s. 121.

[1059] Zob. Hartmann [Ganzheitliche Produktionssysteme 2009], s. 586.

nie tylko krótszym okresem zwrotu z inwestycji, ale również większą elastycznością, która może być wykorzystana do reprezentowania wymagań klientów w bardzo małych partiach.[1060] Wymagania dotyczące elastyczności mają wpływ nie tylko na obszary tworzenia wartości dodanej, ale także na procesy planowania, a tym samym na koszty planowania, zwłaszcza w przypadku, gdy nieprawidłowe planowanie wynika z wahań liczby urządzeń.[1061] Ponieważ celem zasady "pull and flow" jest utrzymanie zapasów buforowych na jak najniższym poziomie w celu osiągnięcia wysokiej elastyczności, ważne jest, aby znaleźć próg rentowności elastyczności, tj. paradoks elastyczności, a tym samym dążyć do osiągnięcia optimum w perspektywie średnioterminowej[1062]. Spengler et al. postulują w związku z koncepcją szczupłych, elastycznych ogniw produkcyjnych, że ich centralne potencjalne korzyści opierają się właśnie na tej efektywnej zdolności adaptacyjnej w sensie wariancji i wymaganej wydajności ilościowej. [1063] Black/Hunter postępuje zgodnie z tym stwierdzeniem: "Elastyczność jest główną cechą charakterystyczną dla systemów oszczędnej produkcji i produkcji komórkowej. ... W elastycznym, chudym środowisku, zdolność do zwiększania lub zmniejszania produkcji, tempa i wielkości jest znacząca. "[1064]

W modelu wyceny, wartość referencyjna dla elastyczności numerów jednostek jest zróżnicowana poprzez parametr cyklu

---

[1060] Zob. Dickmann [Grundlegende Steuerungsverfahren 2009], s. 143.

[1061] Por. Brecher et al. [Integrative Production Engineering 2011], s. 63.

[1062] Zob. Dickmann [Grundlegende Steuerungsverfahren 2009], s. 145.

[1063] Por. Spengler et al. [Chaku-Chaku-Systems 2005], s. 258.

[1064] Black/Hunter [Lean Manufacturing Systems 2003], s. 62.

życia produktu. Standardowe wprowadzenie cykli życia produktu odnosi się do czasu rozpoczęcia, czasu z maksymalną liczbą sztuk na okres i czasu zakończenia. Kurs jest linearyzowany pomiędzy punktami dla uproszczenia w standardowej funkcji modelu. Wahania w cyklu życia produktu mogą pojawić się poprzez bezpośredni import ilości uwolnień w danym okresie, które logicznie rzecz biorąc nie mają już liniowego charakteru.

5.1.8.5. Zmienna referencyjna Elastyczność wariantu

Elastyczny system produkcyjny charakteryzuje się nie tylko elastycznością dostaw w odniesieniu do ilości produktu (w przypadku produkcji bez zapasów), ale również produkcją z wieloma wariantami (elastyczność produktu lub wariantu). Jak już wspomniano, przy stale wysokiej jakości poszczególnych produktów i przy zachowaniu efektywnego stosunku kosztów do korzyści[1065]. Zazwyczaj, w zależności od wariantu, czas przetwarzania występuje również w przypadku różnych wariantów produktu.[1066] Może to prowadzić do zatorów lub czasów oczekiwania na poszczególnych stanowiskach przetwórczych, czemu może przeciwdziałać elastyczność systemu produkcyjnego, jak również elastyczność pracowników, analogiczna do elastyczności liczby sztuk. Ze względu na to, że specyficzne zamówienia klientów zawierają również dużą część powtarzających się zamówień, produkty mogą być często produkowane w dużej

[1065] Por. Garrel i in. [Elastyczność produkcji w 2014 r.], s. 88.

[1066] Zob. Dombrowski/Mielke [Holistyczne Systemy Produkcji 2015], s. 103.

mierze z istniejących, standaryzowanych lub modułowych komponentów (systemy modułowe).[1067] Black/Hunter określa podstawowe wymogi dla SFF poprzez sformułowanie orientacji na następujące kryteria:

- odchylające się projekty produktów,
- konfigurowalność systemu produkcyjnego (gdzie SFF jest zmienną)
- zmienną mieszankę zamówień i
- różne ilości zamówień.[1068]

Spengler et al. dostrzegają zalety skutecznych strategii adaptacyjnych w ramach SFF, zwłaszcza w warunkach rosnącej niepewności.[1069]

Decyzja inwestycyjna nie może być podjęta wyłącznie na podstawie wielkości sprzedaży i cyklu życia produktu, lecz musi w coraz większym stopniu uwzględniać czynnik złożoności wariantu. Pod tym względem inwestycja w systemy produkcyjne o większym udziale ręcznym może być korzystna ze względu na krótsze czasy przezbrojenia i elastyczne dostosowanie do wahań ilościowych i wariantowych[1070]. Zależności te muszą być zweryfikowane w analizach wrażliwości i reprezentacjach scenariuszy. Zintegrowany parametr "produktów" pozwala na odwzorowanie wariantów produktów w modelu oceny z podsta-

[1067] Por. Schuh et al. [Produkcja indywidualna 2011], s. 86.

[1068] Zob. Black/Hunter [Lean Manufacturing Systems 2003], s. 102.

[1069] Por. Spengler et al. [Chaku-Chaku-Systems 2005], s. 273 f.

[1070] Zob. Dombrowski/Mielke [Holistyczne Systemy Produkcji 2015], s. 46.

wowymi cechami charakterystycznymi dla danego produktu, takimi jak cykle życia, zużycie substancji RIA, czasy pracy maszyn i czynności manualnych (szczegółowy opis znajduje się w rozdziale 5.2.3).

5.1.9. Parametry w kontekście orientacji na pracownika

Jak już omówiono w rozdziale 4.5 nie wystarczy skoncentrować się tylko na widocznych aspektach wdrażania w celu wprowadzenia zintegrowanych systemów produkcji (GPS). Jak wykazano, GPS to znacznie więcej niż tylko zbiór metod i narzędzi. Jeśli chce się zaspokoić zapotrzebowanie na całość, wymagania technologii, organizacji i ludzi muszą być rozpatrywane łącznie. W wielu miejscach jednak ludziom nie przypisuje się jeszcze odpowiedniego znaczenia.[1071] Deficyt ten dotyczy kilku poziomów: poziomu kwalifikacji, poziomu ciągłego doskonalenia oraz, w sensie zmian demograficznych, także na poziomie ergonomii (np. aby móc utrzymać wysoką wydajność starszych pracowników). Ten pierwszy i ostatni poziom oraz jego wpływ na model wyceny są omówione bardziej szczegółowo w kolejnych rozdziałach.

5.1.9.1. Wartość referencyjna Operacja wieloprocesowa

Japońscy kierownicy produkcji nie zaakceptowali taylorystycznego sposobu myślenia, zgodnie z którym pracownikom przydzielane są tylko nieliczne, specjalistyczne zadania. "Zamiast tego, przeszkoliłeś pracowników, aby mogli wykonywać wiele różnych zadań, co dziś wyraża się w określeniu "operacja

[1071] Zob. Dombrowski/Mielke [Holistyczne Systemy Produkcji 2015], s. 129.

wieloprocesowa". Metoda ta była praktykowana w Japonii na liniach produkcyjnych maszyn. Fakt, że pracownicy zostali zakwalifikowani do kilku zadań doprowadził w końcu do rozwoju komórek produkcyjnych w kształcie litery U. "[1072]Podstawą tego rozwoju jest uznanie, że tylko pracownicy tworzą wartość".[1073] Efekt większej elastyczności pracowników można osiągnąć przede wszystkim poprzez ustrukturyzowanie w odchudzonych, elastycznych komórkach produkcyjnych. W połączeniu z decentralizacją kontroli (porównaj rozdział 5.1.8.2), podzadania planowania produkcji i kontroli mogą być również przeniesione na poziom operacyjny, co z kolei pozwala na krótsze i szybsze procesy decyzyjne i mniej poziomów hierarchicznych[1074]. Dzięki temu obsługa wielu maszyn i związana z tym większa odpowiedzialność pracowników zmniejsza koszty produkcji[1075]. Jeśli chodzi o obsługę wielu maszyn, Takeda zwraca uwagę, że wymaga to również modyfikacji maszyn w celu zapewnienia ich łatwości obsługi. W przeciwnym razie istnieje ryzyko, że koszty szkolenia pracowników przekroczą wysokość świadczeń.[1076]

Spengler et al. postrzegają również wartość referencyjną pracy wielomaszynowej jako środek strukturyzacji pracy, który poprzez powiększenie stanowiska pracy, rotację stanowisk i tworzenie (częściowo) autonomicznych grup roboczych znacznie poprawia postrzeganie pracy w porównaniu z monotonną treścią pracy.[1077]

[1072] Sekine et al [Produce without waste 1995], s. 26.

[1073] Zob. Dombrowski/Mielke [Holistyczne Systemy Produkcji 2015], s. 129.

[1074] Por. Sekine et al. [Produkować bez odpadów 1995], str.16

[1075] Por. Sekine et al. [Produkować bez odpadów 1995], s. 21.

[1076] Zob. Takeda [The Synchronous Production System 2006], s. 73.

[1077] Por. Spengler et al. [Chaku-Chaku-Systems 2005], s. 257.

Dombrowski/Mielke kładzie również nacisk na niezbędną interakcję pomiędzy pracownikami i menedżerami, przy czym kierownictwo musi stworzyć warunki ramowe. W celu stworzenia warunków dla orientacji pracowniczej, widzą oni konieczność, aby kierownicy dali przykład nowego sposobu przywództwa poprzez uwzględnienie trzech czynników: zdolności, woli i możliwości.[1078]

Elastyczność pracowników w zakresie operacji wieloprocesowych jest domyślnym warunkiem wstępnym w modelu oceny. Ponieważ nie bierze się pod uwagę matrycy kwalifikacji, zakłada się, że wszyscy pracownicy mogą wykonywać wszystkie zadania z taką samą wydajnością i jakością. Czysto ilościowe przypisanie pracowników do stanowisk pracy w modelu opiera się na tym założeniu.

5.1.9.2. Parametr referencyjny Ergonomiczne stanowisko pracy

Wartość referencyjna ergonomii została włączona do tabeli oceny wartości referencyjnych dla smukłych, elastycznych komórek produkcyjnych, głównie ze względu na jej duże znaczenie w Black/Hunter. Odnoszą się one między innymi do specjalistów ergonomii Toyoty, którzy modyfikują maszyny i systemy w taki sposób, że pracownicy mogą zdejmować je lewą ręką, a ładować prawdziwą ręką, idąc od prawej do lewej.[1079] Postrzegają również ergonomię jako szansę na poszerzenie

[1078] Zob. Dombrowski/Mielke [Holistyczne Systemy Produkcji 2015], s. 129.

[1079] Zob. Black/Hunter [Lean Manufacturing Systems 2003], s. 248.

ludzkich ograniczeń. W tym celu proponują uwzględnienie wymagań mentalnych, fizycznych i społecznych przy projektowaniu SFF, na przykład poprzez projektowanie urządzeń podnoszących o regulowanej wysokości lub automatycznych sygnałów do sterowania procesem.[1080] Takeda podaje kilka ilustrujących przykładów na to, w jaki sposób można osiągnąć ergonomiczną konstrukcję miejsca pracy poprzez zastosowanie zasięgu, grawitacji lub prostych urządzeń [1081]. Firma Dombrowski/Mielke korzysta również z praktycznego przykładu, aby zademonstrować pozytywną reakcję pracowników w związku z poprawą ergonomii poprzez unikanie jednostronnych obciążeń. W tym celu treść pracy była rozdzielana pomiędzy stanowiska pracy w taki sposób, aby pracownicy mogli zmieniać swoją postawę pomiędzy siedzeniem i staniem oraz chodzeniem pomiędzy nimi[1082]. Korge/Lentes porównuje się z kokpitem samolotu: "... ergonomicznie zaprojektowane stanowisko pracy jest warunkiem koniecznym do niemęczącej, wydajnej i bezpiecznej pracy. Dla wszystkich działań prowadzone są standardowe i ustrukturyzowane przygotowania - dowodem na to jest lista kontrolna pilota. "[1083]

Ergonomiczna konstrukcja jest uwzględniona w modelu oceny poprzez parametry usuwania i transportu procesów pracy. Te czasy można skrócić dzięki ergonomicznej konstrukcji. Jeśli koszty z tego tytułu zostaną poniesione, można je uwzględnić w

---

[1080] Zob. Black/Hunter [Lean Manufacturing Systems 2003], s. 259.

[1081] Zob. Takeda [The synchronous production system 2006], s. 257 i następne.

[1082] Zob. Dombrowski/Mielke [Holistyczne Systemy Produkcji 2015], s. 109.

[1083] Korge/Lentes [Holistyczne systemy produkcji 2009], s. 591.

tabeli produktów danych podstawowych jako inwestycję w rozbudowę w zależności od przyczyny.

5.1.10. Podsumowanie relacji interakcji

Wartości referencyjne omówione w poprzednich punktach zostały pogrupowane zgodnie z zasadami projektowania VDI 2870. Operacjonalizacja (w sensie wariabilizacji) odpowiednich wartości referencyjnych została przeprowadzona poprzez dokonanie jednej lub więcej alokacji do parametrów modelu wyceny. Wizualizacja podsumowująca służy przede wszystkim ukazaniu relacji interakcji pomiędzy cechami konstytutywnymi rozpatrywanego obiektu (wartości referencyjne SFF) a ich parametryzacją w koncepcji modelu. Po drugie, matryca otwiera przejrzystość pomiędzy synergiami poszczególnych zmiennych referencyjnych w zakresie ich wpływu na te same parametry. Tak więc na parametr liczba pracowników wpływa łącznie 7 wartości referencyjnych. Wybór dużej litery "X" ilustruje wysoki stopień wpływu parametru na wartość odniesienia. Oznaczenie z małą literą "x" oznacza niski poziom wpływu lub zależności.

Rysunek 41: Interakcje między wartościami odniesienia i parametrami[1084]

Zuordnung der Bezugsgrößen zu den Parametern																					
GP	Parameter	Tabellenblätter Zelle													Tabellenblätter Produkte						
		Basisdaten Operations									Basisdaten Produktlebenszyklus		Basisdaten Produkte		Arbeitsverteilungsblatt				Standard-Arbeitsblatt		Work in Progress
	Bezugsgrößen	Verfügbarkeit	flexible Arbeitszeit	durchschnittliche Losgröße	Fixkosten der Linie	Dauer Werkzeugwechsel	Wartungs-Intensität	Logistik-Intensität	Ausschuss	Lernrate	Abrufe/Periode	Anzahl Produkte / Varianten	Erstinvestition	Erweiterungsinvestition	Arbeitsvorgänge Manuell	Arbeitsvorgänge Maschinell	Roh-Hilfs- und Betriebsstoffe	Arbeitsvorgänge Entnehmen & Transport	Anzahl Werker je Zelle	Zuordnung Werker-Arbeitsstation	Puffer und Sicherheitsbestände
Verschwendung vermeiden	Low Cost Automation (LCA)												X	X	X	X		X	x		
	TQM / TPM	X					X														
	unnütze Zeiten / Tätigkeiten vermeiden														X				X	X	
	klare/kurze Wege																	X	X		
	kurze DLZ			X								X									X
	min. Anzahl an Werker																		X	X	
KVP	KVP (CIP) / Kaizen	X			x	x	x	x	X	X				x	x	x	X	x			x
Standardisier	Stand. Arbeit Trennung HT & MT					X				X			x	x	X	x		x		x	
Null-Fehler Prinzip	Autonomation				X				X			x	x	x	X	X		x	X		
	Werkerselbstkontrolle				X				X						x						
	Poka Yoke				X				X				x	x							
Fließprinzip	One Piece Flow			X																	X
	Reduzierung des WIP																				X
	Schnellrüsten			X		X							x	x							
Pull-Prinzip	Just-In-Time / Just in Sequence			X				X													X
	Kanban																				
	Nivellierung / Glättung		x	X							X	X							X		
	Stückzahlflexibilität			X							X										
	Variantenflexibilität			X								X									
Mitarbeiter-orientierung	Mehrprozessbedienung, flex. Werker																		X	X	
	Arbeitssicherheit	X								x											
	ergonomischer Arbeitsplatz	x												X	x	x		X			
	Summe	4	1	7	4	3	2	2	4	3	2	4	5	7	7	5	1	6	7	4	5

5.2. Elementy składowe modelu

Poniższy rozdział służy do opisu parametrów uzyskanych w rozdziale 5.1 w ich kontekście funkcjonalnym. Ujawniany jest projekt modelu wyceny, tworząc tym samym wyraźne rozróżnienie pomiędzy wpływem lub możliwościami interpretacyjnymi

---

1084 Źródło: Reprezentacja własna

rzeczoznawcy majątkowego a zintegrowaną funkcjonalnością modelu.

Po wyprowadzeniu parametrów głównie z perspektywy teorii produkcji, w następnym rozdziale na pierwszy plan wysunie się pogląd na zarządzanie przedsiębiorstwem. Chociaż zmienne dotyczące działalności gospodarczej, takie jak "wartości rezydualne" czy "amortyzacja" odgrywają dla Toyoty rolę wyłącznie dla celów księgowych i podatkowych[1085], to jednak teza ta ma się koncentrować na biznesie w równowadze z teorią produkcji.

5.2.1. System wprowadzania danych

Na wstępie należy wyjaśnić znaczenie kolorowego kodowania pól dla użytkownika modelu, ale także dla czytelnika kolejnych rozdziałów. Odpowiednią funkcję pól można zobaczyć poprzez kodowanie kolorystyczne. Logika jest zgodna z tym schematem:

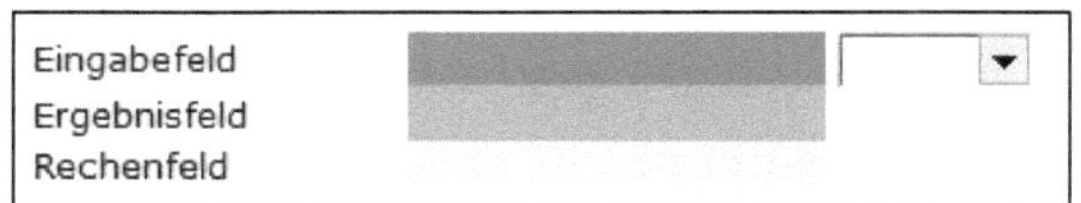

Rysunek 42: Logika wejściowa modelu wyceny[1086]

Użytkownik jest wówczas odpowiedzialny za wypełnienie zielonych pól lub pól rozwijanych parametrami istotnymi dla ocenianego obiektu. Różnica pomiędzy polem obliczeniowym a polem wynikowym polega zazwyczaj na tym, że pole obliczeniowe reprezentuje rodzaj wyniku przeliczenia lub przeniesienia wartości wejściowej do innego arkusza kalkulacyjnego dla lepszej

[1085] Zob. Becker [Phänomen Toyota 2006], s. 115 f.

[1086] Źródło: Reprezentacja własna

przejrzystości. Jako przykład wyniku konwersji, pole "Godziny na zmianę" formatu hh:mm jest[1087] konwertowane na format liczbowy.

5.2.2. Dane podstawowe Operacje

Parametry wejściowe arkusza "Podstawowe operacje na danych" mogą być wykorzystane do opisania podstawowych warunków pracy wąskiej, elastycznej komórki produkcyjnej. W ten sposób w pozycji "Model czasu pracy" można wprowadzać różne modele zmian. Godziny pracy na zmianę, godziny rozpoczęcia i tygodniowe dni robocze można określić oddzielnie. Dostępność opisuje procent czasu, w jakim pracownicy aktywnie pracują w wyniku technicznej i organizacyjnej dostępności komórki produkcyjnej. Z jednej strony oznacza to, że wszystkie planowane (np. konserwacja) i nieplanowane przestoje (np. z powodu braku materiału) zmniejszają dostępność. Z drugiej strony, dostępność nie jest automatycznie tożsama z czasem dodawania wartości, ponieważ nie dostarcza jeszcze żadnych informacji na temat stosunku wartości dodanej do odpadów. Kolejny parametr pozwala na elastyczną organizację czasu pracy poprzez ustawienie limitów elastyczności w procentach. Zasadniczo możliwe jest skalowanie od modelu jednowarstwowego do trójwarstwowego.

[1087] W tym formacie liczbowym, "h" oznacza godziny, a "m" minuty. Wejście na czas 7 godzin i 30 minut byłoby zatem "07:30".

W sekcji "Koszty wynagrodzeń" czynniki wpływające na koszty czasu pracy definiuje się poprzez wpisanie [1088] kosztów wynagrodzenia za godzinę oraz czynników dodatkowych za pracę w weekendy i na zmiany.

W następnej sekcji wprowadzane są średnie rozmiary partii, które zostały odwołane, oraz stałe koszty komórki produkcyjnej. Koszty stałe obejmują wszystkie koszty pagentacyjne (efektywne pod względem wydatków), takie jak czynsz za halę, koszty energii, ale także koszty kontroli jakości i obszarów administracyjnych.

W czwartej sekcji, jeśli na linii produkcyjnej produkowanych jest kilka produktów lub wariantów, wprowadza się czasy zmiany narzędzia (z części dobrej na dobrą).

Pośrednie koszty personelu są następnie uwzględniane poprzez określenie intensywności konserwacji i logistyki komórki. Wartość wejściowa intensywności konserwacji stanowi stosunek liczby komórek produkcyjnych, które są utrzymywane przez jednego pracownika na zmianę. Intensywność logistyki odnosi się do stosunku liczby pracowników tworzących wartość dodaną, którzy mogą być zaopatrywani przez jednego pracownika logistyki. Tutaj rozróżnienie od przedmiotu analizy SFF jest celowo usunięte, ponieważ logistyka dostarcza zazwyczaj cały system produkcji, a nie tylko jedną komórkę.

W następnej części określono "współczynnik uczenia się" i "komitet". Wskaźnik uczenia się odnosi się do wszystkich kosztów zmiennych i jest miarą ich wpływu ze względu na lepszą naukę

[1088] Ponieważ model ten nie oferuje żadnych dalszych opcji w zakresie stawek ogólnych, należy wprowadzić koszty wynagrodzenia, w tym pozapłacowe koszty pracy i wszystkie inne przypisane koszty ogólne.

działań i ciągłe doskonalenie (porównaj rozdziały 5.1.3 i 5.1.4). Szczegółowe wyjaśnienie wynikającej z tego funkcji krzywej doświadczenia jest podane w rozdziale 5.2.8 jest samodzielnym wskaźnikiem poziomu jakości wytwarzanego produktu poprzez wprowadzenie stosunku części wyprodukowanych ogółem do części złomu.

W ostatniej sekcji wprowadza się wydajność godzinową i rodzaj amortyzacji. Możesz wybrać pomiędzy funkcją amortyzacji liniowej i amortyzacji specyficznej dla danej wydajności, przy czym pod uwagę brana jest albo amortyzacja godzinowa, albo amortyzacja latowa. Różnice te zostaną wypracowane w dwóch kolejnych podrozdziałach.

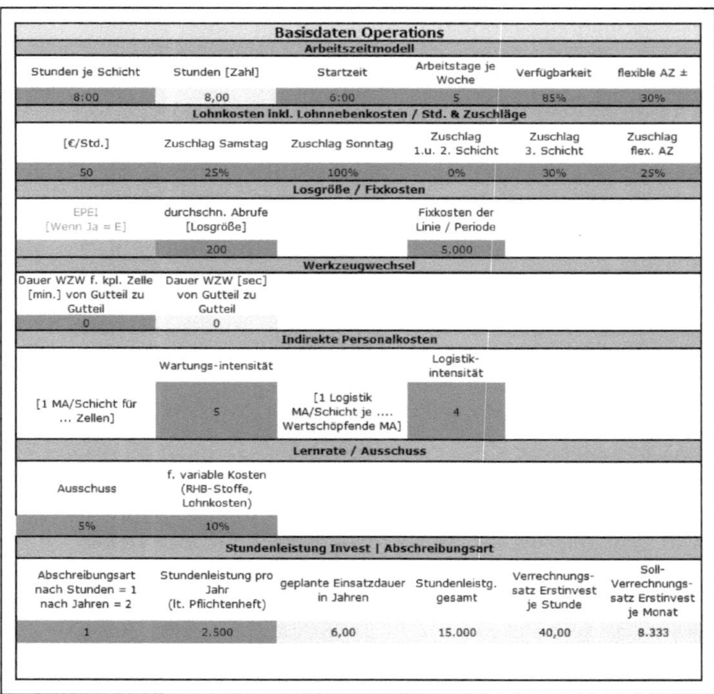

Basisdaten Operations					
Arbeitszeitmodell					
Stunden je Schicht	Stunden [Zahl]	Startzeit	Arbeitstage je Woche	Verfügbarkeit	flexible AZ ±
8:00	8,00	6:00	5	85%	30%
Lohnkosten inkl. Lohnnebenkosten / Std. & Zuschläge					
[€/Std.]	Zuschlag Samstag	Zuschlag Sonntag	Zuschlag 1.u. 2. Schicht	Zuschlag 3. Schicht	Zuschlag flex. AZ
50	25%	100%	0%	30%	25%
Losgröße / Fixkosten					
EPEI [Wenn Ja = E]	durchschn. Abrufe [Losgröße]		Fixkosten der Linie / Periode		
	200		5.000		
Werkzeugwechsel					
Dauer WZW f. kpl. Zelle [min.] von Gutteil zu Gutteil	Dauer WZW [sec] von Gutteil zu Gutteil				
0	0				
Indirekte Personalkosten					
	Wartungs-intensität		Logistik-intensität		
[1 MA/Schicht für ... Zellen]	5	[1 Logistik MA/Schicht je .... Wertschöpfende MA]	4		
Lernrate / Ausschuss					
Ausschuss	f. variable Kosten (RHB-Stoffe, Lohnkosten)				
5%	10%				
Stundenleistung Invest | Abschreibungsart					
Abschreibungsart nach Stunden = 1 nach Jahren = 2	Stundenleistung pro Jahr (lt. Pflichtenheft)	geplante Einsatzdauer in Jahren	Stundenleistg. gesamt	Verrechnungs-satz Erstinvest je Stunde	Soll-Verrechnungs-satz Erstinvest je Monat
1	2.500	6,00	15.000	40,00	8.333

Rysunek 43: Parametry wejściowe Operacje[1089]

5.2.2.1. Funkcja amortyzacji liniowej

W przeciwieństwie do wielu innych firm, Toyota nie uzależnia swoich decyzji inwestycyjnych od abstrakcyjnych parametrów ekonomicznych. Filozofią Toyoty jest to, że intensywna konserwacja i, w razie potrzeby, naprawa maszyny jest zawsze lepsza od zakupu nowej.[1090] Eversheim/Lösch również dostrzega tę tendencję, że przy coraz większej liczbie maszyn można zaobserwować, że "żywotność techniczna" (z powodu zużycia) jest dłuższa niż "żywotność ekonomiczna" (ekonomiczna eksploatacja). Zgodnie z[1091] § 204 ust. 1 austriackiego kodeksu handlowego (UGB) koszty nabycia lub produkcji środków trwałych, których wykorzystanie jest ograniczone w czasie, muszą zostać pomniejszone o zaplanowaną amortyzację. W planie należy przyporządkować koszty nabycia lub wytworzenia do lat obrotowych, w których oczekuje się, że dany składnik aktywów będzie ekonomicznie użyteczny.[1092]

Zgodnie z austriackim prawem podatkowym jedyną dopuszczalną formą amortyzacji jest amortyzacja liniowa (równy podział kosztów nabycia lub wytworzenia w normalnym okresie użytkowania). Inne metody amortyzacji, takie jak amortyzacja degresywna lub oparta na wynikach, nie są dozwolone[1093]. Austriacka Federalna Izba Gospodarcza (WKO) od pewnego czasu

---

[1089] Źródło: Reprezentacja własna

[1090] Zob. Becker [Phänomen Toyota 2006], s. 115 f.

[1091] Por. Eversheim/Lösch [Techniczne planowanie inwestycji 2006], s. 629 f.

[1092] Por. UGB $ 204 (1) [Amortyzacja środków trwałych 2015].

[1093] Patrz ÖSV [odliczenie na zużycie §§ 7, 8 EStG 1988].

wzywa do wyboru metody amortyzacji, ponieważ na przykład, według WKO, degresywna amortyzacja lepiej odzwierciedla rzeczywisty rozwój wartości dóbr inwestycyjnych.[1094] Określenie normalnego okresu użytkowania składnika aktywów opiera się na jego normalnej technicznej i ekonomicznej użyteczności (VwGH 20.11.1996, 92/13/0304). Innymi słowy, okres użytkowania jest na ogół szacowany przez podatnika (VwGH 12.9.1989, 88/14/0162, VwGH 27.1.1994, 92/15/0127),[1095] ponieważ prawo nie mówi nic o długości okresu użytkowania różnych aktywów, z wyjątkiem kilku szczególnych przepisów znormalizowanych w § 8 EStG. W Niemczech istnieją oficjalne tabele amortyzacji, które mogą być wykorzystywane jako przewodnik również w Austrii. Czynnikiem decydującym o rozpoczęciu amortyzacji nie jest data nabycia lub wytworzenia, lecz zazwyczaj data oddania składnika aktywów do użytkowania.[1096] To rozróżnienie między czasem nabycia i rozpoczęcia działalności jest również brane pod uwagę w modelu wyceny poprzez ustalenie różnych parametrów czasowych dla płatności wpływających na wydatki na nabycie i rozpoczęcie amortyzacji wpływających na produkcję.

5.2.2.2. *Funkcja amortyzacji opartej na wynikach*

Funkcja amortyzacji związanej z działalnością gospodarczą w Austrii jest zatem tylko funkcją kontroli inwestycji. Z punktu widzenia zarządzania biznesem, ale także w logicznej kontynuacji filozofii Toyoty, amortyzacja oparta na wynikach byłaby lepszą

[1094] Por. WKO [wprowadzić degresywną amortyzację zużycia (AfA)].

[1095] Patrz ÖSV [odliczenie na zużycie §§ 7, 8 EStG 1988].

[1096] Patrz USP [amortyzacja 2017].

metodą amortyzacji, ponieważ utrata wartości jest określana na podstawie ogólnych oczekiwań dotyczących wyników. Odpisy amortyzacyjne oparte na wynikach są obliczane zgodnie z zastosowaniem w danym okresie.[1097] Podstawą amortyzacji w odniesieniu do tej pracy jest planowana wydajność godzinowa SFF, która jest zwykle określona w arkuszu specyfikacji. Wydajność godzinowa jest obliczana przez pomnożenie planowanej ilości sztuk przez czas cyklu. W modelu czas pracy linii jest obliczany na podstawie różnicy pomiędzy rozpoczęciem produkcji z pierwszym produktem a zakończeniem produkcji z ostatnim produktem. Wynikiem tego jest odpowiedni wskaźnik alokacji inwestycji w danym okresie do monitorowania wykorzystania mocy produkcyjnych. Przedstawienie graficzne jest następujące:

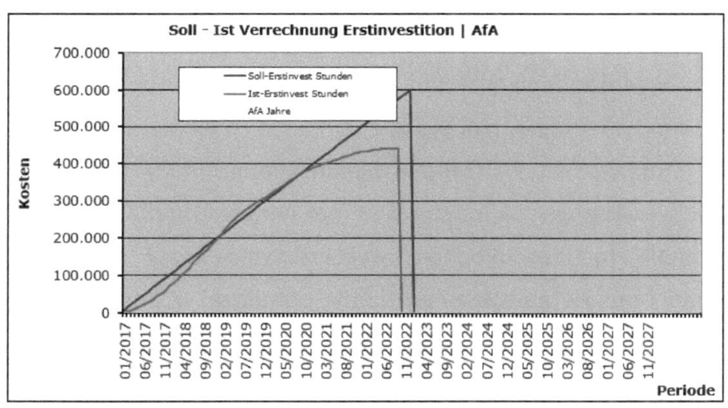

Rysunek 44: Graficzne przedstawienie amortyzacji związanej z wydajnością[1098]

Podany tu przykład opiera się na parametrach wejściowych Operacje jak pokazano naRysunek 43Okres użytkowania jest

[1097] Por. Probst [czytaj bilanse 2008] s. 35 f.

[1098] Źródło: Reprezentacja własna

określany automatycznie od daty rozpoczęcia pierwszego cyklu życia produktu i daty zakończenia ostatniego cyklu życia produktu (patrz również rozdział5.2.3). Półroczna amortyzacja zgodnie z § 7 ust. 2 EStG 1988 nie ma w tym przypadku zastosowania, ponieważ składnik aktywów jest użytkowany przez okres dłuższy niż 6 miesięcy zarówno w roku początkowym jak i końcowym. Przy inwestycji w wysokości 600.000 € i planowanym okresie użytkowania wynoszącym 6 lat, planowane rozliczenie pro rata wynosi 8.333 € miesięcznie. Przeciwstawia się temu rzeczywisty czas działania komórki (w godzinach/miesiąc) pomnożony przez docelową stawkę alokacji miesięcznie (w EUR). Na przykład w okresie 11/2017 jest 161 godzin pracy miesięcznie, co po pomnożeniu przez docelowy wskaźnik przydziału 40 EUR/godzinę daje rzeczywisty przydział 6 433/okres. Ponieważ jest to również poniżej docelowego przydziału wynoszącego 8,333/miesiąc w skumulowanej prezentacji, na tym etapie planuje się niepełne wykorzystanie komórki. Ponadto monitorowanie wykorzystania mocy produkcyjnych wykazuje, że począwszy od okresu 10/2020 r. wystąpi stale rosnące niepełne wykorzystanie mocy produkcyjnych oraz że zalecane są środki zaradcze w postaci wyższych wartości sprzedaży lub planowania nowych produktów.

5.2.3. Podstawowe dane dotyczące cykli życia produktu

Mussnig krytykuje fundamentalnie zorientowane na zasoby podejście do kalkulacji inwestycyjnych, które wypiera ukierunkowanie na produkt i tym samym prowadzi do problemów z przypisaniem. Ma to miejsce szczególnie w przypadku, gdy nowy produkt wykorzystuje istniejące zasoby lub produkt, który był przyczyną inwestycji, jest stopniowo wycofywany, a inne produkty wykorzystują te zasoby.[1099] Podstawą rozwiązania tego problemu przypisania jest przede wszystkim możliwość wyświetlania cykli życia specyficznych dla danego produktu, dzięki czemu można dokonać podziału kosztów inwestycji w odpowiedniej proporcji poprzez bezpośrednie powiązanie z wydatkami powodowanymi przez produkt (zapotrzebowanie na czas zasobów). Po drugie, rozróżnienie między inwestycjami początkowymi a inwestycjami związanymi z rozwojem konkretnych produktów stanowi wymaganą funkcjonalność modelu, która została opisana bardziej szczegółowo w sekcji 5.2.4Optycznie,maska wejściowa tego arkusza jest przedstawiona w następujący sposób:

Basisdaten Produktlebenszyklus										
		von		Maximum			bis		Summe produz.	
Code	Benennung	Jahr	Monat	Jahr	Monat	Stück	Jahr	Monat		
1	Produkt A	2017	01	2018	06	15.000	2019	12	270.000	Übertrag Produkt 1
2	Produkt B	2018	06	2020	04	10.000	2022	09	260.000	Übertrag Produkt 2
3		2018	04	2020	07	0	2022	10	0	Übertrag Produkt 3
4		2019	05	2023	07	0	2026	08	0	Übertrag Produkt 4
5		2019	06	2022	04	0	2025	05	0	Übertrag Produkt 5

Rysunek 45: Parametry wejściowe cykli życia produktu[1100]

Jak już wyjaśniono, poszczególne cykle życia produktów mogą być mapowane. W uproszczonej formie odbywa się to poprzez wprowadzenie czasu rozpoczęcia, czasu, w którym powinna zostać osiągnięta maksymalna liczba sprzedaży oraz czasu zakończenia (koniec produktu).

1099 Zob. Mussnig [Dynamisches Target Costing 2001], s. 25.

1100 Źródło: Reprezentacja własna

Na obecnym etapie rozbudowy modelu można wyświetlić do 20 różnych produktów lub wariantów produktów. Klikając na element kontrolny "Przenieś produkt X", parametry wejściowe są tłumaczone w tle na ilości na okres, które w uproszczonej formie odpowiadają krzywej trójkątnej w przedstawieniu graficznym:

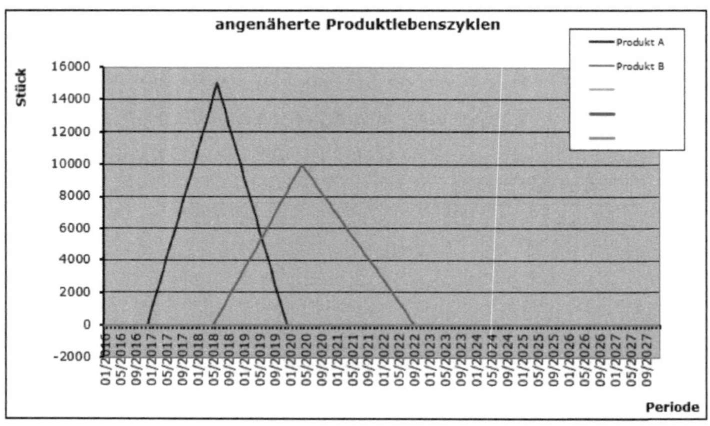

Rysunek 46: Graficzne przedstawienie cykli życia produktu[1101]

Jeśli użytkownik nie może znaleźć tego, czego szuka za pomocą tego uproszczonego formularza, planowane wielkości sprzedaży na miesiąc można odczytać bezpośrednio z tabeli kalkulacyjnej. Pozwala to na przykład na symulację trapezowego cyklu życia produktu lub, jak zobaczymy w trakcie analizy wrażliwości, wahań w cyklu życia produktu.

[1101] Źródło: Reprezentacja własna

5.2.4. Podstawowe dane o inwestycjach i przychodach

Jak zapowiedziano w poprzednim rozdziale, arkusz "Inwestycje i przychody" pozwala na wpisanie inwestycji w rozwój poszczególnych produktów. Aby wykorzystać nasz przykład, zakładamy, że w ogniwie ma być wytwarzany inny produkt (produkt B) i w tym celu konieczna jest inwestycja rozwojowa w wysokości 100.000 euro. Może to być na przykład nowe narzędzie. Czynnikiem decydującym o rozpoczęciu naliczania amortyzacji nie jest data nabycia lub wytworzenia, lecz zazwyczaj data oddania danego składnika aktywów do użytkowania[1102]. W celu uwzględnienia różnicy w czasie pomiędzy księgowaniem kosztów (usługi/koszty) a obliczaniem inwestycji (serie płatności), konieczne jest uwzględnienie w modelu przepływu płatności. Terminy realizacji inwestycji początkowych i ekspansji mogą być wprowadzane w latach i miesiącach. Oprócz inwestycji, arkusz ten jest również wykorzystywany do księgowania przychodów w podziale na produkty, przy czym księgowanie upustów, kosztów frachtu i wszelkich prowizji ma efekt obniżający przychody. W praktyce przychody i koszty są kompensowane w czasie z płatnościami, np. z powodu uzgodnionych terminów płatności. Ten dodatkowy czas skompensowany pomiędzy przepływami pieniężnymi a rachunkowością działalności jest równoważony w Analizie Rentowności w formie kosztów imputowanych na należności twierdzeniem o luce.

[1102] Patrz USP [amortyzacja 2017].

Zahlungsziel
Monate netto
3

Basisdaten Erstinvestition					
Erstinvestition			Erstinvest	Einsatzdauer =	Kredit-
Jahr	Monat	Gesamtkosten	Monat&Jahr	Abschreibungszeitraum	Aufnahme
2016	06	600.000	06/2016	6	400.000

Basisdaten Produke										
Benennung	Erweiterungsinvestition vor Produktstart			Erweiterungsinvest	Preis je Einheit	Rabatt	Frachten/ Stück	Provisionen	Nettoerlös	Preisverfall
	Jahre	Monate (max. 12)	Kosten	Monat&Jahr						
Produkt A				01/2017	15,00		0,20		14,80	5%
Produkt B		4	100.000	02/2018	20,00		0,15		19,85	3%

Rysunek 47: Parametry inwestycji i produktów[1103]

Ta maska wejściowa zawiera dwa dalsze parametry, które są wymagane w rozdziale 5.2.9Parametry "całkowity koszt inwestycji" i "zaciągnięcia pożyczki" stanowią stosunek kapitału całkowitego do kapitału obcego inwestycji początkowej. Wskaźnik ten jest wymagany do obliczenia średniego ważonego kosztu kapitału (WACC). WACC obliczony na tej podstawie musi być utrzymywany na stałym poziomie w rozważanych okresach (porównaj sekcja 3.10), co oznacza, że dla inwestycji na rzecz rozwoju wymagany jest taki sam stosunek całkowitego kapitału do kapitału pożyczonego.

5.2.5. Arkusz podziału pracy

Formaty i parametry wejściowe przedstawione w rozdziałach od 5.2.1 do 5.2.4 całego obiektu oceny szczupłej, elastycznej komórki produkcyjnej i znajdują się tym samym w nadrzędnym związku. Poniższe rozdziały od 5.2.5 do 5.2.8 szczególności do parametrów produktu lub wariantu produktu. Ze względu na przejrzystość, funkcje te zostały zlecone do oddzielnych plików Excela, które są łączone w odpowiednich arkuszach kalkulacyjnych pliku nadrzędnego do oceny ogólnej.

Arkusz podziału pracy służy do określenia czynności manualnych i maszynowych, a także zużycia surowców i materiałów.

[1103] Źródło: Reprezentacja własna

W masce wejściowej jest to przedstawione w następujący sposób:

Arbeitsvorgänge Manuell							
AVG - Nr.	1	2	3	4	5	6	50
AVG - Benennung	Einlegen Beklebern	Einlegen Kaschieren	Einlegen Umbug	Einlegen Schweissen	Verpacken		
AVG-Dauer	0	6	6	12	16		
Arbeitsvorgänge Maschinell							
AVG - Nr.	1	2	3	4	5	6	50
AVG - Benennung	Beklebern	Kaschieren	Umbug	Schweissen			
AVG-Dauer / Taktzeit	40	40	40	40			
Roh- Hilfs- und Betriebsstoffe							
MaWi - Nr.	1	2	3	4	5	6	50
Roh- Hilfs- Betriebsstoff - Benennung	Spritzgussteile	Dispersionskleber	Folie	Spritzgussteil MiKo			
Einheit	[Stk.]	[kg]	[m²]	[Stk.]			
Verbrauch / prod. Menge	1,0	0,08	0,4	1			
Gebindegröße	25,0	25	300	5			
Preis / Gebinde (angeliefert)	20,0	75	1800	7			
Kosten / prod. Menge [€]	0,8	0,2	2,4	1,4			
Arbeitsvorgänge Entnehmen & Transport							
AVG - Nr.	A	B	C	D	E	F	AX
AVG - Benennung	Transp.	Transp.	Transp.	Transp.	Transp.	Transp.	Transp.
AVG-Dauer	26	14	14	14			

Rysunek 48: Parametry arkusza rozkładu pracy[1104]

Numeracja czynności lub przyporządkowanie substancji RHB odbywa się na odpowiednich stanowiskach pracy. Czynności związane z przeprowadzką i transportem są określone pomiędzy stanowiskami pracy, pod warunkiem, że czynność manualna jest wykonywana przez pracowników komórki w odpowiednim punkcie połączenia. W związku z tym działanie "A"

[1104] Źródło: Reprezentacja własna

jest realizowane jako funkcja zasilania stacji roboczej "1" i działanie "B" pomiędzy stacjami roboczymi "1" i "2" (patrz Rysunek 49). Substancje RHB są wprowadzane poprzez odpowiednią jednostkę fizyczną, zużycie na jednostkę, ilość pojemnika dostawy i koszty na pojemnik. Pozostała ilość każdego pojemnika jest brana pod uwagę w ocenie Work in Progress (WIP).

5.2.6. Standardowy arkusz roboczy

Głównym zadaniem standardowego arkusza pracy jest przyporządkowanie pracowników do poszczególnych stanowisk pracy, przy czym z arkusza rozdzielania pracy automatycznie pobierane są czasy operacji manualnych i maszynowych. Z podstawowej logiki można wyprowadzić dwa skrajne przypadki:

- pracownik jest przypisany do każdego stanowiska pracy lub
- Jeden pracownik jest przydzielony do całej komórki (obejmuje wszystkie stanowiska pracy)

Na masce wejściowej znajduje się następujący obrazek:

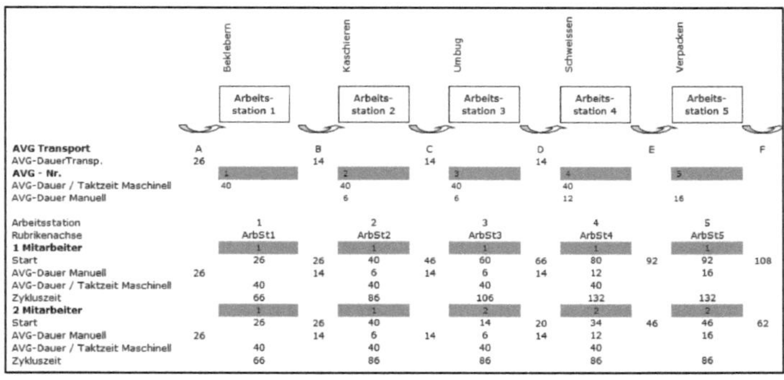

		Beklebern		Kaschieren		Umbug		Schweissen		Verpacken	
		Arbeits-station 1		Arbeits-station 2		Arbeits-station 3		Arbeits-station 4		Arbeits-station 5	
AVG Transport	A		B		C		D		E		F
AVG-DauerTransp.	26		14		14		14				
AVG - Nr.		1		2		3		4		5	
AVG-Dauer / Taktzeit Maschinell		40		40		40		40			
AVG-Dauer Manuell				6		6		12		16	
Arbeitsstation		1		2		3		4		5	
Rubrikenachse		ArbSt1		ArbSt2		ArbSt3		ArbSt4		ArbSt5	
1 Mitarbeiter		1		1		1		1		1	
Start		26	26	40	46	60	66	80	92	92	108
AVG-Dauer Manuell	26		14	6	14	6	14	12		16	
AVG-Dauer / Taktzeit Maschinell		40		40		40		40			
Zykluszeit		66		86		106		132		132	
2 Mitarbeiter		1		1		2		2		2	
Start		26	26	40		14	20	34	46	46	62
AVG-Dauer Manuell	26		14	6	14	6	14	12		16	
AVG-Dauer / Taktzeit Maschinell		40		40		40		40			
Zykluszeit		66		86		86		86		86	

Rysunek 49: Parametry arkusza standardowego[1105]

[1105] Źródło: Reprezentacja własna

Przykład na Rysunek 49 przedstawia 2 warianty. W pierwszym wariancie, oznaczonym jako "1 pracownik", wszystkie 5 stanowisk pracy jest przypisane do jednego pracownika. Przy drugiej alternatywie "2 pracowników", stanowiska pracy "1" do "3" są przypisane do pracownika "1", a stanowiska pracy "4" i "5" do pracownika "2". Ponieważ kolejność i zależność czynności manualnych i maszynowych podlega logice sekwencyjnej, czasy cyklu dla wariantów można wyprowadzić z przypisań. W naszym przykładzie wynika to z następujących diagramów cyklu:

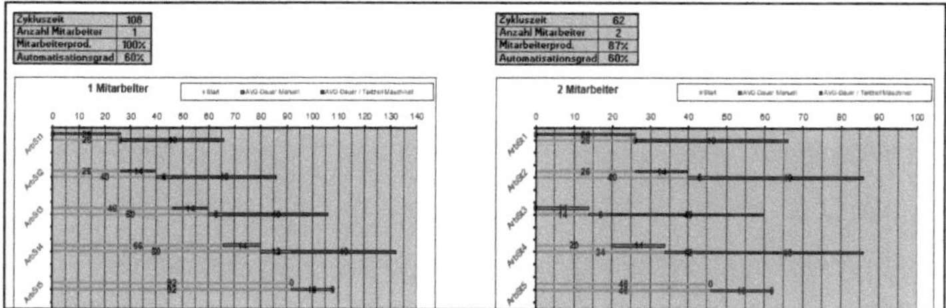

Rysunek 50: Schematy cyklu[1106]

Na Rysunek 50czynności manualne pracowników (w tym odpowiednie czynności związane z przeprowadzką i transportem) są zaznaczone na czerwono. Czasy maszyn są zaznaczone na niebiesko. W alternatywie "1 pracownik" wykazano, że czas cyklu jest określony przez kolejność czynności manualnych pracownika. W alternatywie "2 pracowników", pracownik "2" rozpoczyna pracę równolegle z czynnościami pracownika "1"

[1106] Źródło: Reprezentacja własna

(zakłada się wstępne wypełnienie komórki przedmiotami obrabianymi), co powoduje skrócenie czasu cyklu[1107] ze 108 do 62 sekund.
Z opisanych zależności można wyprowadzić dwie kluczowe liczby: produktywność pracowników i stopień automatyzacji. Wydajność pracowników to stosunek sumy wszystkich czynności manualnych plus czynności związanych z kompletacją i transportem do czasu cyklu razy liczba pracowników. Kluczowa liczba dostarcza informacji o tym, czy występuje "czas czuwania" (czas oczekiwania pracowników). Stopień automatyzacji jest to stosunek sumy czynności wykonywanych przez maszynę do sumy wszystkich procesów roboczych (ręcznych plus maszynowych plus usuwanie i transport). Jak dowiedzieliśmy się w rozdziale 5.1.3.6, w zrozumieniu systemów odchudzonej produkcji, wydajność pracowników jest wyraźnie lepsza niż stopień automatyzacji.

5.2.7. Arkusz pracy w toku

W celu wdrożenia wymogu dynamizacji (por. rozdział 4.6.3), konieczne jest rozszerzenie systemu produkcji w taki sposób, aby efekty dynamicznych czynników wpływających mogły być kontrolowane i w ten sposób wykorzystane do zwiększenia wydajności. [1108] The Gap Theorem pozwala właśnie na takie rozszerzenie zakresu analizy poprzez uwzględnienie zmian w obszarze aktywów obrotowych, jak również odsetek od całego

[1107] Czas cyklu jest definiowany jako suma najdłuższych, współzależnych i następujących po sobie operacji, zgodnie z przedstawioną logiką.
[1108] Por. Westkämper/Löffler [Strategie produkcji na rok 2016] s. 58.

kapitału powiązanego. W związku z tym ważne jest, aby wykazać, że model wyceny uwzględnia to rozszerzone podejście, pozwalając na rejestrację zmian w aktywach obrotowych (zapasy i należności krótkoterminowe), a następnie ich wycenę. Na tej podstawie przedstawiono dowody empiryczne na to, że korekty określone za pomocą twierdzenia dotyczącego luki prowadzą do tej samej wartości bieżącej, co bezpośrednie ustalenie za pomocą zdyskontowanych przepływów pieniężnych.[1109] Ten wariant działania zakłada istnienie zmiennych obliczeniowych wymaganych do modelowania, które można oceniać w oparciu o ich czasowe wahania. Aby móc obliczyć kapitał wiązany specyficzny dla danego produktu, konieczne jest odwzorowanie danych inwentaryzacyjnych dotyczących wyrobów gotowych i produkcji w toku (WIP) w ich dynamicznym zachowaniu[1110]. Ilustracja ta znajduje się w arkuszu roboczym "Prace w toku". Jako parametry wejściowe wykorzystywane są definiowalne zapasy buforowe pomiędzy stanowiskami pracy a zapasami bezpieczeństwa substancji RRB lub produktów gotowych. Ponadto częstotliwość dostaw i wysyłek jest uwzględniana przy obliczaniu zapasów. Maskę wejściową ilustruje się w następujący sposób:

[1109] Zob. Mussnig [Dynamisches Target Costing 2001] s. 178.

[1110] Zob. Mussnig [Dynamisches Target Costing 2001] s. 182.

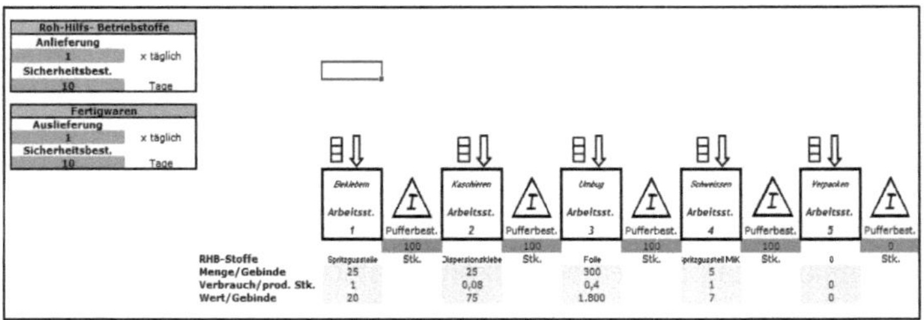

Rysunek 51: Parametry wejściowe trwających prac[1111]

Przykład pokazuje, że zasoby buforowe pomiędzy poszczególnymi stanowiskami roboczymi są definiowane po 100 obrabianych elementów. Dostawa materiałów RHB oraz dostawa gotowych wyrobów odbywa się raz dziennie. Zakres pokrycia zapasów bezpieczeństwa materiałów i wyrobów gotowych RRB jest ustalony na dziesięć dni. W zależności od terminów dostaw, obliczenia w tle określają wymagane zapasy substancji RRP dla dziennej produkcji i przeliczają je na koszty związane z kapitałem wiązanym. Ponieważ na stanowisku pracy 5 nie są wymagane żadne substancje RHB, oznacza to, że wartość ta jest zerowa. Zwizualizowane dynamiczne wyniki stanów magazynowych przedstawione są poniżej jako przykład dla produktu:

[1111] Źródło: Reprezentacja własna

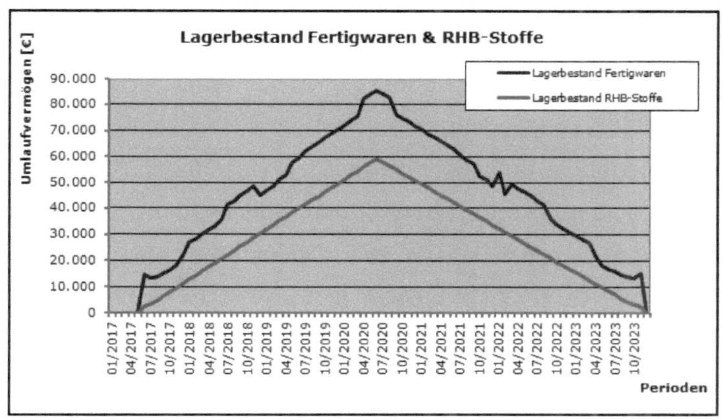

Rysunek 52: Graficzne przedstawienie poziomów zapasów[1112]

Nieciągłości w tworzeniu zapasów wyrobów gotowych wynikają z wyceny aktywów obrotowych według kosztu wytworzenia. Wartość w danym okresie jest wynikiem iloczynu liczby zapasów i wynikających z tego kosztów pracy w danym okresie oraz zużycia materiałów RWM. Jak pokazano na Rysunek 56 koszty płac nie są stałe, ale wynikają z nałożenia się efektów degresji kosztów stałych i funkcji krzywej doświadczenia, co powoduje wahania.

5.2.8. Funkcje krzywych doświadczenia

Especially in chapters 5.1.3 and 5.1.4 the important role of the Continuous Improvement Process (CIP) in the context of the SFF concept was discussed. Głównym celem CIP jest

[1112] Źródło: Reprezentacja własna

zmniejszenie kosztów produkcji i zwiększenie zysków.[1113] Każdy rodzaj odpadów znajduje się w centrum zainteresowania optymalizacji, przy czym CIP odnosi się do sekwencji ruchów pracowników, koncepcji i połączeń maszyn i urządzeń, ale także do redukcji odpadów oraz optymalizacji zużycia materiałów. Operacjonalizacja wyników efektów CIP pozwala na funkcjonowanie krzywej doświadczenia w modelu. Z punktu widzenia dynamiki struktury kosztów, koncepcja krzywej doświadczenia zapewnia wymierną, dynamiczną zmianę kosztów zmiennych w całym cyklu życia produktu. Podstawowym założeniem jest to, że gdy skumulowana wielkość produkcji podwoi się, rzeczywiste koszty jednostkowe zmniejszają się o stały procent.[1114] Obliczenie efektów z funkcji krzywej doświadczenia wynika z poniższego wzoru:[1115]

$$K_\beta = K_\alpha * E^n$$ z

$$E = (1 - L)$$ oraz

$$n = \frac{\ln X_\beta - \ln X_\alpha}{\ln 2}$$

K_α = koszt jednostkowy na początku okresu

K_β = koszt jednostkowy na koniec okresu

E = Współczynnik krzywej doświadczenia

n = efekt krzywej doświadczenia

[1113] Zob. Takeda [The Synchronous Production System 2006], s. 163 oraz Seibert [Technical Management 1998], s. 223.

[1114] Zob. Mussnig [Dynamisches Target Costing 2001], s. 252.

[1115] Zob. Coenenberg [rachunkowość kosztów i analiza kosztów 1993], s. 175.

L = współczynnik uczenia się

x_α = ilość skumulowana na początku okresu

x_β = ilość skumulowana na koniec okresu

W literaturze poziom współczynnika uczenia się jest podany jako 10% - 30%.[1116] Efektem krzywej doświadczenia jest więc funkcja logarytmiczna, którą należy zilustrować na przykładzie. W tym celu przyjmuje się cykl życia produktu "A" w formie uproszczonej z początkiem produkcji w okresie 01/2017 r., maksymalnie 15 000 sztuk w okresie 06/2020 r. i datą zaprzestania produkcji w okresie 12/2023 r. W związku z tym postęp graficzny jest następujący:

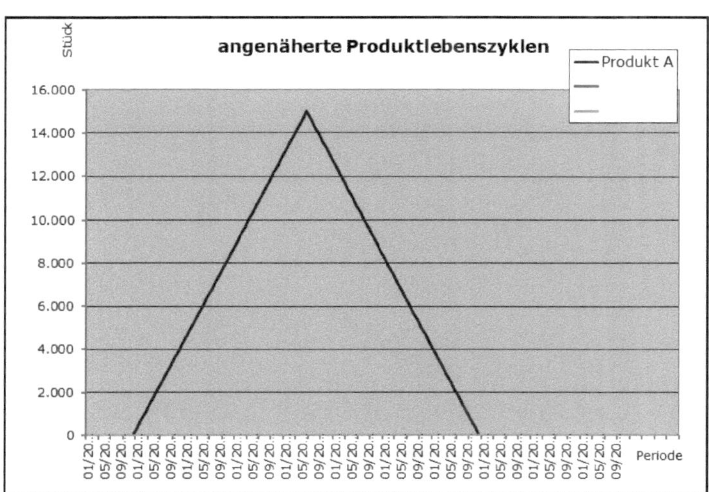

[1116] Por. Ewert/Wagenhofer [sprawozdanie finansowe spółki wewnętrznej 1997], s. 165.

Rysunek 53: Cykl życia produktu na przykładowej krzywej doświadczenia[1117]

Integracja powyższych formuł dla efektu krzywej doświadczenia (n) i współczynnika krzywej doświadczenia (E) prowadzi do regresywnego rozwoju kosztów zmiennych, przy czym współczynnik uczenia się (L) został ustalony na poziomie 10% (zob. Rysunek 54).

Aby zilustrować efekt krzywej doświadczenia, średnie koszty zmienne w całym cyklu życia produktu zostały obliczone na 7,55 EUR. W ten sposób efekt innych funkcji kosztowych, w tym degresji kosztów stałych, został na razie zamaskowany. Poniżej wykazano, że wynikający z tego koszt wytworzonych towarów jest w dużej mierze zależny od innych funkcji kosztowych.

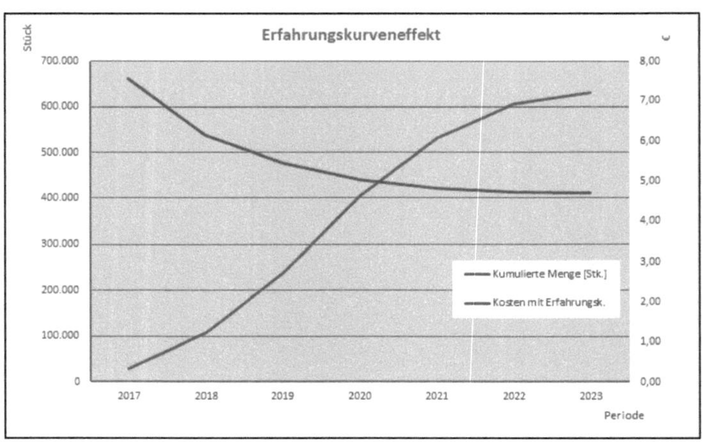

Rysunek 54: Przykładowy efekt krzywej doświadczenia[1118]

[1117] Źródło: Reprezentacja własna

[1118] Źródło: Reprezentacja własna

Aby zrozumieć wpływ funkcji kosztowych, nadal konieczne jest wyjaśnienie funkcjonalności nieodłącznie związanej z modelem w celu określenia optymalnego modelu czasu pracy. Funkcja ta automatycznie wybiera w tle model czasu pracy, który ma najmniejszą nadwyżkę wydajności. Oznacza to, że wymagania dotyczące wydajności (czas cyklu produkcji sztuk w danym okresie) są dynamicznie porównywane z dostępną wydajnością modeli czasu pracy dostępnych do wyboru, dzięki czemu powstaje najmniejszy zwis wydajności. Modele czasu pracy mają z kolei określoną funkcję:

- Liczba pracowników na zmianę,
- Liczba warstw,
- dostępność komórki oraz
- z /bez elastyczności czasu pracy.

Ponieważ wymagania dotyczące wydajności są zależne od czasu trwania cyklu, a czas trwania cyklu jest z kolei zależny od liczby wykorzystywanych pracowników (patrz rozdział 5.2.6), powoduje to wielowymiarową zależność. Graficznie, wyniki dynamicznej optymalizacji wysięgu nośności można przedstawić w następujący sposób:

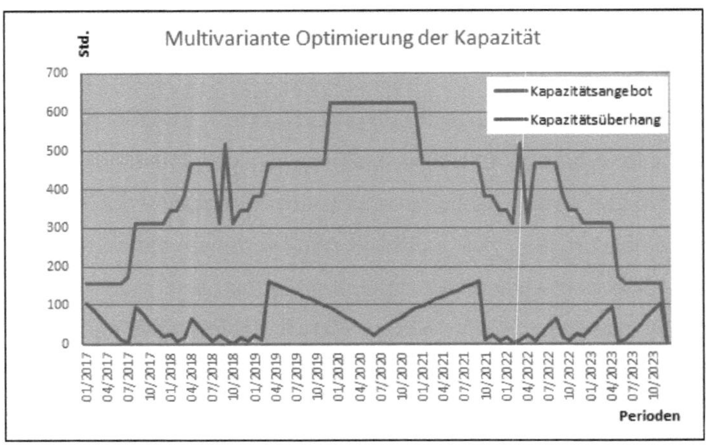

Rysunek 55: Wielostopniowa optymalizacja wydajności[1119]

Z prezentacji wynikają dwie rzucające się w oczy cechy. Po pierwsze, czasami stosunkowo duże skoki dostępnej mocy pomiędzy dwoma kolejnymi okresami. Wynikają one z wyczerpania zmiennych odpowiedniego modelu czasu pracy. Jak wspomniano powyżej, obejmują one liczbę zmian, zastosowanie elastyczności czasu pracy na jedną zmianę oraz liczbę rozmieszczonych pracowników (dostępność jest na razie utrzymywana na stałym poziomie). Po drugie, stosunkowo niewielka nadwyżka mocy produkcyjnych w danym okresie jest widoczna pomimo gwałtownego skoku miesięcznej sprzedaży jednostkowej, spowodowanego stromym przebiegiem cyklu życia produktu. Na tej podstawie można stwierdzić, że optymalizacja funkcjonalności modelu jest efektywna. Zrozumienie tej

[1119] Źródło: Reprezentacja własna

zależności jest ważne o tyle, o ile wpływ zwisu mocy produkcyjnych na koszty płac jest w ten sposób znacznie ograniczony, ale nadal ma znaczący wpływ na koszty produkcji (patrz Rysunek 56).

Aby obliczyć koszty produkcji na podstawie pełnych kosztów, do zmiennych kosztów jednostkowych należy dodać koszty stałe ogniwa (w przypadku kilku produktów podział jest dokonywany proporcjonalnie do wymagań dotyczących wydajności). Ze względu na superpozycję funkcji kosztowych, poniższa ogólna funkcja kosztu wytworzenia towaru wynika dla naszego przykładu:

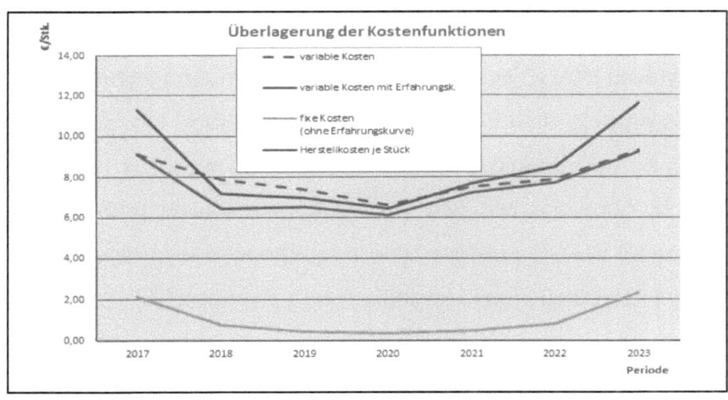

Rysunek 56: Efekty funkcji kosztowych[1120]

5.2.9. Integracja kosztu kapitału

Zgodnie z metodą obliczania inwestycji zorientowanych na wartość, opracowaną w sekcjach 3.10 i 3.11, odsetki kalkulacyjne na poziomie WACC stosuje się do aktywów obrotowych

[1120] Źródło: Reprezentacja własna

związanych w poprzednim okresie (t-1). WACC jest również wykorzystywany do dyskontowania zysku netto za okres po opodatkowaniu. W celu zachowania zgodności z zasadą zgodności, konieczne jest utrzymanie WACC na stałym poziomie przez cały rozważany okres inwestycji, chociaż efekt dźwigni (według Copeland lub Stewart) dawałby różne wyniki z powodu zmieniającej się struktury kapitałowej w okresach planowania.[1121] Poprzez zastosowanie wzorów z rozdziałów 3.6.1 i 3.6.3 obliczenie kosztów kapitałowych zostało włączone do modelu. Wynikającą z tego maskę wejściową dla określenia kosztu kapitału przedstawiono na Rysunek 57
Metoda obliczania WACC może zostać wybrana za pomocą maski wejściowej. Najprostszą formą jest wprowadzenie predefiniowanej stawki WACC Holding. Alternatywnie, można wybrać pomiędzy integracją efektu dźwigni według Copeland lub Stewart. Aby móc uwzględnić tarczę podatkową we wzorach obliczeniowych, obowiązkowe jest wprowadzenie stawki podatkowej. Wartości WACC podświetlone na jasnożółto wynikają z drugiej tabeli kalkulacji kosztu kapitału (patrz Rysunek 58).

Definition Kapitalkosten			
Steuersatz			25%
Holding WACC Satz			10,0%
Exakte WACC Berechnung		a) nach Copeland	6,3%
		b) nach Stewart	5,8%
gewählter WACC Satz bitte mit "1", alle anderen bitte mit "0" markieren			
WACC Berechnung		Holding WACC Satz	0
		nach Copeland	1
		nach Stewart	0
Benutzter WACC Satz (Überprüfung)			nach Copeland

[1121] Zob. Heesen [Beteiligungsmanagement 2017], s. 178.

Rysunek 57: Maska wejściowa Definicja kosztów kapitałowych[1122]

Kapitalkosten - Kalkulation		
Risikofreier Satz rf (%)	4,0%	
ß-Faktor	1,0	
Risiko Prämie rp (%)	3,0%	
Vor Steuer Fremdkapitalkostensatz (%)	5,0%	(kd Eingabe zwingend erf.)
Steuersatz	25,0%	
Eigenkapital	33%	200.000
Fremdkapital	67%	400.000
Capital Employed'	100%	600.000
WACC Berechnung nach COPELAND		
ke unlev (100% EK)	7,0%	
LF - Leverage Faktor	2,5	
ke lev (Mischfinanzierung)	11,5%	
Gew. EK Kosten	3,8%	
kd (v. St.)	5,0%	
kD (n. St.)	3,8%	
Gew. FK-Kosten	2,5%	
WACC	6,3%	
WACC Berechnung nach STEWART		
ke unlev (100% EK)	7,0%	
FRP - Financial Risk Premium	3,0%	
ke lev (Mischfinanzierung)	10,0%	
kd (v. St.)	5,0%	
kD (n. St.)	3,8%	
WACC	5,8%	

Rysunek 58: Kalkulacja kosztu kapitału według Copeland and Stewart[1123]

Również tutaj pola oznaczone kolorem jasnożółtym są połączone. Stosunek wkładu kapitału własnego do wkładu kapitału dłużnego inwestycji pochodzi z tabeli "Podstawowe dane dotyczące inwestycji i przychodów" (patrzRysunek 47). Pola zaznaczone na jasnoniebieskim tle reprezentują wartości wynikowe poszczególnych czynników lub ostateczne wartości WACC według Coplanda i Stewarta.

[1122] Źródło: Reprezentacja własna

[1123] Źródło: Opracowanie własne na podstawie Heesen, B.: Seminarium Financial Engineering, FH-Salzburg 2004.

Krótko mówiąc, również w tym przypadku należy powtórzyć znaczenie parametrów wejściowych dla obliczenia kosztów kapitałowych:

- stopa procentowa wolna od ryzyka (rik-free): oznacza potencjalny zysk z inwestycji nieobciążonych ryzykiem (np. obligacji państwowych)[1124]
- czynnik β: oznacza indywidualną ocenę ryzyka inwestycji w danym środowisku biznesowym[1125]
- premia za ryzyko rp: stanowi oczekiwaną dodatkową premię za ryzyko rynkowe wynikającą z inwestycji w portfel akcji pomniejszoną o inwestycję nieobciążoną ryzykiem.
- kd-before tax interest on borrowed capital: koszt pożyczonego kapitału zwykle wynika z jasno uregulowanych umów kredytowych

Wartości WACC są teraz obliczane jako funkcja odpowiednich parametrów wejściowych za pomocą formuł zapisanych w systemie. Następnie są one wykorzystywane w modelu do obliczenia kalkulacji odsetek imputowanych oraz do dyskontowania wyników okresu do wartości bieżącej. Wreszcie, przedstawienie

1124 Nie ma czegoś takiego jak całkowicie pozbawiona ryzyka forma inwestycji. Jako przybliżenie przyjmuje się rentowność długoterminowych obligacji skarbowych. Obligacja "potrójnego A (AAA Rating)" jest uważana za "quasi - wolną od ryzyka". Heesen [Ocena inwestycji w 2016 r.], s. 124.

1125 Współczynnik beta wyraża wrażliwość (zmienność) określonej inwestycji na portfel rynkowy. Przy współczynniku beta wynoszącym 1 przedmiotowa inwestycja obarczona jest ryzykiem porównywalnym z ryzykiem portfela rynkowego. W przeciwnym razie ryzyko jest większe (współczynnik beta > 1) lub mniejsze (współczynnik beta < 1).

kalkulacji kosztu kapitału w drzewie wartości powinno służyć wyjaśnieniu zależności:

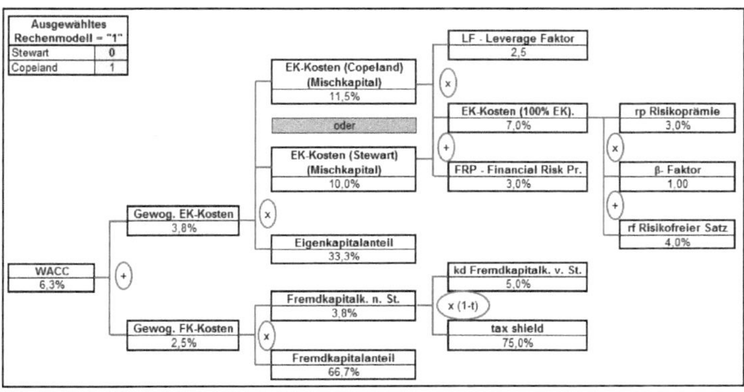

Rysunek 59: Obliczanie kosztu kapitału w drzewie wartości stanowiącym siłę napędową[1126]

5.2.10. Prezentacje wyników

Przed przedstawieniem wyników w formie tabelarycznej i graficznej właściwe wydaje się w tym momencie podsumowanie efektów uczenia się wynikających z połączenia metody obliczania inwestycji opartej na wartości w odniesieniu do twierdzenia o zintegrowanej luce. Rozważania te prowadzone są poprzez porównanie głównych punktów krytyki niektórych autorów[1127] z wiedzą zdobytą w trakcie tej pracy, która opiera się zarówno na podstawach teoretycznych, jak i na weryfikacji empirycznej.

[1126] Źródło: Opracowanie własne na podstawie Heesen, B.: Seminarium Financial Engineering, FH-Salzburg 2004.

[1127] Krytyka odnosi się przede wszystkim do przesłanek leżących u podstaw twierdzenia o luce.

5.2.10.1. Stosowność twierdzenia o luce jako modelu obliczania inwestycji opartego na wartości

W opracowanej, zorientowanej na wartość metodzie obliczania inwestycji (patrz rozdziały 3.10 i 3.11), EVA (Economic Value Added) jest kluczową wartością, którą należy zoptymalizować. W tym celu, twierdzenie o luce WACC jest zintegrowane i stosowane jako stopa procentowa dla kalkulacyjnych odsetek od całości zaangażowanego kapitału. Doprowadziłoby to do wydatkowania części finansowanej z kapitału własnego, co sztucznie zmniejszyłoby zysk za dany okres, a to z kolei zmniejszyłoby podstawę opodatkowania. Jeżeli okres użytkowania i okres spłaty kredytu są identyczne, efekt ten odpowiadałby kosztom kalkulacyjnym na różnicę między kwotami amortyzacji a kwotami spłaty. To z kolei odpowiada różnicy pomiędzy naliczonymi odsetkami od całości kapitału a odsetkami od kapitału dłużnego. W celu zapewnienia, że[1128] zdyskontowane, skumulowane nadwyżki płatności i wyniki okresowe są zgodne z logiką obliczania luki 1[1129] (porównaj rozdział 3.10), aspekt finansowy nie jest

---

[1128] Zob. Mussnig [Dynamisches Target Costing 2001], s. 152.

[1129] W obliczeniach skumulowanych zgodnie z luką 2 można przedstawić zastosowanie kosztów kalkulacyjnych do aktywów powiązanych, ponieważ odsetki kalkulacyjne są zawsze tworzone od różnicy między skumulowanymi wynikami za dany okres a skumulowanymi nadwyżkami płatności, co neutralizuje wszelkie zakłócenia. Zgodnie z logiką obliczeń luki 3, odsetki przypisane od wartości rezydualnych aktywów związanych są w każdym przypadku wyraźnie uwzględnione we wzorze, zgodnie z którym, zgodnie z empirycznymi obliczeniami kontrolnymi, musi istnieć zgodność pod względem czasu i ilości pomiędzy spłatą a Afa.

brany pod uwagę przy obliczaniu kalkulacyjnych odsetek od powiązanego kapitału poprzez zastosowanie tylko kalkulacyjnych odsetek od powiązanych aktywów obrotowych. Poniższe założenia stanowią wynik dla prezentowanego tu modelu:

- przez dany raportowany wynik okresu należy rozumieć wynik operacyjny przed potrąceniem odsetek i po potrąceniu podatku,
- obliczanie amortyzacji oparte jest na wartości nabycia, przy czym okres amortyzacji jest identyczny z okresem spłaty,
- okres amortyzacji jest oparty na faktycznym okresie użytkowania, który jest ustalany od najwcześniejszego początku i ostatniego końca cyklu życia produktu.

Krytycy postrzegają podejście polegające na obliczaniu amortyzacji według kosztu nabycia, a nie wartości odtworzenia jako stwarzające ryzyko powstania inflacyjnej luki finansowej. [1130] Wymóg dotyczący metody amortyzacji opartej na zasadzie odtworzenia ma na celu uniknięcie spadku wskaźnika kapitału własnego.[1131] Omówienie to należy skrócić w tym miejscu, ponieważ interesy dostawców kapitału i tak są brane pod uwagę poprzez obliczenie minimalnej stopy zwrotu z kapitału własnego w trakcie obliczania WACC zgodnie z następującym wzorem (porównaj rozdział 3.6.1):

$$k_e = r_f + \beta \times r_p$$

k_e = Koszt kapitału własnego

rf = zysk z bezpiecznych obligacji rządowych

[1130] Zob. Badenia [Rachunek kosztów strategicznych 1997], s. 74.

[1131] Por. Franz [Ansatz imputated costs 1992], s. 426.

rp = premia za ryzyko

β = zakładowy czynnik ryzyka

Przy ustalaniu wskaźnika EVA poprzez odjęcie ważonego całkowitego kosztu kapitału od zdyskontowanych wyników okresu po opodatkowaniu, uzyskuje się w ten sposób sensowność dalszego zwiększania inwestycji, co pozwala spółce zabezpieczyć finansowaną substancję kapitałem własnym w ujęciu realnym nawet w przypadku ewentualnego wpływu inflacji lub utraty kosztów utraconych szans.[1132]

Ostatni punkt dyskusji odnosi się do finansowych aspektów kalkulacji inwestycji w związku z twierdzeniem o luce. Mussnig postuluje, aby aspekty finansowe zostały wyeliminowane z obliczeń inwestycyjnych, ponieważ obecne wartości w obliczeniach inwestycyjnych odpowiadają jedynie wartościom uwzględnionym w obliczeniach kosztów, o ile stopa procentowa kredytu odpowiada dokładnie stopie dyskontowej lub stopie procentowej zastosowanej do obliczenia odsetek kalkulacyjnych zgodnie z twierdzeniem dotyczącym luki. [1133] Ograniczeniu temu przeciwdziała fakt, że do dyskontowania i obliczania odsetek kalkulacyjnych stosuje się mieszaną ważoną stopę procentową WACC. Jak dowiedzieliśmy się w rozdziale 3.6.1 sposób dorozumiany uwzględnia on ryzyko dostawców kapitału własnego, które wzrasta w stosunku do wskaźnika zadłużenia, poprzez efekt dźwigni według Copeland lub Stewart. W ten sposób zarzut

[1132] Zob. Plessentin [Aspekte der betrieblichen Finanzwirtschaft 1998], s. 108.

[1133] Zob. Mussnig [Dynamisches Target Costing 2001], s. 155.

Küppera zostaje [1134] jakościowo i funkcjonalnie złagodzony poprzez zastosowanie ważonej stopy kosztu kapitału do całości zaangażowanego kapitału, co pozwala na wywarcie wpływu na decyzję finansową.

Biorąc pod uwagę te ustalenia empiryczne i wynikające z nich przesłanki, można uznać, że zastosowanie twierdzenia o luce jest wykonalne i tym samym właściwe w odniesieniu do wzajemnego oddziaływania produkcji i teorii kosztów. Wyniki przedstawione są w dwóch kolejnych rozdziałach.

5.2.10.2. Tabela wyników

W tabeli wyników, serie liczbowe opisanych powyżej arkuszy tabeli są wyświetlane w postaci skumulowanej i uporządkowanej. Wymóg dotyczący dynamicznej modyfikacji jest spełniony przez odniesienie do okresu. W pierwszym segmencie tabeli wyników wyświetlane są okresowo przychody, koszty i parametry płatności. Skutkuje to tym, że

Rysunek 46 przedstawia cykle życia produktów A i B:

	Ergebnistabelle							
Periode (t)	-1	0	1	2	3	4	5	6
Periode [Jahr]	**2016**	**2017**	**2018**	**2019**	**2020**	**2021**	**2022**	**2023**
Nettoerlös/Umsatz [€]	0	577.200	1.728.589	3.340.943	3.151.895	1.450.873	215.397	0
Einz. aus Umsatzerlösen [€]	0	333.000	1.355.285	3.054.170	3.413.388	1.895.249	413.806	0
Abgesetzte Menge [Stk.]	0	39.000	123.174	232.435	209.978	93.000	12.414	0
Lagerbestand Fertigwaren [Stk.]	0	753	1.866	2.500	1.647	392	0	0
Produzierte Menge [Stk.]	0	39.753	124.287	233.068	209.125	91.745	12.022	0
Bestandsveränd. Fertigwaren [Stk.]	0	753	1.113	634	-853	-1.255	-392	0
Lagerbestand Fertigwaren [€]	0	4.816	11.931	16.595	11.782	3.482	0	0
Bestandsveränd. Fertigwaren [€]	0	4.816	7.114	4.664	-4.813	-8.300	-3.482	0
Verbrauch RHB-Stoffe [€]	0	198.695	673.671	1.451.105	1.467.590	701.179	110.287	0
Lagerbestand RHB-Stoffe [€]	0	3.578	10.174	15.522	11.001	3.181	0	0
Beschaffung RHB-Stoffe [€]	0	202.273	680.267	1.456.453	1.463.068	693.359	107.105	0
Bestandsveränd. RHB-Stoffe [€]	0	3.578	6.596	5.348	-4.521	-7.820	-3.181	0
direkte Lohnkosten [€]	0	125.641	412.431	808.080	707.229	241.724	145.600	0
indirekte Lohnkosten [€]	0	35.273	119.503	204.265	174.287	72.106	62.573	0
fixe Kost. (pagatorisch) [€]	0	60.000	60.000	60.000	60.000	60.000	60.000	0

Rysunek 60: Przychody, koszty i parametry płatności w tabeli wyników[1135]

[1134] W tym kontekście Küpper wzywa do naliczania jednolitych odsetek przypisanych od całego powiązanego kapitału, kładąc nacisk na rozdzielenie decyzji finansowych. Zob. Küpper [Pagatorische und kalkulatorische Rechensysteme 1997], s. 23.

[1135] Źródło: Reprezentacja własna

W następnej części tabeli wyników podsumowano wszystkie dane istotne dla inwestycji:

	Ergebnistabelle							
Periode (t)	-1	0	1	2	3	4	5	6
Periode [Jahr]	**2016**	**2017**	**2018**	**2019**	**2020**	**2021**	**2022**	**2023**
Erstinvestition [€]	600.000	0	0	0	0	0	0	0
Abschreibung auf Erstinvestition	0	100.000	100.000	100.000	100.000	100.000	100.000	0
Kapitalbindung Erstinvestition	600.000	500.000	400.000	300.000	200.000	100.000	0	0
Erweiterungsinvestitionen [€]	0	0	100.000	0	0	0	0	0
Abschreibungen auf Erweiterg. [€]	0	0	20.000	20.000	20.000	20.000	20.000	0
Kapitalbindung Erweiterungsinvestitionen	0	0	80.000	60.000	40.000	20.000	0	0
Summe Abscheibungen [€]	0	100.000	120.000	120.000	120.000	120.000	120.000	0
GK Erstinvestition [€]	600.000	0	0	0	0	0	0	0
Tilgung [€]	0	100.000	120.000	120.000	120.000	120.000	120.000	0
Restbetrag [€]	600.000	500.000	480.000	360.000	240.000	120.000	0	0
Gesamtkapitalzinsen [€]	38.000	31.667	30.400	22.800	15.200	7.600	0	0

Rysunek 61: Dane dotyczące inwestycji w tabeli wyników[1136]

Jak opisano we wstępie do tego rozdziału, nacisk został położony na empiryczną weryfikację twierdzenia o luce zgodnie z wszystkimi trzema logikami obliczeniowymi. Przyjęto założenie, że należy uwzględnić całkowite koszty kapitałowe inwestycji oraz dopasowanie amortyzacji i umorzenia. W modelu amortyzacja jest obliczana automatycznie jako funkcja czasu od rozpoczęcia produkcji pierwszego produktu do końca produkcji ostatniego produktu, z uwzględnieniem skutków amortyzacji w pierwszej połowie roku.

Na podstawie przychodów, kosztów i wartości płatności, jak również danych dotyczących inwestycji, można teraz obliczyć wynik okresu i nadwyżkę płatności za okres. Poniżej znajduje się prezentacja wyników w formie tabeli:

	Ergebnistabelle								
Periode (t)	-1	0	1	2	3	4	5	6	Σ t
Periode [Jahr]	**2016**	**2017**	**2018**	**2019**	**2020**	**2021**	**2022**	**2023**	**kumuliert**
Summe Kosten	0	423.187	1.272.201	2.528.798	2.404.585	1.067.189	375.279	0	8.071.238
Periodenergebnis	**0**	**62.408**	**350.098**	**702.157**	**617.976**	**247.565**	**-286.545**	**0**	**1.693.659**
Auszahlungen	600.000	523.187	1.492.201	2.648.798	2.524.585	1.187.189	495.279	0	9.471.238
Einzahlungen	600.000	333.000	1.455.285	3.054.170	3.413.388	1.895.249	413.806	0	11.164.897
Zahlungsüberschuss	**0**	**-190.187**	**-36.916**	**405.372**	**888.803**	**708.060**	**-81.472**	**0**	**1.693.659**

[1136] Źródło: Reprezentacja własna

Rysunek 62: Wyniki okresowe i nadwyżki płatności w tabeli wyników[1137]

Niniejsza prezentacja potwierdza dwa wyniki, których można się spodziewać po omówieniu funkcji kompensacyjnej twierdzenia o luce:

- wyniki i nadwyżki płatnicze w poszczególnych okresach są różne, oraz
- skumulowane wyniki okresu i nadwyżki płatności są identyczne.

W związku z tym oczywistym kolejnym krokiem jest zintegrowanie twierdzenia o luce w wynikach. W tym celu konieczne jest obliczenie kalkulacyjnych odsetek od kapitału powiązanego, przy użyciu WACC jako czynnika.

	Ergebnistabelle							
Periode (t)	-1	0	1	2	3	4	5	6
Periode [Jahr]	**2016**	**2017**	**2018**	**2019**	**2020**	**2021**	**2022**	**2023**
Kapitalbindung Investitionen	600.000	500.000	480.000	360.000	240.000	120.000	0	0
Kapitalbindung Investitionen (t-1)	0	600.000	500.000	480.000	360.000	240.000	120.000	0
Lager Rohstoffe (t-1)	0	0	3.578	10.174	15.522	11.001	3.181	0
Lager Fertigwaren (t-1)	0	0	4.816	11.931	16.595	11.782	3.482	0
Bestand Forderungen	0	244.200	617.504	904.277	642.784	198.409	0	0
Beestand Forderungen (t-1)	0	0	244.200	617.504	904.277	642.784	198.409	0
Kalk. Zinsen Investition (t-1)	0	38.000	31.667	30.400	22.800	15.200	7.600	0
Kalk. Zinsen Lager Rohstoffe (t-1)	0	0	227	644	983	697	201	0
Kalk. Zinsen Lager Fertigwaren (t-1)	0	0	305	756	1.051	746	221	0
Kalk. Zinsen Forderungen (t-1)	0	0	15.466	39.109	57.271	40.710	12.566	0
Σ Kalkulat. Zinsen ohne Investition (t-1)	0	0	15.998	40.509	59.305	42.153	12.988	0
Σ Kalkulat. Zinsen mit Investition (t-1)	0	38.000	47.664	70.909	82.105	57.353	20.588	0

Rysunek 63: Zaangażowanie kapitałowe w tabeli wyników[1138]

Oznaczenia w tabeli wyników z odstępem 1 do 3 opierają się na logice obliczeniowej i wzorach przedstawionych w rozdziale

---

[1137] Źródło: Prezentacja własna, zgodnie z opisem na początku niniejszego rozdziału, wyniki za prezentowany okres nie uwzględniają kosztów / płatności z tytułu odsetek.

[1138] Źródło: Reprezentacja własna

3.10Po zintegrowaniu twierdzenia o luce powstaje następujący obraz:

Ergebnistabelle									
Periode (t)	-1	0	1	2	3	4	5	6	Σ t
Periode [Jahr]	**2016**	**2017**	**2018**	**2019**	**2020**	**2021**	**2022**	**2023**	**kumuliert**
1) Ergebnisse diskontierter Zahlungsüberschüsse (n. St.)									
Zahlungsüberschuss (v. St.)	0	-190.187	-36.916	405.372	888.803	708.060	-81.472	0	
Zahlungsüberschuss (n. St.)	0	-142.640	-27.687	304.029	666.602	531.045	-61.104	0	
diskontierter Zahlungsüberschuss (n. St.)	**0**	**-142.640**	**-26.038**	**268.891**	**554.445**	**415.388**	**-44.949**	**0**	**1.025.096**
2) Diskontierte Periodenergebnisse Lücke 1 (n. St.)									
Periodenergebnis	0	62.408	350.098	702.157	617.976	247.565	-286.545	0	
Σ Kalkulat. Zinsen ohne Investition (t-1)	0	0	15.998	40.509	59.305	42.153	12.988	0	
Periodenergebnis (Lücke 1) (v. St.)	0	62.408	334.100	661.649	558.672	205.412	-299.533	0	
Periodenergebnis (Lücke 1) (n. St.)	0	46.806	250.575	496.237	419.004	154.059	-224.649	0	
diskont. Periodenergebnis (Lücke 1) (n. St.)	**0**	**46.806**	**235.651**	**438.884**	**348.505**	**120.506**	**-165.256**	**0**	**1.025.096**
3) Diskontierte Periodenergebnisse Lücke 2 (n. St.)									
kumulierte Periodenergebnisse	0	62.408	412.505	1.114.663	1.732.639	1.980.204	1.693.659	1.693.659	
kumulierte Periodenergebnisse (t-1)	0	0	62.408	412.505	1.114.663	1.732.639	1.980.204	1.693.659	
kumulierte Zahlungsüberschüsse	0	-190.187	-227.103	178.269	1.067.072	1.775.132	1.693.659	1.693.659	
kumulierte Zahlungsüberschüsse (t-1)	0	0	-190.187	-227.103	178.269	1.067.072	1.775.132	1.693.659	
Diff. kum. Periodenerg.-Zahlungsübersch. (t-1)	0	0	252.594	639.609	936.394	665.568	205.072	0	
kalk. Zinsen auf die Differenz	0	0	15.998	40.509	59.305	42.153	12.988	0	
Periodenergebnis (Lücke 2) (v. St.)	0	62.408	334.100	661.649	558.672	205.412	-299.533	0	
Periodenergebnis (Lücke 2) (n. St.)	0	46.806	250.575	496.237	419.004	154.059	-224.649	0	
diskont. Periodenergebnis (Lücke 2) (n. St.)	**0**	**46.806**	**235.651**	**438.884**	**348.505**	**120.506**	**-165.256**	**0**	**1.025.096**
4) Diskontierte Periodenergebnisse Lücke 3 (n. St.)									
Periodenergebnis	0	62.408	350.098	702.157	617.976	247.565	-286.545	0	
kalk. Zinsen Investition (t-1)	0	38.000	31.667	30.400	22.800	15.200	7.600	0	
kalk. Zinsen Bestände Umlaufvermögen (t-1)	0	0	15.998	40.509	59.305	42.153	12.988	0	
Anfangsinvestition	600.000	0	100.000	0	0	0	0	0	
Abschreibungen	0	100.000	120.000	120.000	120.000	120.000	120.000	0	
Periodenergebnis (Lücke 3)	-600.000	200.408	385.767	812.049	701.472	340.612	-171.933	0	
diskontiertes Periodenergebnis (Lücke 3) (v. St.)	-450.000	150.306	289.325	609.037	526.104	255.459	-128.949	0	
diskontiertes Periodenergebnis (Lücke 3) (n.	**-478.500**	**150.306**	**272.093**	**538.647**	**437.586**	**199.822**	**-94.858**	**0**	**1.025.096**

Rysunek 64: Okres ten skutkuje twierdzeniem o luce[1139]

Począwszy od
Rysunek 64, zdyskontowane wyniki nadwyżek płatniczych po opodatkowaniu odpowiadają zdyskontowanym wynikom po opodatkowaniu po luce 1-3, dostarczając tym samym dowodów empirycznych. Obecnie koszt kapitału musi być jeszcze zintegrowany, aby móc przedstawić pełny zakres podejścia do obliczania inwestycji w oparciu o wartość dodaną na przykładowych ilustracjach.

[1139] Źródło: Reprezentacja własna

Ergebnistabelle									
Periode (t)	-1	0	1	2	3	4	5	6	Σ t
Periode [Jahr]	**2016**	**2017**	**2018**	**2019**	**2020**	**2021**	**2022**	**2023**	**kumuliert**
Gebundenes Kapital	600.000	752.594	1.119.609	1.296.394	905.568	325.072	0	0	
kalk. Kosten auf Gebundenes Kapital	38.000	47.664	70.909	82.105	57.353	20.588	0	0	
EVA der Investition (Zahlungsstr.)	**-38.000**	**-190.304**	**-96.947**	**186.786**	**497.092**	**394.800**	**-44.949**	**0**	**708.477**
EVA der Investition (Lücke 1)	**-38.000**	**-859**	**164.742**	**356.779**	**291.153**	**99.918**	**-165.256**	**0**	**708.477**
EVA der Investition (Lücke 2)	**-38.000**	**-859**	**164.742**	**356.779**	**291.153**	**99.918**	**-165.256**	**0**	**708.477**
EVA der Investition (Lücke 3)	**-516.500**	**102.641**	**201.184**	**456.542**	**380.233**	**179.234**	**-94.858**	**0**	**708.477**

Rysunek 65: EVA inwestycji w tabeli wyników[1140]

W celu ostatecznego utworzenia EVA jako górnego wskaźnika obliczania inwestycji zorientowanej na wartość, od zysków po opodatkowaniu / nadwyżek płatniczych odejmuje się koszty kalkulacyjne związanego kapitału całkowitego. W modelu tym wykorzystuje się kalkulacyjne koszty zapasów materiałów RBC, zapasy wyrobów gotowych, wartość końcową zaangażowania kapitałowego inwestycji początkowych i rozwojowych oraz zapasy należności. Chociaż jest to matematyczna konieczność wynikająca z czystego odejmowania, Rycina Rysunek 65 przedstawia wyniki EVA zarówno rachunku przepływów pieniężnych, jak i tych po lukach od 1 do 3 w celu zapewnienia kompletności. Przy planowaniu z parametrami opisanymi w rozdziałach 5.2.2 do 5.2.8 wartości dopasowane powodują wzrost wartości inwestycji o 708.477 euro.

5.2.10.3. Graficzne przedstawienie wyników

Aby poprawić przejrzystość, wyniki są wreszcie prezentowane w formie graficznej. W ten sposób użytkownik otrzymuje na pierwszy rzut oka istotne zmienne wejściowe inwestycji, jak również

[1140] Źródło: Reprezentacja własna

zmienne wynikowe w postaci wyników okresu skumulowanego i skumulowanej EVA.

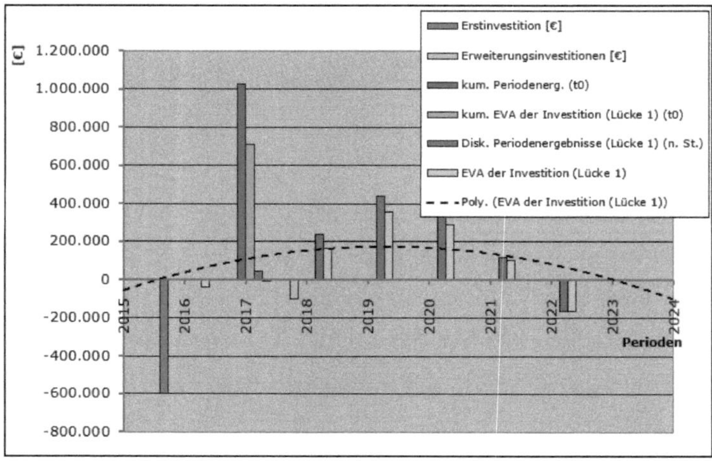

Rysunek 66: Wyniki w formie graficznej[1141]

6. Analizy wrażliwości i reprezentacje scenariuszy w modelu wyceny

Ponieważ przedmiotem niniejszej pracy badawczej jest opracowanie modelu wyceny ze zintegrowaną, opartą na wartości metodologią obliczania inwestycji, jest to kwestia przygotowania pomocy decyzyjnej przy pomocy obliczeń planistycznych[1142]. Deklarowanym celem jest wygenerowanie możliwych do oceny

[1141] Źródło: Reprezentacja własna

[1142] Por. Heesen [Investitionsrechnung 2016], s. 5.

opcji działania dla ekonomicznej optymalizacji chudych, elastycznych komórek produkcyjnych. W tym względzie niniejszy rozdział uwzględnia wymóg oparcia długoterminowego planowania strategicznego, ale również w coraz większym stopniu planowania średnioterminowego, w coraz większym stopniu na analizach wrażliwości i scenariuszach [1143]. Dzięki takiemu stochastycznemu uwzględnieniu właściwości systemu, należy zwiększyć solidność planowania. W [1144] celu określenia solidności planowania zastosowano sformułowanie Almedera i Gansterera: "Metoda planowania może być opisana jako solidna, jeżeli gwarantuje stabilność planowania dla większości możliwych scenariuszy odchyleń od założeń planowania. W związku z [1145] tym stabilność planowania istnieje "jeżeli występują jedynie niewielkie zmiany w wartościach planu i wynikach planu wynikające z odchyleń warunków ramowych od pierwotnych założeń planu oraz wszelkich niezbędnych korekt planu, czy to poprzez dostosowanie istniejącego planu, czy też poprzez całkowicie nowe planowanie".[1146] W celu lepszego zrozumienia skutków odchyleń od założeń planistycznych, analizy scenariuszy poprzedzone są analizami wrażliwości.

6.1. Analizy wrażliwości

W modelach wspomagających podejmowanie decyzji, analizy wrażliwości są wykorzystywane do badania zależności między

[1143] Zob. Doppler/Lauterburg [Change Management 2008], s. 55.

[1144] Zob. Almeder/Gansterer [Solidne Planowanie Operacyjne 2015], s. 47.

[1145] Almeder/Gansterer [Robust Operational Planning 2015], s. 48.

[1146] Almeder/Gansterer [Robust Operational Planning 2015], s. 48.

różnymi danymi otrzymanymi w postaci parametrów, jak również wartościami docelowymi i/lub zaletami rozwiązań alternatywnych. Przede wszystkim należy odpowiedzieć na następujące pytania za pomocą analizy wrażliwości:

- Jak zmienia się wartość docelowa funkcji przy danych zmianach jednego lub kilku parametrów wejściowych?
- Jaką wartość może przyjąć parametr wejściowy lub jaką kombinację wartości może przyjąć kilka parametrów wejściowych, jeśli dana wartość funkcji docelowej ma być przynajmniej osiągnięta?[1147]

W celu uproszczenia aplikacji, Arnoscht i in. sugerują utrzymanie kilku dźwigni sterujących na stałym poziomie i tym samym wprowadzanie zmian tylko do poszczególnych parametrów, tak aby można było przypisać efekty według przyczyny.[1148]
Peemöller i Angermayer-Michler zwracają uwagę w związku z procedurą obliczania inwestycji metodą wartości rozdziału statycznego, że nie uwzględnia ona zmian w dynamice środowiska, ponieważ opiera się na pewnym przewidywanym scenariuszu oczekiwań.[1149] Tylko za pomocą analiz wrażliwości możliwe jest określenie związków przyczynowo-skutkowych pomiędzy zmianami poszczególnych czynników (parametrów) wartości a wartością kapitału[1150]. "Ponadto analiza wrażliwości może być wykorzystana do określenia maksymalnego stopnia zmiany kluczowych parametrów, w których projekt inwestycyjny jest

1147 Por. Götze [Investitionsrechnung 2008], s. 363 f.

1148 Por. Arnoscht i in. [Development of Production Theory 2011], s. 40.

1149 Por. Peemöller/Angermayer-Michler [wycena przedsiębiorstwa 2005], s. 799.

1150 Por. Vollrath [elastyczność działania w decyzjach inwestycyjnych 2001], s. 65 f.

nadal korzystny ekonomicznie. Wadą tej metody jest jednak brak uwzględnienia współzależności i stochastycznych wpływów czynników wartości, co uniemożliwia określenie dokładnej wartości przedsiębiorstwa za pomocą analizy wrażliwości.[1151] "Podejście do symulacji współzależnych stochastycznych czynników wartości projektu inwestycyjnego zapewnia koncepcja analizy Monte Carlo.[1152] Włączenie analizy Monte-Carlo do modelu wyceny wykraczałoby poza zakres tych prac i stanowiłoby dalsze podejście badawcze.

Podsumowując, analizy wrażliwości badają matematycznie związek między ustalonymi wartościami docelowymi a czynnikami (parametrami) wartościowymi, które na nie wpływają, i w ten sposób starają się uchwycić strukturę ryzyka planowania i uczynić ją przejrzystą. Analizy wariancji służą do określenia, które sterowniki (parametry) wartości mają największy wpływ na ustawione wartości docelowe.[1153] W związku z tym w kolejnych rozdziałach parametry są badane w kontekście odpowiednich zasad projektowania pod kątem ich wpływu w przypadku odchyleń.

6.1.1. Założenia modelu w kontekście praktycznego przykładu

Jako przykład wybiera się komórkę produkcyjną do produkcji wewnętrznej części pojazdu silnikowego. Wiąże się to z produkcją bocznych boków (por. Rysunek 67) konsoli środkowej dla pojazdu klasy premium niemieckiego producenta. W tym

[1151] Wycisk [Elastyczność dzięki samokontroli 2009], s. 181.

[1152] Por. Wycisk [Elastyczność dzięki samokontroli 2009], s. 181.

[1153] Welge et al [zarządzanie strategiczne 2017], s. 776.

zakresie konsekwentnie kontynuowany jest tutaj przykład pierwszej walidacji podstawowego modelu wyceny.[1154]

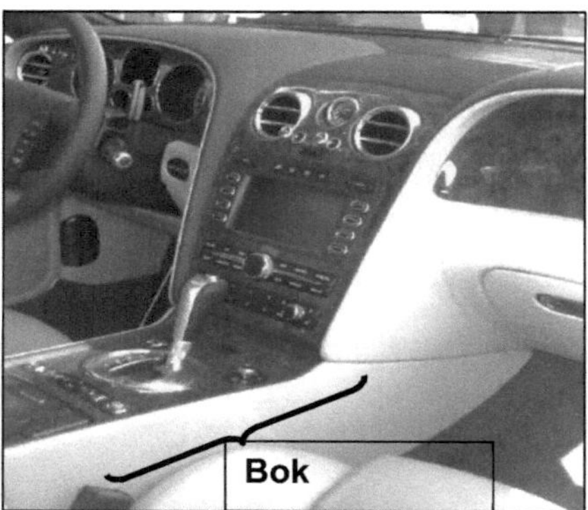

Rysunek 67: Element składowy przykładu praktycznego[1155]

W pierwszym etapie procesu, element jest zobowiązany do nałożenia materiału powierzchniowego na część nośną. W tym przypadku część nośna wykonana jest z tworzywa sztucznego (ABS PC). Materiałem pokrywającym jest folia głęboko tłoczona z podkładem z pianki o grubości 1,5 mm. Do połączenia folii z częścią nośną stosuje się klej dyspersyjny, który jest aktywowany po podgrzaniu.

[1154] Pierwsza walidacja modelu oceny miała miejsce w kontekście pracy dyplomowej pana Matthiasa Stauffera na Uniwersytecie Nauk Stosowanych w Rosenheim. Por. Stauffer, M.: An investigation of the advantages of lean, flexible production cells compared to conventional production lines, taking into account the general conditions, Rosenheim 2009.

[1155] To zdjęcie jest dowolnie wybrane. Jest to schematyczny schemat elementu. Oryginalne ilustracje i rysunki elementu nie są wykorzystywane ze względu na prawa autorskie.

Do nakładania kleju stosowany jest system, który służy również jako proces wstępny dla dalszej linii komponentów. Początkową inwestycją w model wyceny jest więc linia do klejenia (z 60% ceny zakupu), linia do laminowania do nakładania folii powierzchniowej na część nośną oraz linia do składania do przyklejania nadmiaru folii do części nośnej z tyłu. Do linii laminowania dostarczane są cztery narzędzia dolne i dwa narzędzia górne, aby zapewnić produkcję części w wariantach z napędem lewym i prawym. Na gramofonie zawsze znajdują się dwa dolne narzędzia (patrz Rysunek 68) i jedno górne narzędzie w systemie. Dwa dolne narzędzia, ponieważ jedno z nich jest zawsze włączone, a drugie służy do wkładania i wyjmowania.

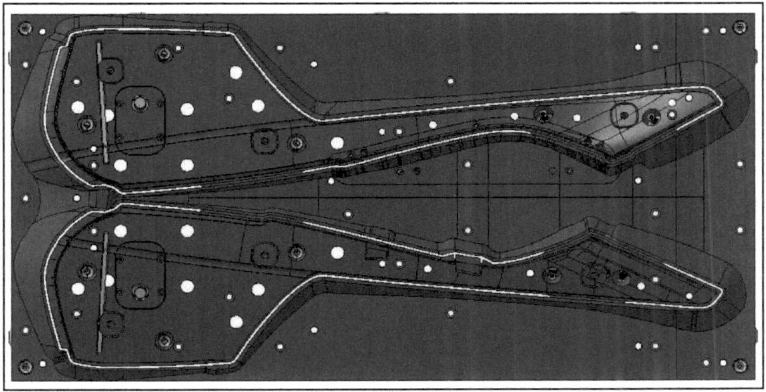

Rysunek 68: Układ dolnego narzędzia linii laminowania[1156]

Również system do spawania gotowych boków do konsoli środkowej ma być na nowo zamówiony i tym samym włączony do inwestycji początkowej. Szczegółowy opis maszyn i procesów

---

[1156] Źródło: Przedsiębiorstwo referencyjne, które nie zostało wymienione ze względu na poufność.

technologicznych znajduje się w rozdziale 9.7 załącznika. Kalkulacja kosztów inwestycji, jak również czasu pracy maszyny i obsługi jest podsumowana w następujący sposób:

Linie F10 Seitenflanke li/re					
	Investment		Zeit [sec.]		
Vorgang Automat.	Maschine	Werkzeug	Handling	Maschine	Manuell
Beklebern (60% für F10)	600.000				
Kaschieren	750.000	150.000	5	40	
Umbugen	125.000	275.000	5	40	
Schweissen	175.000	125.000	10	40	
Verpacken			15		
Summe	1.650.000	550.000			

Rysunek 69: Obliczanie kosztów inwestycji i czasu pracy maszyn[1157]

W branży dóbr inwestycyjnych powszechną praktyką jest oddzielenie linii czasu pomiędzy maszynami i narzędziami. Skutkuje to przesunięciem czasowym dla naszego przykładu, który może być wyświetlany w masce wejściowej inwestycji i przychodów:

Zahlungsziel
Monate netto
3

Basisdaten Erstinvestition					
Erstinvestition			Erstinvest	Einsatzdauer =	Kredit-
Jahr	Monat	Erstinvestition	Monat&Jahr	Abschreibungszeitraum	Aufnahme
2016	10	1.650.000	10/2016	7	1.000.000

Basisdaten Produke											
Benennung	Erweiterungsinvestition vor Produktstart			Erweiterungsinvest	Preis je Einheit	Rabatt	Frachten/ Stück	Provisionen	Nettoerlös	Preisverfall
	Jahre	Monate (max. 12)	Kosten	Monat&Jahr						
Produkt A		3	550.000	03/2017	14,50		0,20		**14,30**	5%

Rysunek 70: Przesunięcie czasowe inwestycji[1158]

Jak widać na Rysunek 70, datą inwestycji początkowej (maszyny) w wysokości 1 650 000 EUR jest październik 2016 r. Inwestycje w rozbudowę narzędzi specyficznych dla danego pro-

[1157] Źródło: Reprezentacja własna

[1158] Źródło: Reprezentacja własna

duktu będą dokonywane od marca 2017 r. Ponadto z przedstawionych informacji wynika, że na inwestycję początkową zostanie zaciągnięta pożyczka w wysokości 1 000 000 EUR.
Te parametry wejściowe są bezpośrednio przenoszone do kalkulacji kosztu kapitału, co daje WACC według Stewarta na poziomie 5,9% dla naszego przykładu.

Definition Kapitalkosten			
Steuersatz			25%
Holding WACC Satz			10,0%
Exakte WACC Berechnung		a) nach Copeland	6,4%
		b) nach Stewart	5,9%
gewählter WACC Satz bitte mit "1", alle anderen bitte mit "0" markieren			
WACC Berechnung		Holding WACC Satz	0
		nach Copeland	0
		nach Stewart	1
Benutzter WACC Satz (Überprüfung)			nach Stewart

Rysunek 71: Obliczenie kosztu kapitału w przykładzie[1159]

Jak wyjaśniono w sekcji 5.2.4, stosunek kapitałuwłasnego do kapitału dłużnego jest również stosowany do aspektów finansowych inwestycji w ekspansję, tak że WACC możebyć utrzymywany na stałym poziomie we wszystkich rozważanych okresach (patrz sekcja 3.10).

Do pełnego opisu praktycznego przykładu potrzebne są jeszcze operacje z parametrami wejściowymi, planowany cykl życia produktu, jak również mapowanie czasów przetwarzania i substancji RHB w modelu. W celu uniknięcia zwolnień, zainteresowani czytelnicy proszeni są o przyjęcie wartości ustalonych parametrów bezpośrednio z poniższych rysunków.

[1159] Źródło: Reprezentacja własna

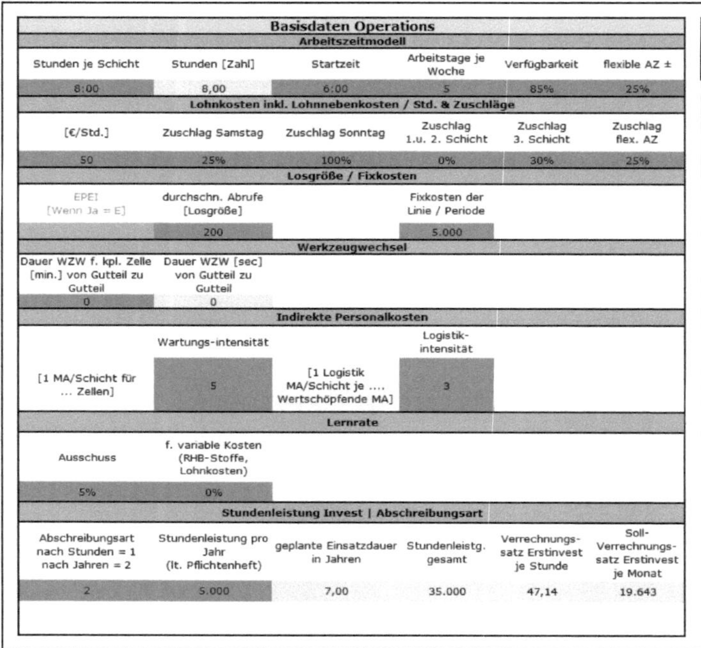

Rysunek 72: Podstawowe dane dotyczące operacji w przykładzie[1160]

Basisdaten Produktlebenszyklus											
		von		Maximum			bis		Summe produz.	
Code	Benennung	Jahr	Monat	Jahr	Monat	Stück	Jahr	Monat		
1	Produkt A	2017	06	2020	06	25.000	2023	12	987.500	Übertrag Produkt 1
2		2018	06	2020	04	0	2022	09	0	Übertrag Produkt 2

Rysunek 73: Podstawowe dane dotyczące cyklu życia produktu w przykładzie[1161]

W oparciu o ustalone wartości, produkcja rozpocznie się w czerwcu 2017 r., przy czym największy wolumen sprzedaży

[1160] Źródło: Reprezentacja własna

[1161] Źródło: Reprezentacja własna

spodziewany jest w czerwcu 2020 r. na poziomie 25 000 sztuk w okresie. Wycofanie produktu jest planowane na wrzesień 2022 roku. W ten sposób otrzymujemy przybliżony cykl życia

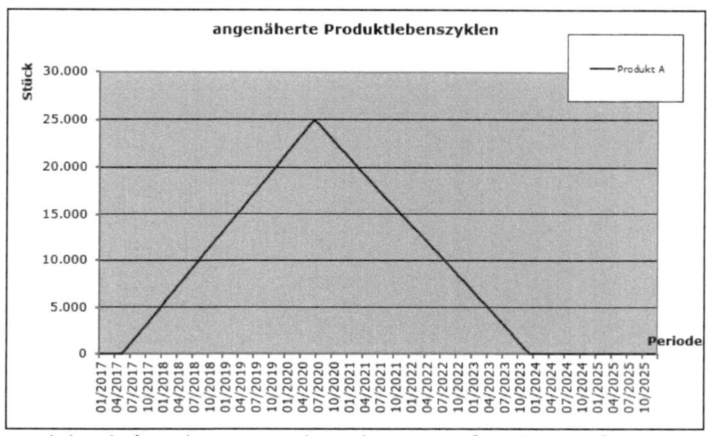

produktu,który jest przedstawiony w formie graficznej w następujący sposób:

Rysunek 74: Cykl życia produktu w przykładzie[1162]

W przykładowym obliczeniu cykl życia produktu jest celowo włączony do obliczeń, chociaż produkt ma dwie boczne boki. Jednakże produkt może być sprzedawany tylko w zestawie po jednej lewej i jednej prawej stronie, co z czasem prowadzi do wspólnego rozpatrzenia.

Przyporządkowanie czynności manualnych i maszynowych do stanowisk pracy odbywa się w arkuszu podziału pracy. Zużycie surowców i dostaw jest tu również zdefiniowane. Na przykładzie przyjęto następujące założenia praktyczne:

[1162] Źródło: Reprezentacja własna

Arbeitsvorgänge Manuell							
AVG - Nr.	1	2	3	4	5	6	50
AVG - Benennung	Einlegen Bekleben	Einlegen Kaschieren	Einlegen Umbug	Einlegen Schweissen	Verpacken		
AVG-Dauer	0	5	5	10	15		

Arbeitsvorgänge Maschinell							
AVG - Nr.	1	2	3	4	5	6	50
AVG - Benennung	Bekleben	Kaschieren	Umbug	Schweissen			
AVG-Dauer / Taktzeit	40	40	40	40			

Roh- Hilfs- und Betriebsstoffe							
MaWi - Nr.	1	2	3	4	5	6	50
Roh- Hilfs- Betriebsstoff - Benennung	Dispersionskleber	Spritzgussteile	Folie	Spritzgussteil MIKo			
Einheit	[kg]	[Stk.]	[m²]	[Stk.]			
Verbrauch / prod. Menge	0,08	1,0	0,4	1			
Gebindegröße	25	25,0	300	5			
Preis / Gebinde (angeliefert)	75	20,0	1800	7			
Kosten / prod. Menge [€]	0,2	0,8	2,4	1,4			

Arbeitsvorgänge Entnehmen & Transport						
AVG - Nr.	A	B	C	D	E	F
AVG - Benennung	Transp.	Transp.	Transp.	Transp.	Transp.	Transp.
AVG-Dauer	30	15	15	15		

Rysunek 75: Arkusz rozkładu pracy w przykładzie[1163]

Uderzający jest identyczny czas pracy maszyny. W rzeczywistości jest to nieco inne, ale jest ustawione na 40 sekund każdy, aby zilustrować efekty w modelu.

[1163] Źródło: Reprezentacja własna

Po przypisaniu pracowników do stanowisk pracy w standardowym arkuszu kalkulowane są czasy cyklu. Czas cyklu jest sumą najdłuższych, współzależnych i następujących po sobie operacji. Ten najdłuższy łańcuch zależności nazywany jest również ścieżką krytyczną.[1164] Dla wyjaśnienia podano przykład przypisania jednego pracownika do wszystkich stanowisk pracy:

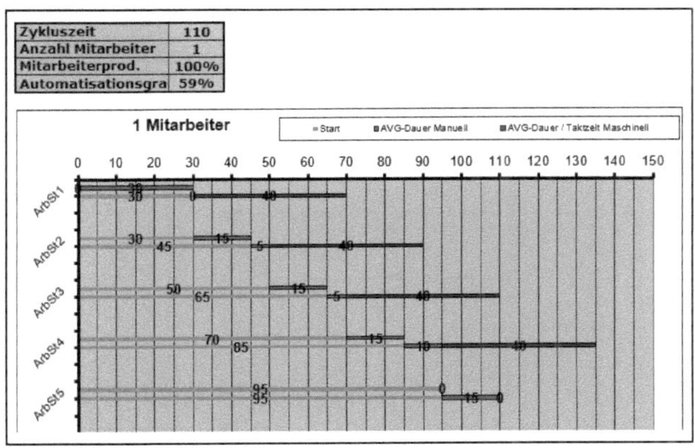

Rysunek 76: Czas trwania cyklu z jednym pracownikiem w przykładzie[1165]

Symulowane tutaj ogniwo produkcyjne nie zostało jeszcze zoptymalizowane zgodnie z zasadami i metodami projektowania GPS. Powoduje to duże odległości i wynikający z tego długi czas transportu pomiędzy stanowiskami pracy. Czas dotarcia pracownika do maszyny klejącej wynosi 30 sekund (stanowisko 1). Po rozpoczęciu kolejnego cyklu klejenia, czas przejścia do laminatora wynosi 15 sekund, a kolejne wstawienie to kolejne 5 sekund. W podobny sposób pracownik przechodzi

[1164] Zob. Techt/Lörz [Łańcuch krytyczny 2011] s. 131.

[1165] Źródło: Reprezentacja własna

przez wszystkie stacje i kończy końcowe pakowanie części. W tym momencie minęło w sumie 110 sekund. Dopiero teraz można rozpocząć kolejny cykl z przejściem do maszyny do klejenia, co logicznie rzecz biorąc daje czas cyklu 110 sekund.

Przykład z 2 pracownikami w komórce produkcyjnej jest następujący:

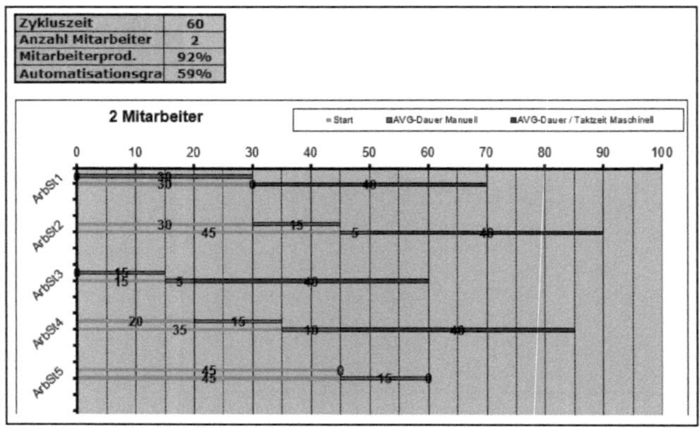

Rysunek 77: Czas trwania cyklu z dwoma pracownikami w przykładzie[1166]

W tym przypadku najdłuższa współzależna sekwencja występuje dla pracownika "2", do którego przypisane są stanowiska pracy "3" do "5". Zgodnie z logiką opisaną powyżej, czas cyklu dla 2 pracowników w celi wynosi 60 sekund. Podobnie określa się czasy cyklu dla trzech do pięciu pracowników w celi, przy czym w naszym przykładzie minimalny osiągalny czas cyklu wynoszący 40 sekund (odpowiadający najdłuższej operacji obróbki) jest już osiągany przy wykorzystaniu trzech pracowników.

[1166] Źródło: Reprezentacja własna

Graficzna prezentacja wyników pierwotnych założeń dotyczących docelowych wartości zysku netto i EVA przedstawia następujący obraz:

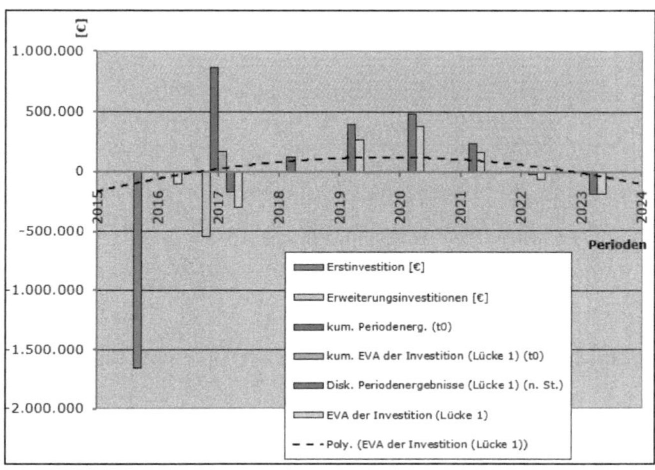

Rysunek 78: Wynik pierwotnych założeń w przykładzie[1167]

Wynik za okres, zdyskontowany do czasu t0, daje nadwyżkę w wysokości 861 056 EUR. Po odjęciu ważonego kosztu kapitału, wzrost wartości inwestycji wynosi 172.075 EUR. Te wartości zmiennych docelowych stanowią podstawę porównania dla analiz wrażliwości. Należy zauważyć, że wskaźnik uczenia się jest ustawiony na 0% i w związku z tym na razie nie wykazano efektu krzywej doświadczenia.

W kolejnych rozdziałach wybrane parametry są teraz zróżnicowane w kontekście danej zasady projektowania, aby symulować

[1167] Źródło: Reprezentacja własna

wrażliwość założeń modelu na odchylenia od planowania. Analiza wrażliwości dla każdego z 22 parametrów wykraczałaby poza zakres tej pracy.

6.1.2. Analizy wrażliwości w kontekście unikania odpadów

Wybrane poziomy odniesienia w kontekście zapobiegania powstawaniu odpadów to: całkowita produktywna konserwacja (TPM), krótkie odległości i minimalna liczba pracowników. Skutkuje to zmiennością parametrów dostępności, czasu trwania procesów transportowych i liczby pracowników.

Pierwotnym założeniem była dostępność 85% linii produkcyjnej. Przy założeniu ceteris paribus, dostępność komórki jest zróżnicowana w odstępach 5% i zmiana ta jest stosowana w odniesieniu do wartości docelowych skumulowanego wyniku okresu i EVA.

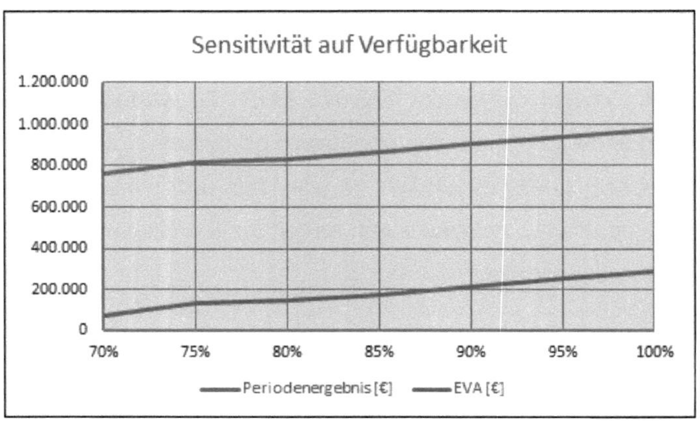

Rysunek 79: Wrażliwość dostępności w przykładzie[1168]

[1168] Źródło: Reprezentacja własna

Jak widać na podstawie graficznej progresji zmiennych docelowych w

Rysunek 79 pokazuje, że wrażliwość na parametr dostępności jest nieproporcjonalnie wysoka. Wzrost dostępności komórek o 5% (z pierwotnych 85% do 90%) powoduje poprawę EVA o 25% (z 172 075 EUR do 214 601 EUR). Skutkuje to pierwszym potwierdzeniem pochodnych czynników wartości modelu, przy czym 100% dostępności stanowi teoretyczne optimum.

Kolejny parametr krótkich odległości jest symulowany poprzez zmianę czasu transportu pomiędzy stacjami. W scenariuszu podstawowym suma czasów dla tras transportowych w komórce wynosi 75 sekund. Poszczególne czasy transportu pomiędzy stanowiskami pracy są zróżnicowane w następujących odstępach czasu: co 5 sekund. Rozważane wartości docelowe pozostają bez zmian.

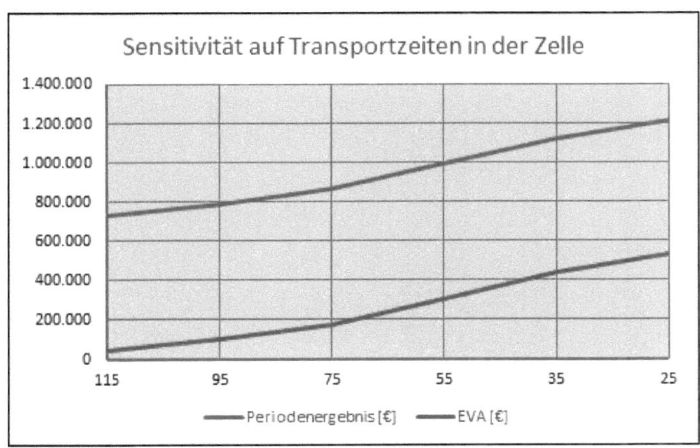

Rysunek 80: Wrażliwość na czas transportu w komórce[1169]

Wysoka czułość zmiennych docelowych na czas transportu w komórce jest zaskakująca na pierwszy rzut oka. Na przykład skrócenie czasu transportu o 20 sekund prowadzi do poprawy EVA o 76% (ze 172 075 EUR do 302 573 EUR). Jeśli jednak po pierwsze, pamiętamy o wzajemnych zależnościach czasu transportu i czasu cyklu, zgodnie z którymi czasy transportu w komórce są bezpośrednio włączone do czasu cyklu, jeśli leżą na ścieżce krytycznej, a po drugie, pamiętamy o wielowymiarowej funkcji optymalizacji modelu na podstawie wymaganej pojemności (por. rozdział 5.2.8), uzyskuje się możliwość śledzenia silnych współzależności efektów.

Załamanie w rozwoju wartości docelowych przy 35-sekundowym czasie transportu wynika z ograniczenia realnej poprawy czasu transportu pomiędzy stanowiskami pracy "2" do "5". Tutaj zaplanowano tylko dalszą optymalizację tras transportu do stacji roboczej "1" o 10 sekund.

[1169] Źródło: Reprezentacja własna

Ostatnim parametrem analizowanym w kontekście zapobiegania powstawaniu odpadów jest liczba pracowników, na którą domyślnie wpłynęło już skrócenie czasu transportu i poprawa dostępności. W tym względzie parametr musi być rozpatrywany oddzielnie, przy czym funkcja automatycznej optymalizacji modelu czasu pracy w oparciu o wydajność musi być częściowo wyłączona. Na przykład, czułość uwzględnia tylko optymalizację elastycznych godzin pracy i modeli zmianowych, podczas gdy liczba pracowników jest stała.

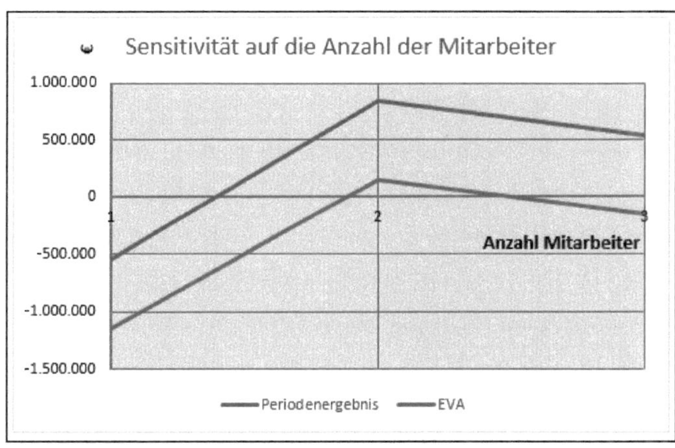

Rysunek 81: Wrażliwość na liczbę pracowników[1170]

W trakcie omawiania wartości odniesienia minimalna liczba pracowników (por. rozdział 5.1.3.6) dowiedzieliśmy się, że tylko poprzez zmniejszenie liczby pracowników wymaganych w procesie można jeszcze bardziej obniżyć koszty produkcji.[1171] Pod tym względem na pierwszy rzut oka irytujące są

[1170] Źródło: Reprezentacja własna

[1171] Por. Sekine et al. [Produkować bez odpadów 1995], s. 21.

współzależności spowodowane zmiennością liczby pracowników. W tym kontekście zbadaliśmy jednak również niezbędne warunki ramowe, zgodnie z którymi zmniejszenie ilości odpadów w procesach musi iść w parze ze zmniejszeniem wymaganej liczby pracowników. Ponieważ analiza wrażliwości została przeprowadzona przy założeniu ceteris paribus, problemy pojawiają się logicznie. Na przykład, jeśli zatrudniony jest tylko jeden pracownik, planowana maksymalna ilość 25.000 sztuk na okres nie może być osiągnięta ze względu na wydajność. Decydującym czynnikiem jest długi czas trwania cyklu, wynoszący 110 sekund, który nie został jeszcze zoptymalizowany. Ten w

Rysunek 8181 opiera się zatem na maksymalnej liczbie 15 000 jednostek na okres oraz koniecznym wydłużeniu tygodniowego czasu pracy do 7 dni, co skutkuje dodatkowymi premiami, a tym samym nie ma już gwarancji odzyskania inwestycji. Zrozumiałym jest, że w przypadku rozmieszczenia trzech pracowników redukcja wartości docelowych jest zrozumiała ze względu na wyższe koszty płac. Wyniki dla czterech pracowników nie są wyświetlane, ponieważ minimalny czas cyklu wynoszący 40 sekund jest już osiągany przy trzech pracownikach. Takie były empiryczne podstawy twierdzeń Sekine'[1172]a i Takedy, że[1173] redukcja personelu w tym procesie musi być przygotowana przez pakiet środków poprawy.

[1172] Patrz Sekine [One Piece Flow 1992] str. 55 i nast.

[1173] Zob. Takeda [The Synchronous Production System 2006] s. 239 i następne.

6.1.3. Analizy wrażliwości w kontekście ciągłego doskonalenia i standaryzacji

Jak wynika z rozdziałów 5.1.4 i 5.1.5, istnieje ścisły związek między wartościami odniesienia procesu ciągłego doskonalenia a pracami normalizacyjnymi. Szczególnie w odniesieniu do trwałości środków poprawy VDI 2870 zaleca rozsądne połączenie tych dwóch obszarów projektowania. W związku[1174] z tym analizy wrażliwości parametrów przypisanych do dwóch wartości odniesienia są rozważane łącznie. W tym kontekście, parametrem, na który można mieć największy wpływ, jest wskaźnik uczenia się (patrz rozdział 5.2.8).

Wskaźnik uczenia się jest zmienną, która sprawia, że dynamika struktur kosztów w koncepcji krzywej doświadczenia jest policzalna w całym cyklu życia produktu. Podstawowym założeniem jest to, że gdy skumulowana wielkość produkcji podwoi się, rzeczywiste koszty jednostkowe zmniejszają się o stały procent.[1175] Koszty zmienne, na które składa się zużycie materiałów RBC, bezpośrednie i pośrednie koszty pracy, są wykorzystywane jako struktury kosztów w kalkulacji modelu. Aby obliczyć koszt wytworzonych towarów, należy dodać statyczną część struktury kosztów (koszty stałe komórki), uwzględniając degresję kosztów stałych.[1176]

[1174] Por. VDI [VDI 2870 - Holistyczne systemy produkcji 2012] s. 27 f.

[1175] Zob. Mussnig [Dynamisches Target Costing 2001] s. 252.

[1176] Por. Mussnig [Dynamisches Target Costing 2001] s. 255.

W poniższej analizie odchylenia wskaźnik uczenia się, pierwotnie ustalony na 0%, jest zróżnicowany w odstępach 5%.

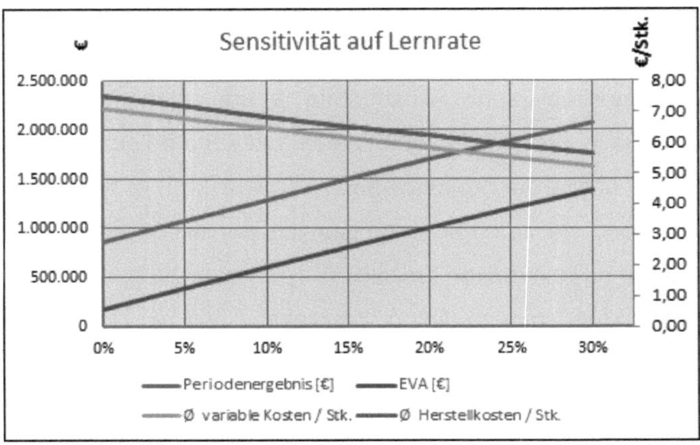

Rysunek 82: Wrażliwość na wskaźnik uczenia się[1177]

Jak z

Rysunek 82, istnieje nieco degresywna i nieproporcjonalna zależność wyniku okresu i EVA od wskaźnika uczenia się. Zależność ta jest w dużym stopniu uzależniona od kosztu wytworzonych towarów funkcji. Tutaj dla porównania koszty funkcjonują przy wskaźniku uczenia się wynoszącym 10% i 30% w porównaniu graficznym:

[1177] Źródło: Reprezentacja własna

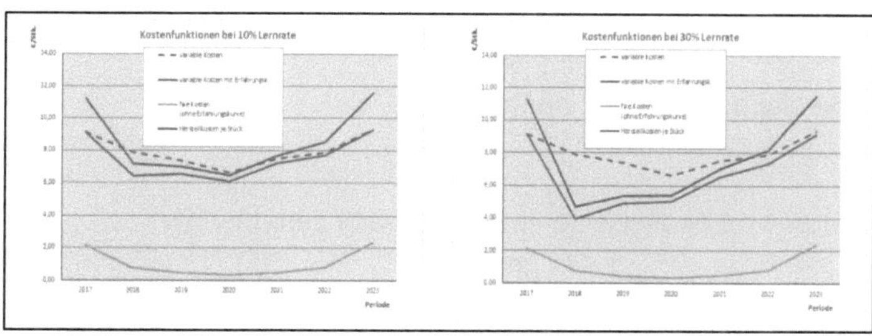

Rysunek 83: Funkcjonowanie kosztów przy wskaźniku uczenia się wynoszącym 10% i 30%[1178]

Ze względu na ten wysoki poziom zależności

Rysunek 82 pokazuje wrażliwość kosztów zmiennych i kosztów produkcji na wskaźnik uczenia się na osi drugiej.

Cykl życia przechowywanego produktu ma również silny wpływ na efekt krzywej doświadczenia. Cykl życia produktu zapisany dla przykładowego obliczenia jest przedstawiony na Rysunek 73. Zgodnie z tym, produkcja rozpocznie się w czerwcu 2017 r., w wyniku czego całkowita wielkość produkcji (w oparciu o dobre części) wyniesie tylko 18 919 sztuk w pierwszym rocznym okresie. W kolejnym okresie 2018 r. roczna wielkość produkcji wzrośnie do 109 459 sztuk. W wyniku zastosowania podstawowej zasady krzywej doświadczenia, zgodnie z którą rzeczywiste koszty jednostkowe spadają o stały procent, gdy skumulowana wielkość produkcji ulega podwojeniu, zmienne koszty jednostkowe rozwijają się skokowo i wiążą się między dwoma pierwszymi okresami (zob. rys.Rysunek 83). Na tej pod-

[1178] Źródło: Reprezentacja własna

stawie, jako potencjał optymalizacyjny dla modelu, można wyprowadzić dokładniejszą periodykę krzywej doświadczenia opartą na miesiącach zamiast na latach.

6.1.4. Analizy wrażliwości w kontekście zasady zero błędów

Jak widać z korelacji na Rysunek 41, parametry, które najbardziej korelują z wartościami referencyjnymi: autonomia, samokontrola pracownika i Poka Yoke to wskaźnik odrzucenia i koszty stałe komórki. Rysunek 83 pokazuje, że w naszych założeniach modelowych koszty stałe mają jedynie możliwy do zarządzania wpływ na koszty jednostkowe. Dlatego też w dalszej części skupimy się na analizie zależności wskaźnika odrzucenia. W tym celu waha się on w przedziałach 2%, przy czym podstawowym założeniem poprzednich obliczeń było 5%. Współczynnik uczenia się jest przywracany do pierwotnego poziomu 0% dla lepszej porównywalności wyników.

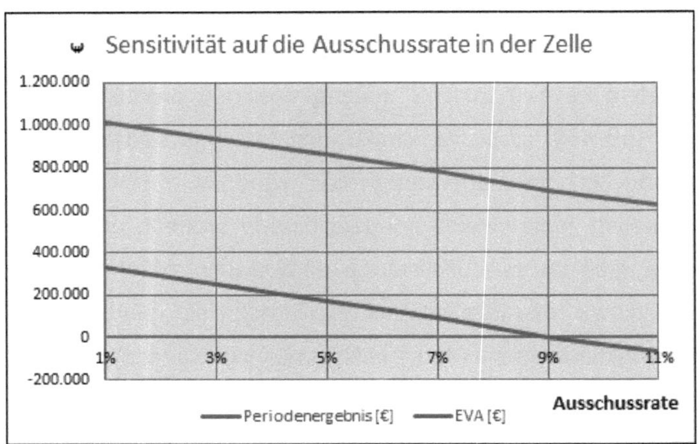

Rysunek 84: Wrażliwość na wskaźnik odrzucenia[1179]

Zależność wartości docelowych od wskaźnika odrzucenia jest również nieproporcjonalnie wysoka. Na przykład poprawa wskaźnika odrzuceń z 5% do 3% prowadzi do wzrostu EVA o 45% (ze 182 075 EUR do 249 750 EUR). Potwierdza to wyraźne zapotrzebowanie autorów na szczupłe, elastyczne ogniwa produkcyjne w celu zmniejszenia ilości odpadów poprzez konsekwentne wdrażanie metod opartych na zasadzie "zero-defect design".

6.1.5. Analizy wrażliwości w kontekście zasady przepływu

W związku z zasadą przepływu, Dickmann postuluje, że im wyższa mieszanka jest na linii, tym większy sukces wprowadzenia One Piece Flow. Uzasadnia to stwierdzeniem, że środki poprawy dotyczą kilku produktów[1180]. Również z uwagi na uwzględnienie odpowiednich parametrów w związku z zasadą przepływu powstaje konieczność symulacji kilku produktów w ogniwie. Tak więc sensowność parametrów średniej wielkości partii w interakcji z czasem trwania zmian narzędzi staje się widoczna tylko w przypadku kilku produktów lub wariantów produktów. W tym zakresie, drugi produkt z tej samej rodziny części jest uwzględniony w[1181] obliczeniach modelowych. Podstawowe

[1179] Źródło: Reprezentacja własna

[1180] Por. Dickmann [Elements of Lean Production Systems 2009] s. 18 f.

[1181] W tym kontekście termin rodzina części odnosi się do komponentów, które przechodzą przez identyczne procesy produkcyjne, przy czym czas trwania procesu i ilość materiałów RHB może być różna.

parametry dla produktu B są podsumowane na poniższych rysunkach:

Basisdaten Produktlebenszyklus									
		von		Maximum			bis		Summe produz.
Code	Benennung	Jahr	Monat	Jahr	Monat	Stück	Jahr	Monat	
1	Produkt A	2017	06	2020	06	25.000	2023	12	987.500
2	Produkt B	2018	06	2022	04	15.000	2025	09	660.000

Rysunek 85: Podstawowe dane dotyczące cyklu życia produktu dla produktu B[1182]

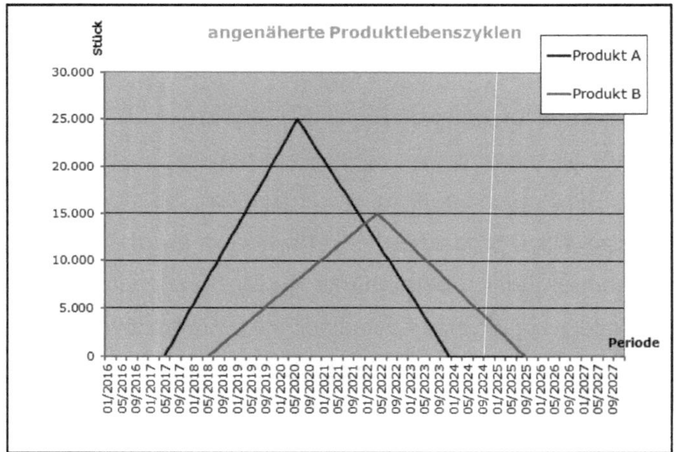

Rysunek 86: Przybliżone cykle życia produktów A i B[1183]

[1182] Źródło: Reprezentacja własna

[1183] Źródło: Reprezentacja własna

MaWi - Nr.	1	2	3	4	5
Roh- Hilfs- Betriebsstoff - Benennung	Spritzgussteile	Dispersionskleber	Folie	Spritzgussteil MiKo	
Einheit	[Stk.]	[kg]	[m²]	[Stk.]	
Verbrauch / prod. Menge	1,0	0,1	0,9	1	
Gebindegröße	25,0	25	300	5	
Preis / Gebinde (angeliefert)	25,0	75	1500	10	
Kosten / prod. Menge [€]	1,0	0,3	4,5	2,0	

Rysunek 87: Substancje RHB w produkcie B[1184]

Zahlungsziel
Monate netto
3

Basisdaten Erstinvestition					
Erstinvestition			Erstinvest	Einsatzdauer =	Kredit-
Jahr	Monat	Erstinvestition	Monat&Jahr	Abschreibungszeitraum	Aufnahme
2016	10	1.650.000	10/2016	9	1.000.000

Basisdaten Produke										
Benennung	Erweiterungsinvestition vor Produktstart			Erweiterungsinvest	Preis je Einheit	Rabatt	Frachten/ Stück	Provisionen	Nettoerlös	Preisverfall
	Jahre	Monate (max. 12)	Kosten	Monat&Jahr						
Produkt A		3	550.000	03/2017	14,50		0,20		14,30	5%
Produkt B		4	300.000	02/2018	15,00		0,25		14,75	5%

Rysunek 88: Podstawowe dane dotyczące inwestycji i przychodów z produktu B[1185]

Podsumowując, produkt może być opisany przez niższą maksymalną wielkość sprzedaży w porównaniu z produktem A, co skutkuje nieco wyższą ceną jednostkową. Cykl życia produktu charakteryzuje się bardziej płaską krzywą rozruchu z maksimum, które jest kompensowane o około 2 lata w stosunku do produktu A. Czynności manualne i mechaniczne oraz czasy usuwania i transportu w obrębie komory są identyczne jak dla produktu A. Używane elementy formowane wtryskowo są nieco droższe niż produkt A, ale używana folia dekoracyjna jest

[1184] Źródło: Reprezentacja własna

[1185] Źródło: Reprezentacja własna

tańsza. Aby uwzględnić wyniki wynikające z wielkości wejściowych obu produktów w komórce, nadal brakuje informacji na temat średniej wielkości partii i czasu trwania zmian narzędzia. Są one ustawione dla naszego podstawowego scenariusza z 200 kawałkami i 15 minutami. EVA z obliczeń modelowych z 2 produktami jest przedstawiona graficznie w następujący sposób:

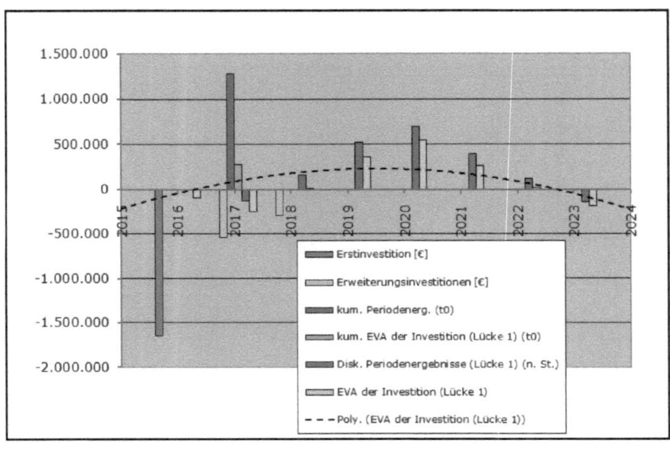

Rysunek 89: EVA komórki dla 2 produktów[1186]

EVA w wysokości 281 673 EUR dla 2 produktów jest wyższa od pierwotnej wartości 172 075 EUR dla produktu A. W kolejnym kroku badana jest zależność docelowego rozmiaru EVA od średniej wielkości partii, poprzez jej zmianę w odstępach 50 sztuk, przy czym czas trwania zmian narzędzia pozostaje na razie bez zmian w ciągu 15 minut.

[1186] Źródło: Reprezentacja własna

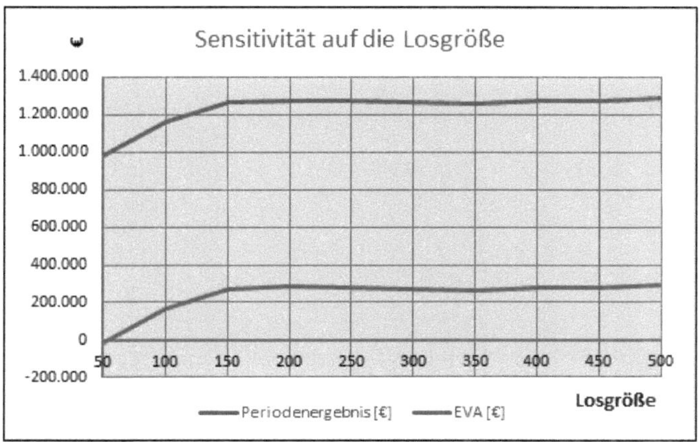

Rysunek 90: Wrażliwość na wielkość partii[1187]

Zależność wielkości partii można opisać jako klasyczną funkcję zmniejszania użyteczności krańcowej. Ta korelacja jest zrozumiała, ponieważ czas produkcji stracony na skutek zmian narzędzi zmniejsza się wraz ze wzrostem wielkości partii, ponieważ liczba zmian narzędzi jest coraz mniejsza. W związku z tym należy również ponownie odnieść się do funkcji wielowymiarowej optymalizacji modeli czasu pracy w oparciu o wymagania dotyczące wydajności, która jest ukryta w modelu i która stanowi dodatkową funkcję kompensacyjną dla występujących czasów wymiany narzędzi. W kolejnym kroku czas zmiany narzędzia jest zróżnicowany w celu przeanalizowania ich efektów. Wielkość partii jest resetowana do oryginalnych 200 sztuk.

[1187] Źródło: Reprezentacja własna

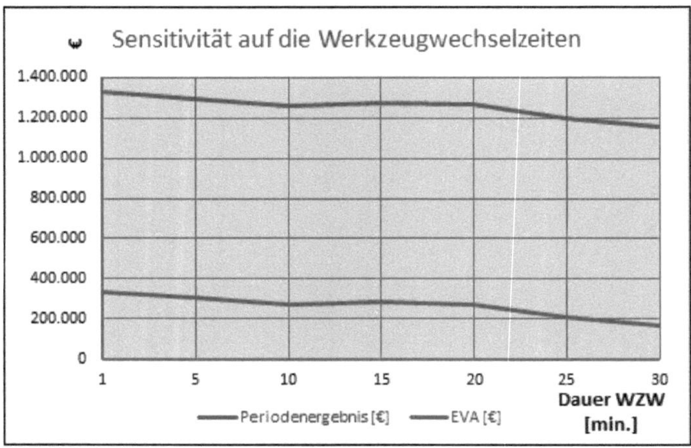

Rysunek 91: Czułość na czasy wymiany narzędzi[1188]

Funkcja kompensacji wydajności daje się również odczuć w zależności od czasu wymiany narzędzia, ponieważ istotny wpływ na wartości docelowe jest zauważalny tylko w zakresach maksymalnych.

Jako kolejny istotny parametr w kontekście zasady przepływu badany jest wpływ programu Work in Progress (WIP). Jak omówiono w rozdziale 5.2.7, kapitał związany związany z poszczególnymi produktami w odniesieniu do produktów gotowych i zapasów buforowych musi być przedstawiony w ich dynamicznym zachowaniu, aby możliwe było określenie ich wpływu na zmienne docelowe zysku okresowego i EVA. W celu rozróżnienia skutków między zapasami buforowymi a zapasami bezpieczeństwa proponuje się przeprowadzenie dwuetapowej

[1188] Źródło: Reprezentacja własna

analizy. W tym celu w pierwszym etapie zmienia się odstępy buforowe między stanowiskami roboczymi po 100 sztuk w odstępie 50 sztuk.

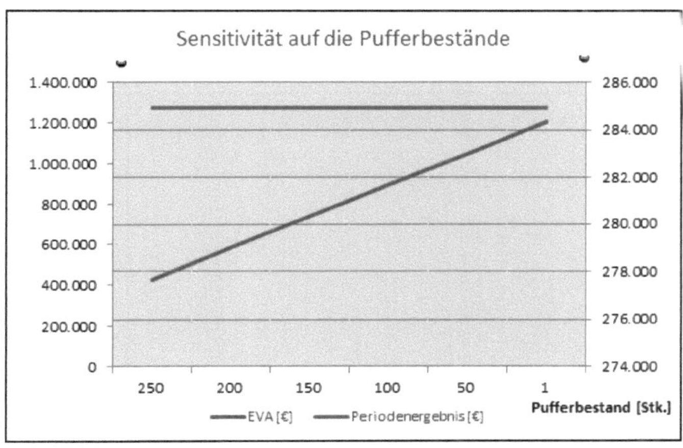

Rysunek 92: Wrażliwość na zapasy buforowe[1189]

Rysunek 92, dlaczego zarówno zysk netto za ten okres, jak i EVA zostały przedstawione na wszystkich wykresach, mimo że do tej pory wykazywały one równoległy trend. Ponieważ rezerwy buforowe pomiędzy stacjami roboczymi wiążą kapitał, ale nie stanowią żadnego dodatkowego kosztu, wynik za ten okres pozostaje bez zmian, natomiast EVA pogarsza się w miarę wiązania kapitału. Ponieważ zapasy buforowe i tak zostały ustalone na stosunkowo niskim poziomie, wpływ kapitału powiązanego w aktywach obrotowych jest stosunkowo niewielki i wynika jedynie z prezentacji na osi drugorzędnej.

[1189] Źródło: Reprezentacja własna

W drugim etapie, zapasy bezpieczeństwa materiałów i wyrobów gotowych RRB wynoszące obecnie 10 dni są zróżnicowane w odstępie 5 dni. Zasoby buforowe pomiędzy stanowiskami roboczymi są w tym celu ustawiane z powrotem na pierwotnie ustalone 100 sztuk.

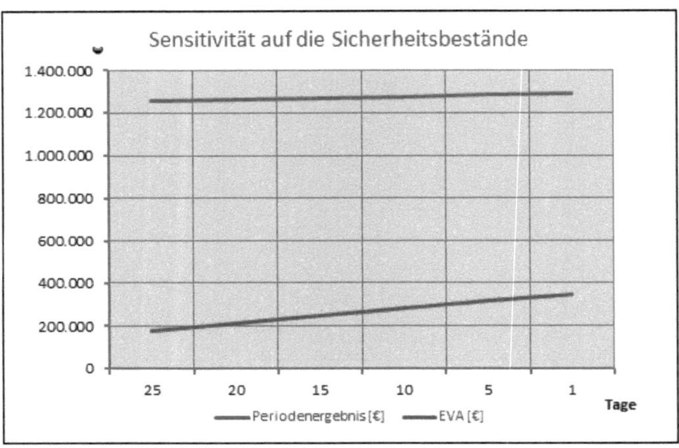

Rysunek 93: Wrażliwość na zapasy bezpieczeństwa[1190]

Najpóźniej w tej analizie odchylenia widoczna staje się korzyść EVA jako głównego wskaźnika oceny projektu inwestycyjnego. Podczas gdy konwencjonalne spojrzenie na wynik w tym okresie wykazuje jedynie marginalne zmiany,[1191] EVA jest wyraźnie zależna od zapasów bezpieczeństwa. Ze względu na wycenę

[1190] Źródło: Reprezentacja własna

[1191] Raportowany wynik za okres jest zdyskontowaną wartością podatkową. Wyższe zapasy bezpieczeństwa skutkują wyższymi kosztami we wcześniejszych okresach, co zmniejsza niższe zdyskontowane wyniki okresu. Skutkuje to marginalną zmianą wyniku za okres w ujęciu skumulowanym, chociaż suma przychodów i kosztów pozostaje bez zmian.

kapitału związanego w aktywach obrotowych, skumulowana wartość EVA inwestycji na dzień dodatkowego zabezpieczenia ulega pogorszeniu o 6.940 EUR, co odpowiada wrażliwości 2,5% w stosunku do pierwotnej wartości 281.673 EUR.

6.1.6. Analizy wrażliwości w kontekście zasady przyciągania

Parametry służące do operacjonalizacji wartości referencyjnych w kontekście zasady przepływu są bardzo zbieżne z tymi w kontekście zasady przyciągania (por. Rysunek 41). Analizy odchyleń w czasie zmiany parametrów narzędzia i wielkości partii zostały już przeprowadzone w poprzednim rozdziale. Elastyczność wariantu została już domyślnie objęta symulacją kilku produktów na komórkę produkcyjną. W związku z tym niniejsza sekcja koncentruje się na elastyczności liczby jednostek poprzez przeprowadzanie analiz wariancji parametru "Zwolnienia na okres". W tym celu symulowane są wahania w wywołaniach poprzez nałożenie krzywej sinusoidalnej z uproszczonymi cyklami życia produktu. Takie podejście zapewnia, że całkowita liczba części wyprodukowanych w całym cyklu życia produktu pozostaje stosunkowo stała, co pozwala uniknąć fałszywej korelacji wynikającej z wahań w całkowitej wielkości produkcji. Złożona fala sinusoidalna odpowiada 2π i rozciąga się na okres jednego roku:

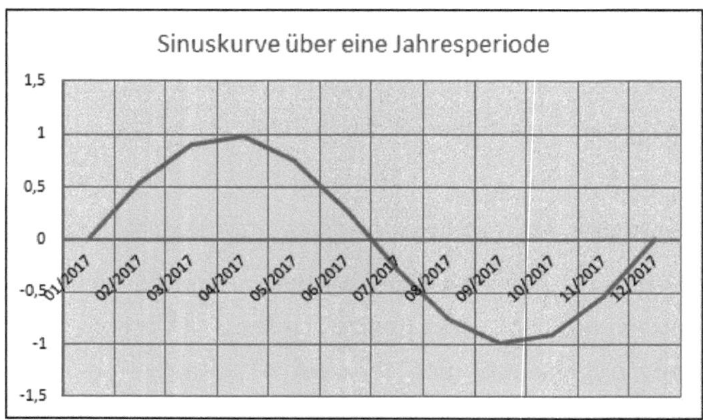

Rysunek 94: Krzywa sinusoidalna dla nakładania się[1192]

Ponieważ przebieg krzywej sinusoidalnej jest utrzymywany na stałym poziomie w okresie rocznym, zmienność analizy opiera się na marginesie wahań. Gdyby, na przykład, całkowitą liczbę jednostek wyprodukowanych w miesiącu zdefiniowano jako margines wahań, powstałby następujący cykl życia produktu:

[1192] Źródło: Reprezentacja własna

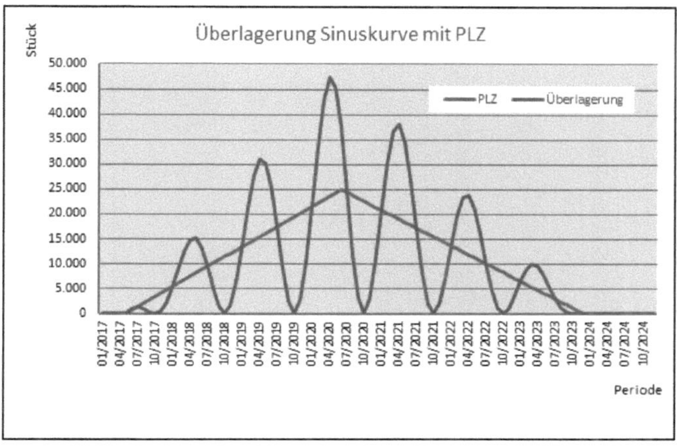

Rysunek 95: Zestawienie cyklu życia produktu z krzywą sinusoidalną[1193]

Margines wahań jest mnożony przez odpowiednią wartość sinusoidalną okresu. Margines wahań na poziomie 100% powoduje podwojenie lub zmniejszenie wielkości produkcji do zera w punktach (wartość sinusoidalna jest równa 1 lub -1). Im mniejszy margines wahań jest ustalony jako stosunek do całkowitej miesięcznej wielkości produkcji, tym niższa jest amplituda krzywej symulacji. Analiza wrażliwości przeprowadzana jest począwszy od podstawy marginesu wahań 0% do 100%.

Margines wahań na poziomie 50% oznacza, że połowa miesięcznej wielkości produkcji podlega nakładaniu się fali sinusoidalnej. Wynikająca z tego krzywa zależności przedstawia się następująco:

[1193] Źródło: Reprezentacja własna

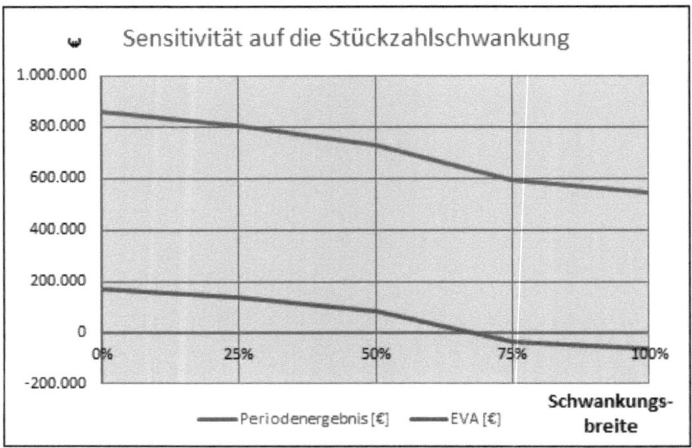

Rysunek 96: Czułość na wahania liczby jednostek[1194]

Chociaż EVA zmienia się na ujemną przy marginesie wahań wynoszącym ok. 70%, należy tu ponownie zwrócić uwagę na wielowymiarową optymalizację wydajności wynikającą z modelu. W związku z tym dla danego okresu wybierany jest optymalny model czasu pracy, co skutkuje najmniejszą nadwyżką wydajności. Tak więc, nawet przy symulacji 100% marginesu wahań, w jednym okresie występuje stosunkowo niewielki zwis wydajności:

[1194] Źródło: Reprezentacja własna

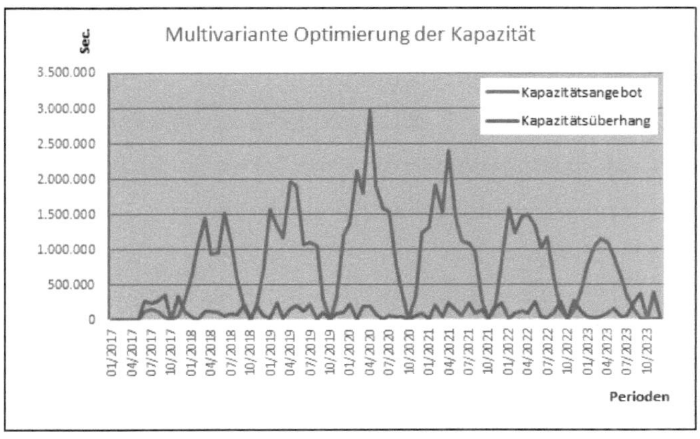

Rysunek 97: Optymalizacja wydajności z dużym marginesem wahań[1195]

Można z tego wywnioskować, że bez natychmiastowej okresowej korekty modeli czasu pracy pojawiłaby się jeszcze większa wrażliwość na wahania liczby jednostek. Ponieważ to okresowe dostosowanie modeli czasu pracy jest czasami trudne w praktyce, metodologia wyrównywania ma największe znaczenie w związku z chudymi, elastycznymi komórkami produkcyjnymi (porównaj rozdział 5.1.8.3).

6.1.7. Analizy wrażliwości w kontekście orientacji na pracownika

Kilka parametrów istotnych w kontekście orientacji na pracownika zostało już przeanalizowanych w kontekście poprzednich zasad projektowania. Zbadano zależności między dostępnością parametrów a minimalną liczbą pracowników w ramach zasady

[1195] Źródło: Reprezentacja własna

projektowania, aby uniknąć odpadów. Przejrzyście przedstawiono również efekty procesów roboczych związanych z przeprowadzkami i transportem w powiązaniu z wartością referencyjną krótkich odległości. W celu uniknięcia zwolnień, nie przeprowadza się dalszych analiz wrażliwości w kontekście zasady projektowania zorientowania na pracownika.

6.1.8. Ranking zależności parametrów

W celu stworzenia przejrzystości dla najsilniejszych bodźców wartości w ramach przeprowadzanych analiz wrażliwości, proponuje się przedstawienie rankingu zależności. W tym celu obliczana i wyświetlana jest zmiana stosunku wartości szczytowej w postaci EVA na zmianę odpowiedniego parametru o 1%. Wynika z tego następujący obrazek:

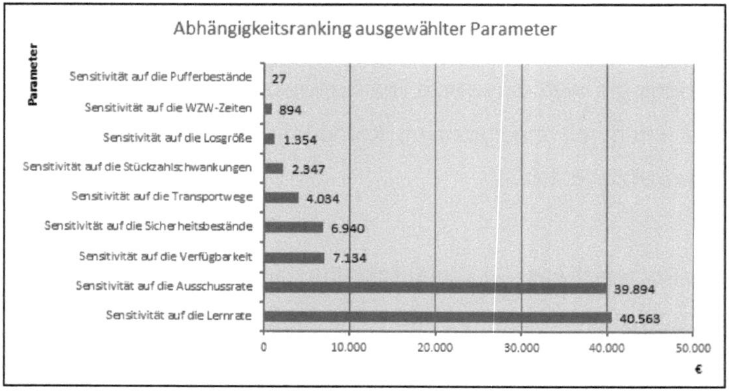

Rysunek 98: Ranking zależności parametrów[1196]

[1196] Źródło: Reprezentacja własna

Rysunek 98parametr wskaźnika uczenia się jako ten, który ma największy wpływ na EVA. Zmiana wskaźnika uczenia się o 1% prowadzi do średniej zmiany EVA w wysokości 40 563 EUR. W przeciwieństwie do tego, czas zmiany narzędzia parametrycznego ma najmniejszy wpływ na wartość zadaną. Tutaj zmiana o 1% prowadzi tylko do zmiany EVA w wysokości 894 euro. Ocenę tę należy rozumieć jako tendencję do wywierania wpływu, ponieważ, jak często się mówi, założenia modelu i relacje interakcji poszczególnych parametrów ze sobą muszą być zawsze brane pod uwagę. Aby móc przedstawić te relacje interakcji, w następnym rozdziale wykorzystano metodologię techniki scenariuszowej.

6.2. Reprezentacje scenariusza

Badanie zachowania wrażliwości wybranych parametrów pozwala na wstępne oszacowanie ich wpływu na parametry docelowe obliczeń inwestycyjnych przy przyjętych założeniach modelu. Następnym krokiem jest systematyczne łączenie parametrów, aby móc rozważyć korelacje między nimi lub uczynić ich interakcję przejrzystą. Podejście to określane jest jako technika scenariuszowa, w której niektóre metody wyraźnie uwzględniają prawdopodobieństwo wystąpienia zdarzeń, podczas gdy inne celowo je zaniedbują.[1197]

Technika scenariuszowa jest zatem formą analizy i prognozowania, które ujawniają przyczyny, formy i skutki niepewności w

[1197] Por. Teich et al. [Scenario technique in production planning 2015], s. 63.

obliczeniach planistycznych[1198]. W odniesieniu do oceny inwestycji Götze stwierdza: "Poprzez konstruowanie określonych modeli i stosowanie określonych procedur oceny ... w ramach oceny inwestycji można wykazać możliwe cechy zmiennej(-ych) docelowej(-ych) jako funkcję rozwoju odpowiednich zmiennych dotyczących przedsiębiorstwa i środowiska. Pozwala to ... przygotować decyzję inwestycyjną biorąc pod uwagę niepewne oczekiwania i związane z nimi ryzyko".[1199]

W związku z tym technika scenariuszowa nie zakłada już dokładnie przewidywalnej przyszłości, ale raczej kilka złożonych scenariuszy przyszłości.[1200] Ponieważ logicznie rzecz biorąc, nie jest możliwe sporządzenie kompleksowej prognozy wszystkich przyszłych scenariuszy i prawdopodobieństwa ich wystąpienia, "musi istnieć ograniczenie do kilku ścieżek rozwoju, które są uważane za szczególnie charakterystyczne.[1201] Kontynuując tę ideę, podejmuje się procedurę zaproponowaną przez Gausemeiera w celu zapewnienia ram metodologicznych dla tworzenia scenariuszy.

[1198] Zob. Götze [Investitionsrechnung 2008], s. 344.

[1199] Götze [Ocena inwestycji 2008], s. 344.

[1200] Zob. Gausemeier i in. [Szenario-Management 1995], s. 16.

[1201] Kuhner/Maltry [wycena spółki 2017], s. 139.

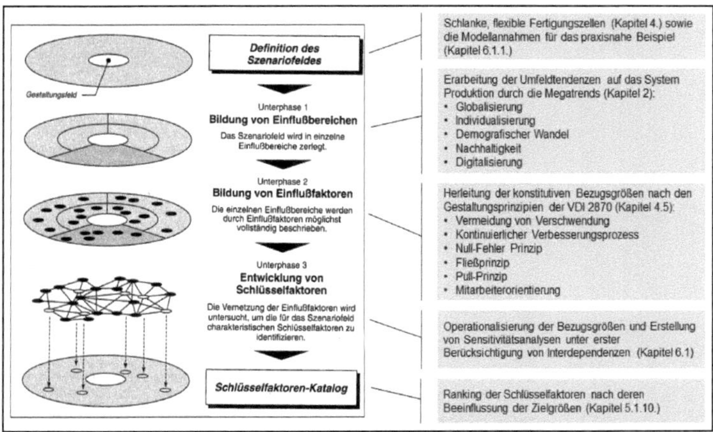

Rysunek 99: Procedura metodyczna tworzenia scenariuszy[1202]

Jak już zaznaczono na Rysunek 99, kolejny krok zamyka logiczny krąg pracy poprzez nałożenie czynników wpływających z megatrendów na obiekt obserwacji szczupłych, elastycznych komórek produkcyjnych. Jak już wspomniano, scenariusz jest rozumiany zarówno jako opis możliwej przyszłej sytuacji, jak i droga do niej. Im dalej prognoza rozciąga się w przyszłość, tym bardziej spektrum możliwości odchyla się od stanu początkowego, co skutkuje swoistym lejkowatym przebiegiem jako model myślenia.[1203] Wielkość powierzchni cięcia lejka wyraża liczbę możliwych scenariuszy i otwiera się na przyszłość, przy czym możliwe scenariusze ekstremalne leżą na krawędzi ciętej powierzchni.[1204]

[1202] Źródło: Gausemeier i in. [Szenario-Management 1995], s. 218, prezentacja rozszerzona.

[1203] Por. Geschka i in. [scenariusz technique 2016], s. 366.

[1204] Por. Kuhner/Maltry [wycena przedsiębiorstwa 2017], s. 140.

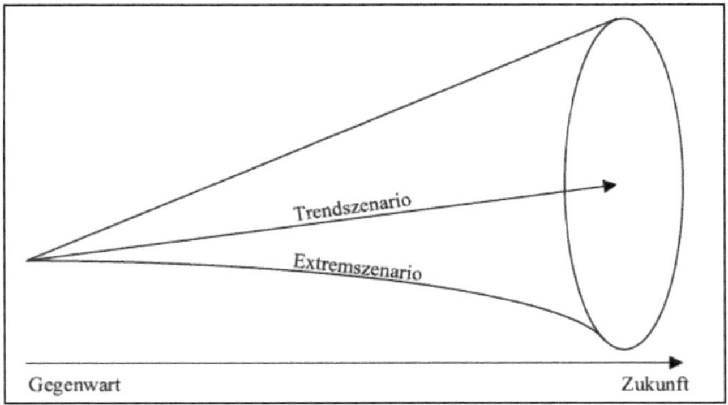

Rysunek 100: Lejek scenariusza jako model do myślenia[1205]

Im dalej scenariusz przesuwa się w kierunku środka lejka, tym większe jest prawdopodobieństwo jego wystąpienia. W tym przypadku mówi się o scenariuszach trendów.[1206]

Ponieważ nie jest możliwe opisanie wszystkich scenariuszy ze względu na wysoki stopień możliwych kombinacji odpowiednich parametrów, proponuje się opisanie i ocenę progresywnego i konserwatywnego scenariusza ekstremalnego oraz scenariusza trendu[1207]. Z jednej strony sprawia to, że limity w zakresie wynikających z nich wartości docelowych projektu inwestycyjnego są przejrzyste, a z drugiej strony pozwala na przedstawienie scenariusza o porównywalnie wysokim prawdopodobieństwie wystąpienia.

[1205] Źródło: Kuhner/Maltry [wycena przedsiębiorstwa 2017], s. 140.

[1206] Zob. Gausemeier i in. [Szenario-Management 1995], s. 114.

[1207] Jest to zgodne z podejściem firmy Spengler et al., która użyła tej samej kategoryzacji scenariuszy do oceny systemów chaku-chaku w montażu. Por. Spengler et al. [Chaku-Chaku-Systems 2005], s. 266 f.

Do dalszej procedury stosuje się metodologię zaproponowaną przez Gausemeiera w odniesieniu do projekcji wiązki[1208] czynników wpływających. Celem łączenia prognoz jest określenie kombinacji przyszłych prognoz i ich ocena z parametrami (kluczowymi czynnikami). W [1209]tym miejscu należy podkreślić, że celem pracy jest przykładowa prezentacja techniki scenariuszowej. Z tego powodu w kontekście tej pracy stosuje się dedukcyjny pakiet projekcji, w którym pewne kombinacje przyszłych projekcji są intuicyjnie zakładane jako odpowiednie przez twórcę scenariusza i dlatego nie są poddawane dalszej analizie.[1210]

Tytuły robocze przyszłych projekcji zostały przejęte z przyszłego badania nad mobilnością przez Geschkę i in. ze względu na atrakcyjną nazwę i trafny opis:

- *Dynamika globalna (A)*
  Scenariusz ten odzwierciedla optymizm gospodarczy przy silnym zaangażowaniu Europy Środkowej w handel światowy, przy czym decydenci polityczni odgrywają akty-

[1208] Mówi się o prognozach, gdy nie przypisuje się prawdopodobieństwa wystąpienia sytuacji w przyszłości. Zob. Gausemeier i in. [Szenario-Management 1995], s. 114.

[1209] Por. Gausemeier et al. [Szenario-Management 1995], s. 253.

[1210] Alternatywnie można zastosować indukcyjne wiązanie projekcyjne, które obejmuje wszystkie możliwe kombinacje w wiązce. Ze względu na podejście dedukcyjne, analizy spójności i analizy wiarygodności nie są wykorzystywane w tej pracy. Por. Gausemeier et al. [Szenario-Management 1995], s. 253 i nast. Celowo powstrzymujemy się również od uwzględniania wydarzeń, które przełamują trendy. Por. Geschka i in. [scenariusz technique 2016], s. 368.

wną i twórczą rolę oraz tworzą warunki ramowe dla wysokiego wzrostu gospodarczego. Nasila się tendencja do indywidualizacji i zrównoważonego rozwoju.

- *Dojrzałe postępy (B)*
  Scenariusz ten wskazuje na znacznie mniejszą dynamikę wzrostu. Istotną różnicą jest znacznie stłumiony wzrost niedoborów siły roboczej, co wpływa również na rozwój innych czynników. Tendencje w zakresie indywidualizacji, zrównoważonego rozwoju i cyfryzacji utrzymują się przy obecnych wskaźnikach wzrostu.
- *Szybka regresja (C)*
  Scenariusz ten charakteryzuje się kilkoma zdarzeniami podobnymi do kryzysowych, które prowadzą do silnych wahań gospodarczych i, w sumie, do spadku produkcji gospodarczej. W tym scenariuszu populacja gwałtownie się kurczy, a polityka jest nastawiona tylko na cele krótkoterminowe. W tym scenariuszu, między innymi, tendencja do globalizacji i indywidualizacji odwraca się. W sytuacji kryzysowej aspekty zrównoważonego rozwoju są zaniedbywane.[1211]

W celu wyjaśnienia odniesienia do zastosowania, dla każdego z megatrendów przedstawiono prognozę progresywną (A), konserwatywną (C) i prognozę przyszłości opartą na trendach (B), które nakładają się na siebie z ich bezpośrednim wpływem na parametry.

[1211] Por. Geschka et al. [scenariusz technique 2016], s. 378 f.

Zukunftsprojektionen der Megatrends mit Überlagerung der Parameter																					
Megatrend	Parameter / Zukunftsprojektion	Tabellenblätter Zelle													Tabellenblätter Produkte						
		Basisdaten Operations									Basisdaten Produkt-lebenszyklus		Basisdaten Produkte		Arbeits-verteilungs-blatt				Standard-Arbeitsblatt		Work in Progress
		Verfügbarkeit	flexible Arbeitszeit	durchschnittliche Losgröße	Fixkosten der Linie	Dauer Werkzeugwechsel	Wartungs-intensität	Logistik-Intensität	Ausschuss	Lernrate	Abrufe/Periode	Anzahl Produkte / Varianten	Erstinvestition	Erweiterungs-investition	Arbeitsvorgänge Manuell	Arbeitsvorgänge Maschinell	Roh- Hilfs- und Betriebsstoffe	Arbeitsvorgänge Entnehmen & Transport	Anzahl Werker je Zelle	Zuordnung Werker-Arbeitsstation	Puffer und Sicherheits-bestände
Global-isierung	(A) beschleunigt sich			↑				↗			↑	↗		↑							
	(B) aktueller Trend hält an			↗				→			→	→		→							
	(C) geht zurück			↓				↘			↓	↓		↓							
Individual-isierung	(A) nimmt stark zu			↓				↑		↓	→	↑		↑							↘
	(B) aktueller Trend hält an			↘				↗		↘	→	↗		→							→
	(C) geht zurück			↑				↓		↑	→	↓		↓							↗
Demograf-ischer Wandel	(A) reversiert sich	↑	↑						↘	↗			→					→	↑	↓	
	(B) aktueller Trend hält an	→	→						→	→			→					→	↘	↗	
	(C) verschärft sich	↓	↓						↗	↘			↗					↘	↓	↑	
Nachhaltig-keit	(A) verbessert sich				↘				↘	↑							↓				
	(B) aktueller Trend hält an				→				→	↗							→				
	(C) verschlechtert sich				↗				↗	↘							↑				
Digital-isierung	(A) beschleunigt sich	↑		↓		↓				↑			↑		↓	↘		↓	↘	↗	
	(B) aktueller Trend hält an	↗		↘		→				→			→		→	→		→	→	→	
	(C) geht zurück	↓		↑		→				→			↘		↗	→		→	→	→	

Legende:
Zukunftsprojektion führt zu
Erhöhung des Parameters ↑
leichte Erhöhung des Parameters ↗
kein Einfluss auf Ausgangssituation →
leichte Verkleinerung des Parameters ↘
Verkleinerung des Parameters ↓

Rysunek 101: Prognozy na przyszłość dotyczące megatrendów (tendencji)[1212]

Rysunek 101 pokazuje tylko bezpośredni wpływ parametrów w sensie trendu. Jak omówiono w rozdziałach 5.2 i 6.1, zakładając holistyczne rozumienie systemów produkcji, zestaw środków zawsze idzie w parze, przy czym na kilka parametrów wpływają ich wspólne zależności. Na przykład, w rozdziale 5.1.7 dowiedzieliśmy się, że redukcja wielkości partii zawsze idzie w parze z redukcją czasu ustawiania. Kolejnym przykładem jest zmniejszenie liczby pracowników w komórce, co z jednej strony wymaga zdolności do obsługi kilku maszyn, a z drugiej strony

[1212] Źródło: Reprezentacja własna

wymaga zmniejszenia liczby czynności manualnych i tras (por. analiza wrażliwości w rozdziale 6.1.2).

Pełny opis logiki pomiędzy przyszłymi projekcjami a tendencją do wpływania na parametry wykraczałby poza zakres tej pracy. W związku z tym, tylko kilka wybranych powiązań zostało wyjaśnionych tutaj jako przykłady.

Progresywna projekcja przyszłości (A) megatrendowej indywidualizacji jest stosunkowo łatwa do zrozumienia w odniesieniu do zmniejszenia parametru wielkości partii: jeśli w wyniku większej indywidualizacji wywoływane są coraz bardziej specyficzne dla klienta warianty, ekonomiczna wielkość partii zmniejsza się, ponieważ w przeciwnym razie wzrastają koszty gotowych zapasów. Tendencja niewielkiego spadku procesów pracy w zakresie usuwania i transportu jako efekt postępującej projekcji megatrendowych zmian demograficznych w przyszłości wymaga więcej wyjaśnienia. Jeśli założymy, że pracownicy będą mieli wyższy średni wiek w przyszłości, lub że więcej kobiet będzie zatrudnionych, aby zrekompensować brak wykwalifikowanych pracowników (porównaj rozdział 2.3), nie można oczekiwać, że grupy te będą ponosić ponadprzeciętne obciążenie z powodu dużych odległości i wysokiej wagi części, które mają być transportowane. Wynika z tego wymóg automatyzacji procesów transportu i karmienia, przy czym z punktu widzenia SFF powinno to być rozwiązanie o niskich kosztach automatyzacji (por. rozdział 5.1.3.1). Ponieważ jednak automatyzacja nie będzie całkowicie pozbawiona kosztów, koszt inwestycji początkowej wzrośnie. Analogicznie do tych dwóch przykładów, związki pomiędzy przyszłymi prognozami a ich wpływem na parametry zostały przeanalizowane i ocenione przez autora przy ścisłym zastosowaniu standardów Lean. Wynikiem tego jest matryca z Rysunek 102 z szacunkowymi wartościami parametrów, na które bezpośredni wpływ miała projekcja w przyszłości.

Analogicznie do poprzedniej logiki wejściowej modelu wyceny, wartości szacunkowe, na które bezpośredni wpływ miał model wyceny, są zaznaczone na zielono. Parametry, które są ściśle powiązane w sensie skoordynowanego pakietu środków, są zaznaczone jasnożółtym kolorem.

Średnie wartości odpowiednich prognoz na przyszłość służą jako ostateczne parametry wejściowe do scenariuszy. Jednym z rezultatów jest to, że wpływy poszczególnych megatrendów mogą się wzajemnie wzmacniać i częściowo neutralizować. W scenariuszu "Global Dynamics", na przykład, należy się spodziewać, że średnie wielkości partii wzrosną w wyniku intensyfikacji megatrendu globalizacji. Jednak odwrotny wpływ, wynikający z umocnienia się megatrendu indywidualizacji, neutralizuje tę tendencję w scenariuszu skrajnym postępowym. Z drugiej strony, wpływ megatrendów zmian demograficznych i cyfryzacji uzupełniają się wzajemnie w odniesieniu do parametru dostępności. Pola zaznaczone jasnożółtym kolorem i oznaczone "aut." oznaczają funkcjonalność ukrytą w modelu wyceny. Tak więc, wpływ megatrendu zrównoważonego rozwoju na koszty surowców i dostaw jest pośrednio zależny od wskaźnika uczenia się (por. rozdział 5.2.8). Dzięki tym wartościom wejściowym można teraz opisać i ocenić ostateczne scenariusze.

Zukunftsprojektionen der Megatrends mit Überlagerung der Parameter																					
Megatrend	Parameter / Zukunftsprojektion	Tabellenblätter Zelle													Tabellenblätter Produkte						
		Basisdaten Operations									Basisdaten Produktlebenszyklus		Basisdaten Produkte		Arbeitsverteilungsblatt				Standard-Arbeitsblatt		Work in Progress
		Verfügbarkeit	flexible Arbeitszeit	durchschnittliche Losgröße	Fixkosten der Linie [€]	Dauer Werkzeugwechsel [min.]	Wartungs-Intensität	Logistik-Intensität	Ausschuss	Lernrate	max. Abrufe / Periode	Anzahl Produkte / Varianten	Erstinvestition [T€]	Erweiterungsinvestition [T€]	Arbeitsvorgänge Manuell [sec.]	Arbeitsvorgänge Maschinell [sec.]	Roh-, Hilfs- und Betriebsstoffe	Arbeitsvorgänge Entnehmen & Transport [sec]	Anzahl Werker je Zelle	Zuordnung Werker-Arbeitsstation	Sicherheitsbestände [Tage]
Globalisierung	(A) beschleunigt sich			400		15		4			Prod. A 30 T Stk. Prod. B 20 T Stk. Prod. C 10 T Stk.	3		1.100							15
	(B) aktueller Trend hält an			250		15		5			Prod. A 25 T Stk. Prod. B 15 T Stk.	2		850							10
	(C) geht zurück			50		7,5		6			Prod. A 20 T Stk.	1		550							5
Individualisierung	(A) nimmt stark zu			50		7,5		3			Prod. A 15 T Stk. Prod. B 10 T Stk. Prod. C 10 T Stk.	3		1.100							1
	(B) aktueller Trend hält an			150		15		4			Prod. A 25 T Stk. Prod. B 15 T Stk.	2		850							10
	(C) geht zurück			400		15		6			Prod. A 25 T Stk.	1		550							15
Demografischer Wandel	(A) reversiert sich	90%	30%						2,5%	15%			1.650					75	aut.	aut.	
	(B) aktueller Trend hält an	85%	25%						5,0%	10%			1.650					75	aut.	aut.	
	(C) verschärft sich	80%	10%						6,5%	5%			2.000					60	aut.	aut.	
Nachhaltigkeit	(A) verbessert sich				4.000				3,50%	12,5%							aut.				
	(B) aktueller Trend hält an				5.000				5,0%	10%							aut.				
	(C) verschlechtert sich				6.000				6,50%	7,50%							aut.				
Digitalisierung	(A) beschleunigt sich	95%		50		7,5				15%			2.250		20	35		50	aut.	aut.	
	(B) aktueller Trend hält an	85%		150		15				10%			1.650		35	40		75	aut.	aut.	
	(C) geht zurück	80%		300		15				10%			1.500		40	40		75	aut.	aut.	
Zukunftsprojektion	(A) Globale Dynamik	92,5%	30,0%	167	4.000	10		3,5	3,0%	14,2%	Prod. A 22,5 T Stk. Prod. B 15 T Stk. Prod. C 10 T Stk.	3,0	1.950	1.100	20	35		63	aut.	aut.	8
	(B) Gereifter Fortschritt	85,0%	25,0%	183	5.000	15		4,5	5,0%	10,0%	Prod. A 25 T Stk. Prod. B 15 T Stk.	2,0	1.650	850	35	40		75	aut.	aut.	10
	(C) Rasender Rückschritt	80,0%	10,0%	250	6.000	13		6,0	6,5%	7,5%	Prod. A 22,5 T Stk.	1,0	1.750	550	40	40		68	aut.	aut.	10

Rysunek 102: Prognozy na przyszłość dotyczące megatrendów (wartości)[1213]

6.2.1. Scenariusz progresywny Global Dynamics

Przyszła projekcja scenariusza Global Dynamics oznacza niezwykle pozytywny rozwój gospodarki. Europa Środkowa korzysta z intensyfikacji światowego handlu, a decydenci polityczni tworzą warunki ramowe dla wysokiego wzrostu gospodarczego. Negatywny wpływ zmian demograficznych na rynek pracy może zatem zostać odwrócony.

Nasila się tendencja do indywidualizacji i zrównoważonego rozwoju. Scenariusz ten jest realizowany poprzez wykorzystanie

[1213] Źródło: Reprezentacja własna

wartości przedstawionych na Rysunek 102 jako parametrów wejściowych do modelu wyceny. W związku z tym istnieje wymóg włączenia do analizy trzeciego produktu. Przyjmuje się, że cykle życia tych trzech produktów są następujące:

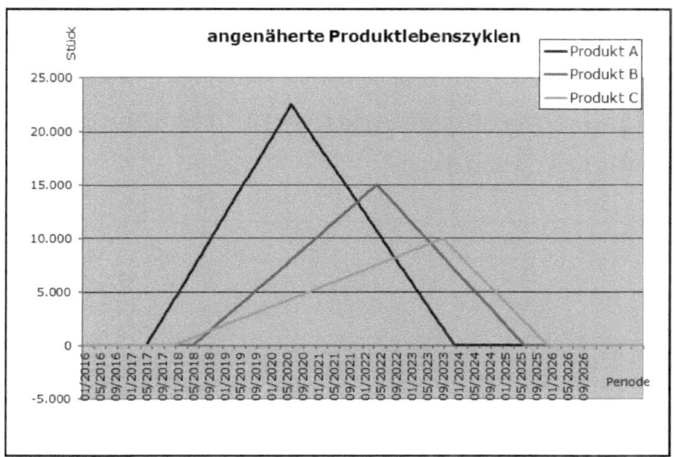

Rysunek 103: Cykle życia produktów w scenariuszu Global Dynamics[1214]

Produkt C charakteryzuje się megatrendem indywidualizacji, który z jednej strony pozwala na osiągnięcie wyższej ceny, ale także podnosi jakość, a tym samym koszt surowców.

Zahlungsziel
Monate netto
3

Basisdaten Erstinvestition					
Erstinvestition			Erstinvest Monat&Jahr	Einsatzdauer = Abschreibungszeitraum	Kredit-Aufnahme
Jahr	Monat	Erstinvestition			
2016	10	1.950.000	10/2016	9	1.000.000

Basisdaten Produke										
Benennung	Erweiterungsinvestition vor Produktstart			Erweiterungsinvest Monat&Jahr	Preis je Einheit	Rabatt	Frachten/ Stück	Provisionen	Nettoerlös	Preisverfall
	Jahre	Monate (max. 12)	Kosten							
Produkt A		3	550.000	03/2017	14,50		0,20		**14,30**	5%
Produkt B		4	300.000	02/2018	15,00		0,25		**14,75**	5%
Produkt C		4	250.000	09/2017	17,00		0,30		**16,70**	5%

Rysunek 104: Podstawowe dane dotyczące produktów w scenariuszu Global Dynamics[1215]

[1214] Źródło: Reprezentacja własna

[1215] Źródło: Reprezentacja własna

W tym scenariuszu kwota inwestycji początkowej wzrasta do 1 950 000 EUR ze względu na rosnącą tendencję do cyfryzacji. Ponieważ kwota pożyczonego kredytu pozostaje niezmieniona i wynosi 1 000 000 EUR, koszt kapitału według Stewarta wzrasta do 6,1%.

W rezultacie, scenariusz Globalnej Dynamiki Akumulacji wykazuje wzrost wartości poprzez inwestycje (EVA) o 1 754 578. - €. Rozwój w czasie jest następujący:

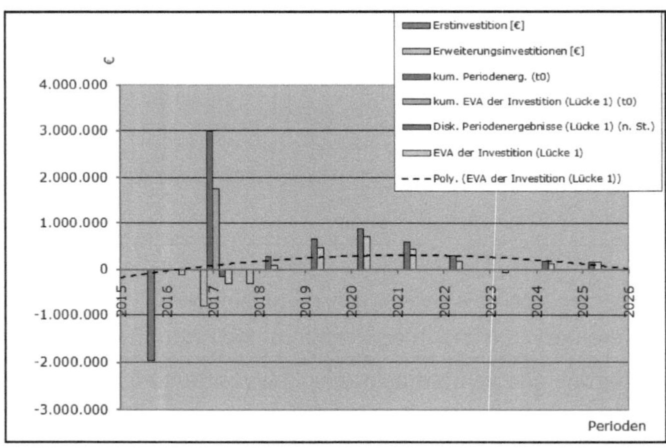

Rysunek 105: Cele inwestycyjne w scenariuszu Global Dynamics[1216]

6.2.2. Scenariusz trendu Dojrzały postęp

Scenariusz trendu różni się od scenariusza progresywnego ekstremalnego tym, że dynamika wzrostu jest znacznie bardziej umiarkowana. Braki siły roboczej nie ulegają odwróceniu, ale wpływ umiarkowanego wzrostu jest ograniczony w porównaniu

[1216] Źródło: Reprezentacja własna

z sytuacją wyjściową. Trendy indywidualizacji, trwałości i cyfryzacji utrzymują się w obecnym tempie wzrostu, co oznacza, że duża liczba parametrów jest stale aktualizowana. W tym scenariuszu stosowane są tylko 2 produkty, przy czym produkt A ma wyższą maksymalną liczbę 25 000 sztuk miesięcznie. Ekonomiczna wartość dodana inwestycji w tym scenariuszu wynosi 1 096 270EUR w ujęciu skumulowanym.

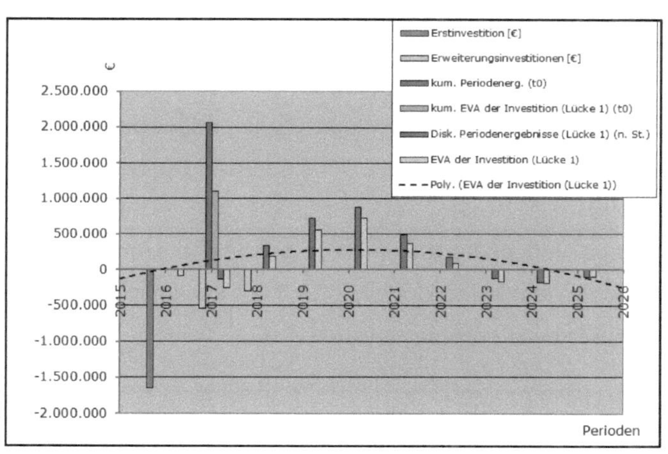

Rysunek 106: Cele inwestycyjne w scenariuszu "dojrzały postęp".[1217]

6.2.3. Scenariusz degresywny Szybka regresja

Negatywny scenariusz skrajny charakteryzuje się kilkoma zdarzeniami podobnymi do kryzysowych, które prowadzą do silnych wahań gospodarczych i, w sumie, do znacznego spadku produkcji gospodarczej. W tym scenariuszu ludność gwałtownie się kurczy, a polityka jest nastawiona tylko na cele krótkoterminowe,

[1217] Źródło: Reprezentacja własna

co pogłębia skutki zmian demograficznych. Co więcej, tendencja do globalizacji ulega odwróceniu. W związku z sytuacją kryzysową wszelkie tendencje do indywidualizacji ulegają zahamowaniu. W czasach kryzysu aspekty zrównoważonego rozwoju są odkładane na później, ponieważ liczy się tylko samo przetrwanie firmy. W związku z tym scenariusz ten odpowiadałby fazie spowolnienia gospodarczego w rozumieniu teorii Kondratieffa. W rezultacie wyeliminowane zostaną warianty modelowe, a tylko produkt A będzie produkowany w maksymalnej ilości 22 500 sztuk miesięcznie. Wyższy poziom automatyzacji wymagany ze względu na zmiany demograficzne podnosi koszt inwestycji początkowej do 1 750 000 EUR, podnosząc koszt kapitału do 6,0%.

Wynikająca z tego wartość docelowa dla negatywnego scenariusza ekstremalnego jest ledwo dodatnia EVA w wysokości 144 495EUR, co przedstawia poniższy wykres:

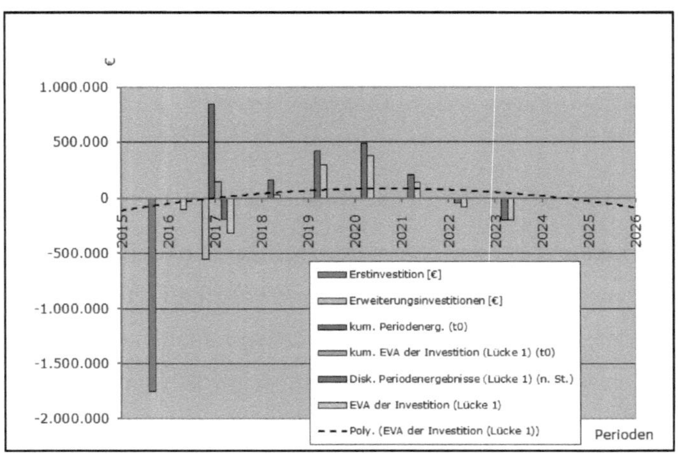

Rysunek 107: Cele inwestycyjne w scenariuszu szybkiego wycofywania się[1218]

6.2.4. Ostateczne porównanie scenariuszy

Przy wybranych dwóch skrajnych scenariuszach, celem było przekroczenie granic przyszłych prognoz. Odpowiada to górnej i dolnej linii granicznej w modelu lejka (patrz Rysunek 100). Scenariusz trendu powinien odzwierciedlać wysoce prawdopodobną prognozę na przyszłość. Wniosek z nałożenia się na siebie przyszłych projekcji poszczególnych megatrendów z parametrami jest taki, że efekty częściowo się neutralizują i tym samym nie powstają iluzoryczne wartości dla wartości docelowej EVA. Zalecanym kierunkiem działania dla naszego przykładu z zachowanymi założeniami modelu jest inwestowanie w szczupłą, elastyczną komórkę produkcyjną, ponieważ wzrost wartości jest również podany z uwzględnieniem degresywnej prognozy na przyszłość. Poniższy diagram służy jako ostateczne, ilustracyjne podsumowanie wyników:

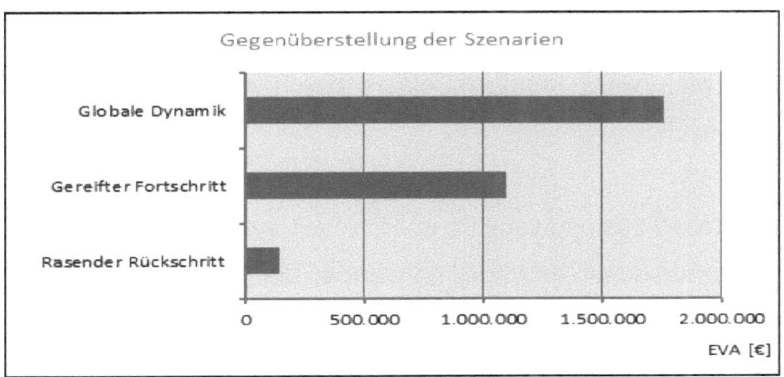

1218 Źródło: Reprezentacja własna

Rysunek 108: Porównanie scenariuszy[1219]

7. Podsumowanie i perspektywy

Rozdział końcowy służy refleksji nad pracą, a podsumowane wyniki są odzwierciedlone w odniesieniu do celów. Ponadto przedstawiono podejścia do rozwoju koncepcyjnego modelu oraz omówiono możliwe zastosowania.

7.1. Podsumowując refleksję

Deklarowanym celem pracy jest opracowanie schematu objaśniającego, za pomocą którego wyzwania wynikające z megatrendów można nakładać na podejścia rozwiązań holistycznych systemów produkcji na poziomie nadrzędnym w celu umożliwienia dostępu do analizy holistycznej. W trakcie pracy przyjęto 2 różne perspektywy:

- uwzględnienie czynników powodujących zmiany w systemach produkcji, spowodowane przez tendencje środowiskowe megatrendów, oraz
- ich efekty, wpływ i przewidywalność w kontekście przedmiotu obserwacji chudych, elastycznych komórek produkcyjnych.

Standard wyceny zastosowany do interpretacji wyników analizy opierał się na zasadach orientacji na wartość dla akcjonariuszy poprzez opracowanie metody wyceny inwestycji zorientowanej na wartość. W tym celu wykorzystano podejście polegające na wycenie przedsiębiorstw zorientowanej na wartość dodaną z

[1219] Źródło: Reprezentacja własna

najwyższym ekonomicznym wskaźnikiem EVA (Economic Value Added), który został udostępniony w dalszej kolejności w odniesieniu do kalkulacji wyceny zorientowanej na przyszłość z uwzględnieniem korzyści wynikających z decyzji inwestycyjnych. Zorientowanie na korzyści lub zastosowanie przejawia się w dwóch głównych cechach: po pierwsze, jednolity, zorientowany na wartość wskaźnik kontrolny może być stosowany od planowania strategicznego i operacyjnego do podejmowania decyzji i kontroli inwestycji. Po drugie, zapotrzebowanie na konstruktywistyczną perspektywę badawczą zostaje zaspokojone poprzez włączenie wymiarów rzeczywistości subiektywnej do koncepcji procesu obliczeniowego. Ponieważ decydenci w przedsiębiorstwach myślą i odczuwają w prognozowanych wymiarach przychodów i kosztów, nie zastosowano metody wartości bieżącej netto (wymagałoby to prognozowania płatności przychodzących i wychodzących), lecz raczej uwzględniono praktyczną rzeczywistość decydentów w przedsiębiorstwach poprzez uwzględnienie twierdzenia o luce.

Następnie przedstawiono dowody na to, że opracowana metoda obliczania inwestycji oparta na wartości ze zintegrowanym twierdzeniem dotyczącym luki prowadzi do uzyskania takiej samej skumulowanej wartości bieżącej inwestycji poprzez skorygowanie wszystkich pozycji specyficznych dla inwestycji, jak w przypadku bezpośredniego określenia za pomocą zdyskontowanych przepływów pieniężnych (metoda wartości bieżącej netto). W tym celu zostały wdrożone następujące moduły integracyjne:

- rozszerzenie metody opartej na EVA na widok wielookresowy, w tym obliczanie na dzień dzisiejszy (dyskontowanie),
- funkcję kompensacyjną różnic wynikających z odmiennej okresowości pomiędzy podejściem EVA zorientowanym na zysk i metodą wartości bieżącej netto zorientowaną na przepływy pieniężne oraz
- ujednolicenie wymiaru podatku w obu metodach.

Opracowaną metodę kalkulacji inwestycji uzupełnia WACC (Weighted Average Cost of Capital), którą można uznać za "najbardziej przyjazną dla inwestora", ponieważ uwzględnia ona m.in. premię za ryzyko, koszt kapitału własnego, oczekiwaną stopę inflacji oraz stopę procentową zwyczajowo stosowaną w branży.

Pierwsze spojrzenie na tendencje środowiskowe megatrendów i ich potencjalny wpływ na system produkcji doprowadziło do wielu odkryć. Po pierwsze, handel światowy, wspierany przez dalszy rozwój technologii informacyjnych i komunikacyjnych w odniesieniu do funkcji czasu rzeczywistego, doprowadzi do produkcji mniejszej ilości towarów w dużych ilościach, zwiększając w ten sposób efekt "ekonomii skali". Po drugie, nastąpiła zmiana w zachowaniach nabywczych konsumentów ze względu na coraz większą indywidualizację, która przekształciła rynek z rynku sprzedawcy w rynek kupującego. Po trzecie, wraz ze spadkiem zdolności fizycznych z wiekiem, coraz większe znaczenie będzie miała odpowiednia do wieku konstrukcja przyszłych miejsc pracy. Po czwarte, zrównoważony ład korporacyjny lub zarządzanie zrównoważonym rozwojem wzniosą się w górę w piramidzie celów strategicznych. Jest to spowodowane zbliżającym się zwrotem energii (zastąpienie paliw kopalnych przez odnawialne źródła energii) oraz zwrotem materialnym. Po piąte, pojawienie się takich koncepcji jak Przemysł 4.0 nie tylko wzmocni konkurencyjność zachodnich przedsiębiorstw przemysłowych, ale również w znacznym stopniu przyczyni się do sprostania wyzwaniom kolejnych megatrendów. Można z tego wywnioskować, że efekty megatrendowej cyfryzacji wraz z wynikającymi z niej koncepcjami, takimi jak Industry 4.0, oferują największy potencjał odwrócenia obecnej fazy spowolnienia gospodarczego w rozumieniu teorii Kondratieffa.

Przyjęcie drugiej perspektywy opierało się na intelektualnym fundamencie, który odzwierciedla teoretyczne ramy odniesienia rozpatrywanego obiektu. Pierwszym elementem składowym podstawy jest określenie systemowych poziomów produkcji. Do terminologicznego zdefiniowania tych elementów wykorzystano model systemowy Westkämper i Löffler, który opiera się na cybernetycznym modelu realnej organizacji według Stafford Beer. Podejście to ma więc cechy rekurencyjności i skalowalności. Ponieważ czynniki konwersji prowadzą do ciągłych zmian w zmiennych wejściowych systemu produkcyjnego, konieczne jest powiązanie poszczególnych elementów bazowych w formie strategii produkcji. Funkcja strategii produkcji polega na przełożeniu zmieniających się zmiennych docelowych za pomocą strategii i procesu znajdowania celów oraz prowadzi do stałego wewnętrznego dostosowania całego systemu produkcji. Dostosowanie lub przekształcenie wymaga uwzględnienia wszystkich poziomów modelu systemu, co w szczególności wiąże się ze skalowaniem poza granice poziomów systemu.[1220] Podsumowując, strategia produkcyjna jest sposobem na dostosowanie się do wymagań rynku i możliwości przedsiębiorstwa poprzez zaprojektowanie systemu produkcyjnego[1221]. Strategie produkcyjne wspierają w ten sposób efektywność obszaru produkcji[1222] i mogą być rozumiane jako funkcja wspornikowa do systemowego modelu produkcji poprzez zapewnienie wspólnej orientacji na wszystkich poziomach hierarchii.

Kolejnym kamieniem węgielnym są zasady wywodzące się z Lean Management, które dzięki zupełnie nowej filozofii robią wrażenie nie tylko pod względem strategicznym, ale również pod względem spójności koncepcyjnej. Koncepcja Lean Management odpowiada zatem w dużym stopniu aktualnym wymaganiom nowoczesnego systemu zarządzania. Jego zasady działania przenoszą go z jednowymiarowego, metodycznego punktu widzenia na wielowymiarowy poziom, tworząc w ten sposób ciągłą sieć od strategii korporacyjnej do struktur i procesów i kultury korporacyjnej. W krajach niemieckojęzycznych koncepcja lean management została skonsolidowana w formie zasad projektowania holistycznych systemów produkcji (GPS) zgodnie z VDI 2870, przy czym ich korzenie wywodziły się z 14 zasad według Jeffreya Likera. W zaleceniach wdrożeniowych VDI podkreśla się, że to nie liczba stosowanych

[1220] Por. Westkämper/Löffler [Strategie produkcji na rok 2016], s. 108.

[1221] Zob. Becker/Kaluza [Strategie produkcyjne 2004], s. 9.

[1222] Zob. Moos [Kompleksowość i elastyczność 2009], s. 51.

metod i narzędzi decyduje o sukcesie GPS, ale raczej zrozumienie wzajemnych zależności ("understand instead of copy"). Ponadto, zintegrowany system produkcji nie ogranicza się do produkcji, ale wpływa na wszystkie podstawowe procesy, procesy zarządzania i procesy wsparcia.

Kolejny moduł budynku służy jako fundament dla funkcji modelu, który ma być rozwijany. W tym celu wyprowadzono cztery wymagania dla koncepcji modelu: po pierwsze, model musi spełniać wymagania dotyczące całości. W tym celu interakcje w produkcji muszą być zaprojektowane w sposób całkowicie deterministyczny, tak aby można było określić optymalny punkt operacyjny w zakładanych warunkach brzegowych.[1223] Wymaga to przełamania wysokiego stopnia agregacji, który jest zwykle stosowany w opisie modeli produkcyjnych, poprzez zapisanie wszystkich istotnych, konstytutywnych wartości referencyjnych. Po drugie, model ten jest zgodny z zapotrzebowaniem na elastyczność. Elastyczność oznacza powtarzalność sytuacji produkcyjnej zorientowanej na klienta, w dużej mierze pozbawionej zapasów, w której produkcja odbywa się w wymaganej ilości w danym czasie (elastyczność w zakresie liczby sztuk), przy czym produkcja z wieloma wariantami (elastyczność produktu lub wariantu) musi być uwzględniana w tym samym stopniu. Równocześnie zakłada się wysoką jakość poszczególnych produktów, a tym samym bezbłędną produkcję (niski poziom złomu) przy zachowaniu efektywnego stosunku kosztów do korzyści (koszty produktu).[1224] W trakcie realizacji trzeciego wymagania, modelowi nadawana jest skala dynamiki.

[1223] Por. Arnoscht i in. [Development of Production Theory 2011], s. 42.

[1224] Por. Garrel i in. [Elastyczność produkcji w 2014 r.], s. 88.

Model systemu produkcyjnego ma zostać rozszerzony w taki sposób, aby efekty dynamicznych czynników wpływających były kwantyfikowalne w pierwszym etapie i mogły być w rezultacie symulowane w celu przyczynienia się do wzrostu wydajności.[1225] Ten wymóg funkcjonalny zakłada obecność parametrów wejściowych niezbędnych do oceny, przy czym ich dynamika jest uwzględniana poprzez poddawanie zmiennych obliczeniowych fluktuacjom w czasie. Często wybierane, statyczne podejście, np. stosowanie wartości średnich do obliczania zmian w asortymencie produktów, jest zdecydowanie niewystarczające. Wymóg ten jest realizowany poprzez periodyzowanie okresu planowania, tak aby skutki zmian danych w czasie mogły być wyraźnie uwzględnione, a następnie ocenione[1226]. Takie podejście oparte na perspektywie wielookresowej, jak również uwzględnienie długoterminowych efektywnych czynników wpływających na koszty, jest czasami uważane za wyjątkową cechę dynamicznego rozwoju rachunkowości kosztów [1227]. Czwarte i ostatnie wymaganie ma na celu integracyjne u-kierunkowanie modelu, co z kolei zapobiega oddzieleniu się od środowiska sieciowego spowodowanemu izolacją. Odpowiednio, zarówno odpowiednie zmienne modelu, jak i ich wzajemne powiązania są wymagane dla całościowego modelu integracyjnego, przy czym zastosowanie modelu teoretycznego i praktycznego musi być oceniane w kontekście możliwości przenoszenia.

[1225] Por. Westkämper/Löffler [Strategie produkcji na rok 2016], s. 58.

[1226] Zob. Mussnig [Dynamisches Target Costing 2001], s. 130.

[1227] Zob. Zehbold [Life Cycle Costing 1996], s. 11.

Dwa kręgi myślowe, jeden składający się z czterech kwadrantów sformułowanych wymagań modelowych, drugi oparty na względach specyficznych dla inwestycji, stają się pod tym względem koncentryczne, ponieważ punkt ciężkości przesuwa się z rozpatrywania poszczególnych obiektów (np. obrabiarki) na kompletne systemy produkcyjne składające się z połączonych obrabiarek, urządzeń transportowych i przeładunkowych.

Ostatni element podstawy, w którym chude, elastyczne komórki produkcyjne są oddzielone od konwencjonalnych linii produkcyjnych, służy do określenia referencji aplikacji. Poczynając od dwóch pierwszych przemysłowych systemów produkcyjnych, naukowego zarządzania według Taylor i produkcji linii montażowej a la Ford, wykazano cechy wyróżniające. Tak więc, celem szczupłej produkcji w rozumieniu oryginalnego Systemu Produkcyjnego Toyoty (TPS) jest produkcja różnorodnych produktów przy udziale jak najmniejszej liczby pracowników, przy jednoczesnym unikaniu marnotrawstwa, przy jak najmniejszej ilości zapasów, przy jak najmniejszej ilości błędów[1228]. Koncepcja Lean Management wywodząca się z TPS oznacza zatem szczupłą lub usprawnioną organizację firmy, która pod względem integracji odnosi się do wszystkich elementów modelu systemu i ich relacji[1229]. Konstrukcja smukłych, elastycznych komórek produkcyjnych, które są zazwyczaj ustawione w kształcie litery U, łączy kilka maszyn lub systemów do wyt-

[1228] Por. Schönsleben [Integrales Logistikmanagement 2007], s. 312 i por. rozdział 4.4

[1229] Patrz rozdziały 4.3 do 4.6

warzania jednego produktu lub rodziny produktów. Oprócz maszyn i urządzeń, ta lokalnie zgrupowana jednostka obejmuje również grupę roboczą pracowników oraz zdefiniowane interfejsy z obszarami pośrednimi, takimi jak logistyka, obejmując tym samym połączenie poprzez systemy przepływu.[1230]

Z tego fundamentu można teraz wyciągnąć drugą fundamentalną perspektywę pracy. W pierwszej części, efekty, wpływ i przewidywalność czynników zmian muszą być opracowane w kontekście przedmiotu obserwacji chudych, elastycznych komórek produkcyjnych. Koncepcja modelu opiera się na zaletach istniejących podejść do produkcji lub teorii kosztów, przy czym jednym z celów jest redukcja istniejących deficytów. Poważny deficyt teorii produkcji polega na zaniedbaniu dźwigni niezbędnych do optymalnego zaprojektowania systemu produkcji, takich jak stosowane technologie i związane z nimi parametry wydajności technologiczne. [1231] Oznacza to, że nie uwzględnia się takich aspektów, jak wariancja i jakość produktu, czas dostawy czy elastyczność procesu produkcyjnego.[1232] W celu uniknięcia klasyfikacji w serii modeli teoretycznych, ale zdalnych pod względem zastosowania, wybiera się podejście koncepcyjne, które opiera się na bazie empirycznej, a tym samym na pełnej deskryptywności rozpatrywanego obiektu. Odpowiada to sformułowanemu na początku hermeneutycznemu rozumieniu badań, które koncentruje się na zrozumieniu

[1230] Por. Schenk et al. [Fabrikplanung 2014], s. 178 f.

[1231] Por. Brecher et al. [Integrative Production Engineering 2011], s. 50.

[1232] Por. Brecher et al. [Integrative Production Engineering 2011], s. 51.

znaczenia powiązań poprzez wybrane podejście jakościowo-empiryczne.

Ponieważ procesy operacyjne produkcji usługowej nie są planowane, zarządzane i kontrolowane na podstawie ilości, lecz w szczególności na podstawie zmiennych wartości, konieczne jest przekształcenie funkcji produkcyjnych w funkcje kosztowe, przy czym widok oparty na wartości znajduje swoje miejsce w koncepcji modelu. Funkcje kosztów reprezentują zatem związane z produkcją, wycenione zużycie towarów, które jest niezbędne do wytworzenia produktu końcowego jako wkładu.[1233] Podsumowując, można stwierdzić, że podstawowym zadaniem teorii kosztów jest pokazanie zmiennych wpływających na koszty w celu umożliwienia ich optymalizacji.[1234]

W kolejnym kroku do wartości referencyjnej przypisywane są wartości niektórych wybranych cech obiektu przypisującego wartość, które są wymagane w dowolnym procesie wyceny[1235]. Tylko taki opis przedmiotu wyceny poprzez jego wartości referencyjne, a w konsekwencji ich operacyjną charakterystykę w postaci parametrów wejściowych modelu, umożliwia rzeczywisty (iteracyjny) proces wyceny[1236]. Przy wstępnej selekcji, potencjalne wartości referencyjne w sensie cech konstytutywnych szczupłych, elastycznych komórek produkcyjnych są poddawane ilościowej i jakościowej analizie literatury. Gwarantuje to, że parametry o najwyższej wartości są uwzględniane w projekcie modelu. Powstały katalog kryteriów

---

[1233] Zob. Himpel/Winter [Operations Management 2008], s. 17.

[1234] Zob. Berndt/Cansier [Production and sales 2007], s. 51.

[1235] Patrz Stevens [Pomiar 1968], str. 849.

[1236] Patrz Stevens [Pomiar 1968,] str. 849.

obejmuje 22 wartości referencyjne, które są kwantyfikowalne za pomocą parametrów wejściowych modelu. Podsumowująca wizualizacja na Rysunek 41 służy przede wszystkim zobrazowaniu relacji interakcji pomiędzy konstytutywnymi cechami przedmiotu obserwacji SFF a ich parametryzacją w koncepcji modelu. Po drugie, matryca otwiera przejrzystość pomiędzy synergiami poszczególnych wartości referencyjnych w odniesieniu do ich wpływu na parametry.

Druga część tej perspektywy koncepcyjnej służy do zaprojektowania funkcjonalnych komponentów modelu. W tym celu parametry pochodne zostaną opisane w ich kontekście funkcjonalnym, ujawniając tym samym konstrukcję modelu wyceny i tworząc w ten sposób wyraźne rozróżnienie pomiędzy możliwościami wpływu lub interpretacji przez rzeczoznawcę majątkowego a zintegrowaną funkcjonalnością modelu.
Ponieważ wyprowadzenie parametrów i projekt funkcjonalny elementów konstrukcyjnych odbywa się głównie z perspektywy teorii produkcji, w kontekście prezentacji wyników na pierwszy plan wysuwa się pogląd kierownictwa firmy, aby zapewnić równowagę pomiędzy tymi dwoma dyscyplinami. W tym celu bardziej szczegółowo bada się przydatność twierdzenia o luce dla modelu obliczania inwestycji opartego na wartości, odzwierciedlając empiryczne ustalenia zastosowania modelu do krytyki niektórych autorów. Biorąc pod uwagę wynikające z tego przesłanki, zastosowanie twierdzenia o luce można uznać za wykonalne i w związku z tym odpowiednie w odniesieniu do wzajemnego oddziaływania produkcji i teorii kosztów. Potwier-

dza to prezentacja wyników poprzez wykazanie, że zdyskontowane wyniki nadwyżek płatniczych po opodatkowaniu odpowiadają zdyskontowanym zyskom po opodatkowaniu na podstawie rachunku kosztów i wyników, z uwzględnieniem twierdzenia o luce. Zaokrąglenie modułów funkcjonalnych stanowi integrację EVA jako najważniejszego elementu kalkulacji inwestycji opartej na wartości, poprzez odjęcie kosztów imputowanych związanego kapitału całkowitego od zysków okresu po opodatkowaniu / nadwyżek płatniczych. W modelu tym wykorzystuje się kalkulacyjne koszty zapasów materiałów RBC, zapasy wyrobów gotowych, wartość końcową zaangażowania kapitałowego inwestycji początkowych i rozwojowych oraz zapasy należności. Koncepcję modelu uważa się za kompletną, biorąc pod uwagę wymagania sformułowane na początku.

W pierwszym etapie przeprowadza się analizy wrażliwości w celu zachowania zgodności z postulowanym zastosowaniem odniesienia do modelu wyceny. W modelach wspomagania decyzji są one wykorzystywane do badania zależności między różnymi danymi otrzymanymi w postaci parametrów, a także wartościami docelowymi i/lub zaletami rozwiązań alternatywnych. Tylko dzięki wykorzystaniu analiz wrażliwości możliwe jest ustalenie przyczynowości związków między zmianami poszczególnych czynników (parametrów) wartości a zmienną docelową w postaci EVA.[1237] W związku z kalkulacją inwestycji, analizy wrażliwości mogą być wykorzystane do określenia maksymalnego stopnia zmiany kluczowych parametrów, w

[1237] Por. Vollrath [elastyczność działania w decyzjach inwestycyjnych 2001], s. 65 f.

których projekt inwestycyjny jest nadal ekonomicznie korzystny. [1238] W związku z tym wybrane parametry zostały zbadane w kontekście odpowiedniej zasady projektowania pod kątem ich wpływu w przypadku odchyleń, na podstawie których sporządzono ranking zależności. Zgodnie z przyjętymi założeniami modelu i biorąc pod uwagę funkcje nieodłącznie związane z modelem, parametry "wskaźnik uczenia się" i "wskaźnik odrzucenia" mają największą wrażliwość na wartość docelową EVA, z wyraźną przyzwoitością w stosunku do kolejnych parametrów "dostępność" i "zapasy bezpieczeństwa". Podsumowując, można stwierdzić, że analizy wrażliwości wychwytują i czynią przejrzystą strukturę ryzyka planowania poprzez matematyczne badanie zależności między ustalonymi wartościami docelowymi a wpływającymi na nie czynnikami (parametrami) wartości.

Drugim krokiem jest systematyczne łączenie parametrów w kontekście odniesienia do aplikacji, aby móc uwzględnić korelacje między nimi i stworzyć przejrzystość w zakresie ich relacji interakcyjnych. W tym celu stosuje się technikę scenariuszową, która jest formą technik analizy i prognozowania i ma na celu wykazanie przyczyn, form i skutków niepewności dla obliczeń planistycznych[1239]. Ogólnym celem w odniesieniu do obliczenia inwestycji jest wykazanie możliwych cech charakterystycznych wartości docelowej w zależności od rozwoju danego przedsiębiorstwa i zmiennych dotyczących środowiska, a tym samym uwzględnienie niepewnych oczekiwań i związanego z nimi

---

[1238] Por. Wycisk [Elastyczność dzięki samokontroli 2009], s. 181.

[1239] Zob. Götze [Investitionsrechnung 2008], s. 344.

ryzyka[1240]. Ponieważ nie jest możliwe opisanie wszystkich scenariuszy ze względu na wysoki stopień możliwych kombinacji odpowiednich parametrów, opisano i oceniono zarówno scenariusz progresywny i konserwatywny skrajny, jak i scenariusz trendu. Z jednej strony sprawia to, że limity w zakresie wynikających z nich wartości docelowych projektu inwestycyjnego są przejrzyste, a z drugiej strony pozwala na przedstawienie scenariusza o porównywalnie wysokim prawdopodobieństwie wystąpienia. Poprzez połączenie czynników wpływających z megatrendów w prognozach, zakładając scenariusz przyszłościowy progresywny (Global Dynamics), konserwatywny (Rapid Retreat) i modny (Mature Progress), nakłada się ich bezpośredni wpływ na parametry.
Potwierdza się m.in. "polielemma produkcji" w wyniku nałożenia.[1241] Ten obszar napięcia między ekonomią skali a ekonomią zakresu wynika z przeciwstawnych wpływów globalizacji megatrendów i indywidualizacji pod względem wielkości partii. Podsumowując, w oparciu o opracowane scenariusze, zalecany kierunek działań dla naszego przykładu można wyprowadzić z przechowywanych założeń modelu, aby dokonać inwestycji w szczupłą, elastyczną komórkę produkcyjną, ponieważ wzrost wartości jest również podany z uwzględnieniem degresywnej prognozy na przyszłość.

Na podstawie ostatecznego, zorientowanego na zastosowanie rozważenia możliwych zastosowań i znaczenia modelu potwierdza się, że wybrana koncepcja, oparta na wywiedzionych

[1240] Zob. Götze [Investitionsrechnung 2008], s. 344.

[1241] Por. Brecher et al. [Integrative Production Engineering 2011], s. 21.

wymaganiach dotyczących całości, elastyczności, dynamiki i integracji, nie tylko spełniła istniejące wymagania, ale także sprawiła, że przyszłość jest nieco bardziej proaktywnie przewidywalna. W tym celu zapewniono zarówno zgodność metod i narzędzi, które się za nimi kryją, jak i ich połączenie w spójną strategię produkcji. W ten sposób zabezpieczone wykorzystanie modeli może być wykorzystane do przybliżenia optymalnego, tj. najbardziej ekonomicznego, operacyjnego punktu projektu inwestycyjnego poprzez iteracyjne przeprowadzanie analiz wrażliwości i tworzenie przyszłych scenariuszy. W ten sposób wkład pracy znacznie ułatwia długoterminową strategiczną koncepcję inwestycji, umożliwiając wiarygodne prognozy i gwarantując, że szansa nie musi już koniecznie zastępować planowania błędem[1242]. W ten sposób kalkulacja inwestycyjna jest również zintegrowana z procesem zarządzania, wypełniając kolejną lukę w praktyce biznesowej.

7.2. Perspektywy i dalsze kierunki badań

Perspektywy i dalsze podejścia badawcze podsumowują wyniki, które zostały zebrane w trakcie prac. Skupiamy się tutaj na punktach wyjścia dla dalszej optymalizacji modelu i jego możliwych zastosowań.

Pierwszym podejściem do optymalizacji funkcjonalności modelu jest zintegrowanie matrycy kwalifikacji, która reprezentuje umiejętności pracowników w zakresie pracy wieloprocesowej. Może to przeciwdziałać założeniu, na którym opiera się model,

[1242] Zob. Spath [Revolution through Evolution 2003], s. 27.

że każdy pracownik może obsługiwać każdą maszynę, co jeszcze bardziej zbliżyłoby model do praktyki produkcyjnej.
Jak z
Rysunek 83, zmienne koszty jednostkowe w założeniu modelowym rozwijają się w skokach i granicach pomiędzy dwoma pierwszymi okresami. Na tej podstawie jako potencjał optymalizacyjny można wyprowadzić dokładniejszą periodykę krzywej doświadczenia opartą na miesiącach, a nie na latach.
W pracy wykorzystywane są analizy zależności iteracyjnych. Wadą tej metodyki jest jednak brak uwzględnienia stochastycznych wpływów czynników wartościujących, co uniemożliwia określenie dokładnego wzrostu wartości za pomocą analiz wrażliwości.[1243] Koncepcja analizy Monte Carlo zapewnia podejście do symulacji współzależnych stochastycznych czynników wartości projektu inwestycyjnego.[1244] Włączenie analizy Monte Carlo do modelu wyceny stanowi zatem kolejne podejście badawcze.
Praca odnosi się do przykładowej prezentacji techniki scenariuszowej, w której stosuje się dedukcyjny pakiet projekcji, w którym pewne kombinacje przyszłych projekcji są intuicyjnie zakładane jako odpowiednie przez twórcę scenariusza i dlatego nie są poddawane dalszej analizie. Wiązka projekcji indukcyjnych, która obejmuje wszystkie możliwe kombinacje, może być postrzegana jako kolejne podejście badawcze. Dzięki temu można stosować analizy spójności i analizy wiarygodności [1245]. Uwzględnienie wydarzeń przełamujących trendy

---

[1243] Por. Wycisk [Elastyczność dzięki samokontroli 2009], s. 181.

[1244] Por. Wycisk [Elastyczność dzięki samokontroli 2009], s. 181.

[1245] Por. Gausemeier et al. [Szenario-Management 1995], s. 253 i nast.

oferuje również dalsze podejście do poszerzenia koncepcji badawczej.[1246]

Z punktu widzenia możliwości zastosowania, w trakcie pracy wybrano praktyczne studium przypadku. Wynikające z tego założenia modelowe mają wpływ na wrażliwość parametrów ze względu na ich zależności technologiczne i organizacyjne. Kolejnym logicznym krokiem byłoby przetestowanie modelu przy dalszych przykładowych założeniach dotyczących wrażliwości parametrów i poddanie go dedukcyjnemu porównaniu.
Kolejnym oczywistym punktem wyjścia jest powiązanie kilku obliczeń modelowych z systemem produkcyjnym, z uwzględnieniem wpływu parametrów logistycznych, które mogą być różne w zależności od siły.
Dla porównania, uwzględnienie hybrydowych systemów produkcji wymaga dokładniejszego zbadania parametrów technologicznych opartych na różnych zasadach fizycznych lub zintegrowania odrębnych procesów produkcyjnych w jeden, nowy proces produkcyjny.[1247]
W analizach wrażliwości parametry biznesowe są niedostatecznie reprezentowane. Wpływ zależności od stóp procentowych od pożyczonego kapitału, struktury finansowania lub nawet wysokości inwestycji początkowych i ekspansyjnych byłby interesujący oprócz już zintegrowanego WACC.
Jako połączenie parametrów technologicznych i ekonomicznych, możliwe jest wykorzystanie modeli do oceny zalet

[1246] Por. Geschka i in. [scenariusz technique 2016], s. 368.
[1247] Por. Arnoscht i in. [Development of Production Theory 2011], s. 64.

wyboru lokalizacji pod inwestycję za pomocą różnych parametrów, takich jak koszty wynagrodzeń i stawki podatkowe. Sugestia Lange-Stalinskiego, aby przeciwdziałać rosnącym wahaniom na rynkach z mobilnymi systemami produkcyjnymi, może być również przyjęta w celu zastosowania opracowanej metody projektowania i oceny mobilnych systemów produkcyjnych.[1248]

Dyskusja nad megatrendem cyfryzacji i wynikającą z niej koncepcją Industry 4.0 dostarcza dalszych punktów odniesienia w odniesieniu do możliwości zastosowania modelu. Na przykład aspekty integracyjne na poziomie technologii informacyjno-komunikacyjnych stwarzają możliwości dla dalszych badań naukowych. Nie należy jednak ignorować głównego problemu: Autonomiczne komórki produkcyjne w rzeczywistości nie mają możliwości ukierunkowanej, samo-optymalizującej się produkcji, ponieważ nie mają możliwości autonomicznego dostosowania się do celu lub podejmowania decyzji.[1249]

Na koniec ponownie pojawia się wstępne pytanie, w jakim stopniu czynniki zmian w systemie produkcji mogą przeciwdziałać następnej fazie spowolnienia gospodarczego w rozumieniu teorii Kondratieffa. Odpowiedź na to pytanie byłaby w tym momencie czystą spekulacją, ponieważ takie fazy trwają na ogół od 20 do 40 lat, a wiele potencjalnych czynników wzrostu, takich jak digitalizacja, jest jeszcze w powijakach. W związku z tym celem prac nie jest udzielenie ostatecznej odpowiedzi na to

[1248] Zob. Eversheim/Lösch [Techniczne planowanie inwestycji 2006], s. 636.

[1249] Por. Schmitt et al. [Selbstoptimierende Produktionssysteme 2011], s. 762.

istotne ze społecznego i gospodarczego punktu widzenia pytanie, ale raczej przyczynienie się do przyspieszenia takich cykli innowacyjnych poprzez wspieranie, a następnie podejmowanie przyszłościowych decyzji inwestycyjnych.

8. Bibliografia

Abele/Reinhart [Przyszłość produkcji 2011]
Abele, E./Reinhart G.: Przyszłość produkcji. Wyzwania, dziedziny badań, możliwości, Monachium 2011.

Adam/Johannwille [The complexity trap 1998]
Adam, D./Johannwille, U.: Die Komplexitätsfalle, w: Adam, D. (Ed.), Schriften zur Unternehmensführung, Tom 61, Wiesbaden 1998.

Albert [Powód krytyczny 1980]
Albert, H.: "Treatise on Critical Reason", Tübingen 1980.

Almeder/Gansterer [Solidne planowanie operacyjne 2015].
Almeder, C./Gansterer, M.: Robust Operational Planning, w: Claus, T./Herrmann, F./Manitz, M. (red.), Production Planning and Control. Podejścia badawcze, metody i ich zastosowania, Berlin 2015.

Al-Radhi/Heuer [Total Productive Maintenance 1995]
Al-Radhi, M./ Heuer, J.: Total Productive Maintenance. Koncepcja, realizacja, doświadczenie, Monachium 1995.

Arnoscht i in. [Development of the Production Theory 2011]
Arnoscht, J./Bauhoff, F./Fuchs, S./Roderburg, A./Schiffer, M./Schubert, J./Stiller, S./Schuh, G./Tönissen, S.: Entwicklung einer Produktionstheorie, w: Brecher, C. (red.), Integrative Produktionstechnik für Hochlohnländer, Berlin 2011.

Piekarnia/radio [zarządzanie kosztami stałymi 1997].
Backhaus, K./Funke, S.: Fixed Cost Management, w: Franz, K.P./Kajüter, P. (Eds.), Kostenmanagement. Przewaga konkurencyjna dzięki systematycznej kontroli kosztów, Stuttgart 1997.

Badenia [Strategic Cost Accounting 1997].
Baden, A.: Strategiczna rachunkowość kosztów. Możliwe zastosowania i ograniczenia, Wiesbaden 1997.

Bauernhansl [Czwarta rewolucja przemysłowa 2014]
Bauernhansl, T.: The Fourth Industrial Revolution - The Path to a Value-Creating Production Paradigm, w: Bauernhansl, E. (Ed.), Industry 4.0 in Production, Automation and

Logistics. Zastosowanie. technologie. Migracja, Wiesbaden 2014.

Baumol/Blinder [Ekonomia, zasady i polityka 1988]
Baumol, W.J./Blinder, A.S.: Economics, Principles and Policy, wydanie czwarte, San Diego / CA 1988.

Becker [Fenomen Toyoty 2006]
Becker, H.: Fenomenalna Toyota. Etyka jako czynnik sukcesu, Berlin 2006.

Becker/Kaluza [Strategie produkcyjne 2004]
Blecker, T./Kaluza, B.: Strategie produkcyjne. Zaniedbana dziedzina badań? w: Braßler, A./Corsten, H. (Ed.), Entwicklungen im Produktionsmanagement, Monachium 2004.

Piwo [Mózg firmy 1972]
Piwo, S.: Mózg Firmy. The Managerial Cybernetics of Organizations,
Londyn 1972.

Behringer [procedura wyceny przedsiębiorstwa 2016]
Behringer, S.: Verfahren der Unternehmensbewertungen, w: Becker, W./ Ulrich, P. (red.), Handbook Controlling, Wiesbaden 2016.

Bej [rachunek przepływów pieniężnych w kontroli 2015 r.]
Bej, T.: Rachunek przepływów pieniężnych w kontroli wartości. Zarządzanie firmami w oparciu o wolne przepływy pieniężne, Wiesbaden 2015.

Berens/Schmitting [Instrumenty kontrolne 1998]
Berens, W./Schmitting, W.: Controlling Instruments for Complexity Management, w: Adam, D. (Ed.), Complexity Management, Wiesbaden 1998.

Berger/Hirschenbach [Time-Cost-Quality Leadership 1993]
Berger R./Hirschenbach, O.: Time-Cost-Quality Leadership, w: Seghezzi, H.D./ Hansen, J.R. (red.), Quality Strategies - Demands on the Management of the Future, Monachium 1993

Berndt/Cansier [produkcja i sprzedaż 2007]

Berndt, R./Cansier A.: Produkcja i sprzedaż, wydanie drugie, Berlin 2007.

Black/Hunter [Lean Manufacturing Systems 2003]
Black, J.T./ Hunter, S.L.: Lean Manufacturing Systems and Cell Design, Dearborn / MI 2003.

Bleicher [Koncepcja Zintegrowanego Zarządzania 1992]
Bleicher, K.: The Concept of Integrated Management, 2nd edition, Frankfurt 1992.

Bleicher [Integrated Management 1997]
Bleicher, K.: Koncepcja zintegrowanego zarządzania. Wizjonerska koncepcja, w: Thexis, St. Gallen 1997.

Bloech i in. [Wstęp do produkcji w 2014 r.]
Bloech, J./Bogaschewsky, R./Buscher, U./Daub, A./Götze, U./Roland, F.: Introduction to Production, 7th Edition, Berlin 2014.

Blohm et al. [Słabe strony w obliczeniach inwestycyjnych 2012].
Blohm, H., Lüder, K., Schaefer, C.: Inwestycje. Analiza słabych stron sektora inwestycyjnego i kalkulacja inwestycji, 10 edycja, Monachium 2012.

Brauweiler [Systemy zarządzania środowiskiem 2010]
Brauweiler, J.: Systemy zarządzania środowiskowego zgodnie z ISO 14001 i EMAS, w: Kramer, M. (red.), Integracyjne zarządzanie środowiskowe, wydanie 1, Wiesbaden 2010.

Brecher et al. [Integracyjna Inżynieria Produkcji 2011]
Brecher, C./Jeschke, S./Schuh, G./Aghassi, S./Arnoscht, J./Bauhoff, F./Fuchs, S./Jooß, C./Karmann, O./Kozielski, S./Orilski, S./Richert, A./Roderburg, A./Schiffer, M./Schubert, J./Stiller, S./Tönissen, S./Welter, F.: Integrative Produktionstechnik für Hochlohnländer, w: Brecher, C. (eds.), Integrative Produktionstechnik für Hochlohnländer, Berlin 2011.

Brösel/Keuper/Wölbling [Transfer koncepcji biologicznych 2007].
Brösel, G./ Keuper F./ Wölbling I.: O przeniesieniu koncepcji biologicznych w: Administracja biznesowa. Journal for Management, nr 4, Wiesbaden 2007.

Brązowy [Status i trendy rozwojowe SCM 2009]
Brown, M.: Status and Development of Supply Chain Management in the German Basic Industries, Kassel 2009.

Brugger-Gebhardt [The DIN EN ISO 9001 2014].
Brugger-Gebhardt, S.: Zrozumienie DIN EN ISO 9001 Bezpieczna interpretacja normy i rozsądne jej wdrożenie, Wiesbaden 2014.

Burger et al. [Kontrolowanie inwestycji 2010]
Burger, A./Ulbrich, P./Ahlemeyer, N.: Investment Controlling, 2nd edition, Monachium 2010.

Busse et al. [teoria inwestycji 2015]
Busse, W./ Laßmann, G./ Witte F.: Investitionstheorie und Investitionsrechnung, 4, całkowicie zmienione wydanie, Berlin Heidelberg 2015.

Chandler [Strategia i struktura 1962]
Chandler, A.D: Strategia i struktura. Rozdziały w Historii Amerykańskiego Przedsiębiorstwa Przemysłowego, Reprint Cambridge, MA und London 1969.

Christopher/Peck [Budowanie wytrzymałego łańcucha dostaw 2004]
Christopher, M./ Peck, H.: Building the Resilient Supply Chain, in: International Journal of Logistics Management, Ausgabe 15 / 2004, S. 1-13.

Biuro C.I.R.P. [Słownik Inżynierii Produkcji 2011].
Biuro C.I.R.P., International Institution for Production: Dictionary of Production Engineering. Tom 4, Zgromadzenie, wydanie pierwsze, Berlin 2011.

Collins/Porras [Always Successful 2005]
Collins, J./Porras J.I.: Zawsze skuteczne. Strategie najlepszych firm, Monachium 2005.

Coenenberg [Rachunek kosztów i analiza kosztów 1993].
Coenenberg, A.: Cost Accounting and Cost Analysis, 2nd edition, Landsberg a. L. 1993.

Copeland i inni [wartość firmy 2002]
Copeland, T./ Koller, T./ Murrin, J.: wartość przedsiębiorstwa. Metody i strategie zarządzania przedsiębiorstwem zorientowanego na wartość, w: Boersch, C./ Elschen R. (red.), Das Summa Summarum des Managements, wydanie 1, Wiesbaden 2007.

Coriat/Dosi [Governance and Problem Solving 1999]
Coriat, B./Dosi, G.: Learning how to Governance and how to Solve Problems: O Współrozwoju Kompetencji, Konfliktach i Rutynowych Procedurach Organizacyjnych, in: Chandler, A.D., et al. (red.), The Dynamic Firm. The Role of Technology, Strategy, Organization, and Regions, Oxford 1999.

Costanza [The Quantum Leap 1996]
Costanza, J. R.: Quantum Leap. In Speed to Market, Denver / CO 1996.

Czajy/Voigt [Zakłócenia w samochodowych sieciach wartości 2009].

Czaja, L./Voigt, K-I.: Disturbances and disturbance triggers in automotive value-added networks - results of an empirical study in the German automotive supply industry, w: Specht, D. (eds.), Weiterentwicklung der Produktion, Wiesbaden 2009.

Danielli/Backhaus/Laube [Economic geography and globalised living space 2009].
Danielli, G./Backhaus, N./Laube, P.: Geografia ekonomiczna i globalna przestrzeń życiowa. Tekst do nauki, zadania z rozwiązaniami i krótka teoria, 3rd revised edition, Zurych 2009.

Däumler [Podstawy obliczeń inwestycyjnych 2001].
Däumler, K.-D: Podstawy kalkulacji inwestycji, w: Controller Magazin, 01/2001, s. 61-66.

Deuse et al. [Systemy produkcyjne w kontekście przemysłu 4.0 2015].
Deuse, J./ Weisner, K./ Hengstebeck, A./ Busch, F.: Gestaltung von Produktionssysteme im Kontext von Industrie 4.0, w: Botthof, A./Hartmann A.E. (Hrsg), Zukunft der Arbeit in Industrie 4.0, Berlin Heidelberg 2015.

Dickmann [Elements of Lean Production Systems 2009]
Dickmann, P.: Elemente moderner, Leaner Produktionssysteme, w: Dickmann, P. (red.), Lean Material Flow - with Lean Production, Kanban and Innovations, 2nd edition, Berlin 2009.

Dickmann [Podstawowe procedury kontrolne 2009].
Dickmann, P.: Podstawowe procedury kontrolne w heterogenicznych sieciach logistycznych z Kanbanem, w: Dickmann, P. (red.), Lean Material Flow - z Lean Production, Kanban i innowacje, wydanie 2, Berlin 2009.

Dickmann [Supply Chain Management with Kanban 2009].
Dickmann, P.: Supply Chain Management (SCM) z Kanbanem, w: Dickmann, P. (red.), Lean Material Flow - with Lean Production, Kanban and Innovations, wydanie 2, Berlin 2009.

Doerr et al [model kalkulacji inwestycji oparty na EVA 2003].
Doerr, H. H./Fiedler, R./Hoke, M.: Experience in the groupwide introduction of an investment calculation model based EVATM, w: Controlling, czerwiec 2003, str. 285-289.

Dombrowski/Mielke [Historyczny rozwój GPS 2015].
Dombrowski, U./Mielke, T.: Introduction and Historical Development, w: Dombrowski, U./Mielke, T. (red.), Holistic Production Systems. Obecny status i rozwój sytuacji w przyszłości, Berlin 2015.

Dombrowski/Mielke [Podstawowe zasady GPS 2015].
Dombrowski, U./Mielke, T.: Podstawowe zasady holistycznych systemów produkcji, w: Dombrowski, U./Mielke, T. (red.), Holistyczne systemy produkcji. Obecny status i rozwój sytuacji w przyszłości, Berlin 2015.

Doppler/Lauterburg [Change Management 2008]

Doppler, K./Lauterburg, C.: Change Management. Shaping corporate change, 12. edycja, Frankfurt 2008.
Drukarnie [Management in the 21st century 1999]
Drucker, P.F.: Management in the 21st century, w: Boersch, C./ Elschen R. (red.), The summa summa of management, 1st edition, Wiesbaden 2007.

Dürr [Przyszłość jest niepokonaną drogą 1995]
Dürr, H. P.: Przyszłość to nietknięta droga. Znaczenie i design ekologicznego stylu życia, Freiburg 1995.

Dymond [Podręcznik CMM 2002]
Dymond, K.M.: Instrukcja obsługi maszyny współrzędnościowej. The Capability Maturity Model for Software, Berlin 2002.

Eberhardt/Majkovic [Future of Leadership 2015]
Eberhardt D./Majkovic A.L.: Przyszłość przywództwa. An exploratory study on the leadership challenges of tomorrow, Wiesbaden 2015.

Eichhorn [Zasada efektywności ekonomicznej 2000]
Eichhorn, P.: Zasada ekonomii. Podstawa zarządzania przedsiębiorstwem, Wiesbaden 2000.

Eichhorst/Tobsch [Elastyczne środowisko pracy 2015].
Eichhorst, W./Tobsch, V.: Flexible Arbeitswelten - eine Bestandsaufnahme, w: Widuckel W./ de Molina, K./ Ringelstetter M.J./ Frey, D. (red.), Arbeitskultur 2020. Herausforderung und Best Practices der Arbeitswelt der Zukunft, Wiesbaden 2015.

Ermschel et al [Inwestycje i finansowanie w roku 2016].
Ermschel, U./Möbius, C./Wengert, H.: Investition und Finanzierung, wydanie 4, Berlin 2016.

Eversheim/Lösch [techniczne planowanie inwestycyjne 2006].
Eversheim, W./Pfeifer, T./Weck, M. (red.), F.: Techniczne planowanie inwestycji i planowanie fabryk (od 1970 r.), w: Eversheim; W./Pfeifer, T./Weck, M. (red.), 100 lat inżynierii produkcji. Laboratorium Obrabiarek WZL RWTH Aachen od 1906 do 2006 r., Berlin 2006.

Eversheim/Schenke/Warnke [projektowanie systemów produkcyjnych 1998].
Eversheim, W./Schenke, F. B./Warnke, L.: Optimal Design of Products and Production Systems, w: Adam, D. (Ed.), Schriften zur Unternehmensführung, tom 61, Wiesbaden 1998.

Ewert/Wagenhofer [sprawozdanie wewnętrzne spółki 1997].
Ewert, R./Wagenhofer, A.: Internal Company Accounting, 3rd edition, Berlin 1997.

Fandel [Teoria produkcji i kosztów 2005]
Fandel, G.: Production I. Production and Cost Theory, 6th edition, Berlin 2005.

Fichtmüller [Elastyczność w racjonalizacji montażu 1997].
Fichtmüller, N.: Using flexibility to rationalize assembly, w: Reinhart, G./Milberg, J. (red.), Innovative Montage Systems. Projekt zakładu, ocena i monitorowanie, Monachium 1997.

Flick i inni [Jakościowe badania społeczne 1995].
Flick, U. et al. (eds.): Handbuch Qualitative Sozialforschung. Podstawy, koncepcje, metody i zastosowania, Weinheim 1995.

Ford [Moje życie i praca 1923]
Ford, H.: My Life and Work, New York / NY 1923.

Franz [Podejście do kosztów kalkulacyjnych 1992].
Franz, K.P.: Ansatz kalkulatorischer Kosten, w: Männel, W. (red.), Handbuch Kostenrechnung, Wiesbaden 1992.

Franz [Target Costing 1997]
Franz, K.P.: A Dynamic Approach to Target Costing, w: Backhaus, K. et al. (red.), Market Performance and Competition. Strategiczne i operacyjne perspektywy projektowania usług zorientowanych na rynek, Wiesbaden 1997.

Franz/Kajüter [zarządzanie kosztami w Niemczech 1997].
Franz, K.P./Kajüter, P.: zarządzanie kosztami w Niemczech. Wyniki badań empirycznych w dużych niemieckich przedsiębiorstwach, w: Franz, K.P./Kajüter, P.

(red.), Kostenmanagement. Przewaga konkurencyjna dzięki systematycznej kontroli kosztów, Stuttgart 1997.

Frick et al. [Zarządzanie wartością w roku 2016].
Frick, S./ Schmidt T./ Wolff, M.: Value-based management in practice, w: Becker, W./ Ulrich, P. (red.), Handbook Controlling, Wiesbaden 2016.

Fuchs/Apfelthaler [Management of international business activities 2009].
Fuchs, M. / Apfelthaler, G.: Management of international business activities, 2nd edition, Vienna 2009.

Gabriel [Internet przedmiotów 2016]
Gabriel, S.: Witam. Internet der Dinge, w: wpływ jako dodatek do Handelsblatt, wydanie październik / 2016, Düsseldorf 2016.

Garrel et al. [Elastyczność produkcji 2014].
Garrel, J./Schenk, M./Seidel, H.: Flexibilisation of Production - Measures and Status Quo, w: Schlick, C.M./Moser, K./Schenk, M. (Eds.), Flexible Production Capacity Innovative Management. Zalecenia dotyczące elastycznego projektowania systemów produkcyjnych w małych i średnich przedsiębiorstwach, Berlin 2014.

Gausemeier et al [Scenario Management 1995].
Gausemeier, J./ Fink, A./ Schlake, O.: Zarządzanie scenariuszem. Planowanie i przywództwo ze scenariuszami, Monachium 1995.

Geschka et al. [scenariusz technique 2016] S. 366
Schwarz-Geschka, M./Geschka, H./Hahnenwald, H.: The scenario technique using the example of the project "Future of Mobility", in Göpfert, I. (red.), Logistik der Zukunft - Logistics for the Future, 7th edition, Wiesbaden 2016.

Glasl [rozwój firmy 2004]
Glasl, F.: Dynamiczny rozwój firmy. Grundlagen für nachhaltiges Change Management, 3. wydanie, Stuttgart 2004.

Gordon [Rewolucja kończy się w 2016 r.]
Gordon, R.J.: Die Revolution ausfalls, in Handelsblatt, nr 110, 10-12 czerwca 2016 r., s. 46.

Gottschalk [Profile elastyczności 2006]
Gottschalk, L.: Profile elastyczności. Analiza i konfiguracja strategii dostosowania mocy produkcyjnych w produkcji przemysłowej. Dissertion, Technical Sciences, Swiss Federal Institute of Technology ETH, Zurych 2006.

Götze [technika scenariuszowa 1993]
Götze, U.: Szenario-Technik in der strategischen Unternehmensplanung, Wiesbaden 1993.

Götze [wyliczenie inwestycji 2008].
Götze, U.: Obliczenia inwestycyjne. Modelle und Analysen zur Beurteilung von Investitionsvorhaben, 6. wydanie, Berlin 2008.

Gruden [Ochrona środowiska Przemysł motoryzacyjny 2008]
Gruden, D.: Ochrona środowiska naturalnego w przemyśle motoryzacyjnym. Silnik, paliwo, recykling, wydanie 1, Wiesbaden 2008.

Powitanie [Lean unique production 2010]
Witam, R.: Smukła jednorazowa produkcja. Dwuetapowy model fazy cyklu dla zwiększenia wydajności procesu w produkcji jednorazowej oparty na szczupłej produkcji, wydanie 1, Wiesbaden 2010.

Gundel [EVA jako narzędzie zarządzania i oceny 2012].
Gundel, T.: The EVA® as a management and evaluation tool, 1st edition, Wiesbaden 2012.

Händeler [Historia przyszłości 2011]
Händeler, E.: Historia przyszłości. Zachowania społeczne dziś a dobrobyt jutra (globalny pogląd Kondratieffa), 8. edycja, Moers 2011.

Hardtke/Prehn [Perspektywy zrównoważonego rozwoju 2001]
Hardtke, A./Prehn, M.: Perspektywy zrównoważonego rozwoju. Od misji do strategii sukcesu, Wiesbaden 2001.

Haenraets et al. [Znaki jakości i relacje efektów 2012].
Haenraets, U./ Ingwald, J./ Haselhoff V.: Gütezeichen and their effect relationships - przegląd literatury, w: der markt. International Journal of Marketing, numer 4 / 2012, Wiedeń 2012.

Hartmann [Just-in-Time 2009]
Hartmann, T.: Just-in-Time mit System, w: Bullinger, H.J./Spath, D./Warnecke, H.J./Westkämper, E. (eds.), Handbuch Unternehmensorganisation. Strategie, planowanie, realizacja, wydanie trzecie, Berlin 2009.

Heinen [Decyzje dotyczące zarządzania przedsiębiorstwem 1976]
Heinen, E.: Podstawy decyzji dotyczących zarządzania biznesem. System docelowy przedsiębiorstwa, wydanie 3, Wiesbaden 1976.

Heesen [wyliczenie inwestycji w 2016 r.]
Heesen, B.: Obliczenia inwestycyjne dla praktyków. Case-oriented presentation of methods and calculations, 3rd edition, Wiesbaden 2016.

Heesen [Zarządzanie inwestycjami 2017]
Heesen, B.: Zarządzanie inwestycjami i wycena dla Praktiker, wydanie 2, Wiesbaden 2017.

Henderson/Larco [Lean Transformation 2003]
Henderson, B.A. /Larco, J.L.: Lean Transformation. Jak zmienić swój biznes w Lean Enterprise, 11. Auflage, Richmond / VA 2003.

Hensel [Network Management in the Automotive Industry 2007]
Hensel, J.: zarządzanie siecią w przemyśle motoryzacyjnym. Success factors and design fields, Monachium, 2007.

Henzler/Rall [Wejście na rynek światowy 1985]
Henzler, H./ Rall, W.: Wyjazd na rynek światowy, w: Manager Magazin (1985), S.176-190.

Hering [wycena spółki 2006]
Hering, T.: Unternehmensbewertung, wydanie 2, Monachium, Wiedeń 2006.

Hering [Controlling zorientowany na wartość 2008]
Hering, T.: Wertorientiertes Controlling aus Sicht der Investitionstheorie, w: Freidank, C. C./ Müller, S./ Wulf, I. (red.),

Controlling und Rechnungslegung. Current developments in science and practice, 1st edition, Wiesbaden 2008.

Hering/Olbrich [Konsekwencje dla kontroli inwestycji 2009].
Hering, T./ Olbrich, M.: Rachunkowość inwestycji według wartości godziwej według IAS 39 i jej skutki dla kontroli inwestycji, w: Littkemann, J. (red.), Beteiligungscontrolling, tom 1, wydanie drugie, Herne 2009.

Himpel/Zima [Operations Management 2008]
Himpel, F./Winter, F.: Workbook on Operations Management, 2nd edition, Wiesbaden 2008.

Hirsch-Kreinsen [Umiędzynarodowienie produkcji 1998].
Hirsch-Kreinsen, H: Internacjonalizacja produkcji, w: Marhild/Hirsch-Kreisen (Ed.), Produkcja globalna i prace przemysłowe. Organizacja pracy i współpraca w sieciach produkcyjnych, Frankfurt nad Menem / Nowy Jork /NY 1998.

Hoeft/Pryor [Pomysły na transformację 2016]
Hoeft, S./Pryor, R.W. : The Power of Ideas to Transform Healthcare. Zaangażowanie personelu przez Building Daily Lean Management Systems, Boca Raton / FL 2016.

Höfer [Lean Sales 2016]
Höfer, S.: Lean Sales: zwiększenie udziału wartości dodanej w procesach sprzedaży, w Künzel, H. (red.), Success Factor Lean Management 2.0. Competitive Streamlining in a Sustainable and Customer-Oriented Way, Berlin 2016.

Horváth [Controlling 1998]
Horváth, P.: Controlling, wydanie 7, Monachium 1998.

Horváth [Interface Overcoming 1991]
Horváth, P.: Overcoming interfaces through controlling, w: Horvath, P. (red.), Synergies through interface controlling, Stuttgart 1991.

Hostettler [Ekonomiczna wartość dodana 2002]

Hostettler, S.: Economic Value Added (EVA): Presentation and application to Swiss public limited companies, 5th edition, Bern 2002.

Hyer/Wemmerlöv Reorganizacja Fabryki 2002]
Hyer, N./Wemmerlöv, U..: Reorganizacja Fabryki. Competing Through Cellular Manufacturing, New York / NY 2002.

ifo [Światowy klimat gospodarczy 2011]
Instytut Badań Gospodarczych na Uniwersytecie Monachijskim (ifo): World Economic Survey, 4th quarter 2011, URL: http://www.cesifo-group.de/portal/page/portal/ifoHome/a-winfo/d1index/20indexwes (19.12.2011).

Imai [Gemba Kaizen 2012]
Imai, M.: Gemba Kaizen. A Commonsense Approach to a Continuous Improvement Strategy, 2. Auflage, New York / NY 2012.

Jacobs [Management Rewired 2010]
Jacobs, J.S.: Kierownictwo nagrodzone. Why Feedback Doesn't Work and Other Surprising Lessons from the Latest Brain Science, New York / NY 2010.

Jacobi/Landlerr [Aspekty globalizacji 2013]
Jacobi, H.F./ Landwehr M.: Aspects of Globalization, w: in: Westkämper, E./Spath, D./Constantinescu, C./Lentes, J. (red.), Digital Production, Berlin 2013.

Jacobi/Landlord [Kierowcy ICT 2013]
Jacobi, H.F./ Landwehr M.: Importing of the driver information and communication technology for the competitiveness of industrial production, w: Westkämper, E./Spath, D./Constantinescu, C./Lentes, J. (red.), Digitale Produktion, Berlin 2013.

Johnson/Bröms [Profit Beyond Measure 2000].
Johnson, H.T./Bröms, A.: Profit Beyond Measure. Extraordinary Results through Attention to Work and People, New York / NY 2000.

Joos [Controlling, Cost Accounting 2014]

Joos, T.: controlling, księgowanie kosztów i zarządzanie kosztami. Podstawy - Aplikacje - Instrumenty, wydanie piąte, Wiesbaden 2014.

Kagermann et al. [Rekomendacje wdrożeniowe branży 4.0 2013].
Kagermann, H./ Wahlster, W./ Helbig, J. (Ed.): Implementation recommendations for the Future Project Industry 4.0. Raport końcowy grupy roboczej Industry 4.0, Frankfurt nad Menem 2013.

Kajüter [Zarządzanie ryzykiem w łańcuchu dostaw 2007].
Kajüter, P.: Zarządzanie ryzykiem w łańcuchu dostaw. Podstawy ekonomiczne, regulacyjne i koncepcyjne, w: Vahrenkamp, R./Siepermann, C. (red.), Zarządzanie ryzykiem w łańcuchach dostaw. Averting threats, seizing opportunities, Berlin 2007.

Kaluza [Elastyczność operacyjna 1993].
Kaluza, B.: Betriebliche Flexibilität, w Wittmann, W./Kern, W./Köhler, R./Küpper H.U./von Wysocki, K. (red.), Handwörterbuch der Betriebswirtschaft, wydanie 5, Stuttgart 1993.

Łańcuch [Firma jako organizacja 2012]
Kette, S.: Firma jako organizacja, w: Apelt, M./Tacke, V. (Ed.), Handbook of Organizational Types, Wiesbaden 2012.

Kinkel i in. [Elastyczność w organizacji 2007]
Kinkel, S./Lay, G./Jäger, A.: Większa elastyczność dzięki organizacji. Znaczenie strategicznych celów elastyczności, wykorzystanie czynników organizacyjnych i dostępność korzyści płynących z elastyczności. Komunikaty z badania ISI dotyczącego modernizacji produkcji, nr 42, Fraunhofer ISI, Karlsruhe 2007.

Kletti/Schumacher [Idealna produkcja 2014]
Kletti, J./Schumacher, J.: Idealna produkcja. Manufacturing Excellence through Short Interval Technology (SIT), 2nd edition, Berlin 2014.

Korge/Lentes [Holistyczne systemy produkcji 2009]

Korge, A./Lentes, H.P.: Holistyczne systemy produkcji, w: Bullinger, H.J./Spath, D./Warnecke, H.J./Westkämper, E. (red.), Handbuch Unternehmensorganisation. Strategie, planowanie, realizacja, wydanie trzecie, Berlin 2009.

Kötter [Holistyczne systemy produkcji 2009]
Kötter, W.: Ganzheitliche Produktionssysteme, w: Zink, K-J./Kötter, W. /Longmuß, J./Thul, M.J. (red.), Successfully shaping change processes, Berlin 2009.

Kötter [Podejście do rozwiązań z perspektywy GPS 2016].
Kötter, W.: Wyzwania, Potknięcia i rozwiązania (z perspektywy wyważonych naukowców GPS), w: Kötter, W./Schwarz-Kocher, M./Zanker, C. (red.), Zrównoważony GPS. Holistyczne systemy produkcyjne o stabilnych, elastycznych standardach i konsekwentnym zorientowaniu na pracowników, Wiesbaden 2016

Kötter/Helfer [Stabilno-Flexible Standards 2016]
Kötter, W./Helfer, M.: Stabilne, elastyczne standardy. Strategia oparta na kompetencjach w zakresie zrównoważonego projektowania zintegrowanych systemów produkcyjnych, w: Kötter, W./Schwarz-Kocher, M./Zanker, C. (red.), Balanced GPS. Holistyczne systemy produkcyjne o stabilnych, elastycznych standardach i konsekwentnym zorientowaniu na pracowników, Wiesbaden 2016

Krag / Kaperzak [wycena przedsiębiorstwa 2000]
Krag, J./Kasperzak, R.: Podstawy wyceny przedsiębiorstw, Monachium 2000.

Kuhner/Maltry [wycena przedsiębiorstwa 2017]
Kuhner, C. / Maltry, H.: Company Valuation, 2nd revised and extended edition, Berlin 2017.

Kühnle [Learning to learn 2016]
Kühnle, R.: Lernen zu lernen: Praxisbeispiel einer Lean-Umschung im Produktionsunternehmen, w: Künzel, H. (Ed.), Success Factor Lean Management 2.0 Competitive streamlining in a sustainable and customer oriented way, Berlin 2016.

Küpper [Pagatorische und kalkulatorische Rechensysteme 1997] [Pagatorskie i kalkulacyjne systemy obliczeniowe 1997].
Küpper, H.U.: Pagatory and Calculatory Calculation Systems, w: Cost Accounting Practice. Journal for Controlling, Accounting & System Applications, tom 41 / 1997.

Landherr i inni [Digital Factory 2013]
Landherr, M./Neumann, M./Volkmann J./Constantinescu, C.: Digital Factory, w: Westkämper, E./Spath, D./Constantinescu, C./Lentes, J. (red.), Digital Production, Berlin 2013.

Liker [The Toyota Way 2004]
Liker, J. K.: The Toyota Way. 14 Zasad Zarządzania od największego światowego producenta, Nowy Jork / NY 2004.

Lödding [Metoda kontroli produkcji w 2016 r.]
Lödding, H.: Metoda kontroli produkcji. Podstawy, opis, konfiguracja, wydanie trzecie, Berlin 2016.

Losbichler [Value Enhancement Management 2010]
Losbichler, H.: Wertsteigerungsmanagement, w: Engelbrechtsmüller, C./ Losbichler, H. (red.), CFO Key Know-How under IFRS, Wiedeń 2010.

Lorson [Wpływ koncepcji wartości dla akcjonariuszy]
Lorson, P.: Effects of shareholder value concepts on the valuation and management of whole companies, Berlin 2004.

Malik [Management of complex systems 2002]
Malik, F.: Strategia zarządzania złożonymi systemami. A contribution to management cybernetics of evolutionary systems, wydanie siódme, Berno 2002.

Mandl/Rabel [wycena spółki 2012]
Mandel, G./Rabel, K.: Metody wyceny przedsiębiorstw. Przegląd, w: Peemöller, V.H. (red.), Practical Handbook of Company Valuation, wydanie piąte, Herne 2012.

Männel [Nowoczesne koncepcje księgowania kosztów 1993].

Männel, W.: "Moderne Konzepty dotyczące technologii, controllingu i zarządzania kosztami", w: "Praktyka rachunkowości kosztowej", Journal for Controlling, Accounting & System Applications, 1993, str. 69-78.

Männel [Rentowność przepływów pieniężnych z inwestycji 2001]
Männel, W.: Der Cash Flow Return on Investment (CFROI) als Instrument des wertorientierten Controlling, w: Kostenrechnungspraxis 45 / 2001, Sonderheft 1, str. 39-51.

Männel [Kontrolowanie inwestycji 2005]
Männel, W.: Investitionscontrolling, 7th edition, run a. d. Pegnitz 2005.

Männel [Controlling zorientowany na wartość 2006]
Männel, W.: Value-oriented Controlling, Lauf a. d. Pegnitz 2006.

Marzec/Simon [Organizacje 1993]
March, J.G./Simon, H.A.: Organizacje, 2. Auflage, Oxford 1993.

Matschke/Brösel [Wycena przedsiębiorstwa 2013]
Matschke, M.J./ Brösel, G.: Wycena przedsiębiorstwa, wydanie 4, Wiesbaden 2013.

Matschke/Brösel [Wycena funkcjonalna przedsiębiorstwa 2014].
Matschke, M.J./ Brösel, G.: Wycena funkcjonalna przedsiębiorstwa. Wprowadzenie, Wiesbaden 2014.

Meier/Fuchs [Szybko reagująca produkcja 2017]
Meier, K.J./Fuchs, M.: Quick Response Manufacturing. Strategia konkurencji oparta na czasie, w: Koether, R./Meier, K.J. (Ed.), Lean Production dla bogatej w warianty produkcji indywidualnej. Elastyczność staje się nowym standardem, Wiesbaden 2017.

Mildenberger [Samo-organizacja sieci produkcyjnych 1998]
Mildenberger, U.: Samodzielna organizacja sieci produkcyjnych. Podejście wyjaśniające oparte na nowej teorii systemu, Wiesbaden 1998.

Möckel [rozpoczynający działalność gospodarczą w 2005 r.]

Möckel, C.: Existenzgründungen als Weg aus der Beschäftigungskrise, Wiesbaden 2005.

Modigliani/Miller [Cost of Capital 1958]
Modigliani, F./Miller, M.H.: The Cost of Capital. Corporation Finance and the Theory of Investment, in: The American Economic Review, Jg. 48 / 1958, S. 261–297.

Möller [Ekonomiczna opłacalność wszechstronnych systemów produkcyjnych 2008].
Möller, N.: Determining the economic efficiency of versatile production systems, Monachium 2008.

Moos [złożoność i elastyczność 2009]
Moos, C.: Complexity, flexibility and success as challenges of market-oriented production strategies, in; Strohhecker, J./ Grössler A. (red.), Strategisches und operatives Productionsmanagement, Wiesbaden 2009.

Müller et al. [EVA 2001]
Müller, R./ Klatt, M./ Pfitzmayer, K.-H.: EVA (k)ein Buch mit sieben Siegeln?!, W: Controller Magazin, wydanie 4 / 2001, str. 358-363.

Müller/Seuring/Goldbach [Supply Chain Management 2003]
Müller, M./ Seuring, S./ Goldbach, M: Supply Chain Management - New Concept or Fashion Trend?, w: Business Administration, 63/4 / 2003, S. 419-439.

Müller/Hirsch [Zorientowanie na wartość w zarządzaniu przedsiębiorstwem 2005]
Müller, G./ Hirsch, B.: The value orientation in corporate management - status quo and perspectives, w: Controlling & Management, wydanie 1/2005, s. 83-87.

Mumm [Rachunkowość 2012]
Mumm, M.: Wprowadzenie do rachunkowości operacyjnej. Księgowość dla przedsiębiorstw przemysłowych i handlowych, 2. zaktualizowane i rozszerzone wydanie, Berlin Heidelberg 2012.

Münchrath [Fałszywe Obietnice 2016]

Münchrath, J.: Falsche versprechen, w: Handelsblatt, wydanie 110, 10-12 czerwca 2016 r., str. 44 i nast.

Möller [Zrównoważony rozwój 2010]
Möller, L.: Sustainable Development - Paths to ecological, economic and social sustainability, w: Kramer, M. (Ed.), Integrative Environmental Management, 1st edition, Wiesbaden 2010.

Mussnig [Dynamic Target Costing 2001]
Mussnig, W.: Dynamisches Target Costing: From static consideration to strategic management of costs, Wiesbaden 2001.

Nefiodow [The Sixth Kondratieff]
Nefiodov, L. A.: Szósty Kondratieff. Drogi do wydajności i pełnego zatrudnienia w erze informacyjnej. The long waves of the economy and its basic innovation, 6th edition, Sankt Augustin 2007.

Nelson [Firm Differences in an Evolutionary Theory 1994]
Nelson, R. R.: The Role of Firm Differences in an Evolutionary Theory of Technical Advance, in: Magnusson, L. (hrsg.), Evolutionary and Neo-Schumpeterian Approaches to Economics, Boston / MA 1994.

Nelson/Rosenberg [Wzrost gospodarczy 1999]
Nelson, R. R./Rosenberg, N.: Science, Technological Advance and Economic Growth, in: Chandler, A. D., et al. (red.), The Dynamic Firm. The Role of Technology, Strategy, Organization, and Regions, Oxford 1999.

Neth [Heurystyka w kontrolowaniu 2014]
Neth, H.: Why controllers should rely on heuristics, w: Controlling & Management Review, 3 / 2014, s. 22 - 28.

Nonaka/Takeuchi [Knowledge-Creation Dynamics 1999]
Nonaka, I./Takeuchi H.: A Theory of the Firm's Knowledge-Creation Dynamics, in: Chandler, A.D. et al. (hrsg.), The Dynamic Firm. The Role of Technology, Strategy, Organization, and Regions, Oxford 1999.

Ohno [The Toyota Production System 1993]

Ohno, T.: The Toyota Production System, 1st edition, Frankfurt a. M. 1993.

Ormerod [Why Most Things Fail 2005]
Ormerod, P..: Dlaczego większość rzeczy zawodzi. I jak tego uniknąć, Londyn 2005.

ÖSV [odliczenie za zużycie §§ 7, 8 EStG 1988]
Austriackie Stowarzyszenie Podatkowe. Platforma kontrolna dla firm, URL: http://www.steuerverein.at/einkommensteuer/07_absetzung_fuer_abnutzung_01.html, (26.07.2017).

O.V. [IDW Principles of Business Valuation 2008]
o.V: Institute of Auditors in Germany e.V. (Ed.), IDW Standard: Principles for the Performance of Business Valuations (IDW S 1), 25th Supplementary Delivery, Düsseldorf 2008.

O.V. [Prognoza środowiskowa OECD do 2050 r.]
o.V.: OECD - Environmental Outlook to 2050: The consequences of inaction, OECD Publishing, Paryż. URL: http://dx.doi.org/10.1787/9789264172869-de (03.11.2016).

O.V. [Raport DIHK o rynku pracy w 2014 r.]
o.V.: DIHK Labour Market Report 2013 / 2014, wyniki badania firmy DIHK, DIHK / Deutscher Industrie- und Handelskammertag e.V. (Ed.), Berlin 2014

o.V: [Insolvencies in Germany 2015]
o.V: Niewypłacalność i wskaźnik niewypłacalności przedsiębiorstw w Niemczech, ifm Bonn 2015, URL: http://www.ifm-bonn.org/statistiken/gruendungen-und-unternehmensschliessungen/#accordion=0ab=5 (15.07.2016).

O.V. [25 lat chudego 2016 roku]
o.V.: 25 lat "lean management". Chudy wczoraj, dzisiaj i jutro. Staufen AG (red.), Köngen, 2016.

O.V. [Targi Hanowerskie 2017]
o.V.: Portal prasowy: Hannover Messe 2017. tworzenie nowych wartości za pomocą Industry 4.0, URL: http://www.presseportal.de/pm/13314/3556822 (10.05.2017).

Pape [Zarządzanie wartością z 2004 r.]
Pape, U.: Wertorientierte Unternehmensführung und Controlling, 3rd edition, Stemenfels 2004.

Peemöller/Angermayer-Michler [wycena przedsiębiorstwa 2005].
Peemöller, V.H. /Angermayer-Michler, B.: Praxishandbuch der Unternehmensbewertung, 3rd edition, Herne 2005.

Peemöller/Kunowski [Ertragswertverfahren 2009]
Peemöller, V.H./Kunowski, S.: Ertragswertverfahren nach IDW, w: Peemöller, V.H. (red.), Praxishandbuch der Unternehmensbewertung, 4. wydanie, Herne 2009.

Pendlebury [Creating a Manufacturing Strategy 1987]
Pendlebury, J.A.: Creating a Manufacturing Strategy to suit Your Business, in: Long Range Planning, Ausgabe 20/6 1987, S. 35 - 44.

Pfeiffer/Weiß [Lean Management 1994]
Pfeiffer, W./White, E.: Lean Management. Podstawy zarządzania i organizacji przedsiębiorstw edukacyjnych, Berlin 1994.

Picot/Freudenberg [Radzenie sobie ze złożonością 1998].
Picot, A./Freudenberg H.: Neue organisatorische Ansätze zum Umgang mit Komplexität, w: Adam, D. (hrsg.) [Schriften zur Unternehmensführung, Band 61], Wiesbaden 1998.

Picot et al [The Borderless Enterprise 2007].
Picot, A./ Reichwald, R./ Wigand, R.T.: The Boundless Enterprise. Informacja, Organizacja i Zarządzanie, w: Boersch, C./ Elschen R. (red.), Das Summa Summarum des Managements, wydanie 1, Wiesbaden 2007.

Plessentin [Aspects of Corporate Finance 1998].
Plessentin, H.J.: Aspekte der betrieblichen Finanzwirtschaft in der Kalkulation: Fremdkapitalzinsen als Aufwand, Eigenkapitalzinsen als Gewinnlement, w: Kostenrechnungspraxis, Zeitschrift für Controlling, Accounting & System-Anwendungen, Tom 42/1998.

Popper [Basic Problems of Epistemology 1979]
Popper, K.R.: The two basic problems of epistemology, Tübingen 1979.

Popper [Laws of Nature and Theoretical Systems 1972]
Popper, K.R.: Prawa natury i systemy teoretyczne, w: Albert, H. (red.), Theorie und Wirklichkeit, wydanie 2, Tübingen 1972.

Popper [Logika badań 1989]
Popper, K.R.: The Logic of Research, Tübingen 1989.

Porter [Strategia Konkurencji 2013]
Porter, M.E.: Strategia konkurencyjności. Metody analizy branż i konkurencji, 12. edycja, Frankfurt 2013.

Preisendörfer [Socjologia organizacyjna 2008].
Preisendörfer, P.: Socjologia organizacyjna. Podstawy, teorie i problemy, wydanie 2, Wiesbaden 2008.

Probst [przeczytaj bilanse 2008]
Probst, H.J.: Czytanie bilansów stało się łatwe. Prawidłowa analiza i interpretacja danych, wydanie trzecie, Monachium 2008.

Pümpin/Prange [Dynamiczne zarządzanie 1991]
Pümpin, C./Prange, J.: Dynamisches Management und Controlling, w: Horvath, P. (red.), Synergies through interface controlling, Stuttgart 1991.

Radnitzky/Andersson [Progress and Rationality in Science 1978]
Radnitzky, G./Andersson, G. (Hrsg.), Progress and Rationality in Science, Dordrecht 1978.

Raport [Wartość dla akcjonariuszy 1986]
Raport, A.: Tworzenie wartości dla akcjonariuszy. The New Standard for Business Performance, New York / NY 1986.

Ristau-Winkler [pilnie potrzebni wykwalifikowani pracownicy 2015]
Ristau-Winkler, M.: Fachkräfte dringend gesucht - von der Bottleckanalyse zur erfolgreichen Sicherung, w: Widuckel

W./ de Molina, K./ Ringelstetter M.J./ Frey, D. (red.), Arbeitskultur 2020. Herausforderung und Best Practices der Arbeitswelt der Zukunft, Wiesbaden 2015.

Roever [Złota Sekcja 1991]
Roever, M.: Sekcja Złota, w: Manager Magazin, numer 11/1991, str. 253-264.

Röh [Wzrost efektywności wykorzystania zasobów w 2013 r.]
Röh, C.: Pozyskiwanie surowców i działania na rzecz zwiększenia efektywności wykorzystania zasobów w przemyśle wytwórczym związanym z przemysłem motoryzacyjnym, w Proff, H./Pascha W./ Schönharting J./Schramm D. (Ed.), Kroki w kierunku przyszłej mobilności. Aspekty techniczne i ekonomiczne, Wiesbaden 2013.

Röhl [bankructwa przedsiębiorstw 2012)
Röhl, K.H.: Rozwój upadłości przedsiębiorstw w Niemczech, w: Wirtschaftsdienst. Dziennik Polityki Gospodarczej, numer 9 / 2012, Berlin Heidelberg.

Romme [Making a difference 2003]
Romme, A.G.: Robi różnicę: Organizacja jako projekt, w: Organization Science, Ausgabe 14 / 2003.

Rössl [Projektowanie złożonych relacji wymiany 1994]]
Rössl, D.: Projektowanie złożonych relacji wymiany. Analiza komunikacji międzyzakładowej, Wiesbaden 1994.

Roth [Erkenntnis und Realität 1987]
Roth, G.: Wiedza i rzeczywistość. The real brain and its reality, w: Schmidt, S. J. (red.), The Discourse of Radical Constructivism, Frankfurt am Main 1987.

Inny [Toyota Kata 2010]
Inny, M.: Toyota Kata. Zarządzanie ludźmi dla poprawy, adaptacji i lepszych wyników, Nowy Jork / NY 2010.

Powell [Learning from Collaboration 1988]
Powell, W.W.: Uczenie się od współpracy. Wiedza i sieci w branży biotechnologicznej i farmaceutycznej, w..: California Management Review, Ausgabe 40 / 1998, S. 228 - 240.
Quill [Wycena przedsiębiorstwa metodą procentową w 2016 r.]

Quill, T: Wycena przedsiębiorstwa oparta na odsetkach. E-konomiczno-społeczne podejście do nowego sporu o o-biektywizm, w: Maschke, M.J./ Hering, T./Olbrich, M./ Klingelhöfer, H.E./ Brösel, G. (Hrsg), Finanzwirtschaft, Unternehmensbewertung und Revisionswesen, Wiesbaden 2016.

Rump/Eilers [New Work Culture 2015].
Rump, J./Eilers, S.: Leadership for the Future - New Work Culture and Social Relationships, w: Widuckel W./ de Molina, K./ Ringelstetter M.J./ Frey, D. (red.), Work Culture 2020: Challenges and Best Practices of the Working World of the Future, Wiesbaden 2015.

Sander [Zmiany demograficzne w dziedzinie kadr w roku 2016]
Sander, E.: On the discursive construction of demographic change in the personnel field, in: Bosančić, S./ Keller R. (eds.), Perspektiven wissenssoziologischer Diskursforschung, Wiesbaden 2016.

Saun-Aldehoff [Jak mózg konstruuje świat 1993]
Saun-Aldehoff, T.: How the brain constructs the world, w: Psychology today, issue 1 /1993.

Schenk/Schumann [Produkcja z przyszłością 2015]
Schenk, M./Schumann M.: Wyzwania dla produkcji z przyszłością, w: Schenk, M. (red.), Produktion und Logistik mit Zukunft. Digital Engineering and Operation, Berlin 2015.

Schenk et al [Planowanie fabryczne 2014]
Schenk M./ Wirth S./ Müller E.: planowanie fabryczne i eksploatacja fabryczna. Metody dla wszechstronnej, sieciowej i oszczędzającej zasoby fabryki, wydanie 2, Berlin Heidelberg 2014.

Scherer [Krytyka organizacji 2006]
Scherer, G.: Krytyka organizacji czy organizacja krytyki? Philosophical remarks on the critical handling of organisational theories, in: Kieser, A./ Ebers, M. (Ed.), Organisationstheorien, Stuttgart 2006.

Scherer [Teoria Organizacji 2003]

Scherer, G.: Tryby wyjaśnienia w teorii organizacji, w: Tsoukas, H./ Knudsen, C. (Hrsg.), The oxford handbook of organization theory, Oxford 2003.

Schiele [The location factor 2003]
Schiele, H.: Czynnik lokalizacji. Jak firmy zwiększają swoją produktywność i siłę innowacyjną poprzez regionalne klastry, I edycja, Weinheim 2003.

Schirrmeister/Warnke/Dreher [Przyszłość produkcji w Niemczech 2003]
Schirrmeister E./Warnke P./Dreher C.: Studium nad przyszłością produkcji w Niemczech. Niemiecki wkład do projektu Informan Fabryki Eureka 2000+, Karlsruhe 2003.

Schmidt/Schneider [oszczędność kosztów dzięki efektywnemu wykorzystaniu zasobów].
Schmidt, M./ Schneider M.: Oszczędność kosztów poprzez efektywne wykorzystanie zasobów w przedsiębiorstwach produkcyjnych, w: uwf Umwelt Wirtschafts Forum, nr 3-4/2010, Berlin Heidelberg 2010.

Schmidt/Zahn [Wprowadzenie GPS 2015].
Schmidt, S./Zahn, T.: Einführung Ganzheitlicher Produktionssysteme, w: Dombrowski, U./Mielke, T. (red.), Ganzheitliche Produktionssysteme. Obecny status i rozwój sytuacji w przyszłości, Berlin 2015.

Schmitt i in. [Samo-optymalizujące się systemy produkcyjne 2011].
Schmitt, R./Brecher, C./Corves, B./Gries, T./Jeschke, S./Klocke, F./Loosen, P./Michaeli, W./Müller, R./Poprawe, R./Reisgen, U./Schlick, C.M./Schuh, G./Auerbach, T./Bauhoff, F./Beckers, M./Behnen, D./Brosze, T./Buchholz, G./Büscher, C./Eppelt, U./Esser, M./Ewert, D./Fayzullin, K./Freudenberg, R./Fritz, P./Fuchs, S./Gloy, Y.S./Haag, S./Hauck, E./ Herfs, W./Hering, N./Hüsing, M./Isermann, M./Janssen, M./Kausch, B./Kempf, T./Kratz, S./Kuz, S./Laass, M./Lose, J./Malik, A./Mayer, P.H./Molitor, T./Müller, S./Odenthal, B./Pavim, A./Petring, D./Potente, T./Pyschny, N./Reßmann, A./Riedel, M./Runge, S./Schenuit, H./Schilberg, D./ Schulz, W./Schürmeyer, M./Schüttler, J./Thombansen, U./Veselovac, D./Vette, M./Wagels,

C./Willms, K.: Self-optimizing Production Systems, w: Brecher, C. (red.), Integrative Production Technology for High-Wage Countries, Berlin 2011.

Schneider [Marketing 2007]
Schneider, W.: Marketing, Heidelberg 2007.

Schönsleben [Integralne zarządzanie logistyczne 2007].
Schönsleben, P.: zintegrowane zarządzanie logistyczne. Operations and Supply Chain Management in Comprehensive Value Networks, 5th Edition, Berlin 2007.

Schreyögg [Organizacja 2008]
Schreyögg, G.: Organizacja. Podstawy nowoczesnego projektowania organizacyjnego, Wiesbaden 2008.

Buty [Zarządzaj złożonością produktów 2005]
Shoe, G.: Zarządzanie złożonością produktu. Strategies-Methods-Tools, wydanie 2, Monachium Wiedeń 2005.

Schuh et al. [Produkcja indywidualna 2011]
Schuh, G./Behr, M./Brecher, C./Bührig-Polaczek, A./Michaeli, W./Arnoscht, J. /Bohl, A./Buchbinder, D./Bültmann, J./Diatlov, A./Elgeti, S./Herfs, W./Hinke, C./ Karlberger, A./Kupke, D./Lenders, M./Nußbaum, C./Probst, M./Queudeville, Y./Quick, J./Schleifenbaum, H./Vorspel-Rüter, M./Windeck, C.: Produkcja zindywidualizowana, w: Brecher, C. (red.), Integracyjna Technologia Produkcji dla Krajów Wysokiego Wynagrodzenia, Berlin 2011.

Schuh et al [Zarządzanie procesami 2011]
Schuh, G./Kampker, A./Stich, V./Kuhlmann, K.: Prozessmanagement, in Schuh, G./Kampker, A. (red.), Strategie und Management produzierter Unternehmen. Handbook Production and Management 1, wydanie drugie, Berlin 2011.

Schürle [Kanban - droga jest celem 2009]
Schürle, P.: Kanban - droga jest celem, w: Dickmann, P. (red.), Lean Material Flow - with Lean Production, Kanban and Innovations, 2nd edition, Berlin 2009.

Schwämmle [Evolving Strategies 1997]
Schwämmle, U.: Dancing Complexities - Evolving Strategies, w: Ahlemeyer, H.W./Königswieser, R. (red.), Komplexität Managen. Strategie, koncepcje i studia przypadków, Wiesbaden 1997.

Seibert [Zarząd Techniczny 1998]
Seibert, S.: Zarządzanie techniczne. Zarządzanie innowacjami, zarządzanie projektami, zarządzanie jakością, Stuttgart 1998.

Sekine et al [Produce without waste 1995].
Sekine, K. /Diegruber, J. /Meister, B.: Produkcja bez odpadów. The Japanese way to lean production, 2nd edition, Landsberg 1995.

Broadcast/Galais [Elastyczność korporacyjna 2014]
Sende, C./Galais, N.: Corporate flexibility and personnel flexibility strategies in Germany, w: Schlick, C.M. /Moser, K. /Schenk, M. (red.), Managing flexible production capacity innovatively. Zalecenia dotyczące elastycznego projektowania systemów produkcyjnych w małych i średnich przedsiębiorstwach, Berlin 2014.

Shingo [Non-Stock Production 1988]
Shingo, S.: Non-Stock Production. The Shingo System for Continuous Improvement, Portland / OR 1988.

Bezpieczniej [rachunkowość 2016]
Sicherer, K.: Bilanzierung im Handels- und Steuerrecht, 3rd edition, Wiesbaden 2016.

Siedem/Maltry [wartość aktywów netto spółki 2009]
Sieben, G./ Maltry, H.: Der Substantwert der Unternehmung, w: Peemöller, V. (red.), Praxishandbuch der Unternehmensbewertung, 4. wydanie, Herne 2009.

Siedem [metoda DCF 1995].
Siedem, G.: Wycena przedsiębiorstwa. Metoda zdyskontowanych przepływów pieniężnych i metoda wartości skapitalizowanej zysku - dwie zupełnie różne metody?, w: Lanfermann, J. (Hrsg), Internationale Wirtschaftsprüfung, Festschrift for H. Havermann, Düsseldorf 1995.

Skinner [Produkcja - brakujące ogniwo w strategii korporacyjnej 1969]
Skinner, C.W.: Produkcja - brakujące ogniwo w strategii korporacyjnej, w: Harvard Business Review, Ausgabe 47/3 1969, S. 136-145.

Sommer [Environmentally Focused Supply Chain Management 2007].
Sommer, P.: Umweltfokussiertes Supply Chain Management, w: Kramer, M. (red.), Studies on International Innovation Management, 1st edition, Wiesbaden 2007.

Spath [O czym my mówimy 2003]
Spath, D.: O czym my w ogóle rozmawiamy. Krótkie wprowadzenie do naszego tematu, w: Spath, D. (red.), Ganzheitlich Produzieren. Innowacyjna organizacja i przywództwo, Stuttgart 2003.

Spath [Revolution through Evolution 2003]
Spath, D.: Rewolucja przez ewolucję. Nowe odpowiedzi na nowe pytania, w: Spath, D. (red.), Ganzheitlich Produzieren. Innowacyjna organizacja i przywództwo, Stuttgart 2003.

Spath et al. [Prace produkcyjne w przyszłości 2013]
Spath D. (Ed.)/ Ganschar, O./ Gerlach, S./ Hämmerle M./ Krause T./ Schlund S. : Produktionarbeit der Zukunft - Industrie 4.0, Stuttgart 2013.

Specht/Stefanska [Lean Production as a production concept 2009]
Specht, D./ Stefanska R.: Lean Production as a production concept for one-off and individual production, w: Specht, D. (red.), Weiterentwicklung der Produktion, Wiesbaden 2009.

Darczyńcy [przewaga konkurencyjna 1993].
Spender, J-C.: Przewaga konkurencyjna z cichej wiedzy? Rozpakowanie Koncepcji i jej strategicznych implikacji: Academy of Management best Papers, New York / NY 1993.

Spengler et al. [Chaku-Chaku-Systems 2005]
Spengler, T./Volling, T./Rehkopf, S.: O zastosowaniu systemów chaku-chaku w montażu produktów konsumenckich - studium przypadku w produkcji na zamówienie ramowe,

w: Günther, H.O. / Mattfeld, D./Suhl, L. (red.), Supply Chain Management and Logistics, Heidelberg 2005.

Niemiecki Federalny Urząd Statystyczny [Rejestr Przedsiębiorców 2015].
Federalny Urząd Statystyczny (Ed.): Rejestr przedsiębiorstw, zakłady według klas wielkości pracowników, adres URL: https://www.destatis.de/DE/ZahlenFakten/GesamtwirtschaftUmwelt/UnternehmenHandwerk/Unternehmensregister/Tabellen/BetriebeBeschaeftigtengroessenklassenWZ08.html (26.07.2016).

Federalny Urząd Statystyczny [Przemysł wytwórczy 2016]
Federalny Urząd Statystyczny (Ed.): Przemysł wytwórczy. Struktura kosztów firm z branży produkcyjnej, górniczej i wydobywczej, Wiesbaden 2016.

Staudte [Globalization of the World 2008]
Staude, B.: Globalizacja świata. Przyczyna i wymiar, Norderstedt, 2008 r.

Steinle [Holistyczne zarządzanie 2005].
Steinle, C.: Holistyczne zarządzanie. Wielowymiarowe spojrzenie na zintegrowane zarządzanie przedsiębiorstwem, Wiesbaden 2005.

Steinmann/Scherer [Learning by arguing 1994].
Steinmann, H./Scherer, A.G.: Uczenie się przez kłótnie. Theoretical Problems of Consensus-Oriented Action, w: Albach, H. (Ed.), Global Social Market Economy. Studia na cześć Santiago Garcia Echevaria, Wiesbaden 1994.

Steinmann/Schererer [Philosophy of Science 1995].
Steinmann, H./Scherer, A.G.: Philosophy of Science, w: Corsten H. (Ed.), Lexikon der Betriebswirtschaftslehre, Monachium 1995.

Stevens [Pomiar 1968]
Stevens, S.: Pomiary, statystyki i widok schemograficzny. Podobnie jak twarze Janusa, nauka patrzy na dwie drogi - w stronę schematów i empiryki: Nauka, Ausgabe 161 / 1968, S. 849-856.

Stewart [The Quest for Value 1999]

Stewart, G.B.: The Quest for Value - A Guide for Senior Managers, New York / NY 1999.

Stoesser [optymalizacja procesów 2017]
Stoesser, K.R.: Optymalizacja procesów dla firm produkcyjnych, Wiesbaden, 2017.

Sydow/Windeler [złożoność i refleksyjność 1977].
Sydow, J./Windeler, A.: Złożoność i refleksyjność - Zarządzanie sieciami wewnątrzorganizacyjnymi, w: Ahlemeyer, H.W./Königswieser, R. (red.), Zarządzanie złożonością. Strategie, koncepcje i studia przypadków, Wiesbaden 1997.

Syska [zarządzanie produkcją 2006]
Syska, A.: zarządzanie produkcją. A - Z ważnych metod i koncepcji dla dzisiejszej produkcji, Wiesbaden 2006.

Takeda [The Synchronous Production System 2006].
Takeda, H.: System produkcji synchronicznej. Just-in-time for the whole company, 5th edition, Landsberg a. L. 2006.

Takeda [Niskokosztowa Inteligentna Automatyzacja 2006]
Takeda, H.: LCIA - Tania Inteligentna Automatyka. Zalety produktywności dzięki prostej automatyzacji, wydanie 2, Augsburg 2006.

Takeda [produkcja 2008b]
Takeda, H. : Przemysł zadaje pytanie cenowe: automatyka czy pracownik? Lokalizacja Niemcy: Koncentracja na montażu hybrydowym, w: Produkcja, wydanie 37/38 2008.

Techt/Lörz [Łańcuch krytyczny 2011]
Techt, U./Loerz, H.: łańcuch krytyczny. Zarządzanie projektami - szybciej, lepiej, na czas, 2. edycja, Freiburg 2011.

Tegel [Optimization of production smoothing 2012]
Tegel, A.: Analiza i optymalizacja wygładzania produkcji dla linii przepływu wielu produktów. Studium na temat koncepcji lean production, Wiesbaden 2012.

Teich et al [Technika scenariuszowa w planowaniu produkcji 2015].

Teich, E. /Brodhun, C. /Claus, T.: Einsatz der Szenariotechnik in der Produktonsplanung, w: Claus, T. /Herrmann, F. /Manitz, M. (eds.), Produktionsplanung und -steuerung. Podejścia badawcze, metody i ich zastosowania, Berlin 2015.

Zespół Rozwoju Produktywności [Produkcja Komórkowa 1999]
Zespół ds. Rozwoju Produktywności: Produkcja komórkowa. One-Piece Flow for Workteams, New York / NY 1999.

Toni/Tonchia [Elastyczność produkcyjna 1998]
De Toni, A./ Tonchia, S.: Manufacturing Flexibility. Przegląd literatury, w: International Journal of Production Research, Ausgabe 36 / 1998, S. 1587-1617.

Trautim [Lean Paperback 2015]
Trautim, J.: Lean Production Paperback. Niezbędne koncepcje i narzędzia dla większej wydajności produkcji, Berlin 2014.

Tschandl et al. [Procurement Event Monitoring 2010]
Tschandl, M./ Hanusch, S./ Ortner, W.: Procurement Event Monitoring, w: Bogaschewsky, R./ Essig, M./ Lasch, R./ Stölzle, W. (red.), Supply Management Research. Aktualne wyniki badań 2009, Wiesbaden 2010.

UGB 204 USD (1) [Amortyzacja środków trwałych 2015]
Kod Spółki $ 204, paragraf 1: Amortyzacja środków trwałych, URL :http://www.ris.bka.gv.at/Dokumente/Bundesnormen/NOR40167597/NOR40167597.pdf (26.07.2017).

Ulrich [Enterprise as a social system 1971]
Ulrich, H.: The Company as a Productive Social System, 2nd edition, Berno 1971.

Ulrich [Kontrola systemu i rozwój kultury 1984]
Ulrich, P.: Kontrola systemu i rozwój kultury. W poszukiwaniu holistycznego paradygmatu teorii zarządzania, w: Die Unternehmung, nr 4 / 1984.

Ulrich [Business Administration 1984]

Ulrich, H.: Die Betriebswirtschaftslehre als anwendungsorientierte Sozialwissenschaft, w: Dyllick, T./Probst, G. J. B. (red.), Management, Bern 1984.

Federalny Urząd Ochrony Środowiska [ISO 14001 - Norma systemu zarządzania środowiskowego].
Środowiskowe Biuro Federalne (red.): ISO 14001 - Norma systemu zarządzania środowiskowego, URL: http://www.umweltbundesamt.de/themen/wirtschaft-konsum/wirtschaft-umwelt/umwelt-energiemanagement/iso-14001-umweltmanagementsystemnorm (26.07.2016).

USP [amortyzacja 2017]
Portal usług firmowych:URL:https://www.usp.gv.at/Portal.Node/usp/public/content/steuern_und_finanzen/betriebseinnahmen_und_ausgaben/abschreibung/40958.html (27.07.2017).

VDI [VDI 2870 - Holistyczne systemy produkcji 2012].
Stowarzyszenie Inżynierów Niemieckich (Ed.): Holistyczne Systemy Produkcji. Podstawy, wprowadzenie i ocena, arkusz 1, Berlin 2012.

VDI [VDI 2870-2 - Zintegrowane systemy produkcyjne 2013].
Stowarzyszenie Inżynierów Niemieckich (Ed.): Holistyczne Systemy Produkcji. Katalog metod, arkusz 2, Berlin 2013.

VDI [VDI 3633 - Symulacja logistyki, przepływu materiałów i systemów produkcyjnych 2012].
Verein Deutscher Ingenieure (Ed.): Simulation of Logistics, Material Flow and Production Systems, Arkusz 1, Berlin 2012.

Velthuis/Wesner i in. [Value Based Management 2007].
Velthuis, L.J./ Wesner, P./ Hebertinger, M./ Schnabel, M.: Value Based Management. Evaluation, Performance Measurement and Management Remuneration with ERIC, w: Boersch, C./ Elschen R. (red.), Das Summa Summarum des Managements, 1st edition, Wiesbaden 2007.

Voigt et al. [wycena przedsiębiorstwa 2005]

Voigt, C./Voigt, J./Voigt, J.F./Voigt, R.: wycena przedsiębiorstwa. Profesjonalna analiza i ocena czynników sukcesu firm, I edycja, Wiesbaden 2005.

Vollrath [Elastyczność działań w zakresie decyzji inwestycyjnych 2001].
Vollrath, R.: Uwzględnienie elastyczności działania w decyzjach inwestycyjnych. Badania empiryczne, w: Hommel, U. /Schollich, M. /Vollrath, R. (red.), Real Options in Company Practice, Berlin 2001.

Weber/Schäffer [Wstęp do controllingu 2006].
Weber, J., Schäffer, U.: Introduction to Controlling, 11th edition, Stuttgart 2006.

Weber et al. [Zarządzanie przedsiębiorstwem zorientowane na wartość 2004].
Weber, J./Bramsemann, U./Heinecke, C./Hirsch, B.: Zarządzanie firmą zorientowane na wartość. Concept-Implementation-Practical statements, Wiesbaden 2004.

Welge i inni [zarządzanie strategiczne 2017]
Welge, K.M./ Al-Laham, A./ Eulerich, M.: Zarządzanie strategiczne. Podstawy - Proces - Realizacja, wydanie 7, Wiesbaden 2017.

Wendorf [Lean Assessment 2009]
Wendorf, M.: Lean Assessment, materiały szkoleniowe z firmy doradczej Vollmer & Scheffczyk GmbH, Stuttgart 2009.

Westkämper [Model produkcji cyfrowej 2013]
Westkämper, E.: Das Modell der digitalen Produktion, w: Westkämper et al. (Ed.), Digital Production, Berlin Heidelberg 2013.

Westkämper [Zmiany strukturalne 2013]
Westkämper, E: Structural Change through Megatrends, w: Westkämper, E. /Spath, D. /Constantinescu, C. /Lentes, J. (red.), Digital Production, Berlin 2013.

Westkämper [Integracja w produkcji cyfrowej 2016]
Westkämper, E.: Integracja w produkcji cyfrowej, w: Westkämper, E. /Spath, D. /Constantinescu, C. /Lentes, J. (red.), Digital Production, Berlin 2013.
Westkämper/Löffler [Strategie produkcji w 2016 r.]
Westkämper, E./Loeffler C.: Strategie produkcji. Technologie, koncepcje i sposoby zastosowania w praktyce, Sztuttgart, 2016.

Westkämper et al. [Organizacja produkcji 2006]
Westkämper, E./Decker, M./Jendoubi, L.: Wprowadzenie do organizacji produkcji, Berlin 2006.

Westkämper et al. [Wyzwania w organizacji korporacyjnej 2009].
Westkämper, E./Seidl, B./Bruhn M./Bahke, T./Klotz, U./Buck, H.: Rahmen, Herausforderungen und Visionen für die Unternehmensorganisation, w: Bullinger, H.J. /Spath, D. /Warnecke, H.J. /Westkämper, E. (eds.), Handbuch Unternehmensorganisation. Strategie, planowanie, realizacja, wydanie trzecie, Berlin 2009.

Widmann [Produkcja 2008a]
Widmann, W.: Bardzo elastyczna automatyka - drogi luksus, w: Produkcja, Wydanie 23 / 2008.

Widmann [Produkcja 2008b]
Widmann, W.: Przemysł zadaje pytanie cenowe: Automatyka czy pracownik? Lokalizacja Niemcy: Koncentracja na montażu hybrydowym, w: Produkcja, wydanie 37/38 2008.

Wiedeking [Inny jest lepszy 2008]
Wiedeking, W.: Inny jest lepszy. An attempt at new approaches in business and politics, paperback edition, Monachium 2008.

Wiendahl i inni. [Planowanie fabryczne 2009]
Wiendahl, H-P./ Reichardt, J./ Nyhuis, P.: Handbook Factory Planning. Koncepcja, projekt i realizacja wszechstronnych zakładów produkcyjnych, Monachium Wiedeń 2009.

Wilber [Kosmos 2007]
Wilber, K.: A Short History of the Kosmos, 8th edition, Frankfurt am Main 2007.

Wildemann [fabryka modułowa 1992]
Wildemann, H.: Fabryka modułowa. Produkcja zorientowana na klienta poprzez segmentację produkcji, 3 wydanie, St. Gallen 1992.

Wildemann [Strategie produkcyjne 1994]
Wildemann. H.: Manufacturing Strategies: Reorganisation Concepts for Lean Production and Supply, Monachium 1994.

Wildemann [Productivity Management 1997].
Wildemann, H.: zarządzanie produktywnością. Manual for the introduction of a productivity increase program with GENESIS, Monachium 1997.

Wildemann [Linie rozwoju systemów produkcyjnych 2017]
Wildemann, H.: Linie rozwoju systemów produkcyjnych w przemyśle samochodowym, w: Göpfert, I./Braun, D./Schulz, M. (red.), Automobile Logistics. Stand and future trends, 3rd edition, Wiesbaden 2017.

Winkler/Slamanig/Kaluza [Tworzenie strategicznych sieci tworzenia wartości 2008].
Winkler, H./ Salmanig, M./Kaluza, B.: Ocena, wybór i rozwój odpowiednich firm partnerskich w tworzeniu strategicznych sieci tworzenia wartości, w: Becker/Knackstedt/ Pfeifer (red.), Wertschöpfungsnetzwerke. Koncepcje zarządzania siecią i potencjały obecnych technologii informacyjnych, Heidelberg 2008.

WKO [Wprowadzić degresywną amortyzację zużycia (amortyzację)].
Austriacka Federalna Izba Gospodarcza (WKO): Wprowadzenie degresywnej amortyzacji dla zużycia (AfA), URL: https://news.wko.at/news/oesterreich/Degressive_Abschreibung_fuer_Abnutzung_(AfA)_introduce_.html (26.07.2017).

Wohland/Wiemeyer [Najlepsi wykonawcy Dynamicrobuste 2012]
Wohland, G./ Wiemeyer M.: Thinking tools of the highest performers. Dlaczego dynamicznie rozwijające się mikroprzedsiębiorstwa generują presję rynkową, 3. edycja, Lüneburg 2012.

Womack i inni [Druga rewolucja w przemyśle samochodowym 1992].
Womack, J.P./Jones, D.T./Roos, D.: Druga rewolucja w przemyśle motoryzacyjnym. Konsekwencje światowego badania przeprowadzonego przez Massachusetts Institute of Technology, 4. edycja, Frankfurt nad Menem 1992.

Wycisk [elastyczność dzięki samokontroli 2009]
Wycisk, C.: Elastyczność dzięki samokontroli w systemach logistycznych. Opracowanie modelu wyceny opartego na rzeczywistych opcjach, I edycja, Wiesbaden 2009.

Zahn et al. [Corporate Management 2009]
Zahn, E./ Bullinger, H.J./ Gagsch, B./ Westkämper, E./ Balve, P./ Gausemeier, J./ Pfänder, T./ Wenzelmann, C./ Schloske, A./ Thieme, P./ Bleicher, K./ Dierkes, M./ Wildemann, H./ Ackermann, K.F./ Bahner, J./ Antoni, C.H: Neues Denken in der Unternehmensführung, in: Bullinger, H.J./ Spath, D./ Warnecke, H.J./ Westkämper, E. (red.), Handbuch Unternehmensorganisation. Strategie, planowanie, realizacja, wydanie trzecie, Berlin 2009.

Zanker/Reisen [Wdrożenie zintegrowanych systemów produkcyjnych 2016]
Zanker, C./Reisen, K.: Ramowa koncepcja planowania strategicznego i wdrażania zintegrowanych systemów produkcyjnych, w: Kötter, W./ Schwarz-Kocher, M./ Zanker, C. (red.), Balanced GPS. Holistyczne systemy produkcyjne o stabilnych, elastycznych standardach i konsekwentnym zorientowaniu na pracowników, Wiesbaden 2016

Oto [rachunek kosztów cyklu życia 1996].
Zehbold, C.: Life cycle costing, Wiesbaden 1993.

Komórka [Zarządzanie kosztami i wynikami 2008]
Zell, M.: zarządzanie kosztami i wydajnością. Podstawy - Instrumenty - Studia przypadków, Wiesbaden 2008.

Noga kozy [Ryzyko związane z łańcuchem dostaw 2007]
Ziegenbain, A.: Ryzyko związane z łańcuchem dostaw. Identyfikacja, ocena i zarządzanie, Zurych 2007.

9. Załącznik

9.1. Wskaźnik niewypłacalności w Niemczech

Oficjalne statystyki niewypłacalności Institut für Mittelstandsförderung (ifm) Bonn wskazują na średnio 9,33 przypadków niewypłacalności na 1000 przedsiębiorstw w latach 2005-2015:

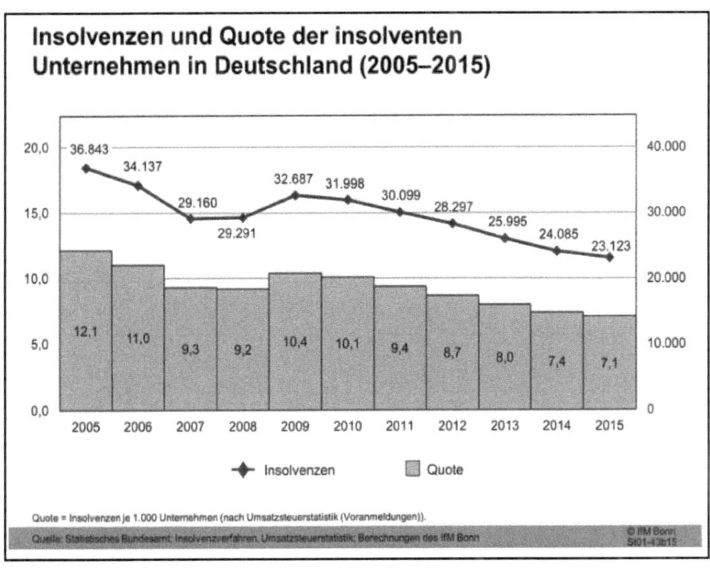

Rysunek 109: Niespokojności w Niemczech[1250]

Oficjalne statystyki dotyczące niewypłacalności stanowią jedynie ułamek faktycznych przypadków zamykania przedsiębiorstw. Według statystyk dotyczących rejestracji i wyrejestrowań przedsiębiorstw w 2011 r. w Niemczech zlikwidowano około 383 000

[1250] Źródło: o.V: [Insolvencies in Germany 2015]

przedsiębiorstw.[1251] Odpowiada to współczynnikowi 12 w odniesieniu do faktycznie wszczętego postępowania upadłościowego.

9.2. Kategorie wartości w rachunkowości

Poniższa prezentacja służy zobrazowaniu różnych poziomów zysku i straty w rachunkowości operacyjnej:

Wertkategorie	Gewinnerzielung/Wertsteigerung	Liquiditätssicherung
Einzahlungen – Auszahlungen	Investitionsrechnung, Wertorientierte Steuerungsansätze (z. B. DCF-Verfahren, CFROI/CVA-Verfahren)	Liquiditäts- und Finanzierungsrechnung
Erträge – Aufwendungen	Finanzbuchhaltung mit Gewinn- und Verlustrechnung, Wertorientierte Steuerungsansätze (z. B. EVA-Verfahren)	Finanzbuchhaltung mit Bilanz (statische Liquiditätssicherung)
Erlöse – Kosten	Kosten- u. Erlösrechnung	—

Rysunek 110: Instrumenty kontrolne związane z rachunkowością[1252]

9.3. Siedem rodzajów odpadów

"Taiichi Ohno, były kierownik produkcji Toyoty i założyciel Lean Production, zdefiniował siedem rodzajów odpadów (japońskie "muda"), które obciążają proces produkcji:"[1253]

[1251] Por. Röhl [Corporate insolvencies 2012], s. 642.

[1252] Źródło: Joos [Controlling, Cost Accounting 2014], s. 9.

[1253] Kletti/Schumacher [The Perfect Production 2014], s. 76.

1. nadprodukcja

Często produkuje się więcej półproduktów lub wyrobów gotowych niż wymaga tego klient. Nadprodukcja stanowi niepotrzebne obciążenie dla produkcji.

2. okresy oczekiwania

Czas oczekiwania może być spowodowany wysokim stanem magazynowym, procesami stojącymi, wąskimi gardłami, brakującymi materiałami, narzędziami itp. Nie wnoszą one wartości dodanej i nie utrudniają procesu produkcyjnego.

3. transport

Transport wewnętrzny z jednego działu do drugiego na duże odległości również nie stanowi wartości dodanej i utrudnia proces produkcji.

4. nieefektywne przetwarzanie

Często sama obróbka jest nieefektywna.

5. magazyny

Zapasy nie tylko wiążą kapitał, ale także powodują koszty następcze związane z powierzchnią magazynową, kontenerami, transportem, administracją, złomowaniem itp. Co więcej, często ukrywają one dalsze słabe punkty procesu poprzez buforowanie produkcji.

6. zbyteczne ruchy

Często zdarza się, że ergonomia na stanowiskach pracy nie jest optymalna. Na przykład, czasami trzeba pobrać narzędzia, materiał itp., co utrudnia proces produkcji.

7. błąd

Błędy w procesie produkcyjnym generują znaczną ilość dodatkowej pracy w produkcji. W przypadku odrzutów, produkcja musi zostać przerobiona i konieczna jest ponowna obróbka. Żadna z nich nie stanowi wartości dodanej i nie utrudnia normalnego procesu produkcji.[1254]

9.4. Ewolucja poprzez zróżnicowanie i integrację

Dla zilustrowania zasady ewolucji Wilbera, fazy różnicowania, dysocjacji i integracji zostały tu przedstawione na przykładzie Oświecenia:

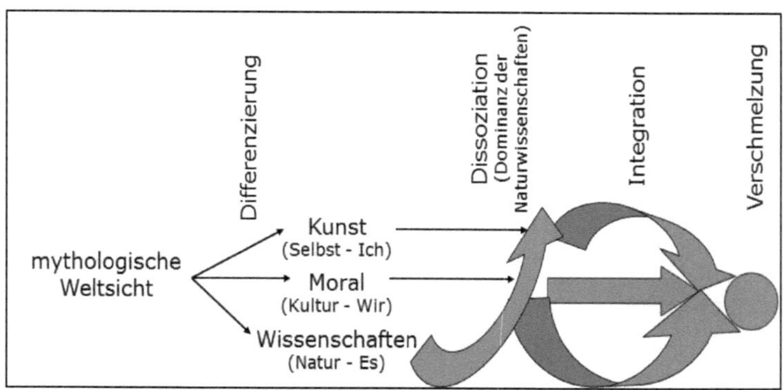

Rysunek 111: Model ewolucyjny według Wilbera[1255]

[1254] Kletti/Schumacher [The Perfect Production 2014], s. 76.

[1255] Źródło: Reprezentacja własna

9.5. Wykres radarowy (Lean Radar Chart)

Dla lepszego zrozumienia pokazano tutaj przykład wykresu radarowego (schemat sieci):

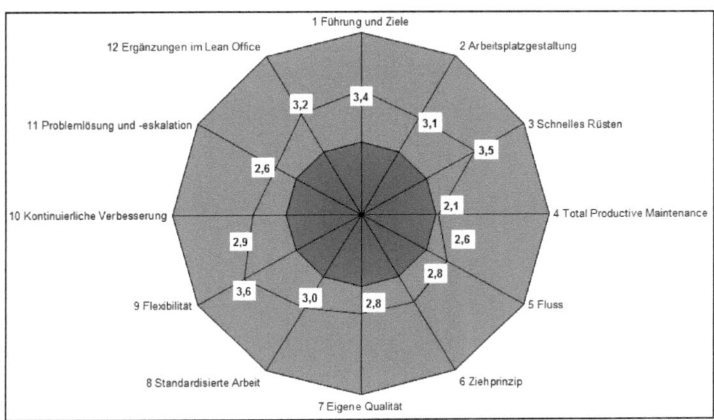

Rysunek 112: Wykres radarowy (Lean Radar Chudy)[1256]

9.6. Operacyjny system rachunkowości

"System rachunkowości biznesowej odgrywa wybitną rolę w działalności podmiotu gospodarczego: pozwala usystematyzować działalność gospodarczą oraz umożliwia planowanie i zarządzanie gospodarcze w dłuższym okresie czasu.[1257] "Rachunek przepływów pieniężnych jest częścią zewnętrznej rachunkowości operacyjnej (patrz RysunekRysunek 113 i Ilustracja 114). Rachunkowość jest częścią systemu informacji gospodarczej. Termin "rachunkowość operacyjna" obejmuje wszystkie procedury, które mają na celu systematyczne mapowanie,

[1256] Źródło: Wendorf [Lean Assessment 2009]

[1257] Quill [Interests Guided Company Evaluation 2016], s. 14.

ocenę, monitorowanie i kontrolę procesów wykonania i wykorzystania usług pod względem ilościowym i wartościowym.[1258] Podczas gdy Mumm nadal zaczyna od czterech obszarów rachunkowości operacyjnej: rachunkowości finansowej, rachunkowości kosztów i działalności, statystyki i rachunkowości planowania (patrz RysunekRysunek 113), Sicherer zróżnicował piąty obszar rachunkowości inwestycyjnej i finansowej (patrzIlustracja 114).

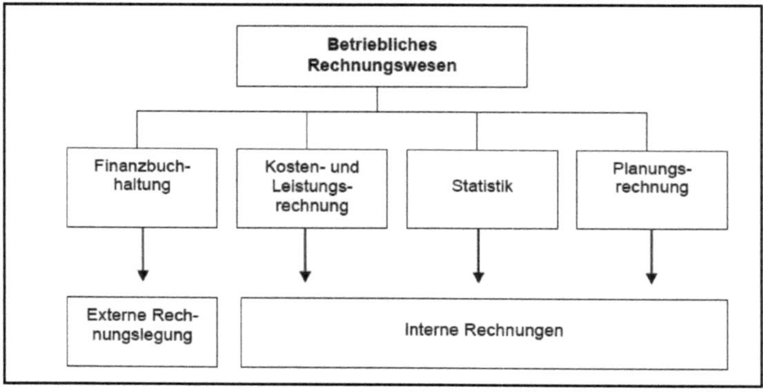

Rysunek 113: Rachunkowość operacyjna prowadzona przez Mumm[1259]

To zróżnicowanie jest istotne dla prac w zakresie, w jakim sedno pytania badawczego dotyczy opracowania modelu inwestycji w ogniwa produkcyjne, czyli dokładnie tego piątego obszaru rachunkowości inwestycyjnej i finansowej według Sicherera.

[1258] Zob. Mumm [Rachunkowość 2012], s. 1 i Por. Sicherer [Rachunkowość 2016], s. 1.

[1259] Źródło: Mumm [Rechnungswesen 2012], s. 2.

Externes Rechnungswesen		
Finanzbuchhaltung	Jahresabschluss	Bilanz Gewinn und Verlustrechnung Anhang Kapitalflussrechnung Eigenkapitalspiegel (evtl. Segmentberichterstattung)
	Inventur	Inventar
Internes Rechnungswesen		
Kosten- und Leistungsrechnung	Nebenbuchhaltungen	Lohnbuchhaltung Anlagenbuchhaltung Materialbuchhaltung
	Betriebsabrechnung(BAB) Vollkostenrechnungssystem	Kostenartenrechnung Kostenstellenrechnung Kostenträgerzeitrechnung Kurzfristige Erfolgsrechnung
	Selbstkostenrechnung	Kostenträgerstückrechnung (=Kalkulation)
	Teilkostenrechnungssysteme	Deckungsbeitragsrechnung
Statistik		Beschreibende Statistik Erklärende Statistik
Vergleichsrechnung		Zwischenbetriebliche Vergleiche Zeitvergleiche Soll-Ist-Vergleiche
Planungsrechnung	Einzelplanung	Beschaffungs-, Produktions-, Absatz-, Finanz- und Liquiditätsplanung
	Gesamtplanung	Zusammenfassen aller Teilpläne
Investitions- und Finanzierungsrechnung	Statische Investitionsrechnungen	Kostenvergleichsmethode usw.
	Dynamische Investitionsrechenverfahren	Kapitalwertmethode usw.
	Finanzierung	Externe und interne Finanzierung Eigen- und Fremdfinanzierung

Ilustracja 114: Rachunkowość operacyjna według Sicherera[1260]

1260 Źródło: Sicherer [Bilanzierung 2016], s. 2.

9.7. Proces produkcyjny praktycznego przykładu[1261]

Operator usuwa części nośne z linii klejenia (1) i umieszcza je w linii laminowania (2). Jest to zawsze para części, które należą do siebie, tzn. prawa i lewa część bocznej flanki dla wersji lewej i prawej. Linia do laminowania posiada gramofon. Obraca się on po rozpoczęciu procesu, dzięki czemu podczas procesu laminowania można włożyć dwie nowe części. Podczas procesu laminowania operator przechodzi do maszyny do składania (3) i wkłada już sklejone elementy. Dlatego też operator zawsze zdejmuje dwa gotowe elementy laminowane z linii laminowania, wstawia dwa nowe, rozpoczyna proces laminowania, a następnie przełącza się na linię składającą. Demontaż części przy składarce i podawanie zgrzewarki odbywa się w ten sam sposób.

Proces technologiczny laminowania, w którym folia wierzchnia nakładana jest na część nośną, przebiega w następujący sposób:
Cykl systemowy uruchamiany jest przez naciśnięcie przycisku start. Folia podgrzewana w stacji grzewczej promiennikami podczerwieni jest transportowana do stacji formującej za pomocą łańcuchów igłowych. Rama zaciskowa formy zamyka się. Dzwonek ssący opuszcza się na powierzchnię formującą. Poprzez zastosowanie nadciśnienia lub podciśnienia, folia jest

[1261] Rozdział ten został napisany we współpracy z panem Matthiasem Staufferem podczas jego pracy dyplomowej na Uniwersytecie Nauk Stosowanych w Rosenheim. Por. Stauffer, M.: An investigation of the advantages of lean, flexible production cells compared to conventional production lines, taking into account the general conditions, Rosenheim 2009.

wstępnie rozciągana zgodnie z wymaganiami formowanej części. Stół roboczy podnosi formę do poziomu filmu, a jednocześnie w razie potrzeby proces formowania jest wspomagany przez środki pomocnicze do formowania. Napędzane silnikiem wentylatory chłodzące chłodzą folię do temperatury rozformowania. Ukształtowana część jest wykrawana, a pakiet narzędzi otwiera się. Narzędzie dolne z elementem laminowanym jest przerzucane ze stanowiska formowania na stanowisko robocze. W tym samym czasie inne, już załadowane narzędzie dolne jest wkładane do stacji formującej. Podczas wyjmowania wypraski, druga część jest laminowana, a kolejna folia jest już podgrzewana do następnego cyklu. Pozostałości folii są automatycznie usuwane z linii.

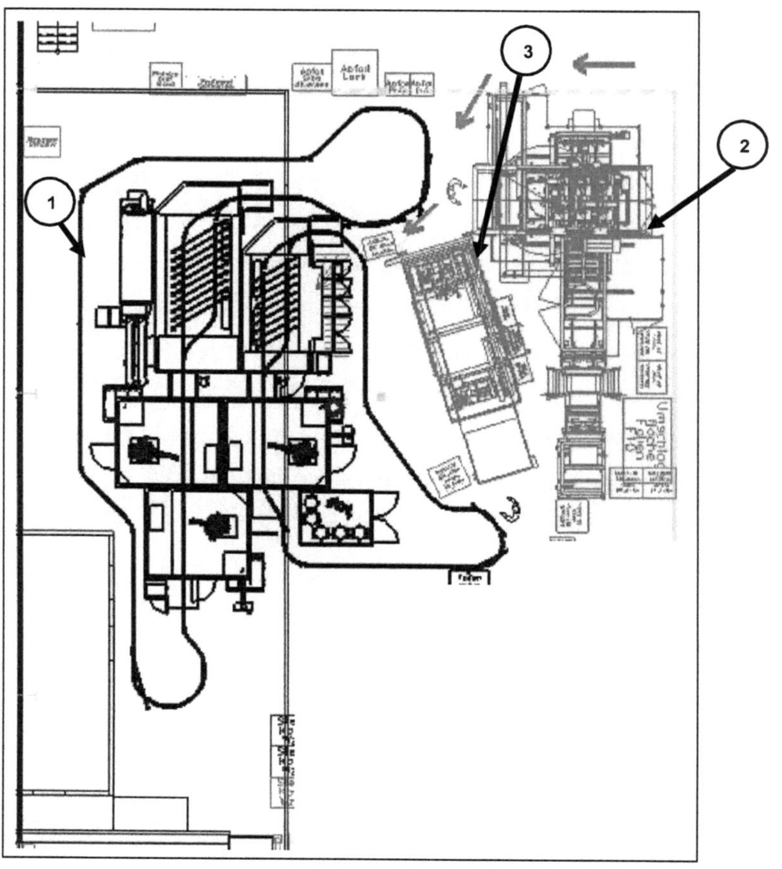

Rysunek 115: Układkomórki produkcyjnej[1262]

Legenda do

Rysunek 115:

1 =Stosowanie do nakładania kleju

2 =Linia laminacyjna

[1262] Źródło: Przedsiębiorstwo referencyjne, które nie zostało wymienione ze względu na poufność.

3 =Odbudowa zakładu

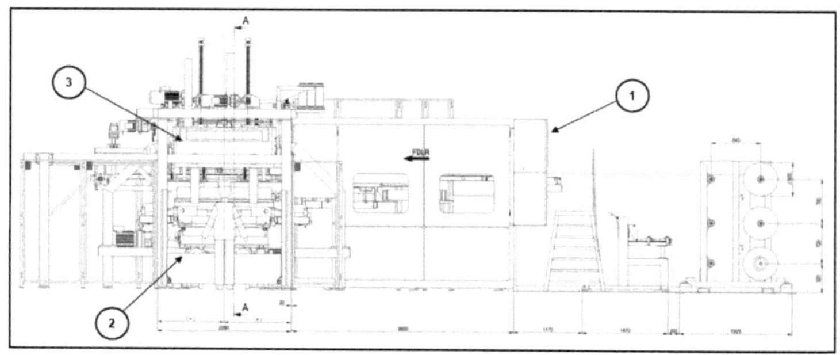

Rysunek 116: Widok z przodu linii laminowania[1263]

Legenda dla Rysunek 116:

1=Rolka folii z podajnikiem folii

2=Narzędzie dolne z miejscem wkładania (stół obrotowy)

3=narzędzie górne z ramą zaciskową, przyssawką, promiennikiem podczerwieni, wentylatorem chłodzącym i nożem wykrawającym

[1263] Źródło: Przedsiębiorstwo referencyjne, które nie zostało wymienione ze względu na poufność.

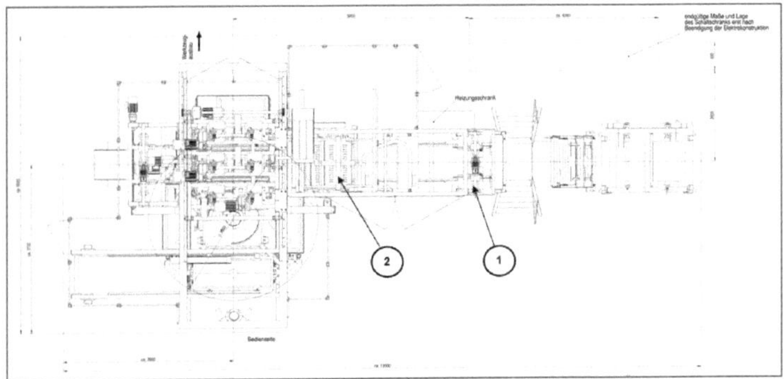

Rysunek 117: Widok maszyny do laminowania z góry [1264]

Legenda do Rysunek 117:

1=Podnieś rolkę folii

2=Mobilne promienniki

[1264] Źródło: Przedsiębiorstwo referencyjne, które nie zostało wymienione ze względu na poufność.

Po laminowaniu, części gotowe do złożenia są doprowadzane przez operatora do linii składania i ręcznie wkładane do stacji wstępnego ładowania. Cykl składania jest uruchamiany przez naciśnięcie przycisku start. Górne narzędzie przesuwa się ze stacji składania na część nośną w stacji podawania i wyjmuje ją stamtąd. Gorące powietrze służy do precyzyjnego uaktywnienia kleju w połączeniach podczas transportu części nośnej. Wymagana temperatura spoiny jest gwarantowana przez zmienne czasy nagrzewania. W tym samym czasie uprzednio złożona część nośna jest transportowana drugim górnym narzędziem ze stanowiska składającego na dostarczony przez klienta przenośnik taśmowy i składowana. Automatyczny proces składania odbywa się w stacji składania. Napędzane centralnie składane zespoły popychaczy przesuwają się do części nośnej. Składanie odbywa się poprzez dokładne przetłaczanie i składanie nadmiaru folii. Po upływie czasu przechowywania (ustawiony czas składania) suwaki przesuwają się z powrotem do pozycji wyjściowej. Górne narzędzie wraca do pozycji wyjściowej. Podczas procesu składania, operator może już włożyć następną parę części do stacji podawania. Po włożeniu przez operatora nowych części nośnych do stacji zasilania i aktywowaniu przycisku start, rozpoczyna się następny cykl.
Po złożeniu gotowe boczne boki są przyspawane do konsoli środkowej na innym stanowisku pracy.

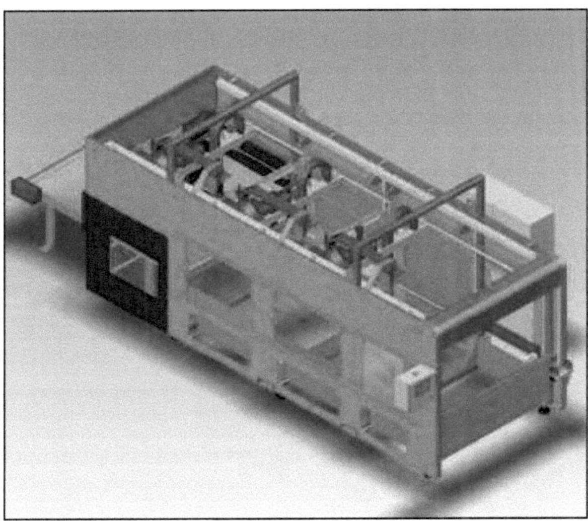

Rysunek 118: Ogólny widok linii składanej [1265]

[1265] Źródło: Przedsiębiorstwo referencyjne, które nie zostało wymienione ze względu na poufność.

Printed by Books on Demand GmbH, Norderstedt / Germany